"十四五"职业教育国家规划教材

"十三五"职业教育国家规划教材
高等职业教育农业农村部"十二五"规划教材
普通高等教育"十一五"国家级规划教材

植物与植物生理

第三版

陈忠辉 韩 鹰 主编

中国农业出版社
北 京

内容简介

本教材以花、果、菜、粮、棉、油等主要植物为例，介绍植物细胞、组织、器官的形态、构造和功能；植物的主要类群和分类方法；植物的生长与发育、营养与代谢、环境生理以及调控植物生长与分化的原理和方法。每章配有教学目标，附主要实验实训指导。

本教材可供高职高专种植类、农业生物技术类专业学生使用，也可供相关专业的学生和农业科技人员参考。

第三版编审人员

主　编　陈忠辉　韩　鹰

副主编　卞　勇　杜广平

编　者（以姓氏笔画为序）

　　　　王宝库　卞　勇　杜广平

　　　　李永文　陈忠辉　曹春燕

　　　　韩　鹰

第一版编审人员

主　编　陈忠辉

编　者　陈忠辉　汤胜民　程淑萍
　　　　巢新冬　张荣珍

主　审　杨建昌

参　审　金银根

第二版编审人员

主　编　陈忠辉

副主编　卞　勇　杜广平

参　编　李永文　贾东坡　王宝库

审　稿　唐　蓉　朱广慧

第三版前言

本教材的第二版自2007年出版以来，深受广大农业高职院校师生的喜爱，反复多次印刷。为了贯彻落实党中央、国务院关于《国家职业教育改革实施方案》有关要求，深化职业教育"三教"改革，主编单位苏州农业职业技术学院对广大用户展开了深入调研，广泛听取意见和建议，重新修订了此教材，努力使之成为适应新业态、新职业和新岗位要求的特色教材。

本教材的第二版坚持"四个结合"和"四个突出"，内容结构安排合理，符合职业院校的教学特点。与第二版教材相配套的教学资源也被教育部确立为国家级精品资源共享课。但在实际教学过程中，各使用单位也发现了第二版教材中仍存在一些疏漏和不妥之处，本次修订时编者进行了校正和补充。在第三版中，主要对各章节的教学目标根据新岗位新职业的需求进行了调整，增补了第一章节中复合组织的概念和内容等。特别是为了顺应信息化教学的发展需求，在第三版中对教材里面的一些难点和重点补充了部分视频。

在第三版的出版过程中，受到了苏州农业职业技术学院全体植物与植保教研室人员的大力支持，曹春燕老师提供了部分视频内容，在此表示衷心感谢！

教材中肯定还有一些不当之处，诚请读者们批评指正。

编　者
2019年7月

第一版前言

为适应经济体制和经济增长方式两个根本转变，实施科教兴国和可持续发展战略，大力推进高等职业教育的蓬勃发展，着力培养一批与现代农业科技发展相适应，并具有新技术和新工艺吸收能力、新设备操作和维修能力、新产品开发能力以及科学管理能力的生产服务第一线的复合型高级职业技术人才，根据种植类专业高职高专学生培养目标和教育部《关于制订五年高等职业教育教学计划的原则意见》、《五年制高职专门课教材编写的原则意见与要求》，首批编写了此教材。

教材编写时，广泛吸收国内外教材的优点，力求使教材反映本学科的新概念、新知识、新理论。重点突出职业教育教材特色，做到解释基本概念、讲清基本理论、注重联系实践、旨在能力培养。章节编排上循序渐进，删除假设推论，减少原理、论证，增加实例分析。

本教材由陈忠辉任主编，编写绪论和第9、10章；汤胜民编写第1、2、3章，程淑萍编写第4、5、6章，巢新冬编写第7、8章，张荣珍编写第11、12、13、14章。扬州大学农学院杨建昌教授、金银根副教授对教材编写提纲及教材进行了认真审阅，并提出了许多宝贵的修改意见。同时苏州农业职业技术学院、黑龙江畜牧兽医学校、黄冈职业技术学院、嘉兴职业技术学院等单位对教材的编写、出版给予了大力的支持，在此一并表示衷心的感谢。

编写首批高职高专专门课教材旨在推进高等职业教育发展和促进教材建设的快速发展。由于编写人员水平有限，教材中肯定有不当之处，诚请读者批评指正。

编 者

第二版前言

为推进高等职业教育发展，培育优秀技术应用性人才，加快地方经济建设，实施科教兴国战略。《植物与植物生理》编写组根据教育部"十一五"规划教材编写要求，结合高等职业教育教学特点，编写了此教材。

本教材坚持"四个结合"和"四个突出"。一、坚持保护自然环境与提高生产力相结合，突出可持续发展。绿色植物对人类的生存和发展起到了关键作用，但全球性的生态危机威胁不可低估，因此本教材始终坚持宣传树立环保意识，强调将科学的方法和技术应用于植物，实现可持续发展战略。二、掌握必需够用的理论与增加实验实训教学相结合，突出应用型人才培养。本教材坚持以就业为导向，培养高等技术应用型人才的职教要求为宗旨，删除了验证性的实验实训，增加了应用型的实验实训，21个实验实训指导项目中，以新知识、新技术为支撑，既有目的要求，又有方法步骤，体现了可操作性和实用性。三、精练文字叙述与力求图文并茂相结合，突出激发学习兴趣。教材中做到解释基本概念，讲清基本理论，删除假说推理，减少原理论证，吸收国外职业教育教材的有益做法，对大量组织结构等描述尽可能采用原物显微摄影图。本教材合计用图200余幅。四、坚持科学编排章节与遵循认知规律相结合，突出提高教学效果。本教材以植物为核心，按照认知规律，首先介绍植物的基本概念和类别，然后从植物由内向外一一介绍，包括结构、功能、代谢、发育及生长，最后介绍如何根据人类发展需求与保护自然资源，采取科学合理的新知识、新技术利用植物，真正使学生明白植物为人类可持续发展服务是完全可以实现的。

本教材由陈忠辉任主编并统稿，编写绪论、第一章；杜广平编写第二章；李永文编写第三、九、十章；贾东坡编写第四、五、六章；王宝库编写第七、八章；卞勇编写第十一、十二、十三章。唐蓉、朱广慧负责审稿。

在教材编写过程中，编写人员参阅和借鉴了有关专家和学者的一些资料和图片，还得到了苏州农业职业技术学院、黑龙江农业职业技术学院、黑龙江农业经济职业学院、保定职业技术学院、河南农业职业学院、辽宁职业学院的大力支持，苏州农业职业技术学院龚维红、张建春、邵珊珊、李家珠、王小瑛等老师也为教材的编写做了大量工作，在此一并表示衷心感谢！

由于编者水平有限，教材中难免有不妥之处，敬请批评指正。

编 者
2007年7月

目录

第三版前言
第一版前言
第二版前言

绪论 ··· 1
   一、植物的多样性和我国的植物资源 ·· 1
   二、植物在自然界和国民经济中的作用 ·· 2
   三、植物与植物生理的研究内容、分科和发展趋势 ····························· 3
   四、植物学与农业科学 ·· 3
   五、学习本课程的目的与方法 ··· 4
   【复习思考题】 ·· 4

第一章 植物细胞和组织 ·· 5
  第一节 植物细胞的结构与功能 ··· 5
    一、细胞的形态与大小 ·· 5
    二、原生质的化学组成 ·· 5
    三、植物细胞的结构与功能 ·· 7
  第二节 植物细胞的繁殖 ·· 9
    一、细胞周期 ·· 9
    二、细胞繁殖方式 ··· 10
    三、细胞的生长与分化 ·· 12
  第三节 植物的组织与功能 ·· 13
    一、分生组织 ··· 13
    二、成熟组织 ··· 15
  【复习思考题】 ··· 20

第二章 植物的营养器官 ··· 21
  第一节 根 ··· 21

· 1 ·

一、根的功能 ··· 21
　　二、根的形态 ··· 22
　　三、根的构造 ··· 23
　　四、侧根的形成 ·· 30
　　五、根瘤与菌根 ·· 32
　第二节　茎 ·· 35
　　一、茎的功能 ··· 35
　　二、茎的形态 ··· 35
　　三、茎的构造 ··· 41
　第三节　叶 ·· 51
　　一、叶的功能 ··· 51
　　二、叶的形态 ··· 51
　　三、叶片的发育 ·· 56
　　四、叶片的构造 ·· 57
　　五、落叶和离层 ·· 62
　第四节　营养器官的变态 ·· 63
　　一、根的变态 ··· 63
　　二、茎的变态 ··· 66
　　三、叶的变态 ··· 69
　【复习思考题】 ·· 71

第三章　植物的生殖器官 ··· 73

　第一节　花 ·· 73
　　一、花的组成及形态 ··· 73
　　二、花的类型 ··· 79
　　三、花程式与花图式 ··· 80
　　四、花序 ·· 81
　　五、花的功能 ··· 84
　第二节　果实 ··· 92
　　一、果实的形成与组成 ·· 92
　　二、果实的类型 ·· 93
　第三节　种子 ··· 96
　　一、种子的形成 ·· 96
　　二、种子的形态结构 ··· 98
　　三、种子与幼苗的类型 ·· 99
　【复习思考题】 ·· 101

第四章　植物的分类 ·· 103

　第一节　植物分类的基础知识 ··· 103

一、植物分类的方法 103
　　二、植物分类的各级单位 104
　　三、植物命名的方法 105
　　四、植物检索表的编制及其应用 105
　第二节　植物的主要类群 106
　　一、低等植物 107
　　二、高等植物 113
　第三节　植物界的进化概述 120
　　一、植物界的发生阶段 120
　　二、植物界的演化 121
　第四节　被子植物分科概述 122
　　一、双子叶植物纲 122
　　二、单子叶植物纲 141
【复习思考题】 146

第五章　植物的水分代谢 147

　第一节　水在植物生活中的重要性 147
　　一、植物的含水量 147
　　二、植物体内水分的存在状态 147
　　三、水在植物生命活动中的作用 148
　第二节　植物细胞对水分的吸收 148
　　一、植物细胞的渗透吸水 148
　　二、植物细胞的吸胀吸水 151
　　三、植物细胞的代谢性吸水 151
　第三节　植物根系对水分的吸收 152
　　一、根部吸水的区域 152
　　二、根系吸水的方式 152
　　三、影响根系吸水的因素 153
　第四节　蒸腾作用 153
　　一、蒸腾作用的部位和方式 153
　　二、蒸腾作用的生理意义 154
　　三、蒸腾作用指标 154
　　四、蒸腾作用的过程和机理 155
　　五、影响蒸腾作用的因素 157
　第五节　植物体内水分的运输 158
　　一、水分运输的途径和速度 158
　　二、水分运输的动力 159
　第六节　作物的水分平衡 160
　　一、作物的需水规律 160

二、合理灌溉的指标 ·· 161
　【复习思考题】 ··· 162

第六章　植物的矿质营养 ··· 163

第一节　植物体内的必需元素 ·· 163
　　一、植物的必需元素及其确定方法 ··· 163
　　二、各种必需的元素的生理作用及缺素症 ·· 165

第二节　植物对矿质元素的吸收和运输 ·· 169
　　一、植物对矿质元素的吸收 ·· 169
　　二、矿质元素在植物体内的运输和利用 ··· 172
　　三、影响根部吸收矿质元素的条件 ··· 173

第三节　氮代谢 ··· 173
　　一、生物固氮 ·· 173
　　二、硝酸盐的还原 ··· 174
　　三、氨的同化 ·· 174

第四节　合理施肥的生理基础 ·· 175
　　一、作物的需肥规律 ·· 175
　　二、合理施肥增产的生理原因 ··· 176
　　三、合理施肥的生理指标 ··· 177
　【复习思考题】 ··· 178

第七章　光合作用 ·· 179

第一节　光合作用的概念及其意义 ·· 179
　　一、光合作用的概念及特点 ·· 179
　　二、光合作用的意义 ·· 179

第二节　叶绿体和光合色素 ··· 180
　　一、叶绿体的形态结构和化学成分 ··· 180
　　二、叶绿体的光合色素及其吸收光谱与荧光 ·· 181
　　三、叶绿素的生物合成及其相关条件 ·· 184

第三节　光合作用机理 ··· 185
　　一、光合作用的过程 ·· 185
　　二、光合作用的蓄能过程 ··· 193

第四节　同化产物的运输和分配 ··· 194
　　一、光合作用产物 ··· 194
　　二、植物体内同化物的运输 ·· 195
　　三、植物体内同化物的分配 ·· 196
　　四、影响和调节同化物运输的环境因素 ··· 199

第五节　影响光合作用的因素 ·· 200
　　一、光合速率及表示单位 ··· 200

二、影响光合作用的内部因素 ………………………………………………………………… 200
　　三、影响光合作用的外界因素 ………………………………………………………………… 201
　第六节　光合作用与作物产量 …………………………………………………………………… 204
　　一、作物产量的构成因素 ……………………………………………………………………… 204
　　二、作物对光能的利用 ………………………………………………………………………… 204
　　三、提高作物光能利用率以提高产量的途径 ………………………………………………… 205
　【复习思考题】 …………………………………………………………………………………… 208

第八章　植物的呼吸作用 …………………………………………………………………………… 209
　第一节　呼吸作用的概念、类型及生理意义 …………………………………………………… 209
　　一、呼吸作用的概念 …………………………………………………………………………… 209
　　二、呼吸作用的类型 …………………………………………………………………………… 209
　　三、呼吸作用的生理意义 ……………………………………………………………………… 210
　第二节　呼吸作用的机理 ………………………………………………………………………… 211
　　一、呼吸作用的场所——线粒体 ……………………………………………………………… 211
　　二、呼吸作用的过程 …………………………………………………………………………… 212
　　三、电子传递与氧化磷酸化 …………………………………………………………………… 217
　　四、呼吸作用中的能量利用效率 ……………………………………………………………… 219
　　五、光合作用与呼吸作用的关系 ……………………………………………………………… 219
　第三节　影响呼吸作用的因素 …………………………………………………………………… 220
　　一、呼吸作用的生理指标 ……………………………………………………………………… 220
　　二、内部因素对呼吸速率的影响 ……………………………………………………………… 221
　　三、外界条件对呼吸速率的影响 ……………………………………………………………… 222
　第四节　呼吸作用在农业生产上的应用 ………………………………………………………… 224
　　一、呼吸作用与作物栽培 ……………………………………………………………………… 224
　　二、呼吸作用与农产品贮藏 …………………………………………………………………… 224
　　三、呼吸作用与植物抗病 ……………………………………………………………………… 227
　【复习思考题】 …………………………………………………………………………………… 227

第九章　植物的生长物质 …………………………………………………………………………… 229
　第一节　植物生长激素 …………………………………………………………………………… 229
　　一、生长素 ……………………………………………………………………………………… 229
　　二、赤霉素 ……………………………………………………………………………………… 230
　　三、细胞分裂素 ………………………………………………………………………………… 231
　　四、脱落酸 ……………………………………………………………………………………… 233
　　五、乙烯 ………………………………………………………………………………………… 234
　　六、其他植物生长物质 ………………………………………………………………………… 236
　　七、植物激素间的相互关系 …………………………………………………………………… 237
　第二节　植物生长调节剂 ………………………………………………………………………… 237

一、常用植物生长调节剂 238
　　二、植物生长调节物质在农业上的应用 241
【复习思考题】 243

第十章　植物的生长与分化 244

第一节　植物休眠与种子萌发 244
　　一、植物休眠及其生物学意义 244
　　二、植物休眠的原因 245
　　三、打破休眠的方法 246
　　四、种子的萌发 247

第二节　植物的营养生长 250
　　一、植物生长的区域性和周期性 250
　　二、植物生长的基本特性 252
【复习思考题】 255

第十一章　植物的成花生理 256

第一节　春化作用 256
　　一、春化作用的特性 256
　　二、春化作用的机理 257
　　三、春化作用的应用 258

第二节　光周期现象 258
　　一、光周期反应类型和光周期诱导 259
　　二、光周期现象的应用 262

第三节　花芽分化 263
　　一、花芽分化的概念 263
　　二、影响花芽分化的因素 263
【复习思考题】 264

第十二章　植物的生殖与成熟 265

第一节　受精生理 265
　　一、花粉的化学组成 265
　　二、花粉的寿命和贮藏 265
　　三、柱头的生活力 266
　　四、受精过程 266

第二节　种子和果实的成熟生理 266
　　一、种子成熟时的生理变化 267
　　二、果实成熟时的生理变化 268
　　三、外界条件对种子与果实成熟的影响 269

第三节　植物的衰老与器官的脱落 270

一、植物的衰老 …………………………………………………………………………… 270
　二、植物器官的脱落 ……………………………………………………………………… 271
【复习思考题】 …………………………………………………………………………………… 272

第十三章　植物的逆境生理 …………………………………………………………………… 274

第一节　植物的抗寒性和抗热性 …………………………………………………………… 275
　一、植物的抗寒性 ………………………………………………………………………… 275
　二、植物的抗热性 ………………………………………………………………………… 277

第二节　植物的抗旱性和抗涝性 …………………………………………………………… 279
　一、植物的抗旱性 ………………………………………………………………………… 279
　二、植物的抗涝性 ………………………………………………………………………… 282

第三节　植物的抗盐性 ……………………………………………………………………… 283
　一、土壤盐分过多对植物的危害 ………………………………………………………… 284
　二、植物的抗盐性及其提高途径 ………………………………………………………… 284

第四节　植物的抗病性 ……………………………………………………………………… 285
　一、病原微生物对植物的危害 …………………………………………………………… 285
　二、植物抗病机理 ………………………………………………………………………… 286
　三、植物的抗病性 ………………………………………………………………………… 286

第五节　环境污染对植物的影响 …………………………………………………………… 287
　一、大气污染 ……………………………………………………………………………… 287
　二、水体污染 ……………………………………………………………………………… 289
　三、土壤污染 ……………………………………………………………………………… 290
　四、植物在环境保护中的作用 …………………………………………………………… 291

【复习思考题】 …………………………………………………………………………………… 292

实验实训 ……………………………………………………………………………………… 293

　实验实训一　光学显微镜的结构、使用及保养 ………………………………………… 293
　实验实训二　植物细胞构造、叶绿体、有色体及淀粉粒的观察 ……………………… 295
　实验实训三　细胞有丝分裂的观察 ……………………………………………………… 296
　实验实训四　根的解剖结构的观察 ……………………………………………………… 297
　实验实训五　茎的解剖构造的观察 ……………………………………………………… 298
　实验实训六　叶的解剖结构的观察 ……………………………………………………… 299
　实验实训七　花药、子房结构的观察 …………………………………………………… 299
　实验实训八　植物的溶液培养和缺素症状的观察 ……………………………………… 300
　实验实训九　植物标本的采集与制作 …………………………………………………… 302
　实验实训十　植物组织水势的测定（小液流法）……………………………………… 305
　实验实训十一　质壁分离法测定渗透势 ………………………………………………… 306
　实验实训十二　叶绿体色素的提取和分离 ……………………………………………… 307
　实验实训十三　叶绿素的定量测定（分光光度计法）………………………………… 308

实验实训十四　光合速率的测定（改良半叶法） ……………………………………… 309
实验实训十五　呼吸速率的测定（滴定法） …………………………………………… 311
实验实训十六　生长素对根和芽生长影响的观察 ……………………………………… 312
实验实训十七　植物生长物质在农业生产中的应用 …………………………………… 313
实验实训十八　种子生活力的快速测定 ………………………………………………… 314
实验实训十九　花粉生活力的观察 ……………………………………………………… 316
实验实训二十　春化处理及其效应观察 ………………………………………………… 317
实验实训二十一　观察寒害对植物的影响（电导法） ………………………………… 318

主要参考文献 ……………………………………………………………………………… 320

绪　论

一、植物的多样性和我国的植物资源

地球上从生物出现至今，经历了近35亿年漫长的发展和进化过程，形成了200多万种的现存生物。植物是生物的一个大类，在地球上分布极广。从热带到寒带以至两极地带，从平地到高山，从海洋到陆地，到处都有不同种类的植物生长繁衍。目前已知的植物总数已有50余万种。它们在不同的环境中生长，形成了不同的形态、结构、生活习性和植物种类。尽管形态多样，但一般植物均具有以下共同特征：①具有细胞壁；②能进行光合作用；③具有无限生长的特性，大多数植物从胚胎发生到成熟的过程中，能不断产生新的器官或新的组织结构；④体细胞具有全能性，在适宜的环境条件下，一个体细胞经过生长与分化，即可成为一个完整的植物体。所有植物根据它们的进化程度可划分为有根、茎、叶分化的高等植物和无根、茎、叶分化的低等植物两大类。植物界的分类见图0-1。

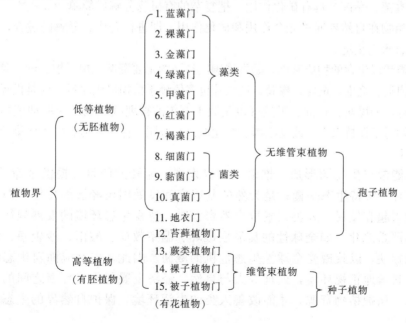

图 0-1　植物界的分类

种子植物是植物界种类最多、形态结构最复杂的一类植物。它同人类一切活动关系密切。全部的农作物、树木和许多经济植物都是种子植物。我国是一个植物资源十分丰富的国家，仅种子植物就有 3 万种以上，占世界高等植物的 1/10，几乎可以看到北半球覆盖地面的各种类型植物群。我国南部热带地区，气候温暖，雨水充沛，四季如春，有利于许多植物的生长繁殖，典型植物有橡胶、椰子、香蕉、荔枝、龙眼、菠萝；我国台湾省是世界盛产香樟的宝岛；广阔的亚热带地区，是全国水稻商品粮重要基地；川南、桂北山上有 100 万年前残存的银杉；西南高山是举世闻名的天然高山花园；华北地区和辽东半岛是全国小麦、棉花和杂粮的重要产区，同时盛产苹果、梨、枣等大量经济作物；东北平原、内蒙古地区除有一望无际的豆科、禾本科大草原外，还种有青稞、荞麦等；西北地区，尤其是新疆，不仅是我国优质长绒棉生产基地，还是葡萄、西瓜和哈密瓜等优质果品的生产基地。

二、植物在自然界和国民经济中的作用

植物界除菌类以外，绝大部分植物都属于绿色植物，它们代谢活动的最大特点是具有"自养性"，这也是和动物的最大区别。它不需要摄取现成的有机物作为食物来源，而以太阳光能作为能源，将简单的无机物如二氧化碳和水合成为碳水化合物，并释放大量的氧气，即绿色植物的光合作用；同时又以碳水化合物作为基本骨架，将吸收的各种矿质元素如氮、磷、硫等合成蛋白质、核酸、脂类等生物大分子。由于植物代谢环节和代谢途径的多样性，其代谢产物多达数千种，至今仍有植物代谢产生的大量的化合物尚难以人工合成，也没有化工厂能将二氧化碳和水直接合成碳水化合物，更不要说成千上万种更加复杂的有机化合物。因此人们把绿色植物比作是"天然超级化工厂"。

如细菌、真菌、黏菌等具有矿化作用，把复杂的有机物分解成简单的无机物，再为绿色植物所利用。植物在自然界通过光合作用和矿化作用，即进行合成、分解的过程，使自然界物质循环往复、永无止境。

植物是人类赖以生存的物质基础，是发展国民经济的主要资源。粮、棉、油、菜、果直接来源于植物，肉类、毛皮、蚕丝、橡胶、造纸等也多依赖于植物提供原料，就是世界上为人类提供主要的能源，如煤炭、石油、天然气也是数千万年前被埋藏在地层中的动植物矿化而成的。此外，植物对于保持水土、改良土壤、绿化城市和庭园、保护环境、减少污染等方面也有不可替代的作用。

虽然植物能参与生物圈形成、推动生物界发展；能转贮能量、提供生命活动能源；能促进物质循环、维持生态平衡；是天然的基因库和发展国民经济的物质资源。但伴随着近代工业的兴起和发展，人类在索取自然资源时，忽视生态环境的发展规律，从而导致自然环境的严重恶化。如全球性的臭氧层破坏、温室效应、酸雨、沙尘暴、河流海洋毒化和水资源短缺，以致遭受全球性生态危机的威胁。因此，人类应面对生态环境恶化的严重挑战，科学地正视环境，处理好人与自然、经济发展与生态环境之间的关系，大规模绿化造林，保护植物资源，才能改善人类的生活环境，保护自然界的生态平衡，为子孙后代造福。

三、植物与植物生理的研究内容、分科和发展趋势

植物与植物生理包括植物学、植物分类学、植物生理学和植物生态学。

植物学是研究植物的形态结构、生理机能、生长发育、遗传进化、分类系统以及生态分布等内容的生物学科。研究的目的在于全面了解植物、利用植物和保护植物，使植物更好地为人类的生活和生产服务。

随着生产和科学的发展，植物学已形成许多分支学科，现简要介绍如下：

植物形态学是研究植物形态结构及其在个体发育和系统发育中的建成过程和形成规律的一门学科。广义的植物形态学包括植物解剖学、植物细胞学和植物胚胎学等内容。

植物分类学是研究植物种类的鉴定、植物类群的分类、植物间的亲缘关系以及植物界的自然系统。按不同的植物类群又可派生出细菌学、真菌学、藻类学、地衣学、苔藓学、蕨类学和种子植物学，植物分类学是植物学中最基本的分支学科。

植物生理学是研究植物生命活动规律的一门学科。它用以指导科学施肥、灌溉、密植、植物生长发育调控、同化物质分配、贮藏保鲜和育种繁殖。不仅是农业科学的重要基础，同时与环境保护、航天、医药、食品工业、轻工业等方面关系密切。

植物遗传学是研究植物的遗传和变异以及人工选择理论与实践的科学。它不仅要研究基因、核酸与蛋白质彼此之间的关系，同时对保护种质资源、培育新品种、改良品质等方面发挥着十分重要的指导作用。

植物生态学是研究植物及其周围环境相互关系的学科。随着科学的发展，派生出个体生态学、植物群落学和生态系统学。

近十几年，植物科学的各个领域不断地与相邻学科如生物化学、遗传学、细胞生物学等相互渗透，一些传统学科间的界限越来越淡化，尤其是分子生物学的迅速崛起，对植物学的发展已产生重大影响，致使边缘学科和新的综合性研究领域层出不穷。可以预期，通过学科的渗透交叉和创新提高，植物科学将在探索植物生命的奥秘和发生发展的规律上获得巨大进步。

四、植物学与农业科学

植物学与农业科学关系十分密切。植物学基础研究的重大突破，往往都会引起农业生产技术发生巨大变革。19世纪植物矿质营养理论的阐述，导致化肥的应用和化肥工业的蓬勃兴起。光合生产率的理论研究成果，促进了粮食生产技术矮化密植措施的发展以及与之相关联的品种改良、植物保护措施的革新，使20世纪的粮食产量大幅度增加，被誉为"绿色革命"。植物资源、植物区分和植被的调查，可以为农业育种提供更多的原始资料，同时为国土整治、大农业的宏观战略决策提供基本资料和科学依据。植物形态解剖特征的研究，对研究农作物生长环境条件与植物生长发育的关系，实施节水灌溉、配方施肥等高产、优质、高效的栽培措施提供了科学理论。近代由于分子生物学的发展，应用植物学关于细胞全能性理论，通过生物技术的离体培养、基因工程和常规育种技术，使人们在较短的时间内获得了较为理想的农业工程植物。1973年遗传工程诞生，带动了整个自然科学的发展，为人类开发

应用生物技术开创了一个崭新的纪元。我国正在实施的超级杂交水稻基因组计划研究工作取得了显著的成就,科学家们已发现一些和稻米品质、光合作用等超高产因素相关的基因位点,为成功培育超级杂交水稻奠定了理论基础。

随着科学技术的迅猛发展,相互关联、渗透的学科间理论研究必将更广泛地开展。植物学也必将在发展农业科学中更好地发挥其理论基础的作用,为农业生产的现代化作出更多的贡献。

五、学习本课程的目的与方法

本课程是种植类专业的一门专业基础课程,以粮、棉、油、果树、蔬菜、花卉等主要植物为代表,阐述植物的形态、结构、器官、组织以及植物生命活动的规律,同时叙述植物与环境之间的关系。它将为学习作物栽培技术、遗传育种技术、植物保护技术等课程打下一定的基础。通过该课程的学习不仅使学生能掌握植物与植物生理的理论知识,同时对如何进一步保护和利用植物资源,使其更好地为人类服务有一定启发;更为同学们从事农业生产管理,提高农作物产量和品质,对提高分析、解决生产中碰到的实际问题的能力有所裨益。

植物与植物生理是一门建立在实践基础上的学科,因此,正确地观察现象,提出问题、分析问题,巧妙地设计实验,采用适当、先进的实验手段精确地进行操作,对实验结果做出合理的解释,是从事植物与植物生理等学科学习和研究所应有的素质。所以学习植物与植物生理必须重视实验和观察,只有通过实地调查,反复实践,细心观察,借助于物理的、化学的和生物的方法,从植物局部到整体、从宏观到微观、从实验室到大田,对植物的各种生命活动进行综合分析,才能真正了解植物生命活动的规律并掌握植物生长发育的调控技术原理,最后应用这些规律和理论去指导生产,为人类创造财富,推动农业生产力的发展。

在学习过程中,应以辩证的观点去分析有关内容。植物体的各个部分、植物体和环境之间都是相互联系又相互制约的;植物个体在成长中,需要经历一系列生长发育的过程,因此,在认识植物形态结构和生理功能的变化规律时,要注意建立动态发展的观点。

■ 复习思考题

1. 什么是植物?动植物有何主要区别?
2. 植物与自然界有何关系?
3. 学习植物与植物生理有何重要意义?
4. 学习本课程应注意什么?
5. 怎样才能学好植物与植物生理?

第一章

植物细胞和组织

教学目标 本单元主要介绍植物的细胞、组织、营养器官和生殖器官的形态、结构、功能及植物生长发育等基本理论知识。在学习过程中，要树立辩证唯物主义观点，理解植物体的各个部分在植物的整个生命活动过程中是相互联系、相互协调，又是相互制约和统一的。通过学习使同学了解植物细胞的结构、功能与繁殖；了解植物组织的分类与功能；熟练掌握显微镜的使用技术和观察植物细胞和组织的结构。

第一节　植物细胞的结构与功能

植物种类繁多，千差万别。就植物的构造而言，植物都是由细胞构成的。最简单的植物仅由一个细胞构成，即单细胞植物。例如细菌、小球藻。绝大多数植物是由许多细胞构成的，其细胞数量可由几个到几亿个。而生物的一切生命活动都是通过细胞的繁殖与代谢来完成的。由此可见，细胞是构成生物体形态结构和生命活动的基本单位。

一、细胞的形态与大小

植物细胞可分为原核细胞和真核细胞两大基本类型。支原体、细菌、放线菌和蓝藻均由原核细胞构成，由细胞膜、细胞质、核糖体和拟核组成，无细胞核，属原核生物。其他动、植物均由真核细胞组成，都有细胞核，属真核生物。高等植物均为多细胞植物，由真核细胞组成（图1-1）。

植物细胞的形状（图1-2）和大小取决于细胞的遗传性和生理上所担负的功能对环境的适应性。植物真核细胞直径一般在10~100μm，大都需要借助光学显微镜才能看到。但也有少数大型细胞。如番茄的成熟果肉细胞，直径可达1mm，苎麻的纤维细胞可达550mm。

二、原生质的化学组成

原生质是细胞内具有生命活动的物质。是由多种物质组成的，是具有一定的弹性和黏性、半透明、不均匀的亲水胶体，是细胞结构和生命活动的物质基础。它组成十分复杂，

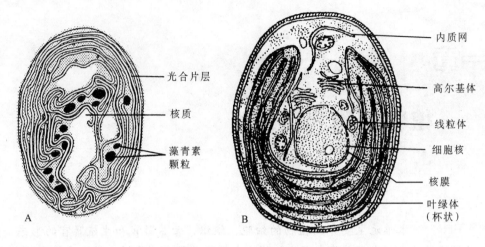

图1-1 原核生物蓝藻（A）和真核生物小球藻（B）的细胞

而且不断更新。在不同植物种类、器官和同一植物不同生育阶段的细胞中，原生质的化学组成也不相同。但所有细胞的原生质都有相似的基本组分和特性。

原生质的基本化学组分为无机化合物和无机盐，以及有机化合物如糖类、脂类、蛋白质和核酸。

水是原生质中极重要的组分，一般占细胞全重的60%～90%，细胞中的许多代谢反应，都是在水作为介质中进行的。细胞中95%的水以游离水的形式存在，能参与代谢过程。少量水与其他物质结合，为原生质结构的一部分。细胞内水的含量是变化的，含水量的高低，

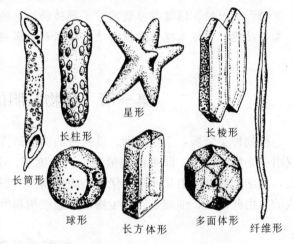

图1-2 植物细胞的形状

直接影响着原生质的胶体状态。水分多时，原生质呈溶胶状态，代谢活动旺盛；水分少时，原生质呈凝胶状态；代谢活动缓慢。原生质中含有一些无机盐类，如与叶绿素形成有关的铁和镁，与蛋白质合成有关的氮、硫、磷等。虽然含量较少，但在其生命活动中必不可少，除作为某些高分子化合物的必需元素外，对维持细胞的酸碱度、调节细胞的渗透压等都起着十分重要的作用。

糖类是植物进行光合作用的产物。在细胞内糖类参与原生质和细胞壁的构成，并作为原生质生命活动的能量来源，还可以作为合成其他有机物质的原料。

脂类是指脂溶性物质，其共同特点是难溶于水，必须通过水解产生脂肪酸。脂类在原生质中可作为结构物质，如磷脂和蛋白质结合，形成质膜和细胞内膜的重要物质。

蛋白质是由20多种氨基酸聚合而成的大分子化合物，在原生质中的含量仅次于水，约占干重的60%。它不仅是原生质的结构物质，而且还以酶等形式存在，分布在细胞的特定部位，调节细胞的正常代谢过程。

核酸是重要的遗传物质,担负着贮存和传递遗传信息的功能,同时和蛋白质的合成有密切关系。构成核酸的基本单位是核苷酸。每个核苷酸又由一个磷酸、一个戊糖和一个碱基组成。碱基为嘌呤碱和嘧啶碱两类,常见的有5种,即腺嘌呤(A)、鸟嘌呤(G)、胞嘧啶(C)、尿嘧啶(U)和胸腺嘧啶(T)(图1-3)。

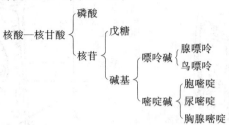

图1-3 核酸的组成

根据戊糖组成的不同,核酸可分为两大类:戊糖为核糖的核酸称核糖核酸(RNA),戊糖为脱氧核糖的核酸为脱氧核糖核酸(DNA)(表1-1)。RNA主要分布在细胞质和核仁中,直接参与蛋白质的合成;DNA主要存在于细胞核的染色体上,线粒体和质体上也有,其功能为贮存和传递遗传信息。

表1-1 两类核酸的基本化学组成

	RNA	DNA
酸	磷酸	磷酸
戊糖	核糖	脱氧核糖
嘌呤	腺嘌呤(A)	腺嘌呤(A)
	鸟嘌呤(G)	鸟嘌呤(G)
嘧啶	胞嘧啶(C)	胞嘧啶(C)
	尿嘧啶(U)	胸腺嘧啶(T)

细胞通过原生质组成的各种结构不断地进行新陈代谢活动,包括分解大分子物质,释放能量;利用能量和从环境中吸收的物质,将一些小分子物质再合成生命活动所需的大分子物质,从而促进植物的生长、发育和繁殖。

三、植物细胞的结构与功能

植物细胞由原生质体和细胞壁两部分组成。

1. 原生质体 是细胞的主要部分,指细胞壁以内各种结构的总称,包括细胞膜、细胞质与细胞核(图1-4、图1-5)。

(1)细胞膜(又称质膜)。是紧贴细胞壁而包围细胞质的一层薄膜。主要由磷脂和蛋白质组成。它的主要功能是控制细胞内与外界物质的交换。这种交换具有选择透性。另外,细胞膜的某些特殊的蛋白质能接受外界的刺激和信号,引起细胞内代谢和功能的变化,调节细胞的生命活动。细胞膜还能抵抗病菌的感染,参与细胞识别等。另外,当外界溶液浓度高于细胞内部浓度时,细胞内水分就会向外渗出,超过一定量时,原生质就会失水而收缩,与细胞壁发生分离,这种现象称质壁分离。农业生产上若作物施肥量过高,就会发生这种现象,严重时损伤植物,甚至导致植株死亡。

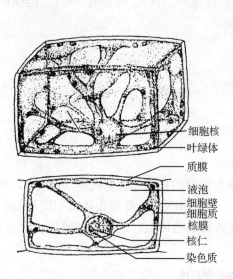

图1-4 植物细胞的构造　　图1-5 植物细胞的亚显微结构立体模式图

（2）细胞质。是细胞膜内除细胞核以外的原生质。内有许多具有一定形态、结构和功能的细胞器，根据其构造和特点，细胞器可分为3种类型，见图1-6。

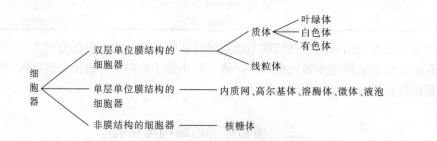

图1-6 细胞器的类型

叶绿体是十分重要的细胞器，它存在于植物绿色部分的薄壁细胞内（图1-7），是进行光合作用的场所，把光能转换成化学能，将二氧化碳和水合成有机物，并释放氧气。高等植物的叶绿体含有叶绿素（包括叶绿素a和叶绿素b）、胡萝卜素（呈橙红色）和叶黄素（呈黄色）。植物叶片的颜色与三种色素的比例有关。一般情况下，叶绿素含量高时叶片呈绿色。某些植物到了秋天叶色逐渐变成红色，就是细胞内胡萝卜素含量升高的结果。

线粒体是细胞进行呼吸作用的场所。细胞内的糖、脂肪、氨基酸等物质的最终的氧化都在线粒体中进行，通过细胞的呼吸作用，能提供细胞代谢、植物生长乃至一切活动所需的能量，故线粒体有细胞动力站之称。其结构见图1-8。

叶绿体和线粒体都具有与原核生物相似的DNA以及比细胞质核糖体小的核糖体，分裂

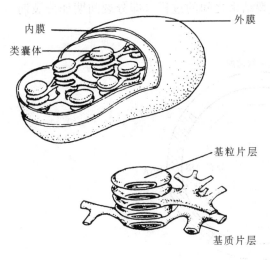

图 1-7 叶绿体　　　　图 1-8 线粒体三维结构模式图

繁殖前能进行 DNA 复制，并能合成自己的蛋白质。因而这两种细胞器除受细胞核的基因控制外，均具有一定程度的遗传自主性。

（3）细胞核。细胞核的出现是生物细胞进化的主要标志之一。真核细胞都有细胞核，一个细胞一般只有一个细胞核。细胞核由核膜、核仁和核质三部分组成。核膜由双层膜组成。核仁是折光性很强的小球体。核质由核液和染色质组成。核液是细胞核内的基质，染色质和核仁悬浮在其中，它含有蛋白质、RNA 和多种酶，能保证 DNA 的复制和 RNA 的转录。细胞核的主要功能：贮藏具有遗传信息的 DNA，并在具有分裂能力的细胞中进行复制；控制植物体的遗传性状，通过蛋白质的合成，调节和控制细胞的发育；在核仁中形成细胞质的核糖体亚单位。

2. 细胞壁　植物细胞具有细胞壁，是与动物细胞的细胞结构最显著的区别之一。细胞壁是包围质膜的一层坚硬而略有弹性的细胞外壳，它是由原生质体所分泌的物质构成的。主要功能：维持细胞具有一定形状，对器官起到一定的支持作用；保护原生质体，减少水分散失，防止微生物的入侵和机械损伤；参与植物体吸收、分泌、蒸腾和细胞间物质运输；参与调节植物细胞生长、细胞识别等重要生理活动。

第二节　植物细胞的繁殖

植物的生长和发育，主要是细胞的繁殖、增大和分化的结果，而细胞的繁殖是以细胞分裂的方式进行的，生物的传宗接代亦是通过细胞分裂实现的。

一、细胞周期

植物细胞分裂，主要有 3 种方式，即有丝分裂、无丝分裂和减数分裂。所有的细胞在分裂前都需要经历一个准备时期，称为分裂间期。该时期在细胞周期中所占时间最长，合成代谢最活跃。主要进行以遗传物质复制为主的一系列生化反应，并为细胞分裂积累能量，然后进入分裂期。从第一次分裂结束到第二次分裂结束之间的过程（即分裂间期加分裂期），称为一个细胞周期（图1-9）。

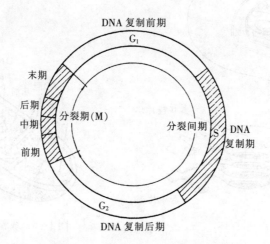

图1-9 植物细胞周期示意图

植物细胞周期所经历的时间一般在十几小时至几十小时，其中S期最长。

二、细胞繁殖方式

1. 有丝分裂 有丝分裂是真核细胞繁殖的基本形式，正是通过这种方式的细胞分裂，大大增加细胞数量，使营养器官的根、茎等伸长、增粗，使叶片扩展。为便于认识和研究，一般将细胞的有丝分裂分为前期、中期、后期和末期4个时期（图1-10）。

（1）前期。染色质由纤维状开始螺旋状卷曲、缩短加粗，成为具有一定形状的棒状体，即为染色体。由于它在间期已经复制，所以每条染色体都是双股的，中间有着丝点连接。接着核仁、核膜解体，同时在核的两端开始出现少量由微管组成的纺锤丝，形成纺锤体。

（2）中期。所有染色体排列在纺锤体中央的平面上，这个平面称赤道板。该时期染色体已缩短到比较固定的状态，因此是观察染色体数目、形态和结构的最好时期。

（3）后期。双股的染色体着丝点分开，形成两条染色单体，在纺锤体的作用下，染色单体从赤道板各向一极移动。

（4）末期。染色体到达两极后，又逐渐变得细长，成为盘曲的染色丝。此时纺锤体逐渐消失，核膜与核仁重新形成，核膜把两极的染色丝包起来，形成两个新的细胞核。同时原母细胞赤道板处逐渐形成细胞壁，于是两个子细胞形成。

经过细胞的有丝分裂，一个母细胞就分裂成两个染色体数目相同的子细胞，保证了遗传物质的传递和性状的稳定性。

2. 减数分裂 减数分裂是植物进行有性繁殖时的一种特殊的细胞分裂方式，也称成熟分裂。在某些方面与有丝分裂相似，如遗传物质在间期复制，分裂时出现染色体加粗及纺锤体、核仁和核膜的变化等，也可划分为相似的前期、中期、后期和末期。所不同的是：减数分裂发生在有性繁殖过程中的特定时期——单核花粉粒（小孢子）和单核胚囊（大孢子）形成之前。

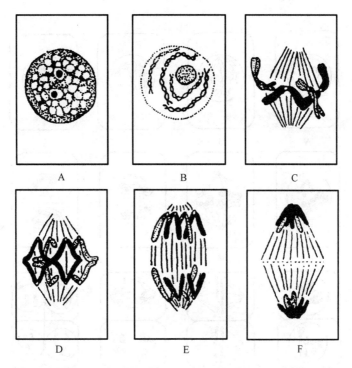

图1-10 有丝分裂图解
A. 分裂间期 B. 前期 C. 中期 D、E. 后期
F. 末期 （赤道板处的虚线表示成膜体）

全过程包括两次连续的分裂，分别为减数分裂的第一次分裂（以减数分裂Ⅰ表示）和减数分裂第二次分裂（以减数分裂Ⅱ表示）。所以通过一次减数分裂可产生4个子细胞（有丝分裂产生两个子细胞）。

减数分裂Ⅰ较为特殊，特别在前期经历时间长，染色体变化复杂，共分为5个时期，即细线期、偶线期、粗线期、双线期和终变期。

在偶线期，染色体逐渐变短变粗。同源染色体成对靠拢，进行配对，发生联会现象。所谓同源染色体是指分别来自父本和母本，但形状、大小相似，基因顺序相同的两条对应染色体。同源染色体联会后称为二价体，内含4条染色单体，所以也称四联体。

在粗线期，染色体缩短变粗，并进行染色体片段的互相交换和再结合。这种遗传物质的部分重新组合，可引起后代在某些遗传性状上的变化，这对物种进化有着十分重要的意义。通过有性杂交培育新品种就是应用该理论的实例。

减数分裂Ⅰ的后期向两极移动的是同源染色体，并非染色单体。因此，两子细胞的染色体数目是母细胞的一半，而减数分裂Ⅱ的后期才如有丝分裂一样，趋向两极的是染色单体。最终形成的4个子细胞均为单倍体。只有当雌雄性细胞融合后，才能恢复原有染色体数，从而使物种的染色体数保持稳定（图1-11）。

3. 无丝分裂 亦称直接分裂，是一种简单的分裂方式。无丝分裂有几种方式，如横缢、纵裂、出芽等。以横缢方式的分裂时，首先是核一分为二，接着核伸长，中部横缢，在两核间产生新的细胞壁，最后形成两个细胞，分裂期间不经过染色体变化的复杂过程，也不出现纺锤丝。

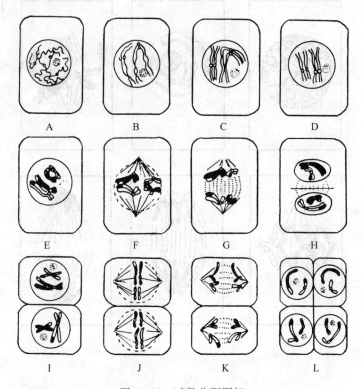

图1-11 减数分裂图解
A. 细线期 B. 偶线期 C. 粗线期 D. 双线期 E. 终变期 F. 中期Ⅰ
G. 后期Ⅰ H. 末期Ⅰ I. 前期Ⅱ J. 中期Ⅱ K. 后期Ⅱ L. 末期Ⅱ

无丝分裂常发生在低等植物和某些高等植物的块根、块茎、根的分生组织、木质部活细胞、胚乳细胞、禾本科植物节间基部等处。一些离体培养的愈伤组织的增殖也可见到无丝分裂。

三、细胞的生长与分化

  细胞的生长是指经母细胞分裂后产生的子细胞在细胞体积和重量上的增加。它最明显的特征除体积增大外，液泡由小变大形成中央液泡，细胞器不断增加，细胞壁随之生长加厚，成分也由含大量果胶质和半纤维转为含较多纤维素和半纤维的多糖等物质。

  细胞生长受遗传因子的控制外，也受环境因素的影响。生长在温度、水分、营养条件适宜环境下的植物，细胞生长速度快、体积大，否则细胞的生长速度慢、体积也小。

  细胞分化是指同源的细胞逐渐变为结构、功能、生化特征相异的过程。高等植物的细胞分工十分明确，如物质的吸收、运输，有机物质的合成、分解和贮藏，植物体的保护、支持等各种功能几乎都由专一的细胞分别承担。相应导致细胞在形态、结构及功能等方面发生分化。例如，同样来源于胚细胞，叶肉细胞发育形成大量的叶绿体能进行光合作用，表皮细胞内叶绿体较少，但发育出角质层。另外，具有吸收功能的根毛细胞，既无叶绿体，也无角质层，是在外壁凸出形成管状结构的根毛。

  植物体内许多已经分化的细胞仍保留着足够的可塑性。在一定的条件下，可以通过脱分化转变成具有分裂能力的幼嫩细胞。所谓脱分化是指已分化的细胞又失去其结构、功能、典型特征而逆转到幼态的过程。例如取植物幼嫩枝条的某一组织在合适的培养基上，给予适宜的环境条件，经过一段时间，该组织的细胞可以失去其分化的结构，不断进行细胞分裂，最后形成具有根、茎、叶完整的植株。这一理论，目前在组织培养方面已得到广泛的应用。

一般认为，成熟组织中凡保持有原生质体的细胞，仍具有一定的分裂潜能，在一定的条件下可以通过脱分化恢复分裂活动。细胞的脱分化从一个侧面说明了细胞具有全能性。但分化程度越高的细胞越难脱分化。

第三节　植物的组织与功能

植物在长期的演变进化过程中，由于对复杂环境的适应，植物体内分化出生理功能不同、形态结构也相应发生变化的多种类型的细胞。植物的进化程度越高，其内部的细胞分工也越细。因此，人们把在个体发育中来源相同、形态结构相似、生理功能也相同的结构和功能单位称为组织。不同的组织组成器官。高等植物的各个器官——根、茎、叶、花、果实和种子都是由某几种组织所构成的，各组织多具有一定的主要功能，同时组织间相互配合、互相依赖，共同完成植物的生理活动。植物组织按照形态结构和生理功能可分为分生组织和成熟组织两大类。

一、分生组织

在植物胚胎发育的早期，所有胚细胞均能进行细胞分裂，但发育成植物体后，仅在植物体特定部位的细胞才能保持胚细胞的特点，继续进行细胞分裂。这些具有持续性或周期性进行细胞分裂能力的特定部位的细胞群组织称为分生组织。

分生组织的细胞代谢旺盛，具有很强的细胞分裂能力；一般细胞排列紧密，无细胞间隙；细胞壁薄，细胞核较大。通过分生组织的细胞分裂，一方面为植物体产生其他组织的细胞，另一方面也可使它本身继续存在下去，对植物的生长与发育关系十分密切。

按照分生组织的所处位置，可分为顶端分生组织、侧生分生组织和居间分生组织。

1. 顶端分生组织　顶端分生组织位于根、茎及分枝的顶端部位（图1-12），能长期保持旺盛的细胞分裂能力，虽然也有休眠时期，但当环境条件比较适宜时又能继续进行细胞分裂。该细胞分裂产生的细胞一部分仍保持较旺盛的细胞分裂能力，可使根、茎、分枝不断伸长，并在茎上形成侧枝、叶和侧根扩大营养面积和吸收范围，另一部分生长、分化、形成成熟组织。

同时也有一些开花植物，例如禾谷类、油菜等作物，当植株生长到一定时期，并在一定的环境条件下，茎顶端分生组织发生质的变化，形成生殖器官，如花或花序。

2. 侧生分生组织　侧生分生组织主要存在于裸子植物和双子叶植物的根、茎周侧，与所在器官的长轴呈平行排列（图1-13）。

植物与植物生理

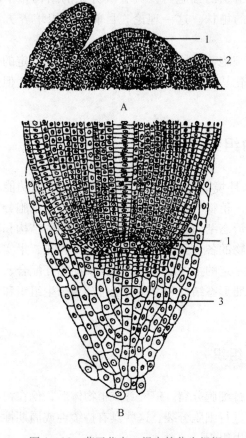

图 1-12 菜豆茎尖、根尖的分生组织
A. 茎尖纵切，示顶端分生组织的部位
B. 根尖纵切，示顶端分生组织的部位
1. 顶端分生组织 2. 叶原基 3. 根冠

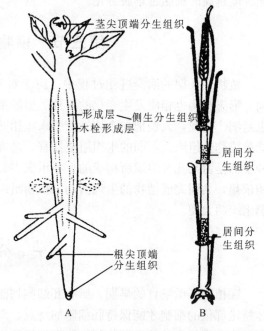

图 1-13 分生组织在植物体内的分布示意图
A. 顶端分生组织和侧生分生组织的分布
B. 居间分生组织的分布
(引自 Esau)

侧生分生组织包括维管形成层和木栓形成层。维管形成层的细胞具有不同程度的液泡化，活动时间较长，分裂后的细胞分化为次生韧皮部和次生木质部，是根和茎增粗的主要动力。木栓形成层是由成熟的生活细胞转化而来的，位于维管形成层的外侧，分裂活动的时间较短，产生的细胞分化为木栓层和栓内层，在根、茎或受伤的器官表面形成一种覆盖于根、茎外围的保护组织——周皮。

3. 居间分生组织　是由顶端分生组织衍生而遗留在某些器官的局部区域中的分生组织。如水稻、小麦等禾谷类作物，在茎的节间基部保留居间分生组织，所以当顶端分化幼穗后，仍能借助于居间分生组织的活动，进行拔节和抽穗，使茎继续长高。有些植物茎秆倒伏后逐渐恢复向上生长，葱、韭菜叶子被剪去后还能继续伸长，都是因为居间分生组织活动的结果。

二、成熟组织

分生组织分裂产生的细胞，经过进一步生长和分化逐渐丧失分裂能力，所形成的组织变为成熟组织。成熟组织在生理上和形态结构上具有一定的稳定性，所以也称永久组织。

成熟组织按其生理功能可分为保护组织、基本组织、机械组织和输导组织。

1. 保护组织 保护组织存在于植物体的表面，由一层或数层表皮细胞组成。其功能主要是减少水分蒸腾、防止机械损伤和病虫害的侵害。按其来源可分为表皮和周皮。

（1）表皮。为初生保护组织，通常为一层细胞，细胞排列紧密相嵌，细胞中有大液泡，一般无叶绿体，有时含有白色体、有色体、花青素、单宁等，细胞外壁较厚，并角化形成角质层。

叶表皮上有许多气孔器，它由两个保卫细胞合围而成，中间留有间隙称气孔，是气体出入的通道，并能调节蒸腾作用的大小。保卫细胞内含有叶绿体（图1-14、图1-15）。

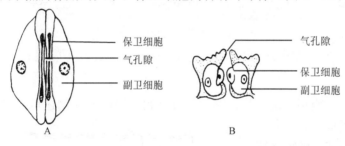

图1-14 水稻的气孔器
A. 顶面观 B. 侧面观
（气孔器中部横切）

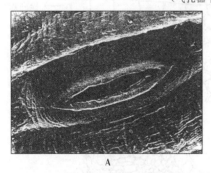 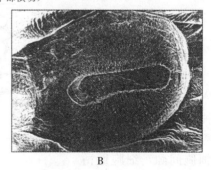

图1-15 气孔器扫描电镜图
A. 洋葱叶表皮气孔的外面观 B. 洋葱叶表皮气孔的内面观（紧靠叶肉的一面）
（引自 Taiz 等）

表皮上还普遍存在着表皮毛和腺毛，这不仅可以加强表皮的保护作用，同时多毛密生的植物表皮由于折射的关系常呈白色，可削弱强光的影响，减少水分的蒸腾，对于干旱地区生活的植物十分有利。此外，腺毛有分泌作用（图1-16）。

（2）周皮。周皮属次生保护组织，它由木栓层、木栓形成层和栓内层共同构成（图1-17）。

周皮的形成是从木栓形成层的活动开始。向外分裂、分化出多层木栓细胞形成木栓层；

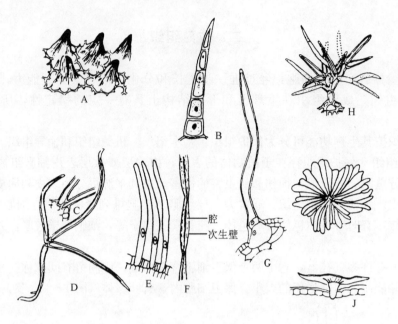

图 1-16 表皮毛状体

A. 三色堇花瓣上的乳头状毛　B. 南瓜的多细胞表皮毛　C、D. 棉属叶上的簇生毛　E、F. 棉属种子上的表皮毛（E. 幼期、F. 成熟期）　G. 大豆叶上的表皮毛　H. 熏衣草属叶上的分枝毛　I、J. 橄榄的盾状毛（I. 顶面观、J. 侧面观）

向内分裂出少量的栓内层。随着根、茎的继续增粗，周皮的内侧还可以产生新的木栓形成层，再形成新的周皮。周皮的木栓层之间无细胞间隙，细胞壁较厚，并且高度栓化，最后细胞内原生质解体，从而形成了不透水、绝缘、隔热、耐腐蚀、质软的死细胞，起到良好的保护作用。

2. 基本组织　基本组织在植物体内分布最广、数量最多，是进行各种代谢活动的主要组织。基本组织的细胞排列疏松，有较大的细胞间隙，细胞壁薄（也称薄壁组织），液泡较大，细胞分化程度较低，有潜在的分生能力。这对扦插、嫁接的成活以及进行组织离体培养中不定根和不定芽的产生均有实际意义（图1-18、图1-19）。

根据基本组织的主要功能，又将其分为吸收组织、同化组

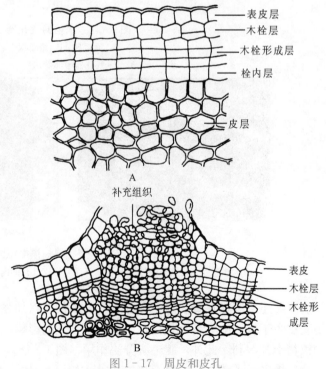

图 1-17 周皮和皮孔
A. 棉茎的周皮（引自李正理）
B. 接骨木茎的皮孔（引自 Strasburger）

织、通气组织、贮藏组织和传递细胞。

(1) 吸收组织。位于根尖的根毛区。通过根毛和根的表皮细胞对水分和营养物质的吸收，将这些物质送往根的输导组织。

(2) 同化组织。主要存在于叶肉中，这类细胞含有大量的叶绿体，能进行光合作用。

(3) 贮藏组织。主要存在于果实、种子、块根、块茎中以及根茎的皮层和髓中，细胞内充满贮藏的营养物质。主要有淀粉、糖类、蛋白质和油类。

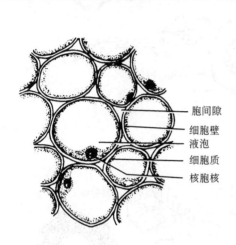

图1-18 茎的薄壁组织

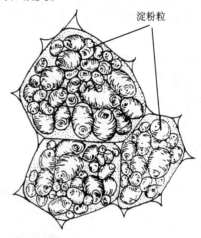

图1-19 马铃薯块茎的贮藏组织

(4) 通气组织。是指具有大量细胞间隙的薄壁组织，水生和湿生植物特别明显，其功能为贮藏气体，以利于细胞呼吸时的气体交换。

(5) 传递细胞。是一类特化的薄壁细胞，最显著的特征是细胞壁的内突生长（图1-20）。这样使细胞质膜的表面积增大20倍以上，并富有胞间连丝，主要功能行使物质短途运输和传递。

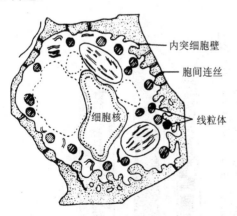

图1-20 菜豆茎初生木质部中的一个传递细胞示意图

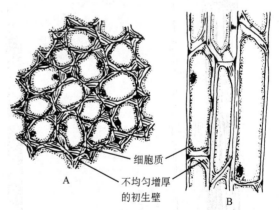

图1-21 薄荷茎的厚角组织横切面（A）与纵切面（B）

3. 机械组织 机械组织是对植物起支持、加固作用的组织。植物的幼嫩器官，机械组织不发达，随着器官的生长、成熟，某些细胞壁局部或全部加厚，有的还发生木化。根据增厚的程度可分为厚角组织和厚壁组织两类。厚角组织分布在茎、叶片、叶柄、花柄的外围或表皮下,最明显特征是细胞壁不均匀加厚(图1-21、图1-22)。厚壁组织的特征是细胞壁全部均匀加厚,细胞成熟后,细胞腔小,是没有原生质体的死细胞。组成厚壁组织的一类是纤维,另一类是石细胞(图1-23、图1-24)。

4. 输导组织 输导组织是由一些管状细胞上、下连接,担负植株体内长途运输的组织。根据它们对运输物质的差异可分为两类(图1-25、图1-26、图1-27),即导管和管胞,筛管和伴胞。

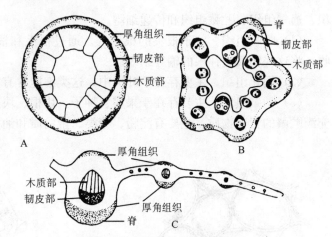

图1-22 厚角组织分布图解
A. 在木本茎(椴属)中的分布 B. 在草本藤(南瓜属)中的分布
C. 在叶中的分布

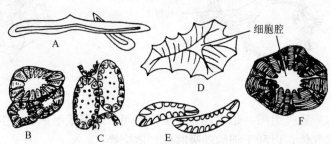

图1-24 石细胞
A. 油橄榄(叶) B. 梨(果肉) C. 毛竹(茎)
D. 油茶(叶) E. 椰子(内果皮) F. 核桃(内果皮)

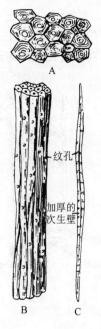

图1-23 厚壁组织
A. 纤维束的横切面
B. 纤维束
C. 纤维细胞

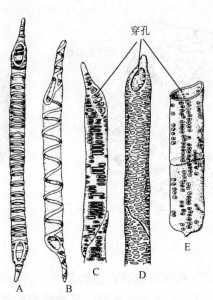

图1-25 导管的类型
A. 环纹导管 B. 螺纹导管 C. 梯纹导管 D. 网纹导管 E. 孔纹导管

第一章 植物细胞和组织

图 1-26 管胞的类型
A. 环纹管胞 B. 螺纹管胞

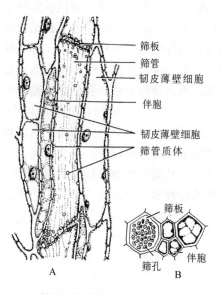

图 1-27 筛管和伴胞纵切面（A）与横切面（B）

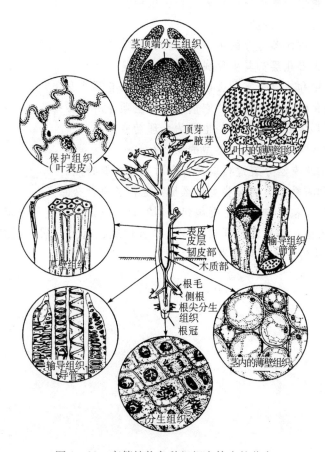

图 1-28 高等植物各种组织在体内的分布

· 19 ·

木质部和韧皮部的在植物体内主要起水分和养分的运输作用。木质部包括导管、管胞、木薄壁细胞和木纤维等；韧皮部包括筛管、伴胞、韧皮薄壁细胞和韧皮纤维等部分。

木质部和韧皮部在植物体内紧密结合在一起，形成的束状结构称为维管束。木质部和韧皮部的主要部分呈管状结构，因此又称为维管组织。植物体内的维管束，纵横交叉贯穿于植物体内的所有部位，形成一个相互联系的输导系统，称为维管系统。蕨类植物开始有真正的维管系统，通常将蕨类植物和种子植物总称为维管植物。

5. 分泌组织 某些植物在代谢过程中，会产生蜜汁、挥发油、树脂、乳汁、单宁、生物碱、盐类等物质，聚集在细胞内、胞间隙或腔道中，或通过一定的细胞组成的结构排出体外，这种现象称为分泌现象。许多植物的分泌物具有重要的经济价值，如橡胶、生漆、芳香油、蜜汁等。凡能产生分泌物质的有关细胞或特化的细胞组织，总称为分泌组织。

植物的各种器官都是由许多组织组成的，在整个生命活动过程中，各组织既有严格的分工，又有密切的联系，构成了一个完整的植物体（图1-28）。

▋ 复习思考题

1. 什么是细胞？绘细胞亚显微结构图，并注明各部分名称。
2. 原生质、细胞质和原生质体三者有什么区别？
3. 生物膜有哪些主要功能？
4. 简要说明原生质体各部分的主要结构特征和功能。
5. 细胞壁可分为哪几层？其主要成分和特点各是什么？
6. 植物的初生壁和次生壁有什么区别？次生壁上有哪些变化？
7. 原生质主要化学组成有哪些？它们各自的生理作用有哪些？
8. 液泡是怎样形成的？它有哪些重要的生理功能？
9. 什么是后含物？主要有哪些类型的物质？
10. 说明植物细胞有丝分裂过程以及各个时期的主要特点。
11. 有丝分裂和减数分裂有哪些主要区别？它们各有什么意义？
12. 什么叫组织？植物有哪些主要组织类型？说明它们的功能和分布。
13. 解释下列术语：细胞器、真核细胞、原核细胞、有丝分裂、减数分裂、细胞周期、组织、分生组织、成熟组织、同源染色体。

第二章

植物的营养器官

教学目标 本章主要讲授高等植物根、茎、叶的一般生理功能、形态类型及内部解剖构造，生活环境对植物器官形态结构的影响。掌握植物营养器官的形成以及生长过程中形态结构的变化规律，单子叶植物与双子叶植物、被子植物与裸子植物在形态结构等方面的差异，营养器官之间的区别与联系等理论；具备用科学的术语正确描述营养器官形态特征与类型，以及区别正常器官与变态器官，准确定位植物形成层的能力；达到运用本章理论与技能去指导专业实践的教学目标。

在高等植物体（除苔藓植物外）中，由多种组织组成，具有显著形态特征和特定功能，易于区分的部分，称为器官。植物的器官可分为营养器官和生殖器官，营养器官包括根、茎和叶三部分，它们共同担负着植物体的营养生长，并为生殖器官的分化形成提供物质基础。

第一节 根

根是植物在长期适应陆地生活过程中形成的地下营养器官。在高等植物中，从蕨类才开始出现根，至种子植物已演化成为重要的营养器官之一，并存在有主根、侧根和不定根3种类型，由这些类型的根组成了植物的根系。

一、根的功能

1. 支持与固着作用 被子植物具有庞大的根系，其分布范围和入土深度与地上部分相应，以支持高大、分枝繁多的茎叶系统，并把它牢牢地固着在陆生环境中，以利于它们进行各自所承担的生理功能。

2. 吸收、输导与贮藏作用 根是植物重要的吸收器官，能够不断地从土壤中吸收水和无机盐，并通过输导作用，满足地上部分生长、发育的需要。如生产1kg的稻谷需要800kg的水，1kg小麦要300～400kg水，这些水绝大部分是靠根系从土壤中吸收。此外，根还能吸收土壤溶液中离子状态的矿质元素以及少量含碳有机物、可溶性氨基酸和有机磷等有机物，以及溶于水中的CO_2和O_2。根又可接受地上部分所合成的有机物，以供根的生长和各种生理活动所需，或者将有机物贮藏在根部的薄壁组织内。

3. 合成作用 根能合成多种有机物，如氨基酸、植物碱（如尼古丁）及激素等物质；当病菌等异物入侵植株时，根亦和其他器官一样，能合成被称为"植物保卫素"的一类物质，起一定的防御作用。

4. 分泌作用 根能分泌近百种物质，包括糖类、氨基酸、有机酸、固醇、生物素等生长物质以及核苷酸、酶等。这些分泌物有的可以减少根在生长过程中与土壤的摩擦力；有的使根形成促进吸收的表面；有的对他种生物是生长刺激物或毒素，如寄生植物列当，其种子要在寄主根的分泌物刺激下才能萌发，而苦苣菜属（Sonchus）、顶羽菊属（Acroptilon）一些杂草的根能释放生长抑制物，使周围的植物死亡，这就是异株克生现象；有的可抗病害，如抗根腐病的棉根分泌物中有抑制该病菌生长的水氰酸，不抗病的品种则无；根的分泌物还能促进土壤中一些微生物的生长，它们在根际和根表面形成一个特殊的微生物区系，这些微生物对植株的代谢、吸收和抗病性等方面起作用。

二、根的形态

1. 根的类型 根据根发生部位的不同可分为主根、侧根和不定根。由种子的胚根发育形成的根称为主根，主根上产生的各级分枝都称为侧根。由于主根和侧根发生于植物体固定的部位（主根来源于胚根，侧根来源于主根或上一级侧根），所以又称为定根。不定根是指由茎、叶、老根或胚轴上产生的根，生产中常利用植物产生不定根的特性，利用扦插、压条等方法进行营养繁殖。

2. 根系的种类 一株植物地下部分所有根的总体，称为根系。根系分为直根系和须根系两种类型（图2-1）。主根发达粗壮，与侧根有明显区别的根系称为直根系。大部分双子叶植物和裸子植物的根系属于此类型，如大豆、向日葵、蒲公英、棉花、油菜等。主根不发达或早期停止生长，由茎的基部生出许多粗细相似的不定根，主要由不定根群组成的根系称为须根系。如禾本科的稻、麦以及鳞茎植物葱、韭、蒜、百合等单子叶植物的根系。

3. 根系在土壤中的生长与分布 根系在土壤中的分布状况和发展程度对植物地上部分的生长、发育极为重要。植物地上部分必需的水分和矿质养料几乎完全依赖根系供给，枝叶的发展和根系的发展常常保持一定的平衡。一般植物根系和土壤接触的总面积，通常超过茎叶面积的5～15倍。果树根系在土壤中的扩展范围，一般都超过树冠范围的2～5倍。

依据根系在土壤中的分布深度，可分为深根系和浅根系两类。深根系主根发达，向下垂直生长，深入土层可达3～5m，甚至10m以上，

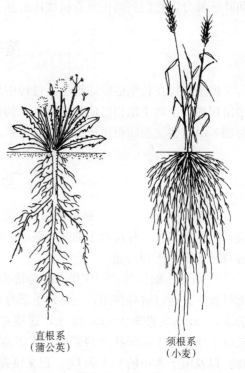

直根系　　　须根系
（蒲公英）　　（小麦）

图2-1 根　系

如大豆、蓖麻、马尾松等。浅根系主根不发达，侧根或不定根向四面扩张，并占有较大面积，根系主要分布在土壤的表层，如小麦、水稻等（图2-2）。

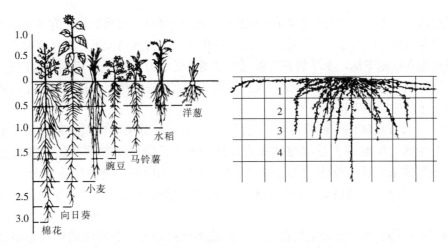

图2-2　几种作物的根系在土壤中分布的深度与广度

根系在土壤中的分布，除因植物种类不同外，还受环境条件的影响。同一作物的根系，生长在地下水较低、通气良好、肥沃的土壤中，根系就发达，分布较深；反之，根系就不发达，分布较浅。此外，人为的影响也能改变根系的深度。如植物苗期的灌溉、苗木的移栽、压条和扦插易形成浅根系。种子繁殖、深层施肥易形成深根系。因此，农、林工作中，都应掌握各种植物根系的特性，并为根系的发育创造良好的环境，促使根系健全发育，为地上部分的繁茂和稳产高产打下良好基础。

三、根的构造

（一）根尖及其分区

根尖是指从根的顶端到着生根毛的部分。不论是主根、侧根还是不定根都具有根尖，根尖是根生理活性最活跃的部分，根的伸长生长、分枝和吸收作用主要是靠根尖来完成的。因此，根尖的损伤会影响到根的继续生长和吸收作用的进行。根尖从顶端起，可依次分为根冠、分生区、伸长区和成熟区4个部分。各区的生理功能不同，其细胞形态、结构都有相应不同（图2-3）。

1. 根冠　根冠位于根尖的最前端，像帽子一样套在分生区外面，保护其内幼嫩的分生组织，不至于暴露在土壤中。根冠由许多薄壁细胞组成，外层细胞排列疏松，常分泌黏液，使根冠表面光滑，减轻根向土壤中生长时的摩擦和阻力。随着

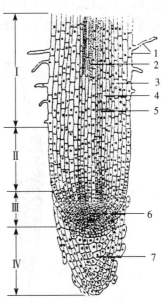

图2-3　根尖纵切面
Ⅰ.成熟区　Ⅱ.伸长区　Ⅲ.分生区　Ⅳ.根冠
1.表皮及根毛　2.导管　3.皮层　4.内皮层
5.中柱鞘　6.顶端分生组织　7.根冠

根系的生长，根冠外层的薄壁细胞与土壤颗粒摩擦而不断脱落死亡。但由于分生区的细胞不断地分裂产生的新细胞，其中一部分补充到根冠，因而使根冠始终保持一定的形状和厚度。

根冠可以感受重力，参与控制根的向地性反应。根冠对重力感觉的地方是在中央部分的细胞，其中含有较多的淀粉粒，能起到平衡石的作用。在自然情况下，根垂直向下生长，平衡石向下沉积在细胞下部，水平放置后根冠中平衡石受重力影响改变了在细胞中的位置，向下沉积，这种刺激引起了生长的变化，根尖细胞的一侧生长较快，使根尖发生了弯曲，从而保证了根正常的向地性生长。

2. 分生区 分生区位于根冠内侧，全长1～2mm，是分裂产生新细胞的主要地方，称生长点。分生区的细胞特点是细胞体积小，排列整齐，细胞间隙不明显，细胞壁薄，细胞核大，细胞质浓，具有较强的分裂能力，有少量的小液泡。分生区连续分裂不断增生新的细胞。一部分补充到根冠，以补充根冠中损伤脱落的细胞；大部分细胞进入根后方的伸长区。

3. 伸长区 伸长区位于分生区的上方，细胞多已停止分裂，突出的特点是细胞显著伸长，成圆筒形，细胞质成一薄层，紧贴细胞壁，液泡明显，体积增大并开始分化；细胞伸长的幅度可为原有细胞的数十倍。最早的筛管和环纹导管，往往在伸长区开始出现，是从初生分生组织向成熟区初生结构的过渡。由于伸长区细胞的迅速伸长，使得根尖不断向土壤深处延伸。因此，伸长区是根向土壤深处生长的动力。

4. 成熟区 成熟区位于伸长区上方，该区的各部分细胞停止伸长，分化出各种成熟组织。成熟区突出的特点是表皮密生根毛，因此又称根毛区。根毛由部分表皮细胞外壁突出而成，呈管状，不分枝，长度为1～10mm，其数目因植物的种类而异。根毛的细胞壁薄软而胶黏，有可塑性，易与土粒紧密接触，因此能有效地进行吸收作用（图2-4）。

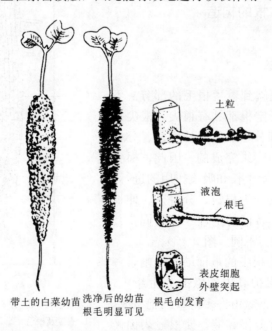

图2-4 根毛的形成过程

根毛的生长速度较快，但寿命很短，一般生活10～20d即死亡。然而随着幼根的向前生长，伸长区的上部又产生新根毛，所以根毛区的位置不断向土层深处推移，使根毛能与新土层接触，大大提高了根的吸收效率。生产实践中，对植物的移栽，纤细的根毛和幼根难免受损，因而吸收水分能力大大下降。因此，移栽后，必须充分灌溉和修剪枝叶，以减少植株体内水分的散失，提高植株的成活率。

（二）双子叶植物根的构造

1. 初生生长与初生构造 由根尖的分生区，即顶端分生组织，经过细胞的分裂、生长和分化而形成根的成熟结构，这种生长过程称为初生生长。在初生生长过程中所产生的各种成熟组织都属于初生组织，它们共同组成根的结构，就称为根的初生结构。因此，在根尖的成熟区作一横切面，就能看到根的初生结构，从外至内可划分为表皮、皮层及维管柱（维管柱又称中柱）3个明显的部分（图2-5）。

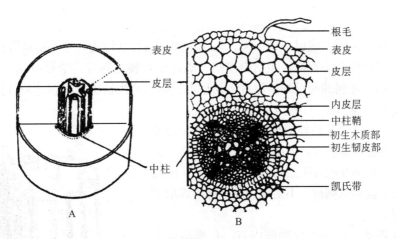

图2-5　棉根的初生结构
A. 根初生构造立体图解　B. 棉幼根的横切

（1）表皮。是根的最外一层细胞，由原表皮发育而来，细胞呈长方柱形，其长轴与根的纵轴平行，在横切面上呈近方形。表皮细胞的细胞壁薄，由纤维素和果胶质构成，水和溶质可以自由通过，许多表皮细胞的外壁向外突出伸长，形成根毛，扩大了根的吸收面积。所以，根毛区的表皮属于保护组织。

（2）皮层。表皮以内，维管柱以外的部分称为皮层。皮层来源于基本分生组织，由多层薄壁细胞组成，占幼根横切面的很大比例，是水分和溶质从根毛到维管柱的输导途径，也是幼根贮藏营养物质的场所，并有一定的通气作用。

皮层的最外一至数层细胞，形状较小，排列紧密，称为外皮层。当根毛死亡表皮细胞破坏后，外皮层细胞壁加厚并栓化，代替表皮细胞起保护作用。皮层最内一层特化的细胞为内皮层，内皮层细胞排列整齐紧密，无细胞间隙，在各细胞的径向壁和上下横壁的局部具有带状木质化和木栓化加厚区域，称为凯氏带。电镜观察表明，在紧贴凯氏带的地方，内皮层细胞的质膜较厚，并且牢固地附着于凯氏带上，甚至发生质壁分离时，质膜仍和凯氏带连接在一起。这种特殊结构与根的吸收有重要的意义：它阻断了皮层与维管柱间通过细胞壁、细胞间隙的运输途径，使进入维管柱的溶质只能通过内皮层细胞的原生质体，从而使根能进行选择性吸收，同时防止维管柱里的溶质倒流至皮层，以维持维管组织内的流体静压力，使水和溶质源源不断地进入导管（图2-6）。

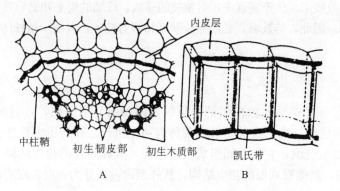

图2-6 根内皮层的结构
A. 根的部分横切面，示内皮层的位置，内皮层的壁上可见凯氏带
B. 三个内皮层细胞的立体图解，示凯氏带在细胞壁上的位置

（3）维管柱。由原形成层发展而来，位于根中央的柱状结构，主要由维管组织组成，执行输导作用，因此称为维管柱，包括中柱鞘、维管束和髓三部分。维管束是由初生木质部、初生韧皮部和两者之间的薄壁细胞组成，初生木质部与初生韧皮部相间排列呈辐射形，这种维管束称为辐射型维管束（图2-7）。

①中柱鞘。由维管柱的外围与内皮层紧接的一或几层细胞组成。细胞体积较大，细胞壁薄，排列紧密，分化水平较低，具有潜在的分生能力，在特定的生长阶段和适当的条件下能形成侧根、不定芽以及木栓形成层和形成层的一部分。

②初生木质部。位于中柱鞘的内方，在横切面上呈星芒状或辐射状，辐射状的尖端称为辐射角。双子叶植物初生木质部辐射角的数目通常在2~7束，分别称为二原型、三原型、四原型……如萝卜、油菜为2束，叫二原型；豌豆、柳树是3束，为三原型；棉花和向日葵是4~5束；蚕豆是4~6束。此外，初生木质部束也常常发生变化，同种植物的不同品种或同

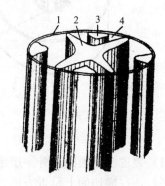

图2-7 根的维管柱初生结构立体图
1. 中柱鞘 2. 初生木质部
3. 初生韧皮部 4. 薄壁组织

株植物的不同根上，可出现不同束数的木质部，如茶树品种不同，就有5束、6束、8束甚至12束之分。一般认为主根中的原生木质部束数较多，其形成侧根的能力较强。初生木质部组成比较简单，主要是导管和管胞，有的还含有木纤维和木薄壁细胞。

根的初生木质部是向心分化成熟的，辐射角的尖端是最早分化成熟的。故它的口径较小，壁较厚，为环纹导管、螺纹导管，这部分木质部称为原生木质部；接近中心部分的木质部，分化成熟较迟，导管口径较大，多为梯纹、网纹和孔纹导管，这部分木质部称为后生木质部。根中的初生木质部这种由外向内逐渐分化成熟的发育方式，称为外始式。这是根初生木质部在发育上的特点。

③初生韧皮部。位于两个木质部辐射角之间，与初生木质部呈相间排列。因此，其束数

与初生木质部的束数相同。它分化成熟的发育方式也是外始式。初生韧皮部由筛管、伴胞和韧皮薄壁组织组成，有时存在有韧皮纤维，如锦葵科、豆科等。

此外，在初生韧皮部和初生木质部之间有一至多层薄壁细胞，在双子叶植物根中，这部分细胞可以进一步转化为维管形成层的一部分，由此产生次生结构。

④髓。少数双子叶植物根的中央为薄壁细胞，称为髓，如蚕豆、落花生等。但大多数双子叶植物根的中央部分常常为后生木质部而无髓。

2. 次生生长与次生构造 大多数双子叶植物和裸子植物的根，在完成初生生长后，由于次生分生组织——维管形成层和木栓形成层的产生和分裂活动，使根不断地增粗，这种过程叫增粗生长，也称次生生长，由它们产生的次生维管组织和周皮共同组成的结构，称次生结构。

（1）维管形成层的发生及其活动。

①维管形成层的发生和波浪状形成层环的形成。根部维管形成层产生于幼根的初生韧皮部的内方，即由两个初生木质部脊之间的薄壁组织开始。当次生生长开始时，这部分细胞开始进行分裂活动，形成维管形成层的一部分。最初的维管形成层是片段的。这些片段形成层的数目与根的原数有关，即几原型的根就有几条形成层的片段。以后随着细胞的分裂，各段维管形成层逐渐向其两端扩展，并向外推移，直达中柱鞘细胞。此时，与初生木质部辐射角相对的中柱鞘细胞也恢复分裂能力，将片段的形成层连接成完整的、连续的、呈波浪状的维管形成层环包围着初生木质部（图2-8）。

②维管形成层的活动及圆环状形成层的形成。维管形成层发生后，主要进行平周分裂，由于形成层发生的时间及分裂速度不同，通常位于初生韧皮部内侧的维管形成层最早发生，最先分裂，分裂速度快，产生的次生维管组织较多；而在初生木质部辐射角处的形成层活动较慢，所以形成的次生维管组织较少。这样，初生韧皮部内侧的维管形成层被新形成的次生组织推向外方，最后使波浪形的维管形成层环变成圆环状的维管形成层环。圆环状维管形成层环形成后，形成层各部分的分裂活动趋于一致，向内向外添加次生组织，并把

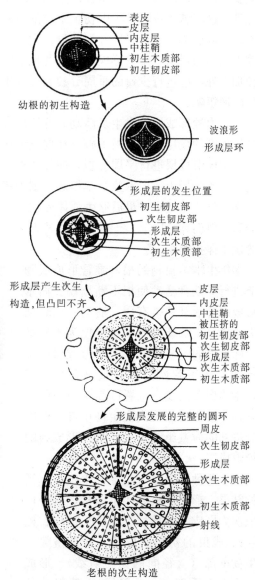

图2-8 根由初生构造到次生构造的转变

初生韧皮部推向外方。

维管形成层环的活动,主要是进行平周分裂,向内分裂产生的细胞,分化出新的木质部,加在初生木质部的外方,称为次生木质部;向外分裂产生的细胞,分化出新的韧皮部,加在初生韧皮部的内方,称为次生韧皮部,次生木质部和次生韧皮部合称次生维管组织,这是次生结构的主要部分。次生木质部和次生韧皮部的组成基本上和初生结构中的相似,但次生韧皮部内,韧皮薄壁组织较发达,韧皮纤维的量较少。另外,在次生木质部和次生韧皮部内,还有一些径向排列的薄壁细胞群,统称维管射线,其中贯穿于次生木质部中的射线称为木射线,贯穿于次生韧皮部中的射线称为韧皮射线。维管射线是次生结构中新产生的组织,具有横向运输水分和养料的功能。根在增粗过程中,形成层的分裂活动以及所产生的次生组织主要有两方面的特点:一是在次生维管组织内,次生木质部居内,次生韧皮部居外,为相对排列。这与初生维管组织中初生木质部与初生韧皮部二者相间排列,是完全不同的。二是在维管形成层不断进行平周分裂的过程中,向内产生的次生木质部比向外产生的韧皮部多,随着根的不断增粗,维管形成层的位置也不断向外推移,所以形成层除进行平周分裂使根的直径加大外,也进行少量的垂周分裂和侵入生长,使维管形成层本身的周径不断增大,以适应根的增粗。

(2) 木栓形成层的发生及活动。维管形成层的活动使根内增加了大量的次生组织,而使维管柱外围的皮层及表皮被撑破。在皮层破坏之前,中柱鞘细胞恢复分裂能力,形成木栓形成层。木栓形成层进行平周分裂,向外分裂产生木栓层,向内分裂产生栓内层,三者共同组成周皮。木栓层由数层木栓细胞组成,细胞扁平,排列紧密而整齐,无细胞间隙,细胞壁栓化,不透气,不透水,最后原生质体死亡,成为死细胞。木栓层以外的皮层和表皮因得不到水分和养料而死亡脱落,于是周皮代替表皮对老根起很好的保护作用,这是根增粗生长后形成的次生保护组织。

多年生木本植物的根,维管形成层随季节进行周期性活动使根不断增粗。而木栓形成层的活动通常有限,活动一个时期便失去再分裂的能力而本身栓化为木栓细胞。随着根的不断增粗,木栓形成层可由内侧的薄壁细胞恢复分裂重新产生。因此,木栓形成层发生位置可逐年向根的内方推移,最终可深入到次生韧皮部,由次生韧皮部的薄壁组织发生,继续形成新的木栓形成层。

由于两种形成层(次生分生组织)活动的结果,形成了根的次生结构。自外而内依次为周皮(木栓层、木栓形成层、栓内层)、成束的初生韧皮部(常被挤毁)、次生韧皮部(含径向的韧皮射线)、形成层、次生木质部(含木射线)、辐射状的初生木质部则仍保留在根的中央,成为识

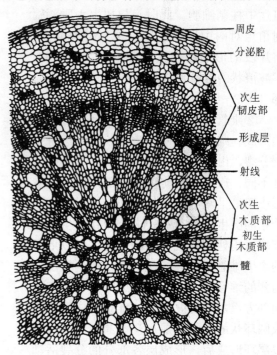

图 2-9 棉根次生构造横切面

别老根的重要特征（图 2-9、图 2-10）。

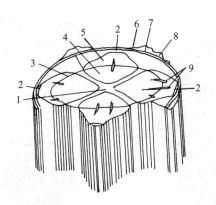

图 2-10　根次生构造图解
1. 初生木质部　2. 初生韧皮部　3. 形成层　4. 次生木质部　5. 次生韧皮部
6. 木栓形成层　7. 木栓层　8. 已遭破坏的皮层和表皮　9. 维管射线

（三）禾本科植物根的结构特点

禾本科植物属于单子叶植物，其基本结构与双子叶植物一样，亦分为表皮、皮层、维管柱三部分（图 2-11）。但禾本科植物在下列几方面有所不同：

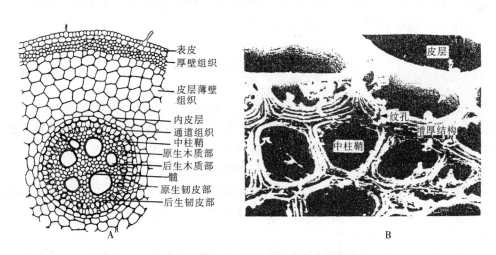

图 2-11　小麦老根横切面（A）及黑麦草内皮层细胞（B），
示内皮层细胞五面加厚的壁及其中的纹孔

（1）在植物一生中只具初生结构，一般不再进行次生的增粗生长，既不形成次生分生组织和进行次生生长。

（2）外皮层在根发育后期常形成木栓化的厚壁组织，在表皮和根毛枯萎后，替代表皮起保护作用。内皮层细胞在发育后期其细胞壁常呈五面壁加厚，在横切面上呈马蹄形，但与初生木质部相对处的内皮层细胞不增厚，保持薄壁状态，称为通道细胞。一般认为它们是禾本科植物根的内外物质运输的唯一途径，但大麦根中无通道细胞，在电镜下发现其内皮层栓化壁上有许多胞间连丝，认为是物质运输的通道。水稻根在生长后期皮层的部分细胞解体形成通气组织（图 2-12）。

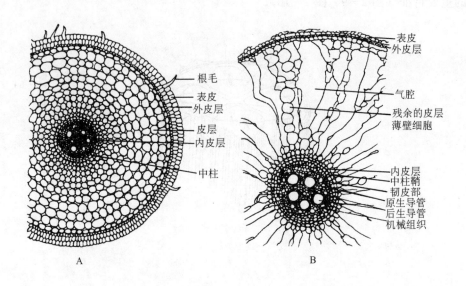

图 2-12 水稻幼根 (A) 和老根 (B)

(3) 中柱鞘在根发育后期常部分 (如玉米) 或全部 (如水稻) 木化。维管柱为多原型，初生木质部束数多为 7 束以上。中央有发达的髓，由薄壁细胞组成，有的种类如水稻等发育后期可转化为木化的厚壁组织，以增强支持作用。

四、侧根的形成

侧根起源于根毛区内中柱鞘的一定部位，侧根在维管柱鞘上产生的位置，常随植物种类而不同。在二原型根中，侧根发生于初生木质部和初生韧皮部之间或正对着初生木质部的中柱鞘细胞。在前一种情况下，侧根行数为原生木质部辐射角的倍数，如胡萝卜为二原型，侧根有 4 行；在后一种情况下，则侧根只有 2 行，如萝卜。在三原型或四原型根中，侧根多发生于正对初生木质部的中柱鞘细胞，在这种情况下，初生木质部辐射角有几个，常产生几行侧根。在多原型根中，侧根常产生于正对着原生韧皮部的中柱鞘细胞（图 2-13）。

当侧根开始发生时，中柱鞘的某些细胞开始分裂，最初为几次平周分裂，使细胞层数增加，并向外突起，以后再进行包括平周分裂和垂周分裂在内的各个方向的分裂，这就使原有的突起继续生长，形成侧根的根原基，这是侧根最早的分化阶段。以后侧根原基分裂、生长，逐渐分化出生长点和根冠。最后，生长点的细胞继续分裂、增大和分化，逐渐深入到皮层。此时，根尖细胞能分泌含酶的物质，将部分皮层和表皮细胞溶解，因而能够穿破表皮，顺利地伸入土壤之中形成侧根（图 2-14）。

由于侧根起源于中柱鞘，因而发生部位接近维管组织，当侧根维管组织分化后，就会很快地和母根的维管组织连接起来。侧根的发生，在根毛区就已开始，但突破表皮，露出母根外，却在根毛区以后的部分。这样，就使侧根的产生不会破坏根毛而影响吸收功能。

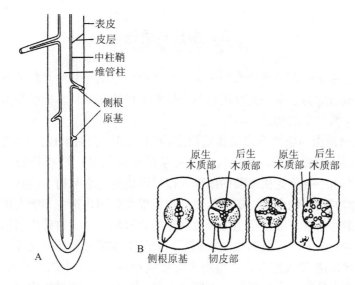

图 2-13 根尖纵剖面图（A）和根的初生结构横剖面图（B），示侧根原基发生部位

(引自徐汉卿)

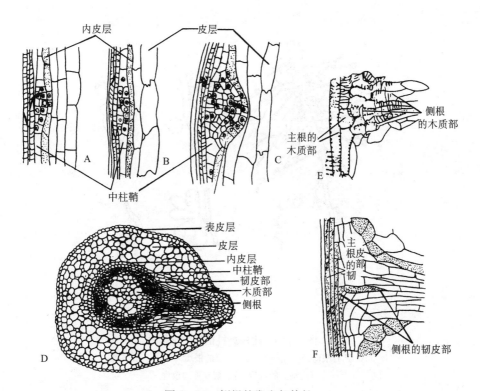

图 2-14 侧根的发生与伸长

A~D. 胡萝卜侧根的发生与伸长顺序　A~C. 为纵剖面　D. 横剖面

E、F. 根部分纵切示侧根与母根维管组织的连接

(仿 Esau)

五、根瘤与菌根

有些土壤微生物能侵入某些植物的根部,与之建立互助互利的并存关系,这种关系称为共生。被侵染的植物称为宿主,其被侵染的部位常形成特殊结构,根瘤和菌根便是高等植物的根部所形成的这类共生结构。

1. 根瘤 根瘤是由固氮细菌或放线菌侵染宿主根部细胞而形成的瘤状共生结构。自然界中有数百种植物能形成根瘤,其中与生产关系最密切的是豆科植物的根瘤(图 2-15)。豆科植物的根瘤是由一种称为根瘤菌的细菌入侵后形成的。它与宿主的共生关系表现在:宿主供应根瘤菌所需的碳水化合物、矿物盐类和水,根瘤菌则将宿主不能直接利用的分子氮在其固有的固氮酶的作用下,形成宿主可吸收利用的含氮化合物。这种作用称为固氮作用。氮是植物必需的大量元素,由于氮是生命物质蛋白质的组成成分,所以又被称为"生命元素"。虽然空气中的含氮量达 78% 左右,但植物不能吸收利用,通过人工合成或生物固氮作用才能被植物利用。有人估计,全世界年产氮肥 0.5 亿 t 左右,而通过生物固氮的氮素可达 1.5 亿 t,而且生物固氮不但量大,又不产生污染,并可节能,由此可见生物固氮具有良好的应用前景。

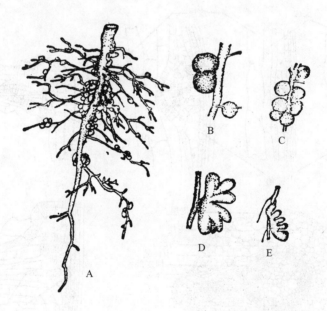

图 2-15 几种豆科植物的根瘤
A. 具有根瘤的大豆根系 B. 大豆的根瘤 C. 蚕豆的根瘤
D. 豌豆的根瘤 E. 紫云英的根瘤

豆科植物的根瘤的形成过程见图 2-16。豆科植物苗期根部的分泌物吸引了在其附近的根瘤菌,使其聚集在根毛附近大量繁殖。随后,根瘤菌产生的分泌物使根毛卷曲、膨胀,并使部分细胞壁溶解,根瘤菌即从壁被溶解处侵入根毛,在根毛中滋生成管状的侵入线。其余的根瘤菌便沿侵入线进入根部皮层并在该处繁殖,皮层细胞受此刺激也迅速分裂,致使根部形成局部突起,即为根瘤。根瘤菌居于根瘤中央的薄壁组织内,逐渐破坏其核与细胞质,本身变为拟菌体；同时该区域周围分化出与根部维管组织相连的输导组织。拟菌体通过输导组织从皮层吸收营养和水，进行固氮作用。

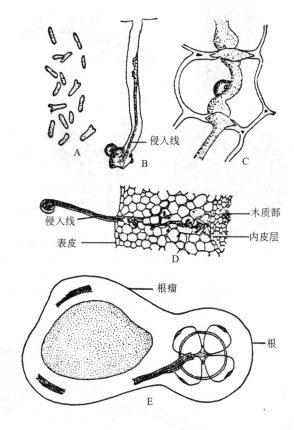

图 2-16　根瘤菌与根瘤
A. 根瘤菌　B. 根瘤菌侵入根毛　C. 根瘤菌穿过皮层细胞
D. 根横切面的一部分，示根瘤菌进入根内　E. 蚕豆根通过根瘤的切面

现已发现自然界有一百多种非豆科植物也可形成能固氮的根瘤或叶瘤，可利用其固沙改土。此外，通过遗传工程的手段使谷类作物和牧草具备固氮能力，已成为世界性的研究项目。

2. 菌根　菌根是高等植物根部与某些真菌形成的共生体，可分为外生菌根、内生菌根和内外生菌根 3 种。

（1）外生菌根。与根共生的真菌菌丝大都分长在幼根外表，形成菌丝鞘，少数侵入表皮和皮层的细胞间隙。菌根一般较粗，顶端分为二叉，根毛稀少或无。只有少数植物如杜鹃花科、松科、桦木科等植物形成这类菌根（图 2-17）。

（2）内生菌根。真菌侵入根的皮层细胞内，并在其中形成一些泡囊和树枝状菌丝体，故又名泡囊—丛枝菌根或 VA 菌根。大多数菌根属此种类型，如禾本科、银杏等植物的菌根（图 2-18）。

（3）内、外生菌根。指共生的真菌既能形成菌丝鞘，又能侵入宿主根细胞内的一类菌根，如草莓。

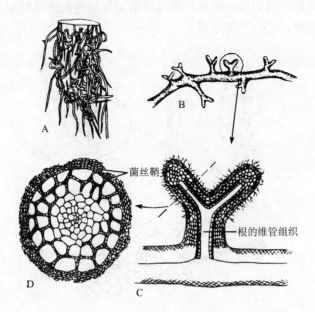

图 2-17 外生菌根
A. 树根的外生菌根外形 B. 成为菌根的一些侧根端部成分叉状
C. 为 B 的部分放大 D. 外生菌根的横剖面

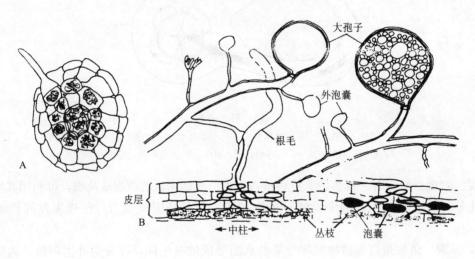

图 2-18 内生菌根（VA菌根）
A. 小麦根横剖面示内生真菌 B. 泡囊—丛枝状的真菌在宿主根中的分布
(仿 T. H. Nicolson)

菌根中的菌丝从寄主组织中获取营养，对寄主有利的方面：一是可提高根的吸收能力；二是能分泌水解酶促进根际有机物分解以便于根吸收；三是产生如维生素 B 类的生长活跃物质，增加根部分裂素的合成，促进宿主的根部发育；四是对于一些药用植物能提高药用成分；五是提高苗木移栽、扦插成活率等。另外，兰科菌根是兰科植物种子萌发的必要条件。

有些具有菌根的树种，如松、栎等，如果缺乏菌根，就会生长不良。所以在荒山造林或播种时,常预先在土壤内接种所需要的真菌,或事先让种子感染真菌,以使这些植物菌根发达,保证树木生长良好。但在某些情况下二者也发生矛盾,如真菌过旺生长会使根的营养消耗过多,树木生长受到抑制。

第二节 茎

茎是植物联系根、叶以及输导水分、无机盐和有机养料的轴状结构。除少数生于地下外,一般是植物体生长在地上的营养器官之一。

一、茎的功能

1. 支持作用 茎是地上部分的主轴,它支持着叶、芽、花、果,并使它们形成合理的空间布局,有利于叶的光合作用以及花的传粉、果实或种子的传播。

2. 输导作用 根部吸收的水、矿物质,以及在根中合成或贮藏的有机物通过茎运往地上各部分;叶的光合产物也要通过茎输送到植株各部分。

3. 贮藏与繁殖作用 茎有贮藏功能,尤其是多年生植物,其贮藏物成为休眠芽于春季萌动的营养来源;有些植物的茎还具有繁殖功能,如马铃薯的块茎、杨的枝条等。

二、茎的形态

(一)芽与枝条

1. 芽及其类型 在茎的顶端和叶腋处都着生有芽,芽是未发育的枝条、花或花序的原始体。

(1)芽的结构。不同类型的芽其结构也不同,现以叶芽为例说明芽的一般结构。在芽纵切面上,可观察到叶芽是由生长锥、叶原基、幼叶、腋芽原基和芽轴等部分组成(图2-19)。芽轴顶端的圆锥状结构称为生长锥,属于顶端分生组织;叶原基是分布在近生长锥下部周围的一些小突起,以后发育为叶。由于芽的逐渐生长和分化,叶原基愈向下者愈长,较下面的已长成为幼叶,包围茎尖。叶腋内的小突起称为腋芽原基,将来形成腋芽,进而发育为侧枝。在叶芽内,生长锥、叶原基、幼叶等各部分着生的位置称为芽轴,芽轴实际上是节间没有伸长的短缩茎。

(2)芽的类型。按照芽在枝上的位置、性质和芽鳞的有无等可将芽分为以下几种类型。

①定芽和不定芽。在茎、枝条上有固定着生位置的芽,称为定芽。定芽可分为顶芽和腋芽,着生在枝条顶端的芽称为顶芽,着生在叶腋处的芽称为腋芽(侧芽)。大多数植物每个叶腋只有一个腋芽,但有些植物生长多个叠生或并列的芽,位于并列芽中间或叠生芽最下方的一个芽称为主芽,其

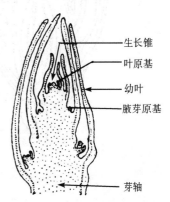

图 2-19 叶芽纵切面

他的芽称为副芽，如桃的并列芽、忍冬的叠生芽等。悬铃木的腋芽生长位置较低并为叶柄所覆盖，称为柄下芽，这种芽直到叶子脱落后才显露出来。几种着生位置不同的芽见图 2-20。

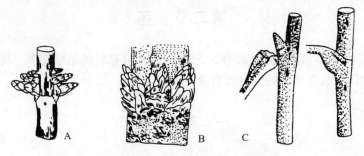

图 2-20　几种着生位置不同的芽
A. 忍冬的叠生芽　B. 桃的并列芽　C. 法国梧桐的柄下芽，腋芽为膨大的叶柄基部覆盖（右），叶脱落后芽方露出（左）

除顶芽和腋芽外，在植物体其他部位发生的芽称为不定芽。如苹果、枣、榆的根，甘薯的块根，桑、柳等老茎以及秋海棠、落地生根的叶上，均可生出不定芽。由于不定芽可以发育成新植株，生产上常利用不定芽进行营养繁殖，所以不定芽在农、林生产上有重要意义。

②叶芽、花芽与混合芽。芽发育后形成茎和叶，亦称枝条，这种芽称为叶芽。芽发育后形成花或花序的芽称为花芽，花芽是花或花序的原始体。如果芽展开后既生茎叶又有花或花序，这样的芽称为混合芽，混合芽是枝和花的原始体，丁香、苹果在春天既开花又长叶，几乎同时进行，是混合芽活动的结果（图 2-21）。

③活动芽和休眠芽。芽形成后在当年或第二年春季就可以发育形成新枝、新叶、花和花序，这种芽称为活动芽。一般一年生草本植物的芽都是活动芽，而多年生木本植物，通常只

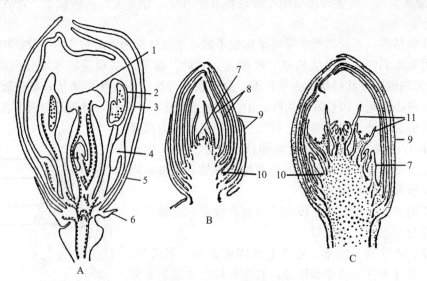

图 2-21　几种不同性质的芽
A. 小檗的花芽　B. 榆的枝芽　C. 苹果的混合芽
1. 雌蕊　2. 雄蕊　3. 花瓣　4. 蜜腺　5. 萼片　6. 苞片　7. 叶原基　8. 幼叶　9. 芽鳞　10. 枝原基　11. 花原基

有顶芽和近顶端的腋芽为活动芽。而下部的腋芽平时不活动,始终以芽的形式存在,称为休眠芽,休眠芽可以在顶芽受到损害而生长受阻后开始发育。亦可能在植物一生中都保持休眠状态。

④鳞芽和裸芽。大多数生长在寒带的木本植物,芽外部形成鳞片或芽鳞,包被在芽的外面保护幼芽越冬,称鳞芽。但有的草本植物和一些木本植物的芽没有芽鳞包被,这种芽称为裸芽,如油菜、枫杨、棉、蓖麻和核桃的雄花芽。

2. 枝条及形态特征　着生叶和芽的茎称为枝条。枝条是以茎为主轴,其上生有多种侧生器官——叶、芽、侧枝、花或果,此外,还有如下形态特征。

(1) 节和节间。茎上着生叶的部位为节,节与节之间的部位为节间。一般植物的节不明显,只在叶着生处略有突起,而禾本科植物的节比较显著,如甘蔗、玉米和竹的节形成环状结构。

节间的长短因植物和植株的不同部位、生长阶段或生长条件而异,如水稻、小麦、萝卜、油菜等在幼苗期各个节间很短,多个节密集植株基部,使其上着生的叶呈丛生状或莲座状。进入生殖生长时期,上部的几个节间才伸长,如禾本科植物的拔节和萝卜、油菜的抽薹。

(2) 长枝和短枝。银杏、苹果、梨等的植株上有两种节间长短不一的枝——长枝和短枝(图2-22)。节间较长的枝称为长枝。节间极短,各节紧密相接的枝条,称为短枝。如银杏,长枝上生有许多短枝,叶簇生在短枝上。苹果、梨长枝上多着生叶芽,又称为营养枝,短枝上多着生混合芽,又称为结果枝。因此,在果树修剪中可根据长枝与短枝的数量及发育状况来调节树体的营养生长和生殖生长,达到优质高产的目的。

(3) 皮孔。是遍布于老茎节间表面的许多稍稍隆起的微小疤痕状结构,是与周皮同时形成的通气结构。皮孔的形状常因植物种类而不同,在果树栽培中是鉴别果树种类的依据之一。

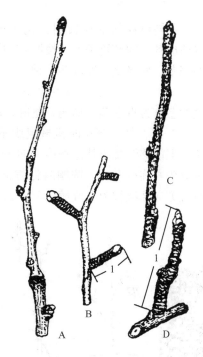

图2-22　长枝和短枝
A. 银杏的长枝　B. 银杏的短枝
C. 苹果的长枝　D. 苹果的短枝
1. 短枝

(4) 叶痕、叶迹、枝痕、芽鳞痕——侧生器官脱落后留下的各种痕迹。叶痕是多年生木本植物的叶脱落后在茎上留下的痕迹;在叶痕中有茎通往叶的维管束断面,称为叶迹;枝痕是花枝或小的营养枝脱落留下的痕迹;芽鳞痕是鳞芽展开生长时,芽鳞脱落后留下的痕迹(图2-23)。

根据上述枝的一些形态特征,可作枝龄和芽的活动状况的推断。图2-23所示的枝,它是由主茎截下的一个完整的分枝,是由主茎的一个腋芽所进行的伸长生长所形成。第一年它的活动形成"前年枝",进入休眠季节前,随气温的逐渐降低,它的生长速度逐渐放慢,形成的节间愈来愈短,顶部靠近生长锥的几个幼叶也因此渐渐聚拢,最后,外方又发育出几片芽鳞将它们紧紧包住成为休眠芽。翌年春季该芽再次成为活动芽,活动开始时芽鳞脱落,在茎上留下第一群芽鳞痕,

植物的枝条

继而生长形成第二段枝"去年枝",秋末冬初又形成休眠芽。第三年这个芽再次活动,留下第二群芽鳞痕和第三段枝,即"当年生枝"。所以,根据这个核桃枝上两群芽鳞痕和以其分界而成的三段茎,可推断这段枝条已生长了3年,或者说这段枝条的最下方的一段已生长了3年,依次向上为生长2年和1年的茎段。对于枝与芽特征的识别在农、林的整枝、修剪技术中具有重要的指导意义。

(二)茎的生长习性

不同植物的茎在长期进化过程中,有各自的生长习性,以适应各自的环境条件。按照茎的生长习性,可分为直立茎、缠绕茎、攀缘茎、匍匐茎4种(图2-24)。

1. 直立茎 茎内机械组织发达,茎本身能够直立生长,这种茎称为直立茎。如杨、蓖麻、向日葵等。

2. 缠绕茎 茎幼时机械组织不发达而柔软,不能直立生长,但能够缠绕于其他物体上向上生长。缠绕茎的缠绕方向,可分为右旋或左旋。按顺时针方向缠绕为右旋缠绕茎,按逆时针方向缠绕称为左旋缠绕茎,如牵牛花、菟丝子、菜豆等。

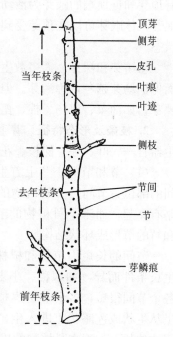

图2-23 胡桃冬枝的外形

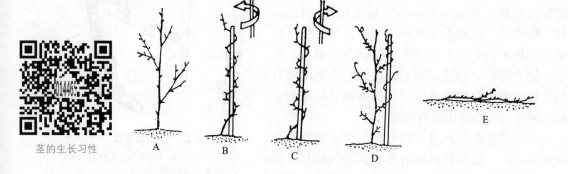

图2-24 茎的生长方式
A. 直立茎　B. 左旋缠绕茎　C. 右旋缠绕茎　D. 攀缘茎　E. 匍匐茎

3. 攀缘茎 茎幼时较柔软,不能直立生长,以特有的结构攀缘在其他物体上向上生长。如黄瓜、葡萄、丝瓜的茎以卷须攀缘,常春藤、络石、薜荔以气生根攀缘,白藤、猪殃殃的茎以钩刺攀缘,爬山虎(地锦)的茎以吸盘攀缘,旱金莲的茎以叶柄攀缘等。

具有缠绕茎和攀缘茎的植物,统称为藤本植物。藤本植物又可分为木质藤本(葡萄、猕猴桃等)和草质藤本(菜豆、瓜类)两种类型。

4. 匍匐茎 茎细长柔弱,只能沿地面蔓延生长,如草莓、甘薯等。匍匐茎一般节间较长,节上能产生不定根,芽会生长成新的植株,栽培甘薯和草莓就是利用这一习性进行营养繁殖。

（三）茎的分枝

分枝是茎生长时普遍存在的现象，植物通过分枝来增加地上部分与周围环境的接触面积，形成庞大的树冠。园林树木通过分枝及人工定向的修剪，可形成造型别致的园林景观。每种植物都有一定的分枝方式，这种特性既取决于遗传性，有时还受环境的影响。种子植物常见的分枝方式有单轴分枝、合轴分枝和假二叉分枝3种类型（图2-25）。

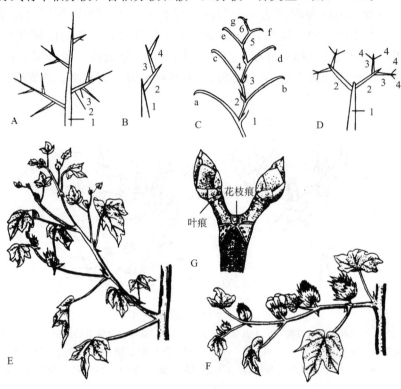

图2-25　种子植物的分枝方式
A～D. 分枝方式图解　A. 单轴分枝　B、C. 合轴分枝
D. 假二叉分枝　E. 棉单轴分枝方式的营养枝　F. 棉合轴分枝方式的果枝
G. 七叶树的假二叉分枝

1. 单轴分枝　具有明显的顶端优势，植物自幼苗开始，主茎顶芽的生长势始终占优势，形成一个直立而粗壮的主干，主干上的侧芽形成分枝，各级分枝生长势依级数递减，这种分枝方式称单轴分枝。如松、杉、杨等属于这种分枝类型，因主干粗大、挺直，是有经济价值的木材；一些草本植物如黄麻，也是单轴分枝，因而能长出长而直的经济纤维。

2. 合轴分枝　合轴分枝没有明显的顶端优势，主茎上的顶芽只活动很短的一段时间后便停止生长或形成花、花序而不再形成茎段，这时由靠近顶芽的一个腋芽代替顶芽向上生长，生长一段时间后依次被下方的一个腋芽所取代，这种分枝方式称合轴分枝。这种分枝类型使主茎与侧枝呈曲折形状，而且节间很短，使树冠呈开展状态，有利于通风透光；另一方面能够形成较多的花芽，有利于繁殖，因此合轴分枝是进化的分枝方式。合轴分枝在作物中普遍存在，如马铃薯、番茄、柑橘、苹果及棉花的果枝等。茶树在幼年时为单轴分枝，成年时出现合轴分枝。

3. 假二叉分枝　是指具有对生叶的植物，当顶芽停止生长或分化形成花与花序后，由其下方的一对腋芽同时发育成一对侧枝。如此重复发生分枝所形成的分枝型式称为假二叉分枝，如紫丁香等。

（四）禾本科植物的分蘖

分蘖是禾本科植物特有的分枝方式，与其他植物比较，这类植物具有长节间的地上茎很少分枝，分枝是由地表附近的几个节间不伸长的节上产生，并同时发生不定根群。近地表的这些节和未伸长的节间称为分蘖节。禾本科植物分蘖节上由腋芽产生分枝，同时形成不定根群的分枝方式称为分蘖。由主茎上产生的分蘖称一级分蘖，由一级分蘖上产生的分蘖称二级分蘖（图 2-26）。此外，分蘖还可细分为密蘖型、疏蘖型、根茎型 3 种类型（图 2-27）。

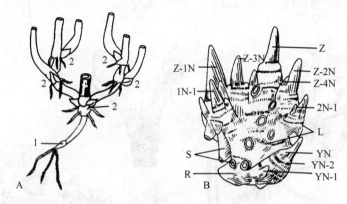

图 2-26　禾本科植物的分蘖（一）

A. 分蘖图解：1. 具初生根的谷粒　2. 生有蘖根的分蘖节　B. 有 8 个分蘖节的幼苗，示剥去叶的分蘖节：Z. 主茎 Z-1N、Z-2N……一级分蘖　1N-1、1N-2……二级分蘖　2N-1、2N-2……三级分蘖　L. 叶痕　S. 不定根　R. 根状茎　YN. 胚芽鞘分蘖　YN-1、YN-2 二级胚芽鞘分蘖

（引自王世之）

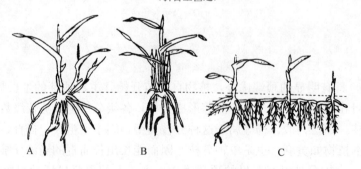

图 2-27　禾本科植物的分蘖（二）

A. 疏蘖型　B. 密蘖型　C. 根茎型

（仿 B. P. 威廉士）

分蘖有高蘖位和低蘖位之分，所谓蘖位是指发生分蘖的节位。蘖位高低与分蘖的成穗密切相关，蘖位越低，分蘖发生越早，生长期越长，成为有效分蘖的可能性越大；反之，高蘖位的分蘖生长期较短，一般不能抽穗结实，成为无效分蘖。根据分蘖成穗的规律，作物生产

上常采用合理密植、巧施肥料、控制水肥、调节播种期等措施，来促进有效分蘖的生长发育，抑制无效分蘖的发生，使营养集中，保证穗多、粒重，提高产量。

三、茎的构造

（一）茎的伸长生长与初生构造

1. 茎尖分区及结构 茎的尖端称为茎尖。茎尖自上而下可分为分生区、伸长区和成熟区三部分（图2-28）。

（1）分生区。位于茎尖前端，由原分生组织和初生分生组织组成。原分生组织呈半球形结构——即芽中的生长锥，这部分细胞没有任何分化，是一群具有强烈而持久分裂能力的细胞群。目前，对生长锥的结构和分化动态存在原套—原体学说或组织细胞分区学说。

①原套—原体学说。将生长锥分为原套和原体两部分（图2-29）。原套是生长锥表面一至数层排列较规则的细胞，通常只进行垂周分裂（细胞分裂面——新产生的子细胞壁垂直于所在器官或结构的表面），扩大生长锥的表面；原体是原套内的一团不规则排列的细胞，可进行各个方向的分裂而扩大其体积。两者的分裂是互相协调的。

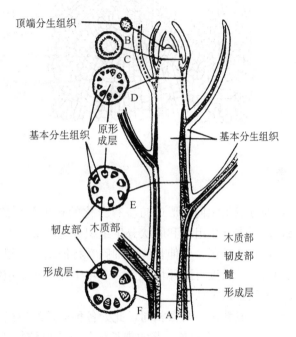

图2-28 茎尖各区的大致结构
A. 茎尖（全图） B. 分生区 C、D. 伸长区 E、F. 成熟区
（引自高信曾，1984）

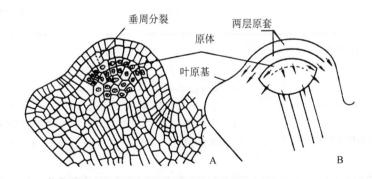

图2-29 豌豆属茎端纵剖面，示原套—原体学说
A. 细胞图 B. 图解
（引自Esau）

②细胞组织分区学说。认为生长锥可按细胞特征和组织分化动态分为：顶端原始细胞区和中央母细胞区两部分。顶端原始细胞区分化出周围分生组织区；中央母细胞区形成肋状分生组织区。有些植物在肋状分生组织区和周围分生组织区的上方还有整体如浅盘状细胞所组成的形成层状过渡区（图2-30）。

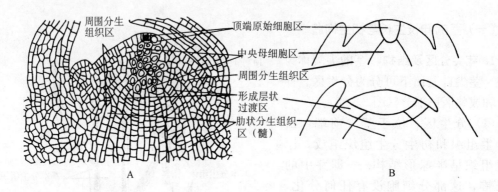

图2-30 茎端纵切面示细胞组织分区
A. 细胞图（仿Esau）　B. 简图（仿Clowes）

原分生组织向下形成初步有分化的初生分生组织。即由原套的表面细胞分化成原表皮层，由周围分生组织和肋状分生组织分化形成基本分生组织和原形成层。

(2) 伸长区。茎伸长区的细胞学特征基本同根，但该区长度常包含几个节与节间，远较根的长。其长度可随环境改变，二年生和多年生植物在进入休眠期时，伸长区逐渐变为成熟区而短至难以辨认。

(3) 成熟区。与根相同，此处各种成熟组织已分化完成，成为茎的初生结构。

2. 茎的伸长生长　茎的伸长生长方式比较复杂，可分为顶端生长和居间生长。

(1) 顶端生长。茎的顶端生长是指茎尖中进行的初生生长。通过顶端生长可不断增加茎的节数和叶数，同时使茎逐渐延长。根据细胞组织分区说，可用表2-1概括其进行过程和生长结果。

表2-1　茎的顶端生长过程和生长结果

分生区		伸长区	成熟区
原分生组织		初生分生组织	初生结构
顶端原始细胞区——周围分生组织区		原表皮 基本分生组织（部分） 原形成层	表皮 皮层 维管柱、束中形成层
中央母细胞区——髓/肋状分生组织区		基本分生组织（部分）	髓

(2) 居间生长。茎的居间生长是指遗留在节间的居间分生组织所进行的初生生长。禾本科、石竹科、蓼科、石蒜科植物在进行顶端生长时，最初所形成的茎的节间不伸长，而是在节间遗留下居间分生组织，待植株生长发育到一定阶段，这些居间分生组织才进行伸长生

长,并逐渐全部分化为初生结构,使茎的节间迅速伸长。例如小麦、水稻等禾本科植物的拔节就是居间生长的结果。有些植物在茎以外的部位,如韭菜的叶基、花生的子房柄,也存在这种类型的生长方式。

3. 茎的初生构造

(1) 双子叶植物茎的初生构造。茎通过初生伸长生长所形成的构造称为初生构造。与根相同,茎的初生构造也是由表皮、皮层和维管柱三大部分组成,但两者因功能与所处环境的不同,在构造上存在很大的差异(图2-31、图2-32)。

①表皮。表皮是幼茎最外面的一层细胞,为典型的初生保护组织。在横切面上表皮细胞为长方形,排列紧密,没有细胞间隙,细胞外壁较厚形成角质层,有的植物还具有蜡质(如蓖麻),能控制蒸腾作用并增强表皮的坚固性。在表皮上存在有气孔器、表皮毛、腺毛等附属结构,表皮毛和腺毛能增强表皮的保护功能。

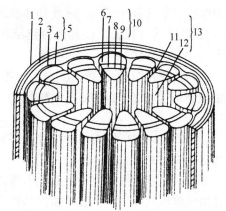

图2-31 双子叶植物茎初生结构的立体图解
1. 表皮 2. 厚角组织 3. 含叶绿体的薄壁组织
4. 无色的薄壁组织 5. 皮层 6. 韧皮纤维
7. 初生韧皮部 8. 形成层 9. 初生木质部
10. 维管束 11. 髓射线 12. 髓 13. 维管柱

②皮层。茎的皮层位于表皮的内方,整体远较根的皮层薄,主要由薄壁组织所组成。细

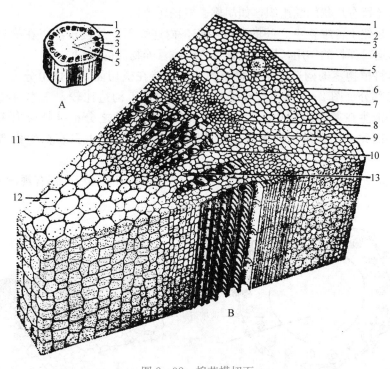

图2-32 棉茎横切面
A. 简图:1. 表皮 2. 皮层 3. 维管束 4. 髓射线 5. 髓
B. 一部分立体结构详图:1. 表皮 2. 气孔 3. 角质层 4. 皮层薄壁组织
5. 分泌腔 6. 厚角组织 7. 腺毛 8. 初生韧皮部 9. 形成层
10. 初生木质部 11. 髓射线 12. 髓 13. 木质射线

胞排列疏松，有明显的细胞间隙。靠近表皮的几层细胞常分化为厚角组织。薄壁组织和厚角组织细胞中常含有叶绿体，故使幼茎呈绿色。有些植物茎的皮层中还分布有分泌腔（棉、向日葵）、乳汁管（甘薯）或其他分泌结构；有的含有异型细胞，如晶细胞、单宁细胞（桃、花生），木本植物则常有石细胞群。

茎的内皮层分化不明显，皮层与维管柱没有明显的界线，只有一些植物的地下茎或水生植物的茎存在内皮层。少数植物如蚕豆，茎的内皮层细胞富含淀粉粒，故称为淀粉鞘。

③维管柱。皮层以内的中央柱状部分称为维管柱。双子叶植物茎的维管柱包括维管束、髓和髓射线三部分。

维管束：茎的维管束是由初生木质部与初生韧皮部共同组成的分离的束状结构。茎内各维管束作单环状排列，多数植物的维管束属于外韧维管束类型。即初生韧皮部（由筛管、伴胞、韧皮纤维和韧皮薄壁细胞组成）在外方，初生木质部（由导管、管胞木纤维和木薄壁细胞组成）在内方，在木质部与韧皮部之间普遍有由原形成层保留下来的束内形成层，这种侧生分生组织能继续产生维管组织，因而这种维管束又称无限维管束或外韧无限维管束。甘薯、马铃薯、南瓜等植物的维管束，外侧和内侧都是韧皮部，中间是木质部，中外侧的韧皮部和木质部之间有形成层，这种维管束称双韧维管束。

髓：位于维管柱中央的薄壁组织称为髓，具有贮藏养料的作用。有的植物髓中含有如石细胞、晶细胞、单宁细胞等异细胞；有的植物的髓在生长过程中被破坏形成髓腔，如南瓜；或形成髓腔时还留有片状的髓组织，如胡桃、枫杨属植物。

髓射线：是位于各维管束之间的薄壁组织，内连髓部，外接皮层，在横切面上呈放射状。具有横向运输养料的作用，同时也是茎内贮藏营养物质的组织。

(2) 禾本科植物茎的构造。禾本科植物茎的构造在横切面上大体可分为表皮、基本组织和维管束三部分（图2-33）。与双子叶植物茎的初生构造比较，禾本科植物茎的维管束数目多，并散生在基本组织中，所以没有皮层和维管柱之分；维管束内无形成层，属有限维管束。因此，禾本科植物不能进行次生加粗生长，终生只有初生构造，没有次生构造。

①表皮。是一层生活细胞，排列整齐，由长细胞、短细胞和气孔器有规律地交替排列而

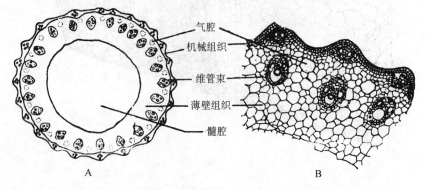

图2-33 水稻茎横切面
A. 横切面图解 B. 横切面的部分放大

成。长细胞是角质化细胞，为表皮的基本组成成分；短细胞排列在长细胞之间，包括具栓化壁的栓化细胞和有硅化细胞壁、细胞腔内有硅质胶体的硅细胞。

②基本组织。表皮以内为基本组织，主要由薄壁细胞组成。在靠近表皮外常有几层厚壁组织，彼此相连成一环，呈波浪形分布，具有支持作用。在厚壁组织以内为薄壁组织，充满在各维管束之间。水稻、小麦、竹等茎的中央薄壁组织解体形成髓腔；水稻茎的维管束之间还有裂生通气道。禾本科植物茎幼嫩时，在近表面的部分薄壁细胞中含有叶绿体，茎呈绿色，能进行光合作用。

③维管束。维管束散生于基本组织中，整体亦呈网状。在具髓腔的茎（小麦、水稻）中，维管束大体分为内、外两环。外环的维管束较小，大部分分布在表皮内侧的机械组织中；内环的较大，为薄壁组织包围。茎为实心结构的茎中（如玉米），维管束散生于整个茎的基本组织中，由外向内维管束直径逐渐增大，各束间的距离则愈来愈远。

禾本科植物茎中的维管束外围均有由厚壁组织组成的维管束鞘包围。初生木质部在横切面上呈 V 形，其基部为原生木质部，包括一或两个环纹、螺纹导管和少量木薄壁细胞。在生长过程中这些导管常遭破坏，四周的薄壁细胞互相分离，形成气腔；V 形的两臂处各有一个属于后生木质部的大型孔纹导管，之间或为木薄壁细胞，或有数个管胞。初生韧皮部在初生木质部外方。发育后期原生韧皮部常被挤毁，后生韧皮部由筛管和伴胞组成（图2-34）。

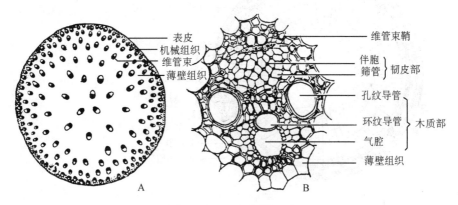

图 2-34　玉米茎横切面
A. 横切面图解　B. 一个维管束的放大

（二）茎的加粗生长与次生构造

1. 双子叶植物茎的加粗生长与次生构造　与根相同，茎的加粗也是由形成层和木栓形成层进行次生生长的结果，但在这两种次生分生组织的发生和所形成的次生结构的某些特征方面，茎与根存在不同之处。

（1）形成层的发生、组成与活动。

①维管形成层的发生。茎的初生构造形成后，在维管束中保留有束内形成层，随着束内形成层活动的影响，使相邻维管束束内形成层之间的髓射线细胞恢复分裂能力，形成束间形成层。束间形成层的产生，将片断的束内形成层连接成完整的圆筒状形成层，在横切面上呈圆环状（图2-35），称为维管形成层，简称形成层。

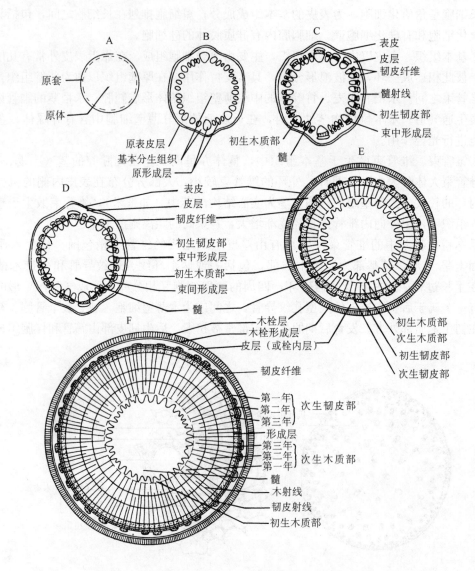

图 2-35 多年生双子叶植物茎的初生与次生生长图解
A. 茎生长锥原分生组织部分的横切面 B. 生长锥下方初生分生组织的部分
C. 初生结构 D. 形成层环形成 E、F. 次生生长和次生结构
(引自 Esau)

②形成层的组成。茎的形成层是由纺锤状原始细胞和射线原始细胞组成（图 2-36）。纺锤状原始细胞是形成层中长度超过宽度数十至数百倍的两端尖锐细胞，形状像纺锤形，其切向面宽于径向面，细胞的长轴与茎的长轴相平行。射线原始细胞为形成层中近等径的原始细胞。根的形成层同样由这两种原始细胞组成。

③形成层的活动。维管形成层产生后通过细胞分裂、生长和分化而进行次生生长，形成次生维管组织。生长的方式和产物与根基本相同，纺锤状原始细胞向内分裂形成次生木质部（导管、管胞、木纤维、木薄壁细胞），向外分裂形成次生韧皮部（筛管、伴胞、韧皮纤维、韧皮薄壁细胞）。射线原始细胞向内形成木射线，向外形成韧皮射线，两种射线合称维管射

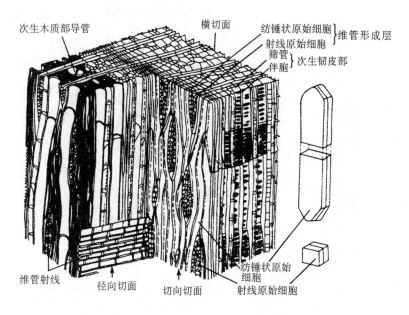

图 2-36 苹果茎立体结构，示维管形成层的组成及其活动
(仿 Eames and Mac Daniels)

线，维管射线与髓射线具有相同的功能（横向运输与贮藏养料的功能）。位于髓射线部位的射线原始细胞向内向外都产生薄壁细胞，而使髓射线不断延长。在次生生长过程中，由于次生木质部的不断增加，形成层随之向外推移，通过本身细胞的径向分裂扩大周径而保持形成层的连续性。

④年轮的形成及心材与边材。多年生木本植物形成层活动所产生的次生木质部就是木材。在形成过程中可出现年轮、心材与边材等特征，见图 2-37。

在多年生木本植物茎的次生木质部中，可以见到许多同心圆环，这就是年轮（又称生长轮），年轮的产生是形成层活动随季节变化的结果。在有四季气候变化明显的温带，春季温度逐渐升高，形成层解除休眠恢复分裂能力，这个时期水分充足，形成层活动旺盛，细胞分裂快，生长也快，形成的次生木质部中导管和管胞大而多，管壁较薄，木材质地较疏松，颜色较浅，称为早材或春材；夏末秋初，气温逐渐降低，形成层活动逐渐减弱，直至停止，产生的木材导管和管胞少而小，细胞壁较厚，木材的质密色深，称为晚材或秋材。同一年的早材和晚材之间的转变是逐渐的，没有明显的界线，但经过冬季的休眠，前一年的晚材和第二年的早材之间形成了明显的界线，叫年轮界线，同一年内产生的早材和晚材就构成了一个生长轮。

在没有季节性变化的热带地区，树木没有年轮的产生。而温带和寒带的树木，通常一年只形成一个年轮。因此，根据年轮的数目可推断出树木的年龄。很多树木，随着年轮的增多，茎干不断增粗，靠近形成层部分的木材颜色浅，质地柔软，具有输导功能，这部分木材称边材。木材的中心部分，常被树胶、树脂及色素等物质所填充，因而颜色较深，质地坚硬，这部分称心材（图 2-38）。心材已经失去输导能力，但对植物体具有较强的支持作用。由于心材含水分少，不易腐烂，所以材质较好。心材与边材不是固定不变的，形成层每年可产生新的边材，同时靠近心材的部分边材继续转变为心材，因此边材的量比较稳定，而心材则逐年增加。各种树木的边材与心材的比例及明显程度均不同。

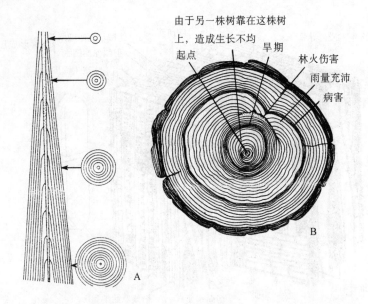

图 2-37 树木的生长轮
A. 具十年树龄的茎干纵、横剖面图解，示不同高度生长轮数目的变化
B. 树干横剖面，示生态条件对生长轮生长状况的影响
(引自 S. R. 里埃德曼)

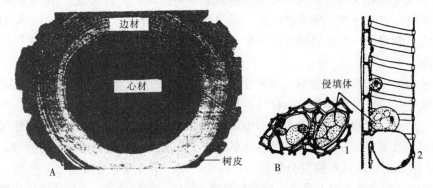

图 2-38 心材、边材和侵填体
A. 桑树树干横剖面示心材（深色部分）和边材
B. 洋槐心材导管中的侵填体：1. 横剖面 2. 纵剖面

(2) 木栓形成层的产生与活动。茎在次生生长过程中，除形成层活动产生次生维管组织外，还形成木栓形成层产生周皮和树皮等次生保护结构代替表皮起保护作用，以适应茎的不断增粗。茎中木栓形成层的来源较根复杂，最初的起源处因植物而异，有的起源于表皮（苹果、李等）；多数起源于皮层，可以在近表皮处皮层细胞（桃、马铃薯等），或皮层厚角组织（花生、大豆等），或皮层深处（棉等）；茶则由初生韧皮部中的韧皮薄壁细胞产生。木栓形成层产生后主要进行平周分裂，向外分裂产生的细胞经生长分化形成木栓层，向内产生的细胞发育成栓内层。木栓层层数多，其细胞形状与木栓形成层类似，细胞排列紧密，成熟时为死细胞，壁栓质化，不透水、不透气；栓内层层数少，多为 1~3 层薄壁细胞，有些植物甚至没有栓内层。木栓层、木栓形成层和栓内层三者合称周皮。

木栓层形成后，由于木栓层不透水、不透气，所以木栓层以外的组织因水分和营养物质的隔绝而死亡并逐渐脱落。在表皮上原来气孔的位置，由于木栓形成层向外分裂产生大量疏松的薄壁细胞，并向外突出形成裂口，称皮孔。皮孔是老茎进行气体交换的通道（图2-39）。

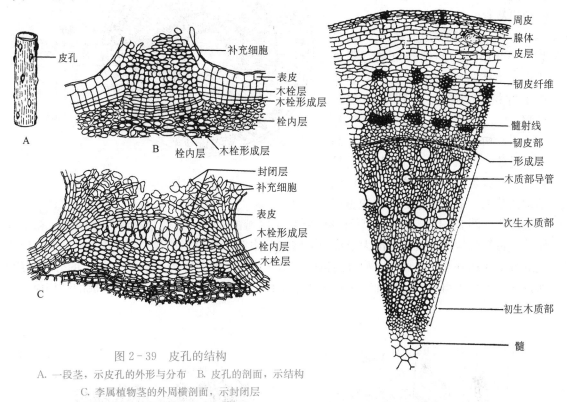

图2-39 皮孔的结构
A. 一段茎，示皮孔的外形与分布　B. 皮孔的剖面，示结构
C. 李属植物茎的外周横剖面，示封闭层
（引自 Devaux）

图2-40 棉花老茎的横切面

木栓形成层的活动期有限，一般只有一个生长季，第二年由其里面的薄壁细胞再转变成木栓形成层，形成新的周皮，这样多次积累，就构成了树干外面的树皮。植物学上将历年产生的周皮和夹于其间的各种死亡组织合称树皮或硬树皮。生产上习惯把形成层以外的部分称为树皮，而植物学上称为软树皮。

（3）双子叶植物茎的次生构造。双子叶植物由于形成层和木栓形成层的产生与活动，在茎内形成大量的次生组织，形成次生结构。茎的次生构造自外向内依次为：周皮（木栓层、木栓形成层、栓内层）、皮层（有或无）、初生韧皮部（有或脱落）、次生韧皮部、形成层、次生木质部、维管射线和髓射线、髓（图2-40、图2-41）。

在双子叶植物茎的次生结构中，次生韧皮部的组成成分与初生韧皮部基本相同，但后者没有韧皮射线。在横切面上次生韧皮部的量比次生木质部少得多，这是因为：①形成层向外产生次生韧皮部的量要比向内产生次生木质部少；②筛管的输导作用只能维持1~2年，以后随着内侧次生木质部逐渐向外扩张的过程而逐渐被挤毁，并被新产生的次生韧皮部所代替；③在多年生木本植物中，次生韧皮部又是木栓形成层发生的场所，

树木的形成层

此处周皮一旦形成，其外方的韧皮部就因水分、养料被隔绝而死亡，成为硬树皮的一部分。由此说明：次生韧皮部随着形成层的连续活动，是在不断地更新着。

2. 单子叶植物茎的加粗 大多数单子叶植物茎的维管束是有限维管束，不能进行次生生长。但少数单子叶植物存在以下特殊的加粗过程：

（1）初生增厚生长。如玉米、高粱、甘蔗、香蕉等单子叶植物具有较粗的茎，这是由于初生增厚分生组织活动的结果。初生增厚分生组织整体

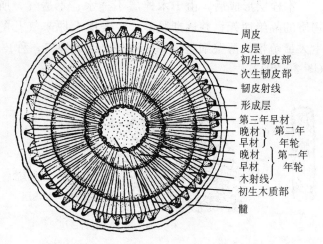

图2-41 木本植物三年生茎横切面图解

呈套筒状（图2-42），位于叶原基和幼叶着生区域的内侧，顶端紧靠原分生组织。初生增厚分生组织的快速分裂衍生出大量薄壁细胞（其中穿插着原形成层），使离顶端分生组织不远处的茎就达到几乎与成熟区相近的粗度。由于该分生组织是原分生组织衍生的分生组织，所以属初生分生组织，这种加粗生长属初生生长，特称为初生增厚生长，形成的结构属初生构造。

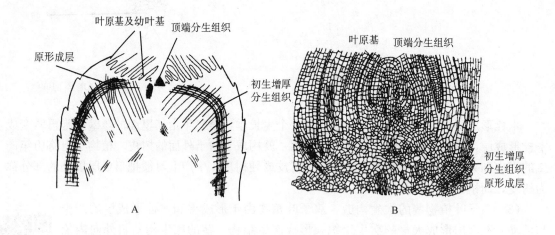

图2-42 玉米茎端过正中纵剖面，示初生增厚分生组织
A. 图解 B. 细胞图
（引自 Eckardt）

（2）异常的次生生长。单子叶植物中的一些植物如龙血树、朱蕉、丝兰等也产生形成层，使茎不断增粗。但形成层的起源和活动情况与双子叶植物有所不同。如龙血树的形成层是从初生维管束外方的薄壁组织中产生，向内产生次生的周木维管束（次生木质部包围次生韧皮部）和薄壁组织，向外仅产生少量的薄壁组织（图2-43）。

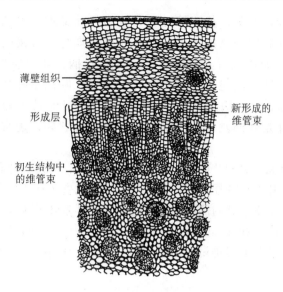

图 2-43 龙血树茎横剖面示异常的次生生长

第三节 叶

一、叶的功能

1. 进行光合作用，制造有机物 叶是绿色植物进行光合作用的主要器官，通过光合作用，植物合成本身生长发育所需的葡萄糖，并以此作原料合成淀粉、脂肪、蛋白质与纤维素等。对人和动物界而言，光合作用的产物是食物直接或间接的来源，该过程释放的氧又是生物生存的必要条件之一。在农业生产中，各种农产品无一不是光合作用的直接或间接的产物。因此，叶的发育和总叶面积的大小，对植物的生长发育、作物的稳产高产都有极重要的影响。

2. 进行蒸腾作用，协调各种生理活动 叶也是蒸腾作用的主要器官，蒸腾作用是根系吸水的动力之一，并能促进植物体内无机盐的运输，还可降低叶表温度，使叶免受过强日光的灼伤。因此，蒸腾作用可以协调体内各种生理活动，但过于旺盛的蒸腾对植物不利。

3. 具有一定的吸收和分泌能力 有些植物的叶还具有特殊的功能，如落地生根、秋海棠等植物的叶具有繁殖能力；洋葱、百合的鳞叶肥厚，具有贮藏养料的作用；猪笼草、茅膏菜的叶具有捕捉与消化昆虫的作用。

二、叶的形态

（一）叶的组成

植物典型的叶是由叶片、叶柄和托叶三部分组成（图 2-44）。具有叶片、叶柄和托叶三部分的叶，叫完全叶，如桃、梨、月季等。缺少其中一部分或两部分的叶为不完全叶，如丁香、茶等缺少托叶，荠菜、莴苣等缺少叶柄和托叶又称为无柄叶。不完全叶中只有个别种类缺少叶片，如我国台湾的相思树，除幼苗时期外，全树的叶都不具叶片，但它的叶柄扩展成扁平状，能够进行光合作用，称为叶状柄。叶片通常为绿色宽大而扁平，是叶的重要组成部分，叶的功能主要是由叶片来完成。叶柄是叶片与茎的连接部分，是两者之间的物质交流通道。叶柄支持着叶片，并通过自身的长短和扭曲使叶片处于光合作用有利的位置。托叶是叶柄基部两侧所生的小型的叶状物，通常成对着生，形态因植物种类而异。

禾本科植物叶的组成与典型叶比较，存在显著的差异，叶由叶片和叶鞘两部分组成（图2-45），有些植物还有叶舌与叶耳。叶片为带形；叶鞘包裹茎秆，具有保护和加强茎的支持作用；叶舌是叶片与叶鞘交界处内侧的膜状突起物；叶耳是叶舌两旁，叶片基部边缘处伸出的两片耳状的小突起。叶舌和叶耳的有无、形状、大小和色泽等特征，是鉴别禾本科植物的依据，如水稻与稗草在幼苗期很难辨别，但水稻的叶有叶耳与叶舌，而稗草的叶没有叶耳与叶舌。

双子叶植物叶与禾本科植物叶的形态区别

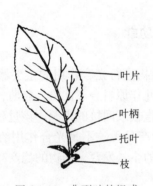

图2-44 典型叶的组成

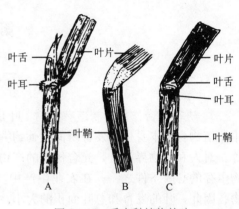

图2-45 禾本科植物的叶
A. 水稻叶 B. 稗叶 C. 小麦叶

（二）叶片的形态

叶片的形态在很大程度上是受植物遗传特性所决定，所以叶片是识别植物的主要依据之一。叶片的形态包括叶形、叶尖、叶基、叶缘、叶裂、叶脉等。

1. 叶形　是指叶片的形状。叶片的形状通常是根据叶片的长度和宽度的比值及最宽处的位置来确定（图2-46），也可根据叶的几何形状来决定。图2-47所示的各种类型，如松针形叶，细长，尖端尖锐；麦、稻、玉米、韭菜等为线形叶，叶片狭长，全部的宽度约略相等，两侧叶缘近平行；银杏为扇形；桃、柳是披针形；唐菖蒲、射干的叶为剑形；莲的叶为圆形等。

叶尖与叶基也因植物种类不同而呈现各种不同的类型，见图2-48、图2-49。

2. 叶缘　叶片的边缘叫叶缘，其形状因植物种类而异。叶缘主要类型有全缘、锯齿、重锯齿、牙齿、钝齿、波状等（图2-50）。如果叶缘凹凸很深的称为叶裂，可分为掌状与羽状两种类型，每种类型又可分为浅裂、深裂、全裂等（图2-51）。

第二章 植物的营养器官

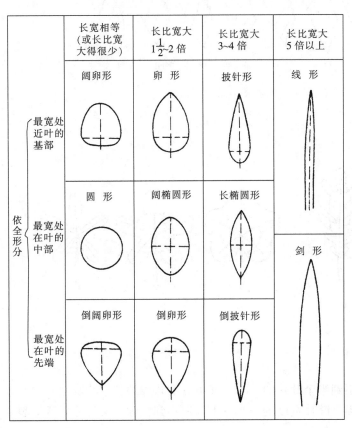

图2-46 叶片整体形状

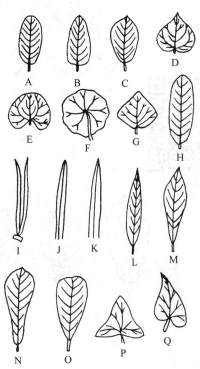

图2-47 常见的叶片形状
A. 椭圆形 B. 卵形 C. 倒卵形 D. 心形
E. 肾形 F. 圆形（盾形） G. 菱形
H. 长椭圆形 I. 针形 J. 线形
K. 剑形 L. 披针形 M. 倒披针形
N. 匙形 O. 楔形 P. 三角形 Q. 斜形

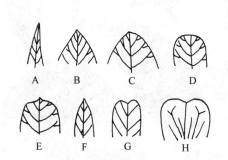

图2-48 叶尖的类型
A. 渐尖 B. 急尖 C. 钝形 D. 截形
E. 具短尖 F. 具骤尖 G. 微缺形 H. 倒心形

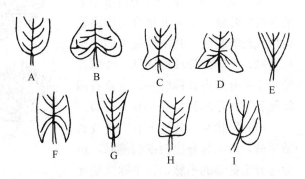

图2-49 叶基的类型
A. 钝形 B. 心形 C. 耳形 D. 戟形 E. 渐尖
F. 箭形 G. 匙形 H. 截形 I. 偏斜形

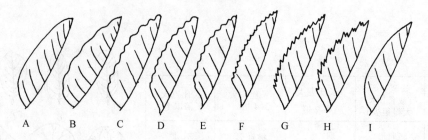

图 2-50 叶缘的基本类型
A. 全缘 B. 波状缘 C. 皱缩状缘 D. 圆齿状 E. 圆缺
F. 牙齿状 G. 锯齿 H. 重锯齿 I. 细锯齿

植物的叶裂

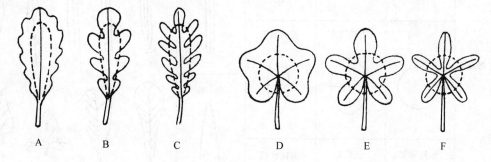

图 2-51 叶裂的类型
A. 羽状浅裂 B. 羽状深裂 C. 羽状全裂 D. 掌状浅裂 E. 掌状深裂 F. 掌状全裂
（虚线为叶片一半的界线，可作为衡量缺刻深度的依据，裂至虚线处即为半裂）

（1）浅裂叶。叶片分裂深度不到半个叶片的一半。又可分羽状浅裂和掌状浅裂。

（2）深裂叶。叶片分裂深于半个叶片宽度的一半以上，但不到主脉。又可分羽状深裂和掌状深裂。

（3）全裂叶。叶片分裂达中脉或基部。又可分为羽状全裂和掌状全裂。

3. 叶脉　叶片上分布的粗细不等的脉纹叫叶脉，实际上是叶肉中维管束形成的隆起线。其中最粗大的叶脉称主脉，主脉的分枝称侧脉。叶脉在叶片上的分布方式称脉序，主要有网状脉和平行脉两种类型（图 2-52）。

（1）网状脉。叶片上有一条或数条主脉，由主脉分出较细的侧脉，由侧脉分出更细的小脉，各小脉交错连接成网状，这种叶脉称为网状脉。

网状脉是双子叶植物的典型特征之一，又分为羽状网脉和掌状网脉。

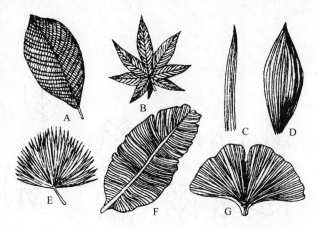

图 2-52 叶的类型
A、B. 网状脉（A. 羽状网脉 B. 掌状网脉）
C~F. 平行脉（C. 直出脉 D. 弧形脉
E. 射出脉 F. 侧出脉） G. 叉状脉

叶片具有一条主脉的网状脉叫羽状网脉，如榆、桃、苹果等；叶片具数条主脉的网状脉叫掌状网脉，如棉、瓜类等。

(2) 平行脉。叶片上主脉和侧脉之间彼此平行或近于平行分布，这种叶脉称为平行脉。平行脉是单子叶植物的典型特征之一，平行脉又分为：直出平行脉（水稻、小麦）、弧状脉（车前、玉簪）、侧出平行脉（香蕉、美人蕉）和射出脉（棕榈、蒲葵）等类型。

(三) 单叶与复叶

一个叶柄上所着生叶片的数目，因植物种类而不同，可分为单叶和复叶两类。

1. 单叶 在一个叶柄上生有一个叶片的叶称为单叶，如桃、玉米、棉等。

2. 复叶 一个叶柄上生有两个及以上叶片的叶称为复叶，如月季、槐等。复叶的叶柄称总叶柄（叶轴），总叶柄上着生的叶称为小叶，小叶的叶柄，称为小叶柄。根据小叶在总叶柄上的排列方式可分为羽状复叶、掌状复叶、三出复叶、单身复叶4种类型（图2-53）。

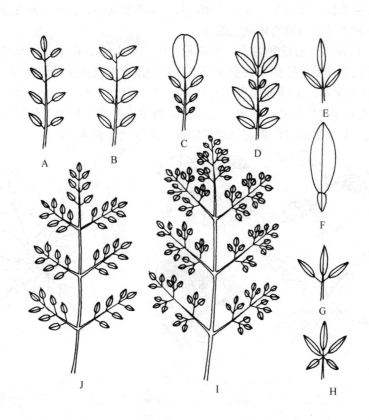

图 2-53 复叶的类型
A. 奇数羽状复叶　B. 偶数羽状复叶　C. 大头羽状复叶　D. 参差羽状复叶
E. 三出羽状复叶　F. 单身复叶　G. 三出掌状复叶
H. 掌状复叶　I. 三回羽状复叶　J. 二回羽状复叶

(1) 羽状复叶。小叶着生在总叶柄的两侧，呈羽毛状，称为羽状复叶。根据羽状复叶中小叶的数目可分为：奇数羽状复叶，如月季、刺槐、紫云英等；偶数羽状复叶，如花生、蚕豆等。根据羽状复叶总叶柄分枝的次数，又可分为一回羽状复叶（月季）、二回羽状复叶（合欢）和三回羽状复叶（楝树）。

（2）掌状复叶。在总叶柄的顶端着生多枚小叶，并向各方展开而成掌状，如大麻、七叶树、刺五加等。

（3）三出复叶。总叶柄上着生 3 枚小叶，称为三出复叶。如果 3 个小叶柄是等长的，称为掌状三出复叶（草莓）；如果顶端小叶较长，称为羽状三出复叶（大豆）。

（4）单身复叶。总叶柄上两个侧生小叶退化，仅留下顶端小叶，总叶柄顶端与小叶连接处有关节，如柑橘、柚等。

（四）叶序和叶的镶嵌

1. 叶序　叶在茎上的排列方式，称为叶序。叶序有 4 种基本类型，即互生、对生、轮生和簇生（图 2-54）。茎上每个节只生一个叶的叫互生，如向日葵、桃、杨等；若每个节上相对着生两个叶的称为对生，如丁香、芝麻、薄荷等；若每个节上着生 3 个或 3 个以上的叶称为轮生，如夹竹桃、茜草等；有些植物，其节间极度缩短，使叶成簇生于短枝上，称簇生叶序，如银杏和落叶松等植物短枝上的叶。

2. 叶镶嵌　叶在茎上的排列方式，不论是互生、对生还是轮生，相邻两个节上的叶片都不会重叠，它们总是利用叶柄长短变化或以一定的角度彼此相互错开排列，结果使同一枝上的叶以镶嵌状态排列，这种现象称为叶镶嵌，如烟草、车前、白菜、蒲公英等（图 2-55）。叶的镶嵌有利于植物的光合作用。在园林中利用某些攀缘植物叶的镶嵌特性，可在墙壁或竹篱上形成独具风格的绿色垂直景观，如五叶地锦、常春藤等。

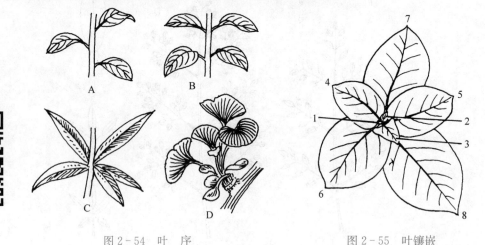

植物的叶序

图 2-54　叶　序
A. 互生叶序　B. 对生叶序　C. 轮生叶序　D. 簇生叶序

图 2-55　叶镶嵌
幼小烟草植株的俯视图，图中数字显示叶的顺序

三、叶片的发育

叶片由叶原基上部经顶端生长、边缘生长和居间生长形成，而无叶柄和托叶的不完全叶则由整个叶原基发育形成（图 2-56）。

叶原基形成后先由上部的顶端分生组织进行顶端生长使叶原基延长；不久在其两侧形成

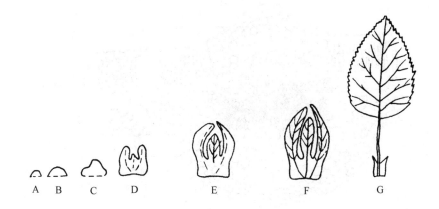

图 2-56 叶原基的出现至幼叶与成熟叶形成的过程
A、B. 叶原基的形成　C. 叶原基分化为上下两部分　D~F. 托叶原基与幼叶形成
(A~F. 在芽中)　G. 成熟的完全叶

边缘分生组织进行边缘生长，形成有背腹之分的扁平锥叶，如果是复叶，则通过边缘生长形成多数小叶。边缘生长进行一段时间后，顶端生长停止，当幼叶从芽内伸出、展开后，边缘生长也停止，此时整个叶片基本上由居间分生组织组成。并由居间分生组织进行近似平均的居间生长，使叶片各部分的面积不断扩大，并形成成熟的初生结构。在此过程中居间分生组织因本身分化为成熟组织而逐渐消失，以后也不再形成新的分生组织，所以叶的生长和根、茎的无限生长不同，是一种有限生长。

四、叶片的构造

(一) 双子叶植物叶片的构造

双子叶植物的叶片多具有背面（远轴面或下面）和腹面（近轴面或上面）之分，在横切面上可分为：表皮、叶肉和叶脉三部分（图 2-57）。

1. 表皮　表皮覆盖于叶片的上下表面，在叶片上面（腹面）的表皮称上表皮；叶片下面（背面）的表皮称下表皮。表皮通常由一层生活细胞构成，包括表皮细胞、气孔器、表皮毛、异形胞等。表皮细胞是表皮的基本组成。细胞通常呈扁平不规则形状，侧壁（垂周壁）为波浪形，相邻表皮细胞的侧壁彼此凹凸镶嵌，排列紧密，没有细胞间隙。在横切面上，表皮细胞的形状比较规则，排列整齐，呈长方形，外壁较厚，常具角质层，有的还具有蜡质。角质层具有保护作用，可以控制水分蒸腾，增强表皮的机械性能，防止病菌侵入。上表皮的角质层一般较下表皮发达，发达程度因植物种类和发育年龄而异，幼嫩叶常不如成熟叶发达。表皮细胞一般不含叶绿体，但有些植物含有花青素，使叶片呈红、紫等颜色。

气孔器是由保卫细胞、气孔、孔下室或连同副卫细胞组成，是调节水分蒸腾和进行气体交换的结构。在叶的表皮上分布许多气孔器，气孔器的类型、数目与分布因植物种类不同而

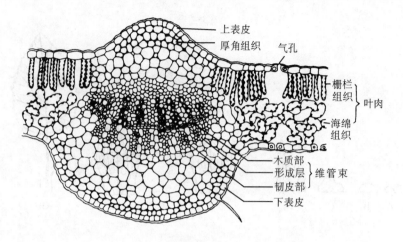

图 2-57 双子叶植物叶片横切面

有差异，如马铃薯、向日葵、棉花等植物叶的上下表皮都有气孔，而下表皮一般较多。但也有些植物，气孔却只限于下表皮，如苹果、旱金莲；或限于上表皮，如睡莲、莲；还有些植物的气孔却只限于下表皮的局部区域，如夹竹桃的气孔仅在凹陷的气孔窝内。但多数双子叶植物气孔多分布于下表皮，这是与叶片的功能及下表皮空间位置紧密相关。气孔分布密度比茎表皮多，大多数植物每平方毫米的下表皮在 100～300 个。双子叶植物的气孔是由两个肾形的保卫细胞围合而成的小孔（图 2-58），保卫细胞内含叶绿体，这与气孔的张开与关闭有关。当保卫细胞从邻近细胞吸水而膨胀时，气孔就张开；当保卫细胞失水而收缩时，气孔就关闭。

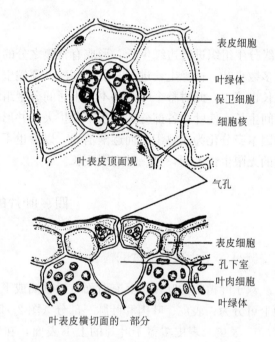

图 2-58 双子叶植物叶的下表皮的一部分，示气孔

叶的表皮上着生有数量不等、单一或多种类型的表皮毛，不同植物表皮毛的种类和分布状况也不相同。表皮毛的主要功能是减少水分的蒸腾，加强表皮的保护作用。此外，有的植物还有晶细胞（异形胞）；有的在叶缘具有排水器。

2. 叶肉 上、下表皮之间的同化组织称为叶肉，其细胞内富含叶绿体，是叶进行光合作用的主要场所。双子叶植物的叶肉一般分化为栅栏组织和海绵组织（图 2-57）。

（1）栅栏组织。栅栏组织是由一层或几层长柱形细胞所组成，紧接上表皮，其长轴垂直于叶片表面，排列整齐而紧密如栅栏状，称为栅栏组织。细胞内含叶绿体较多，故叶片的上表面绿色较深。栅栏组织的功能主要是进行光合作用。

（2）海绵组织。靠近下表皮，细胞形状不规则，排列疏松，细胞间隙大。细胞内含叶绿体较少，故叶片背面颜色一般较浅。海绵组织的主要机能是进行气体交换，同时也能进行光合作用。大多数双叶子植物的叶片有上下面的区别，上面（腹面或近轴面）深绿色，下面（背面或远轴面）淡绿色，这样的叶为异面叶。单子叶植物叶片在茎上基本呈直立状态，两面受光情况差异不大，叶肉组织中没有明显的栅栏组织和海绵组织的分化，叶片上、下两面的颜色深浅基本相同，这种叶叫等面叶，如小麦、水稻等禾本科植物。

3. 叶脉 叶脉贯穿于叶肉之中，是叶片中的维管束。叶脉的结构因叶脉的大小不同而存在差异。粗大的主脉，通常在叶背隆起，维管束外围有机械组织分布，所以叶脉不仅有输导作用，而且具有支持叶片的作用。维管束由木质部、韧皮部和形成层三部分组成。木质部在上方，由导管、管胞、薄壁细胞和厚壁细胞组成。韧皮部在下方，由筛管、伴胞、薄壁细胞组成。形成层在木质部和韧皮部之间，其活动期短而微弱，因而产生的次生组织不多。叶脉愈分愈细，其结构也愈简单，先是机械组织和形成层逐渐减少直至消失，其次是木质部和韧皮部也逐渐简化至消失。最后韧皮部只剩下短而狭的筛管分子和增大的伴胞，木质部只有1～2个管胞。

叶脉的输导组织与叶柄的输导组织相连，叶柄的输导组织又与茎、根的输导组织相连，从而使植物体内形成一个完整的输导系统。

（二）禾本科植物叶片的结构

禾本科植物叶片也分为表皮、叶肉和叶脉三部分。

1. 表皮 表皮具有上表皮和下表皮之分，但与双子叶植物比较，上、下表皮除具有角质层、蜡质外，各细胞还发生高度硅化，水稻还形成硅质乳突，因而使叶片较坚硬（图2-59）。

表皮细胞的形状比较规则，排列成行，常包括两种细胞，即长细胞和短细胞。长细胞为长方形，外壁角质化并含有硅质；短细胞为正

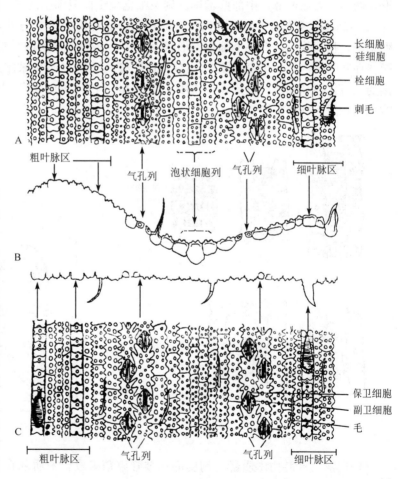

图2-59 水稻叶表皮的结构
A. 叶上表皮顶面观 B. 叶片横切面示意图，示上、下表皮 C. 下表皮顶面观
（引自星川清亲）

方形或稍扁,插在长细胞列之间,短细胞可分为硅细胞和栓细胞两种类型。禾本科植物叶脉之间的上表皮中,分布着数列大型细胞,称为泡状细胞。泡状细胞的壁较薄,细胞内有较大的液泡,在横切面呈扇形排列。泡状细胞能贮积大量水分,在干旱时,这些泡状细胞因失水而缩小,使叶片向上卷曲成筒状,以减少水分蒸腾;当大气湿润,蒸腾减少时,泡状细胞吸水胀大,使叶片展开恢复正常,因此也称为运动细胞。在玉米、水稻等植物上表现得非常明显(图2-60)。

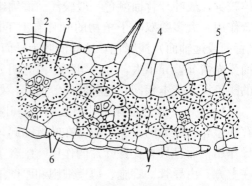

图2-60 玉米叶片横切面的一部分
1.表皮 2.机械组织 3.维管束鞘 4.泡状细胞
5.胞间隙 6.副卫细胞 7.保卫细胞

禾本科植物气孔器由两个保卫细胞、两个副卫细胞及气孔组成,气孔在上、下表皮的分布数量近似相等,没有差异。保卫细胞呈哑铃形,两端膨大而壁薄,中部壁增厚。副卫细胞位于保卫细胞两旁,近似于菱形(图2-61)。

2. 叶肉 禾本科植物的叶肉没有栅栏组织和海绵组织的分化,为等面叶。叶肉细胞排列紧密,胞间隙小,但每个细胞的形状不规则,其细胞壁向内皱褶,形成了具有"峰、谷、腰、环"的结构,如小麦(图2-62)。这就有利于更多的叶绿体排列在细胞的边缘,易于接受二氧化碳和光照,进行光合作用。当相邻叶肉细胞的"峰"、"谷"相对时,可使细胞间隙加大,便于气体交换。

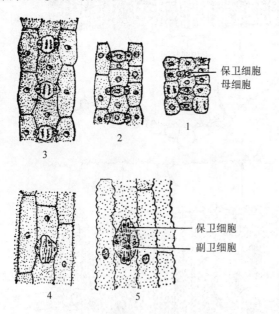

图2-61 玉米叶片气孔器发育过程(1~5)

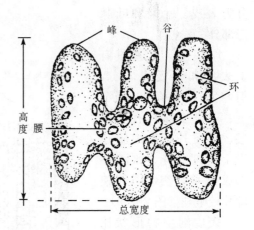

图2-62 小麦叶肉细胞

3. 叶脉 叶脉由木质部、韧皮部和维管束鞘组成。木质部在上,韧皮部在下,维管束内无形成层。在维管束外面有维管束鞘包围,维管束鞘有两种类型:一类是由单层薄壁细胞组成,如玉米、高粱、甘蔗等,其细胞壁稍有增厚,细胞较大,排列整齐,含有较大的叶绿体,而且在维管束周围紧密排列着一圈叶肉细胞,这种结构在光合碳同化过程中具有重要作用；另一类是由两层细胞组成，如小麦、水稻等，其外层细胞壁薄，细胞较大，含有叶绿体，内层细胞壁厚，细胞较小，不含叶绿体。

（三）松针叶的构造

裸子植物中的松属植物是园林和造林的重要树种，叶为针叶，因而有针叶植物之称。松叶发生在短枝上，着生方式有单针或成束着生，但多数为成束着生。有二针一束，如马尾松、黄山松等，横切面呈半圆形；三针一束，如云南松等；五针一束，如华山松、红松等，横切面呈三角形（图2-63）。松针叶的构造可分为表皮系统、叶肉、维管束等部分（图2-64、图2-65）。

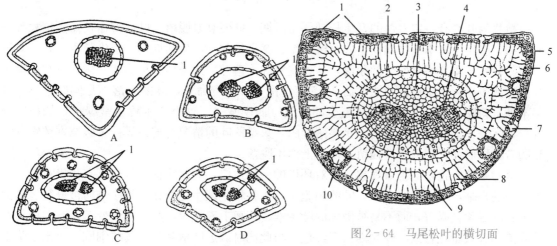

图2-63 几种松针叶横切面图解
A. 华山松 B. 马尾松 C. 黄山松 D. 云南松 1. 维管束

图2-64 马尾松叶的横切面
1. 下皮层 2. 内皮层 3. 薄壁组织 4. 维管束
5. 角质层 6. 表皮 7. 下陷的气孔 8. 孔下室
9. 叶肉细胞 10. 树脂道

1. 表皮系统　表皮系统包括表皮、下皮层及气孔等。

（1）表皮。表皮由一层连续的细胞组成，包围在叶的周围，无上、下表皮的区别，细胞壁增厚，细胞腔小。表皮细胞外覆盖着发达的角质层，在叶的转角处表皮细胞的角质层较厚。

（2）下皮层。表皮内侧的一至多层厚壁细胞，称为下皮层，下皮层细胞层数因植物的种类而异。有些松属植物的表皮与下皮层细胞形态相同，如华山松及白皮松；有些则不同，如黑松及油松。

（3）气孔。气孔下陷在表皮下的厚壁组织中，称为内陷气孔。内陷气孔形成下陷的空腔，阻止了外界流动的干燥空气和气孔的直接接触，是一种减少叶内水分蒸腾的旱生结构。

2. 叶肉　叶肉由含叶绿体的薄壁细胞组成，位于下皮层以内。叶肉细胞的结构特点是细胞壁内凹陷，伸入到细胞腔内，形成无数褶壁，叶绿体沿褶壁分布，扩大了光合面积。叶肉中分布着树脂道，

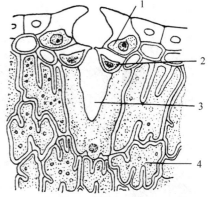

图2-65 马尾松叶的气孔器
1. 副卫细胞 2. 保卫细胞 3. 孔下室
4. 叶肉细胞（绿色折叠薄壁细胞）

树脂道的位置因植物种类而异。

3. 维管束　针叶的维管束与叶肉之间有明显分化的内皮层，细胞内含有淀粉粒。内皮层紧接叶肉成环状围绕着维管束，使维管区域与叶肉组织之间有明显的分界。维管束分布在内皮层以内，维管束的数目随种类而异，如马尾松、油松、樟子松有两个维管束，位于叶的中央；但有的植物维管束只有一束，如红松、华山松等。因此，在植物分类上，按维管组织的束数把松属植物分为两个亚属，即单维管束亚属和双维管束亚属。松针叶的结构特点说明了它具有耐低温和干旱的能力。

五、落叶和离层

植物的叶是有一定寿命的，生长到一定时期，叶便衰老脱落。叶的寿命长短因植物种类而不同。多年生木本植物如杨、榆、桃、李、苹果等的叶，生活期为一个生长季，春、夏季长出新叶，冬季来临时便全部脱落，这种现象称为落叶，这类树木称为落叶树；也有的植物叶能生活多年，如松树的叶能生活3～5年，由于叶的寿命长，叶的脱落不是同时进行，每年不断有新叶产生，老叶脱落，就全树来看，四季常绿，这类树木称为常绿树，如松、柏等。实际上，落叶树和常绿树都是要落叶的，只是落叶的情况有着差异。多数草本植物，叶是随着植株而死亡，但依然残留在植株上而不脱落。

落叶是植物正常的生命现象，是对环境的一种适应，对植物提高抗性具有积极意义。随着冬季的来临，气温持续下降，叶的细胞中发生各种生理生化变化，许多物质被分解运输到茎中；叶绿素被降解，而不易被破坏的叶黄素、胡萝卜素显现，叶片逐渐变黄。有些植物在落叶前形成大量花青素，叶片因而变红色。与此同时靠近叶柄基部的某些细胞，由于细胞生物化学性质的变化，产生了离区。离区包括两个部分，即离层和保护层（图2-66），在叶将落时，在离区内薄壁细胞开始分裂，产生几层小形细胞，这几层细胞胞间层中的果胶酸钙转化为可溶性果胶和果胶酸，导致胞间层溶解，细胞彼此分离，有的还伴有细胞壁甚至整个细胞的解体，支持力量变得异常薄弱，这个区域称为离层。离层产生后，叶在外力的作用下便自离层处折断脱落。脱落后，伤口表面的几层细胞木栓化，成为保护层。保护层以后又为下面发

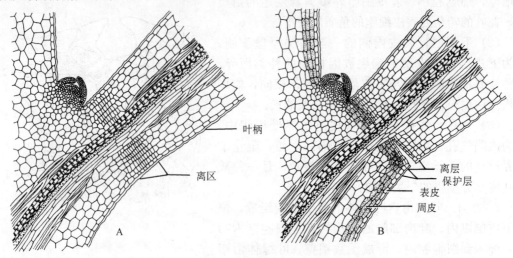

图2-66　棉叶柄基部纵切面，示离区结构

育的周皮所代替，并与茎的周皮相连。

第四节　营养器官的变态

前面关于营养器官的生长和所形成的结构与生理功能，为绝大多数植物所具有，属正常结构。但有些植物的营养器官在长期历史发展过程中，由于功能的改变，引起了形态、结构的变化，这种变化已经成为该植物的特征特性，并能遗传给下代，植物器官的这种变化称为变态，该器官称变态器官。器官的这种变态与器官病理上的变化存在根本的区别，前者是健康有益的变化，是植物主动适应环境的结果，能正常的遗传；而后者是有害的变化，是在有害生物或不良环境下植物被动产生的伤害，不能遗传。因此，不能把变态理解为不正常的病变。营养器官变态的类型很多，主要存在以下类型。

一、根的变态

主要有贮藏根、气生根和寄生根 3 种类型。

（一）贮藏根

贮藏根是适应于贮藏大量营养物质功能的变态根。根据贮藏根的来源不同可以分为肉质直根和块根两类。

1. 肉质直根　由主根和下胚轴膨大而形成的肉质肥大的贮藏根，称为肉质直根。如胡萝卜、萝卜、甜菜等。各种植物的肉质直根在外形上极为相似，但加粗的方式和内部结构存在很大的差异。如胡萝卜和萝卜肉质直根的加粗方式主要是形成层活动的结果，但产生的结构特点不同。胡萝卜的肉质直根中次生韧皮部发达，占根横切面的大部分；而次生木质部占少部分，构成通常所谓"芯"的部分。在次生韧皮部中，薄壁组织非常发达，贮藏大量营养物质。

萝卜的肉质直根与胡萝卜相反，次生木质部占大部分，次生韧皮部占少部分。在次生木质部中，薄壁组织非常发达，贮藏大量营养物质（图 2-67），而次生

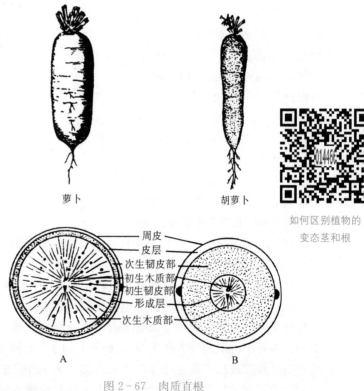

如何区别植物的
变态茎和根

图 2-67　肉质直根
A. 萝卜根的横切面　B. 胡萝卜根的横切面

韧皮部形成很少，并与周皮共同组成所谓的皮部。此外，萝卜在增粗过程中，除形成层活动外，木薄壁组织中的某些细胞，可以恢复分裂，转变为额外形成层。由额外形成层再产生三生木质部和三生韧皮部。

甜菜根的加粗与萝卜、胡萝卜不同（图2-68）。但其最初形成层的产生与活动，以及次生结构的产生与萝卜、胡萝卜一样。所不同的是当形成层正在活动时，中柱鞘细胞恢复分裂产生一圈另一种形成层——额外形成层（又称副形成层），额外形成层向内产生三生木质部、向外产生三生韧皮部，三生木质部和三生韧皮部以薄壁细胞为主。以后又由三生韧皮部外侧的薄壁细胞再产生新的额外形成层。依此，同样地可以产生多层额外形成层，并形成新的维管组织。结果造成一轮维管组织和一轮薄壁组织的相间排列，使甜菜肉质直根的横切面上，出现显著的多层同心环结构。在优良品种中，可以达到8~12层，甚至更多。糖分都贮藏在薄壁组织内。因此，甜菜肉质直根的结构特点是三生结构发达。

2. 块根 植物的侧根或不定根因异常的次生生长，增生大量薄壁组织，形成肥厚块状的贮藏根，称为块根。一个植株上可以形成多个块根。块根的组成不含下胚轴和茎的部分，完全由根的部分构成。如甘薯、木薯和大丽花等。

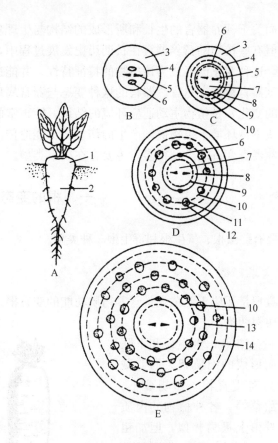

图2-68 甜菜根的加粗过程图解
A. 甜菜贮藏根的外形 B. 具有初生结构的幼根 C. 具有次生结构的根
D. 发展成三生结构的根 E. 发展成多层额外形成层的根 1. 下胚轴
2. 初生根 3. 皮层 4. 内皮层 5. 初生木质部 6. 初生韧皮部 7. 次生木质部 8. 次生韧皮部 9. 形成层 10. 额外形成层 11. 三生木质部
12. 三生韧皮部 13. 第二圈额外形成层 14. 第三圈额外形成层

甘薯的块根通常是在营养繁殖时，由茎蔓上产生的不定根发育形成。形成过程可分为两个阶段。第一阶段是正常的次生生长；第二阶段主要是异常生长，即额外形成层的活动。额外形成层可以由导管周围的薄壁细胞恢复分裂而形成，也可以在距离导管较远的薄壁组织中出现。额外形成层向外方产生富含薄壁组织的三生韧皮部和乳汁管；向内产生三生木质部。块根的维管形成层不断地产生次生木质部，为额外形成层的发生创造了条件；由于许多额外形成层的同时发生与活动，就能产生更多的贮藏薄壁组织，使块根迅速膨大。可见甘薯块根的增粗过程是维管形成层和许多额外形成层互相配合活动的结果（图2-69）。

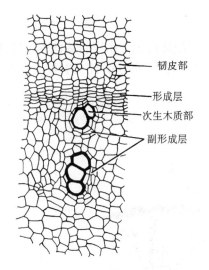

图 2-69 甘薯块根（示形成层和副形成层）

（二）气生根

生长在空气中的根称为气生根。气生根因作用不同，又可分为支持根、呼吸根和攀缘根等类型。

1. 支持根 一些禾本科植物，如玉米、高粱，在拔节至抽穗期，近地面的几个节上可产生几层气生的不定根，向下生长深入土壤，形成能够支持植物体的辅助根系，这种起支持作用的不定根，称为支持根（图 2-70）。此外，榕树等热带植物，其侧枝上常产生很多须状不定根，垂直向下生长，到达地面后，伸入土中，形成强大的木质支柱，有如树干，起支持作用，这种不定根也称支持根。

2. 攀缘根 一些攀缘植物，茎上生出无数短的不定根，能分泌黏液固着于它物表面使茎向上攀缘生长，这种根称为攀缘根，如常春藤。

3. 呼吸根 一些生长在沼泽或热带海滩地带的植物，如水松、红树等，由于土壤缺少氧气，部分根垂直向上生长，伸出土面暴露于空气中进行呼吸，这种根称为呼吸根。

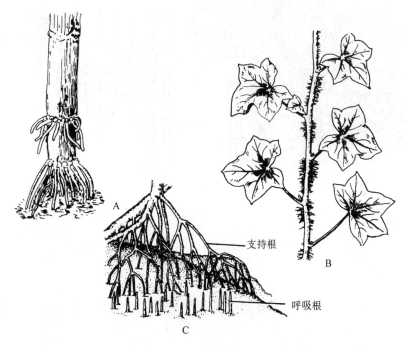

图 2-70 几种植物的气生根
A. 玉米的支持根 B. 常春藤的攀缘根 C. 红树的支持根和呼吸根

（三）寄生根

寄生植物如菟丝子、列当等，叶退化为鳞片状，不能进行光合作用制造营养，但茎上产生的不定根伸入到寄主植物体内形成吸器，吸取寄主的养料和水分供自身生长发育的需要，这种根称寄生根（图2-71）。

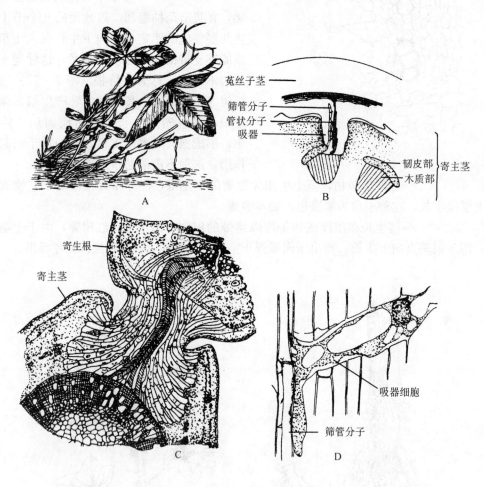

图2-71 菟丝子的寄生根（吸器）
A. 菟丝子寄生于三叶草上的外形　B. 菟丝子与寄主之间的结构关系简图，示吸器伸达寄主维管束
C. 菟丝子产生寄生根伸入寄主茎内结构详图　D. 吸器细胞伸达寄主筛管时，形成"基足"结构

二、茎的变态

（一）地上茎的变态

地上茎是指生活在地表以上的茎，生产上常见的主要有以下几种变态类型。

1. 肉质茎　是指肥大肉质多汁的地上茎。常为绿色，能进行光合作用，肉质部分贮藏大量的水分和养料，如莴苣、球茎甘蓝、仙人掌的茎（图2-72）。

2. 茎卷须 有些植物的茎或枝变态成卷须，称茎卷须，如黄瓜、南瓜、葡萄等植物的卷须。茎卷须着生的位置与叶卷须不同，通常生于叶腋（黄瓜、南瓜）或与花序的位置相同（葡萄）。

3. 茎刺 茎变态成具有保护功能的刺，称为茎刺。如山楂、柑橘、枸杞着生叶腋上的单刺，皂荚叶腋处分枝的刺都属于茎刺（图2-72）。蔷薇、月季茎上的刺是由表皮形成的，与维管组织无联系，称为皮刺，它不是器官的变态。

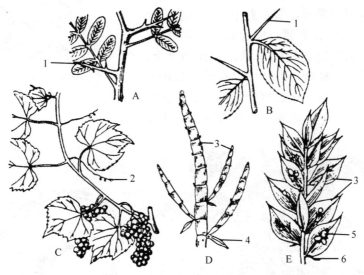

图2-72 地上茎的变态
A、B. 茎刺（A. 皂荚 B. 山楂） C. 茎卷须（葡萄） D、E. 叶状茎（D. 竹节蓼 E. 假叶树）
1. 茎刺 2. 茎卷须 3. 叶状茎 4. 叶 5. 花 6. 鳞叶

4. 叶状茎 茎变态成叶状，扁平，呈绿色，称为叶状茎或叶状枝，如假叶树、竹节蓼。假叶树的侧枝叶片状，而侧枝上的叶退化为鳞片状不易识别，叶腋内可生小花，故人们常误认为"叶"上开花（图2-72）。

除以上类型外，有些植物还存在有小鳞茎（百合叶腋内）、小块茎（薯蓣、秋海棠叶腋内）等。

（二）地下茎的变态

1. 根状茎 外形与根相似的地下茎称为根状茎，简称根茎。如莲、竹、芦苇以及白茅、行仪芝等许多农田杂草都具有根状茎（图2-73）。根状茎具有节和节间，在节上生有膜质退化的鳞叶和不定根，鳞叶的叶腋处着生有腋芽，顶端着生有顶芽。这些特征表明根状茎是茎，而不是根。根状茎贮存丰富的养料，腋芽可以发育成新的地上枝。竹鞭就是竹的根状茎，笋就是由竹鞭叶腋内伸出地面的腋芽。藕是莲的根状茎中先端较肥大，具有顶芽的部分。农田中具有根状茎的杂草，繁殖力很强，除草时杂草的根状茎如被割断，每一小段都能独立发育成新的植株，因而不易根除。

2. 块茎 地下茎的先端膨大成块状，称为块茎。如马铃薯、菊芋、甘露子等。马铃薯块茎上有许多螺旋状排列的凹陷部分，称为芽眼，它相当于节的部位，幼时有退化的鳞叶，后脱落。芽眼内有腋芽，块茎先端也具有顶芽。内部结构自外而内分别为周皮、皮层、外韧皮部、形成层、木质部、内韧皮部和髓。其中内韧皮部发达，是组成块茎的主要部分。整个块茎，除周皮外，主要为薄壁组织，薄壁组织细胞内贮存着大量淀粉（图 2-74）。

3. **鳞茎** 是节间极短，节上着生肉质或膜质鳞叶的扁平或圆盘状的地下茎，称为鳞茎。如百合、洋葱、蒜等。洋葱的鳞茎呈圆盘状，又称鳞茎盘。在鳞茎盘上着生肉质鳞叶，鳞叶中贮藏着大量的营养物质。肉质鳞片之外，具有膜质鳞叶，起保护作用。肉质鳞叶的叶腋处有腋芽，鳞茎盘下端产生不

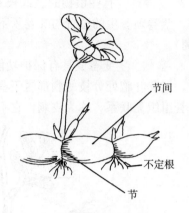

图 2-73 莲的根状茎

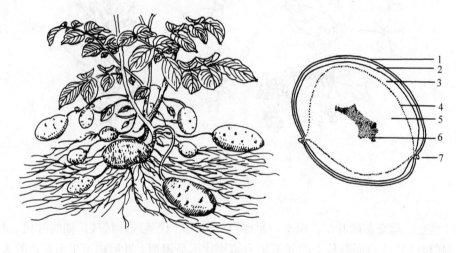

图 2-74 马铃薯的块茎及其横切面
1. 周皮　2. 皮层　3. 外韧皮部及贮藏薄壁组织
4. 木质部束环　5. 内韧皮部及贮藏薄壁组织　6. 髓　7. 芽

定根（图 2-75）。

4. **球茎** 地下茎先端膨大成球形，并贮存大量营养物质，称为球茎，如荸荠、慈姑、芋等。球茎有明显的节和节间，节上具褐色膜质退化叶和腋芽，顶端具顶芽（图 2-76）。

图 2-75 洋葱的鳞茎

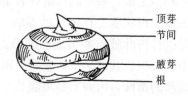

图 2-76 荸荠的球茎

三、叶的变态

叶的变态常见的有鳞叶、苞片和总苞、叶卷须、捕虫叶、叶刺以及叶状柄等类型（图 2-77）。

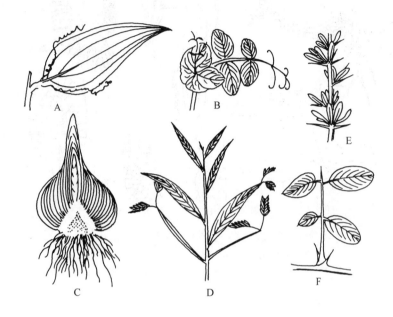

图 2-77 叶的变态
A、B. 叶卷须（A. 菝葜　B. 豌豆）　C. 鳞叶（风信子）　D. 叶状柄（金合欢属）
E、F. 叶刺（E. 小檗　F. 刺槐）

1. 鳞叶　叶的功能特化或退化成鳞片状称为鳞叶。如木本植物鳞芽外面的芽鳞片，具有保护作用；洋葱、百合、大蒜着生于鳞茎上的肉质鳞叶，贮藏丰富的营养；藕、竹、刻叶刺菜的根状茎及荸荠、慈姑球茎上的膜质鳞叶为退化叶。

2. 苞片和总苞　着生在花下的变态叶称为苞片。苞片数多而聚生在花序外围的称为总苞。苞片和总苞有保护花和果实的作用或其他功能。如向日葵花序外围的总苞在花序发育的初期包着花序中的小花起保护作用；珙桐、马蹄莲等具有白色花瓣状的总苞，具有吸引昆虫进行传粉的作用；苍耳的总苞在果实成熟后包裹果实，并生有许多钩刺，易附着于动物体上，有利于果实的传播。

3. 叶卷须　由叶的一部分变成卷须状，称为叶卷须。如豌豆的卷须是羽状复叶上部的小叶变态而成。

4. 叶刺　由叶或叶的某一部分（如托叶）变态成刺状，称叶刺，如小檗长枝上的刺，仙人掌肉质茎上的刺等是叶变态而成；洋槐的刺是托叶变态而成，又称托叶刺。

5. 捕虫叶　有些植物具有能捕食小虫的变态叶，称为捕虫叶，具有捕虫叶的植物称为食虫植物或肉食植物。捕虫叶的形态有囊状（狸藻）、盘状（茅膏菜）、瓶状（猪笼草）等（图 2-78）。狸藻是多年生水生植物，生于池沟中，叶细裂，和一般沉水植物相似，但它的捕虫叶膨大成囊状，每囊有一开口，并由一活瓣保护。活瓣只能向内开启，外表面具硬毛。

小虫触及硬毛时活瓣开启，小虫随水流入，活瓣关闭。小虫等在囊内经腺体分泌的消化液消化后，由囊壁吸收。

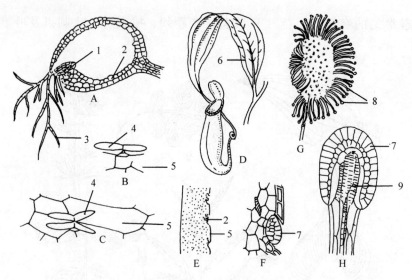

图 2-78 几种植物的捕虫叶

A～C. 狸藻（A. 捕虫囊切面 B. 囊内四分裂的毛侧面观 C. 毛的顶面观）
D～F. 猪笼草（D. 捕虫瓶外观 E. 瓶内下部分的壁，具腺体 F. 壁的部分放大）
G、H. 茅膏菜（G. 捕虫叶外观 H. 触毛放大）
1. 活瓣 2. 腺体 3. 硬毛 4. 吸水毛（四分裂的毛）
5. 表皮 6. 叶 7. 分泌层 8. 触毛 9. 管胞

茅膏菜的捕虫叶呈半月形或盘状，上表面有许多顶端膨大并能分泌黏液的触毛，能粘住昆虫，同时触毛能自动弯曲，包裹虫体并分泌消化液将虫体消化吸收。

猪笼草的捕虫叶呈瓶状，结构复杂，并且顶端有盖，盖的腹面光滑而具蜜腺。通常瓶盖敞开，当昆虫爬至瓶口采食蜜液时，极易掉入瓶内，遂为消化液消化而被吸收。

食虫植物一般具有叶绿体，能进行光合作用。在未获得动物性食料时仍能生存，但有适当动物性食料时，能结出更多的果实和种子。

6. 叶状柄 有些植物的叶，叶片不发达，叶柄转变为叶片状，并具有叶的功能，称为叶状柄。我国广东、台湾的台湾相思树，只在幼苗时出现几片正常的羽状复叶，以后产生的叶，其小叶完全退化，仅存叶片状的叶柄。澳大利亚干旱区的一些金合欢属植物，初生的叶是正常的羽状复叶；以后产生的叶叶柄发达，仅具少数小叶；最后产生的叶，小叶完全消失，仅具叶柄，叶柄叶片状。

以上所学习的植物变态器官，就来源和功能而言，可分为同源器官和同功器官。凡是来源相同，而形态和功能不同的变态器官称为同源器官。如茎刺和茎卷须，支持根和贮藏根等都属于同源器官。而形态相似，功能相同，但来源不同的变态器官则称为同功器官。如茎刺和叶刺，块根和块茎等属同功器官。同源器官和同功器官是植物进化过程中，植物营养器官变态的两个方向，来源不同的器官由于长期适应某种环境，执行相似的生理功能，就逐渐发生趋同适应形成同功器官；来源相同的器官，由于长期适应不同的环境而执行不同的生理功能，导致趋异适应发生同源变态，形成同源器官。因此，可从以下几方面来辨别变态器官的起源，从中确定变态器官的类型。

一是依据其着生位置辨别。如变态刺，若生于叶腋处原腋芽或分枝的位置，可判断其为枝条变态；若生于叶的基部两侧，即为托叶的变态。萝卜、甜菜的变态部位占据了原主根与胚轴的位置，可推测它们与这两种器官同源等。

二是依据变态器官上的侧生器官或构造的类型辨别。如萝卜由主根变态的部分生有成列的侧根；姜的地下块茎有明显的节与退化的叶；皂荚的刺具分枝等。

三是依据内部结构辨别。一些变态器官开始常有正常的初生生长与结构，如甘薯块根，可根据其横切面的中央具有外始式的并为辐射排列的多束初生木质部而判断其与根同源；又如莲的根状茎具有辐射对称结构，维管束为外韧，又有明显的节与节间，具有茎的特征；而鳞叶的外形与结构皆为两侧对称，与单子叶植物叶的结构相似。

四是依据器官的发生过程辨别。追溯变态器官的发育早期是最准确的方法。如马铃薯最初由近地面的腋芽发展为向土中生长的地下茎，地下茎的顶端数个节与节间膨大而形成变态块茎；甘薯营养繁殖时先长出不定根群，栽植后约30d，一部分不定根近地表的部分才开始作异常生长而形成块根，块根上部与下部仍保持正常根的形态与结构，实际是同一条根。有的植物在同一植株上便可看到某种器官发生变态的各个过渡类型，如小檗叶变态为叶刺等。

■ 复习思考题

1. 根具有哪几方面的生理功能？
2. 主根、侧根和不定根的区别是什么？植物的根系可分为几种类型，它们有何区别？说明根系在土壤中的分布与环境之间的关系。
3. 什么叫根尖？根尖自顶端向后依次分为哪几部分？各部分的生理功能和细胞形态、结构有何不同？
4. 列表说明单、双子叶植物根的初生结构，各部分结构的细胞特征和组织类型。
5. 说明双子叶植物根的次生加粗生长及次生构造。
6. 侧根是怎样形成的？为什么侧根在母根上的分布是较规则地纵列成行？
7. 举例说明禾本科植物根的结构特点？
8. 什么叫根瘤？豆科植物的根瘤是怎样产生的？它与寄主植物的共生关系表现在哪些方面？
9. 什么叫菌根？菌根可分为哪几种类型？菌根中的菌丝对寄主植物有何好处？菌根与根瘤的区别是什么？
10. 说明茎的一般生理功能。从外部形态上怎样区分根和茎？
11. 观察当地果树及园林树木的枝条，根据芽在枝上的着生位置、性质和芽鳞的有无等将芽分为哪几种类型？不同类型的芽各有何特点？
12. 如何识别长枝和短枝、叶痕和芽鳞痕？了解这些内容在生产上有何意义？
13. 单轴分枝与合轴分枝的区别是什么？这两种分枝方式在生产上有何意义？
14. 说明禾本科植物分蘖成穗的规律以及在生产实践中的指导作用？
15. 绘双子叶植物初生构造的简图，说明各部分的结构。
16. 什么叫年轮？年轮是怎样形成的？

17. 以小麦、水稻、玉米茎为例说明禾本科植物茎的结构，并比较它们之间的异同。
18. 比较周皮、硬树皮及软树皮的区别。
19. 简述叶的一般生理功能。
20. 植物典型的叶是由哪几部分组成？举例说明完全叶与不完全叶有何不同。
21. 以当地几种栽培植物为例，按下表所列内容观察和记载叶片的形态类型及叶序。

形态类型 植物种类	完全叶或 不完全叶	叶形	叶缘	叶脉	单叶或复叶	叶序

22. 利用显微镜解剖观察双子叶植物和禾本科植物的叶片，比较两者在结构上的异同？
23. 利用显微镜解剖观察当地松属植物，说明松针叶的结构？
24. 叶是怎样脱落的？落叶对植物有何意义？
25. 填写表中所列植物各自具有的器官变态类型。

植物	器官变态类型	植物	器官变态类型
葡萄		猪笼草	
马铃薯		小檗	
竹		荸荠	
黄瓜		玉米	
球茎甘蓝		莴苣	
向日葵		甘薯	
皂荚		五叶地锦	
豌豆		菟丝子	
洋葱		假叶树	

26. 比较根与根茎、块根与块茎、叶刺与茎刺的区别。
27. 解释名词：异株克生、凯氏带、外始式、内始式、径向壁、切向壁、通道细胞、中柱鞘、共生、分蘖、蘖位、淀粉鞘、双韧维管束、外韧维管束、年轮、心材、边材、树皮、周皮、网状脉、平行脉、复叶、叶序、保卫细胞、泡状细胞、表皮、系统、离层、器官变态、三生结构。

第三章 植物的生殖器官

教学目标 本章主要讲授被子植物的生殖器官（花、果实、种子）的组成、形态，雄蕊、雌蕊的发育与结构，植物开花、传粉、受精过程以及种子形成和幼苗的类型等内容，使学生了解雄蕊、雌蕊的发育与结构，明确植物开花、传粉、受精以及种子形成的过程及规律，掌握植物生殖器官的组成、形态等知识，具备植物花、果实、种子的形态描述与鉴定能力；能够运用所学开花、传粉与受精等理论知识解决生产中实际问题。

第一节 花

植物花的结构

花是被子植物特有的繁殖器官，通过传粉、受精，形成果实和种子，起着繁衍后代延续种族的作用。被子植物花的形成和发育过程，一般称之为生殖生长。它是在营养生长基础上，当外界条件满足时，由营养芽改变原有发育进程，茎尖分生组织不再产生叶原基和腋芽原基，而是形成花或花序的原基，进而形成花或花序。

一、花的组成及形态

被子植物的花通常是由花柄、花托、花被、雄蕊群和雌蕊群等部分组成。花的各部分着生在花柄顶部膨大的花托上。花被认为是节间极度缩短的、不分枝的、适应生殖的变态枝。花柄和花托是枝条的部分，着生在花托上的花被、雄蕊和雌蕊均是变态叶（图3-1）。

（一）花柄

花柄又称花梗，是着生花的小枝，通常呈绿色、圆柱形，是花与茎的连接部分，使花位于一定的空间。花梗的长短视不同植物种类而异。果实形成时，花柄便成为果柄。

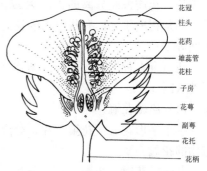

图3-1 棉花花的纵切面图解，示花的组成

（二）花托

花托是花柄顶部膨大的部分，花被、雌蕊与雄蕊着生其上。形状因植物种类而异。有的植物花托呈圆柱状，如木兰、含笑；有的凸起呈圆锥状，如草莓；有的呈倒圆锥形，如莲的花托；也有的凹陷呈杯状的，如桃、梅等。

（三）花被

花被是花萼和花冠的总称。多数植物具有分化明显的花萼和花冠，也有一些植物的花萼和花冠形态相似而不易区分，称为花被，如百合、丝兰等。花被在花中主要起保护作用，有些植物的花被还有助于传粉。

1. 花萼 花萼是一朵花中所有萼片的总称，位于花的最外层。萼片一般呈绿色的叶片状，其形态和构造与叶片相似。其上、下表皮层均有气孔和表皮毛，以下表皮为多，叶肉由不规则的薄壁细胞组成，细胞中含有叶绿体，一般没有栅栏组织与海绵组织的分化。有些植物如一串红，花萼大并具有色彩，有引诱昆虫传粉的作用。

一朵花的萼片彼此分离的称为离生萼，如毛茛、油菜等大多数植物的花萼；萼片互相联合的称为合生萼，如丹参、桔梗、茄等，其下部连合的部分称为萼筒或萼管，上端分离的部分称为萼齿或萼裂片。有些植物的萼筒下端向一侧延伸成短小的管状突起，称为距，如旱金莲、凤仙花等。一般植物的花萼在开花后即脱落。有些植物的花萼在开花前即脱落，称为早落萼，如罂粟等。也有些花萼开花后不脱落并随果实一起增大，称为宿存萼，如番茄、柿等。萼片一般排成一轮，若在其下方另有一轮类似萼片状的苞片，称为副萼，如棉花、扶桑、木槿等。此外，菊科植物的花萼常变成羽毛状，称为冠毛，如蒲公英、莴苣等，有利于果实借风力传播。

2. 花冠 花冠是一朵花中所有花瓣的总称，位于花萼的内方，排列成一轮或数轮，多数植物的花瓣由于细胞内含有花青素或有色体，因此常具各种鲜艳的颜色，还有的花瓣基部具有能分泌蜜汁的腺体，使花具有芳香气味，有利于吸引昆虫传播花粉。花瓣的构造与叶相似，上表皮细胞常呈乳头状或绒毛状，下表皮细胞有时呈波状弯曲，有时可见少数气孔和毛茸。相当于叶肉的部分比花萼更为简化，由数层排列疏松的薄壁细胞组成，有时可见含有晶体的细胞，分泌组织和储藏组织等。花瓣中的维管组织不发达，分枝多而厚壁组织少等。

花瓣彼此连合的称为合瓣花冠，其下部连合的部分称为花冠筒，上部分离的部分称为花冠裂片。花瓣彼此分离的称为离瓣花冠。有些植物的花瓣基部延长成管状或囊状，亦称为距，如紫花地丁等。有些植物的花冠上或花冠与雄蕊之间生有瓣状附属物，称为副花冠，如水仙等。

花冠有多种形态，可为某类植物独有的特征。常见的花冠可以分为离瓣花冠和合瓣花冠两类（图3-2）。

（1）离瓣花冠。

①十字形花冠。花瓣4片，分离，上部外展呈十字形，如油菜、白菜、萝卜等十字花科植物的花冠。

②蝶形花冠。花瓣5片，分离，上面一枚位于最外方且最大称为旗瓣，侧面2枚较小称为翼瓣，最下面2枚最小，顶端部分常连合，并向上弯曲称为龙骨瓣，如槐、蚕豆等豆科植

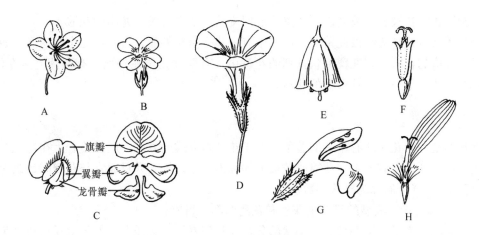

图 3-2 花冠的类型
A. 蔷薇形花冠 B. 十字形花冠 C. 蝶形花冠 D. 漏斗状花冠 E. 钟状花冠
F. 管状花冠 G. 唇形花冠 H. 舌状花冠

物的花冠。

③蔷薇型花冠。花瓣5片（或5的倍数），分离，呈五星辐射状，如桃、梨等蔷薇科植物的花冠。

(2) 合瓣花冠。

①唇形花冠。花冠下部筒状，上部为二唇形，如益母草、丹参、芝麻等植物的花冠。

②管状（筒状）花冠。花冠合生，花冠筒细长呈管状，如红花、菊花等菊科植物的管状花。

③舌状花冠。花冠基部连合成一短筒，上部向一侧延伸成扁平舌状，如蒲公英、向日葵等菊科植物的舌状花。

④漏斗状花冠。花冠筒较长，自下向上逐渐扩大，上部外展成漏斗状，如甘薯、牵牛等植物的花冠。

⑤钟状花冠。花冠筒宽而较短，上部裂片扩大外展似钟形，如沙参、桔梗、南瓜等植物的花冠。

(3) 花被排列方式。花被排列方式是指花被各片的排列方式及相互关系，它在花蕾即将绽放时尤为明显。常见的花被排列方式有以下几种类型（图3-3）。

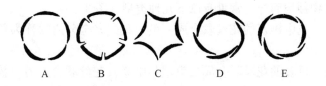

图 3-3 花被排列方式
A、B、C. 镊合状 D. 旋转状 E. 覆瓦状

①镊合状。花被各片的边缘彼此互相接触排成一圈，但互不重叠，如葡萄等植物的花冠。若花被各片的边缘稍向内外弯称为内向镊合，如沙参的花冠；若花被各片的边缘稍向外弯称为外向镊合，如蜀葵的花萼。

②旋转状。花被各片彼此以一边重叠成回旋状，如夹竹桃、龙胆的花冠。

③覆瓦状。花被边缘彼此覆盖，但其中有一片完全在外面，有一片完全在内面，如山茶的花萼、紫草的花冠。若在覆瓦状排列的花被中，有两片完全在外面，有两片完全在内面，称为重覆瓦状，如桃、野蔷薇等的花冠。

（四）雄蕊群

雄蕊群是一朵花中所有雄蕊的总称。位于花被内方或上方，一般直接着生在花托上，呈螺旋或轮状排列，也有着生在花冠或花被上的称为贴生。雄蕊数目通常与花瓣同数或为其倍数。数目超过10个的称为雄蕊多数。

1. 雄蕊的组成 典型的雄蕊由花丝和花药两部分组成。

（1）花丝。为雄蕊下部细长的柄状部分，其基部着生于花托上，上部承托花药。花丝的粗细、长短因植物种类而异。

（2）花药。为花丝顶部膨大的囊状体，是产生花粉粒的地方，是雄蕊的主要部分。花药常由4个或2个药室或称花粉囊组成，分成左右两半，中间为药隔。

雄蕊成熟时，花药自行裂开，并散出花粉粒。花药开裂的方式有多种，常见的有纵裂，即花粉囊沿纵轴开裂，如水稻、百合等；孔裂，即花粉囊顶端裂开一小孔，花粉粒由孔中散出，如杜鹃、番茄、茄等；瓣裂，即花粉囊上形成1～4个向外展开的小瓣，成熟时，瓣片向上掀起，散出花粉粒，如香樟等。此外还有横裂，即花粉囊沿中部横裂一缝，花粉粒从缝中散出，如木槿、蜀葵等。

花药在花托上着生的方式也有不同，常见以下几种类型（图3-4）。

①丁字着药。花药背部中央一点着生在花丝顶端，呈丁字形排列，如水稻、百合等。

②个字着药。花药上部连合，着生在花丝上，下部分离，花药与花丝呈个字形，如泡桐、玄参等。

③广歧着药。两个药室完全分离平展，几乎成一条直线着生在花丝顶端，如薄荷、益母草等。

④贴着药。花药的背部全部贴着在花丝上，如紫玉兰等。

⑤底着药。花药基部着生在花丝顶端，如樟、茄等。

⑥背着药。花药的背部贴生于花丝上，如杜鹃等。

2. 雄蕊群 雄蕊群是一朵花中所有雄蕊的总称，由多数或一定数目的雄蕊所组成，位于花被的内方或上方，在花托上呈螺旋状或轮状排列。一朵花中雄蕊的数目、长短、离合、排列方式等，因植物种类而异。常见有以下几种类型（图3-5）。

（1）单体雄蕊。花中雄蕊的花丝联合成一束，花药完全分离的称为单体雄蕊，如棉花、木槿、山茶等。

（2）二体雄蕊。雄蕊的花丝联合成二束，其中9枚花丝联合，另一枚单生，如：蚕豆、豌豆、大豆等。

（3）多体雄蕊。雄蕊常多数，花丝联合成数束，如蓖麻、金丝桃、柑橘等。

（4）聚药雄蕊。雄蕊的花药联合成筒状，花丝分离，如蒲公英、向日葵、南瓜等。

（5）二强雄蕊。花中有4枚雄蕊，其中2枚花丝较长，2枚较短，如益母草、薄荷、地黄等。

（6）四强雄蕊。花中有6枚雄蕊，其中4枚花丝较长，2枚花丝较短，如萝卜、油菜、独行菜等。

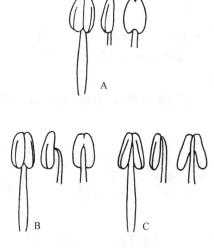

图 3-4 花药着生方式
A. 底着药（小檗、莎草） B. 背着药（油菜、苹果、水稻） C. 裂悬药（个字形着药：凌霄花；广歧着药：地黄）
（引自 Clarke and Lee）

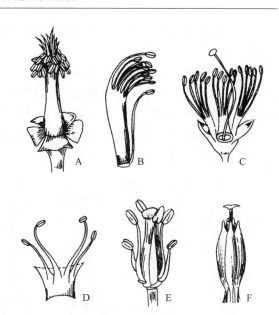

图 3-5 雄蕊的类型
A. 单体雄蕊 B. 二体雄蕊 C. 多体雄蕊 D. 二强雄蕊 E. 四强雄蕊 F. 聚药雄蕊

（五）雌蕊群

1. 雌蕊的组成　雌蕊群是花中雌蕊的总称，位于花的中央部分。由柱头、花柱和子房三部分组成。构成雌蕊的基本单位叫心皮，心皮是具有生殖作用的变态叶。雌蕊由心皮卷合而成。心皮的边缘连接处，称为腹缝线，相当于叶主脉处的缝线称为背缝线。胚珠常着生在腹缝线上（图 3-6）。

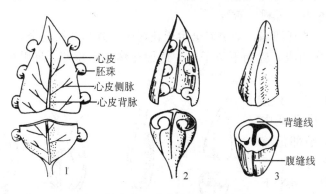

图 3-6 心皮边缘愈合，形成雌蕊过程的示意图（1~3）

雌蕊的柱头位于雌蕊的顶部，是接受花粉的地方。花柱是位于柱头和子房之间的连接部分，起支持柱头的作用，也是花粉管进入子房的通道。子房是雌蕊下部膨大的部分，常呈椭圆形、卵形等形状，其底部着生在花托上。子房外壁称为子房壁，子房壁内的腔室称为子房室，其内着生胚珠。

2. 雌蕊类型　因心皮数目和离合情况的不同，形成了以下 3 种类型（图 3-7）。

（1）单雌蕊。是由一个心皮构成的雌蕊，如大豆、蚕豆、桃和李等。

(2) 离生雌蕊。一朵花中的雌蕊由多数离生心皮构成的雌蕊,如毛茛、乌头、草莓与莲等。

(3) 合生雌蕊。一朵花中由两个或两个以上心皮彼此联合构成的雌蕊,如棉花、南瓜、番茄等。在不同植物中,合生雌蕊的联合程度不同。组成雌蕊的心皮数往往可根据柱头或花柱的分裂数和子房室的数目等来判断,一般二者的数目一致。

3. 子房的位置　见图3-8。子房着生在花托上,它与花其他部分的相对位置,常因植物种类而不同,通常分为以下三类。

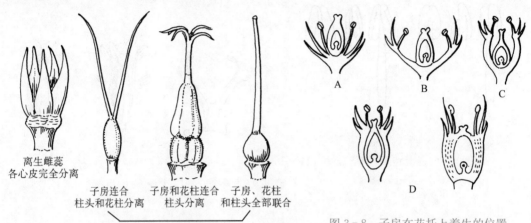

图3-7　雌蕊的类型

图3-8　子房在花托上着生的位置
A. 子房上位(下位花)　B. 子房半下位(周位花)
C. 子房半下位(周位花)　D. 子房下位(上位花)

(1) 子房上位。花托扁平或隆起,子房仅以底部与花托相连,花被、雄蕊均着生在子房下方的花托上,称为子房上位,这种花称为下位花,如油菜、玉兰、百合等。如果子房仅以底部和凹陷花托相连而不与花托愈合,花被、雄蕊均着生于花托的上端边缘,也称为上位子房,这种花称为周位花,如桃、杏等。

(2) 子房下位。花托凹陷,子房完全生于花托内,并与花托完全愈合,花被、雄蕊均着生于子房上方花托的边缘,称为下位子房,这种花称为上位花,如贴梗海棠、丝瓜与向日葵等。

(3) 子房半下位。子房下半部着生于凹陷的花托中并与花托愈合,上半部仍露在外。花被、雄蕊均着生于花托的边缘,称为子房半下位,这种花称为周位花,如马齿苋、桔梗、甜菜等。

(4) 胎座的类型。胚珠通常沿心皮的腹缝线在子房内着生,其在子房内着生的部位称为胎座。常见主要类型有以下几种(图3-9)。

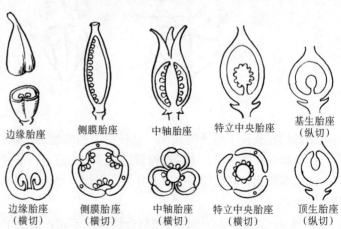

图3-9　胎座的类型

①边缘胎座。由单心皮构成，子房一室，胚珠着生在心皮的腹缝线上，如豆类。

②侧膜胎座。合生雌蕊，子房一室或假数室，胚珠着生于相邻二心皮连合的腹缝线上，如油菜、黄瓜、栝楼等。

③中轴胎座。合生雌蕊，子房数室，心皮边缘向内深入中央愈合成为中轴，胚珠着生于中轴上，如苹果、百合、地黄、棉花、番茄等。

④特立中央胎座。合生雌蕊，子房一室或不完全数室，胚珠着生于残留在子房中央的中轴周围，如石竹、马齿苋等。

⑤基生胎座。由1~3心皮构成，子房一室，一枚胚珠着生在子房的基部，如向日葵、何首乌等。

⑥顶生胎座。由1~3心皮构成，子房一室，一枚胚珠着生在子房的顶部，如桑、梅、桃等。

（六）禾本科植物花

禾本科植物花的形态和结构比较特殊，与前面所叙述的花的一般形态有很大差异。现以小麦为例说明。

小麦花的最外面有外稃和内稃各一枚，外稃中脉明显，并常延长成芒，外稃的内侧基部有鳞片（浆片）两枚，通常认为外稃是花基部的苞片，内稃和鳞片是退化的花被，里面有3枚雄蕊，中间是一枚雌蕊。开花时，鳞片吸水膨胀，内外稃张开，使花药和柱头露出，以利于风力传粉。

禾本科植物常是一至数朵小花共同着生于小穗轴上，组成小穗，每个小穗基部有一对颖片，颖片相对于花序外面的总苞片，下面的一片叫外颖，上面的一片叫内颖，许多小穗再集中排列为复穗状花序（穗）（图3-10）。

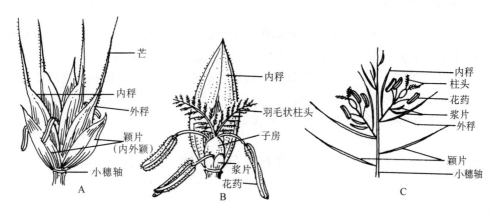

图3-10 小麦小穗的结构
A. 小麦的小穗　B. 小麦的小花　C. 小穗图解

二、花的类型

被子植物的花在长期演化过程中，花各部发生了不同程度的变化，形成不同的类型。一朵具有花萼、花冠、雄蕊群、雌蕊群的花称为完全花，如油菜、桔梗等。缺少其中的一部分或几部分的花称为不完全花。如丝瓜、芝麻等。

被子植物的花种类繁多，形成了不同类型，一般可按下述几个方面来区分：

(一) 依花中有无花萼和花冠分类

1. 双被花　一朵具有花萼和花冠的花称为双被花，如桃、杏等的花。

2. 单被花　仅有花萼而无花冠的花称为单被花，单被花的花被片常成一轮或多轮排列，多具鲜艳的颜色，成花瓣状，如郁金香、玉兰、白头翁、百合等的花。

3. 无被花　不具花被的花称为无被花或裸花，如杨、柳、杜仲等的花。

4. 重瓣花　一般植物的花瓣呈一轮排列且数目稳定。但栽培植物的花瓣常成数轮排列且数目比较多，称为重瓣花。如碧桃、月季等植物的花。

(二) 依花中有无雄蕊群和雌蕊群分类

1. 两性花　一朵具有雌蕊和雄蕊的花为两性花，如油菜、桃等的花。

2. 单性花　花中只有雄蕊群或雌蕊群的花为单性花。仅有雄蕊的花为雄花，仅有雌蕊的花为雌花，如南瓜、柳的花。

一株植物上既有雄花又有雌花，称为单性同株或雌雄同株，如南瓜、玉米等；若同种植物的雌花和雄花分别生于不同植株上，称为单性异株或雌雄异株，如银杏、栝楼等。同种植物既有两性花又有单性花，称为杂性同株，如柿、荔枝、向日葵等；若同种植物两性花和单性花分别生于不同植株上，称为杂性异株，如葡萄、臭椿等。

3. 无性花　有些植物花的雄蕊和雌蕊均退化或发育不全，称为无性花或中性花，如绣球、八仙花花序周围的花、向日葵花序边缘的舌状花。

(三) 依花冠是否对称分类

1. 辐射对称花　植物的花被各片的形状大小相似，通过花的中心可作几个对称面的花称为辐射对称花或整齐花，如十字形、管状、钟状、漏斗状花冠的花。

2. 两侧对称花和不对称花　若花被各片的形状大小不一，通过其中心只可作一个对称面，称为两侧对称花或不整齐花，如蝶形、唇形、舌状花冠的花。通过花的中心不能作出对称面的花称为不对称花，如美人蕉等极少数植物的花。

三、花程式与花图式

(一) 花程式

用字母、符号及数字来表明花的各个部分的组成、排列、位置及其相互关系的公式叫花程式。通常用 K 代表花萼 (kalyx)；用 C 代表花冠 (corolla)；用 A 代表雄蕊 (androecium)；用 g 到代表雌蕊 (gynoecium)；用 P 代表花被 (perigonium)；花各部分的数目可用数字来表示，如果该部分缺少时就用"0"来表示，数目很多就用"∞"来表示，并把它们写于代表各字母的右下角处。如果某一部分在一轮以上时就用"+"来表示；如果某一部分其个体相互连合就用"( )"表示；子房的位置可以在表示雌蕊的字母下边加一横线表示子房上位，在上面加以横线表示子房下位，上下各加一道横线表示子房半下位。同时，在心皮数目的后面用"："号隔开的数字表示子房室的数目。

辐射对称花用"*"表示；两侧对称花用"↑"表示；♀表示单性雌花，♂表示单性雄花，书写在花程式的前边。现分别举例说明如下：

棉花　　*　　$K_{(5+3)}$；C_5；$A_{(\infty)}$；$\underline{G}_{(3\sim5:3\sim5)}$

花生　　↑　　$K_{(5)}$；C_5；$A_{(9)+1}$；$\underline{G}_{(1:1)}$

百合　　*　　P_{3+3}；A_{3+3}；$\underline{G}_{(3:3)}$

蚕豆　　↑　　$K_{(5)}$；C_5；$A_{(9)+1}$；$\underline{G}_{(1:1)}$

桑　　　♂　P_4，A_4；♀　P_4，$\underline{G}_{(2:1:1)}$

（二）花图式

把花的各部分用其横切面简图表示花各部分的数目、形态及其在花托上的排列方式等称为花图式。上方的小圆圈表示花序轴位置。在花序轴相对一方用部分涂黑带棱的弧线表示苞片，其内侧由斜线组成或黑色带棱的新月形符号表示萼片，花萼内黑色或空白的新月形符号表示花瓣，雄蕊和雌蕊分别用花药和子房横切面表示（图3-11）。

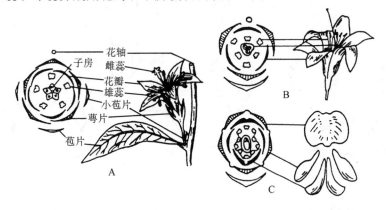

图3-11　花图式
A. 花图式绘制模式图　B. 百合的花图式　C. 蚕豆的花图式
（引自徐汉卿）

花程式和花图式各有优缺点，花图式不能表示子房与花托的相关位置，而花程式不能表示各轮花部的相互关系及花被卷迭情况，二者结合使用才能全面反映花的特征。

四、花　序

许多花着生于花轴之上，则形成花序。有些植物的花单生于茎的顶端或叶腋，称为单生花，如玉兰、牡丹等。多数植物的花按照一定的规律排列在花轴上称为花序。花序中的花称为小花，着生小花的部分称为花序轴或花轴，花序轴可以有分枝或不分枝。支持整个花序的茎轴称为总花梗（柄），小花的花梗称为小花梗，无叶的总花梗称为花葶。

根据花在花轴上的排列方式和开放顺序，花序可以分为两大类：

（一）无限花序

在开花期间，花序轴的顶端继续向上生长，并不断产生新的花蕾，花由花序轴的基部向顶端依次开放，或由缩短的花序轴边缘向中心依次开放，这种花序称为无限花序。无限花序有以下类型（图3-12）。

1. 总状花序　花序轴细长，其上生许多花梗近等长的小花，如萝卜、油菜等植物的花序。有些植物的花序轴产生许多分歧，如果每一分枝构成一总状花序，称为复总状花序，整个花序似圆锥状，又称为圆锥花序，如槐树、女贞、葡萄、玉米雄花序等。

图3-12　花序类型

A. 花序图式：1. 总状花序　2. 穗状花序　3. 肉穗花序　4. 柔荑花序　5. 圆锥花序　6. 伞房花序　7. 伞形花序　8. 复伞形花序　9. 头状花序　10. 隐头花序　11～14. 聚伞花序　B. 花序：15. 稠李　16. 梨　17. 早熟禾　18. 车前　19. 黑麦草　20. 水芋　21. 樱桃　22. 胡萝卜　23. 三叶草　24. 牛蒡　25. 石竹　26. 委陵菜　27. 勿忘草

2. 穗状花序 花序轴细长，不分枝，其上着生许多花梗极短或无花梗的小花，如车前、马鞭草等植物的花序。如果花序轴产生分枝，每一分枝各成一穗状花序，称为复穗状花序，如小麦、大麦等植物的花序。穗状花序的花序轴肉质肥大成棒状时，称为肉穗花序，其上着生许多无梗的单性小花，花序外面常有一大型苞片，称为佛焰苞，如天南星、半夏、玉米的雌花序等。

3. 伞房花序 花有柄但不等长，花轴下部的花梗较长，上部的花梗依次渐短，整个花序的花几乎排列在一个平面上，如山楂、苹果、梨等植物的花序。

4. 伞形花序 花序轴较短，在总花梗顶端集生许多花梗近等长的小花，放射状排列如伞，如五加、人参、常春藤等植物的花序。如果花序轴顶端集生许多等长的伞形分枝，每一分枝又形成伞形花序，称为复伞形花序，如小茴香、胡萝卜等伞形科植物的花序。

5. 葇荑花序 似穗状花序，但花序轴下垂，其上着生许多无梗的单性小花。如柳、枫杨、胡桃的花序。

6. 头状花序 花序轴顶端缩短膨大成头状或盘状的花序托，其上集生许多无梗小花，有的花序下方或周围簇生许多苞片组成的总苞，如向日葵、菊芋、蒲公英等植物的花序。

7. 隐头花序 花序轴肉质膨大而下凹成中空的球状体，其凹陷的内壁上着生许多无梗的单性小花，顶端仅有一小孔与外面相通，如无花果、榕树等植物的花序。

（二）有限花序

植物在开花期间，花由花序轴顶端向下部或由中央向花边缘依次开放，因而花序轴不能继续向上生长，只能在顶花下方产生侧轴，侧轴有时顶花先开，这种花序称为有限花序，又称为聚伞花序，其开花顺序是由上而下或由内而外依次进行。根据花序轴产生侧轴的情况不同，有限花序分为以下类型。

1. 单歧聚伞花序 花序轴顶端生一朵花，而后在其下方产生一侧轴，侧轴顶端同样生一朵花，如此连续分枝就形成单歧聚伞花序。如花序轴的分枝在同一侧产生，花序呈螺旋状卷曲，称为螺旋状聚伞花序，如紫草、附地菜等的花序。若分枝在左右两侧交互产生而呈蝎尾状的，称为蝎尾状聚伞花序，如射干、姜、菖蒲等的花序。

2. 二歧聚伞花序 花序轴顶端生一朵花，而后在其下方两侧同时各产生一等长侧轴，每一侧轴再以同样的方式开花并分枝，称为二歧聚伞花序，如大叶黄杨、卫矛、石竹等。

3. 多歧聚伞花序 花序轴顶端生一朵花，而后在其下方同时产生3个以上的侧轴，侧轴常比主轴长，各侧轴又形成小的聚伞花序，称为多歧聚伞花序，如大戟、泽漆、甘遂的花序。

4. 轮伞花序 聚伞花序生于对生叶的叶腋，排列成轮状，称为轮伞花序，如益母草、丹参、薄荷的花序。

此外，还有一些复合类型的花序，称为混合花序，如紫丁香、葡萄为圆锥状聚伞花序，葱为头状伞形花序等。

五、花的功能

花的主要功能是进行生殖,通过开花、传粉、受精等过程来完成。

(一) 雄蕊的发育与构造

1. 花药的发育与构造 雄蕊的主要部分是花药。花药由花芽中的雄蕊原基的顶端部分发育而来(图3-13)。幼小的花药是由一团具有分裂能力的细胞组成的,逐渐发育成为四棱形的花药雏形。在其四个角隅处的表皮内方均分化出细胞核大、细胞质浓厚、分裂能力强的孢原细胞。孢原细胞通过一次平周分裂,产生内外两层细胞,外层为周缘细胞,内层为造孢细胞,以后周缘细胞进行平周和垂周分裂成3~5层细胞,自外向内依次为一层细胞的药室内壁、1~3层细胞的中层和一层细胞的绒毡层,与花药的表皮共同构成花粉囊壁。

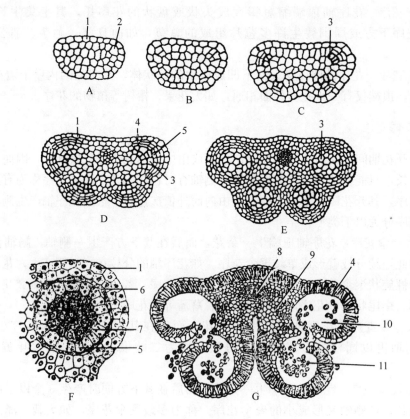

图3-13 花药的发育与构造
A~E. 花药的发育过程 F. 一个花粉囊放大,示花粉母细胞 G. 已开裂的花药,示花药的构造
1. 表皮 2. 孢原细胞 3. 造孢细胞 4. 纤维层 5. 绒毡层 6. 中层 7. 花粉母细胞 8. 药隔维管束
9. 药隔基本组织 10. 药室 11. 花粉粒

当花药接近成熟时,药室里内壁细胞的垂周壁和内切向壁出现不均匀的条状增厚,增厚的成分为纤维素,因此称为纤维层。同侧两个花粉囊相接处的药室内壁细胞不增厚,始终保

持薄壁状态，花药成熟时即在此处开裂，散出花粉粒。

中层在花药发育成熟的过程中常被吸收，细胞被破坏。

绒毡层具有高度的生理活性，细胞含有较多的营养物质，对花粉粒的发育具有重要的营养和调节作用。在花粉粒成熟时，绒毡层细胞多已解体。

在花粉囊壁形成的同时，造孢细胞也分裂分化形成多个体积大、近圆形的花粉母细胞（小孢子母细胞），每个花粉母细胞通过一次减数分裂形成4个单倍体的子细胞，每个子细胞发育成为单核花粉粒（小孢子）。最初4个花粉粒连在一起，称为四分体，绝大多数植物的单核花粉粒会进一步形成4个成熟花粉粒。

2. 花粉的发育与构造 由四分体分离的单核细胞是尚未成熟的花粉粒，它从绒毡层细胞取得营养，进一步发育并进行一次不均等分裂，较大的一个是营养细胞，较小的一个是生殖细胞。然后生殖细胞再分裂形成两个精子。有些植物如小麦、水稻等的生殖细胞在花粉粒内进行分裂，因而在成熟的花粉粒中就有3个细胞（三核花粉粒），但大多数植物，如棉花、柑橘、桃、梨等，花粉中的生殖细胞要在花粉管中进行分裂，所以大多数植物的成熟花粉粒只有两个细胞（二核花粉粒）（图3-14）。

成熟的花粉粒有内外两层壁，内壁较薄而具有弹性，外壁较厚而坚硬，花粉粒的内壁上有的地方没有外壁，形成萌发孔或萌发沟。花粉萌发时，花粉管就从孔或沟处向外突出生长。不同植物花粉粒的大小、形状、颜色、花纹和萌发孔的数目与排列不同，可以作为鉴别植物的特征。如花粉粒外壁

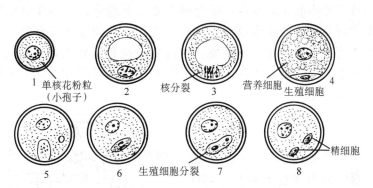

图3-14 花粉粒的发育
（图中数字显示花粉粒发育顺序）

表面光滑或有各种雕纹，如瘤状、刺突、凹穴、棒状、网状、条纹状等；花粉粒常为圆球形、椭圆形、三角形、四角形或五边形等（图3-15）；花粉有淡黄色、黄色、橘黄色、墨绿色、青色、红色或褐色等不同颜色。

大多数植物的花粉粒在成熟时是单独存在的，称为单粒花粉，有些植物的花粉粒是两个以上（多数为4个）集合在一起，称为复合花粉，兰科、萝藦科植物的许多花粉集合在一起，称为花粉块。

3. 花粉败育和雄性不育 花药成熟后，一般都能散放正常发育的花粉粒。但在受到各种内在和外在因素的影响时，有时散出没有经过正常发育的花粉，不能起到生殖的作用，这一现象，称为花粉败育。引起花粉败育的原因很多，有的是由于花粉母细胞不能正常进行减数分裂，如花粉母细胞互相粘连在一起，成为细胞质块或出现多极纺锤体，或出现多核仁相连，也有产生的4个孢子大小不等，因而不能形成正常发育的花粉。有的是由于减数分裂后，花粉停留在单核或双核阶段，不能产生精细胞。也有因为营养情况不良，以致花粉不能健康发育。绒毡层细胞的作用失常，失去应起的作用时，也能造成花粉败育。如在花粉形成的过程中，绒毡层细胞不仅没有解体，反而继续分裂，增大体积，导致花

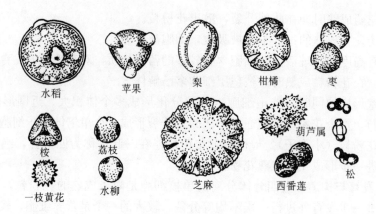

图3-15 花粉粒的各种形状

粉无从获得营养而败育。以上各种反常现象的产生,又往往与环境条件相联系,如温度过低,或严重干旱等。

另外,也有少数植物由于内部生理或遗传原因,在正常的自然条件下,也会产生花药或花粉不能正常发育,成为畸形或完全退化,这一现象称为雄性不育。雄性不育植株可表现为产生的花粉败育。然而无论是哪一种雄性不育类型,其雌蕊都能正常发育。雄性不育在育种工作中很重要。在进行杂交种育种时,人们可以利用雄性不育这一特性,省去了人工去雄,从而节约大量人力。在育种实践中为达到雄性不育还常用2,4-D、乙烯利进行杀雄。

(二)雌蕊的发育与构造

1. 胚珠的发育与构造 在子房壁的内表皮胎座上,生有一团珠心组织,珠心基部的细胞分裂较快,逐渐向上扩展,包围珠心,形成珠被,具有两层珠被的,先形成内珠被,后形成外珠被。珠被以内是大小均匀一致的珠心细胞。以后,在靠近珠孔处的表皮下,一般只有一个细胞长大形成具有分生能力的孢原细胞。孢原细胞可以直接成为胚囊母细胞,但有些植物的孢原母细胞分裂成为两个细胞,外边的细胞成为珠心细胞,里面的成为造孢细胞,造孢细胞发育成为胚囊母细胞(大孢子母细胞),经减数分裂形成4个子细胞,其中一

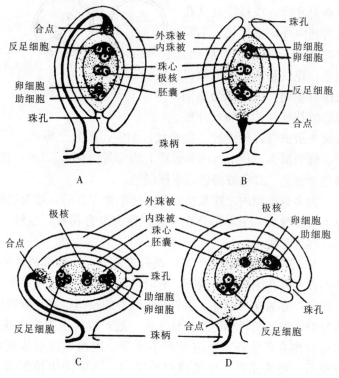

图3-16 胚珠的类型和结构
A. 倒生胚珠 B. 直生胚珠 C. 横生胚珠 D. 弯生胚珠

个发育成大孢子,其余3个逐渐消失。

胚珠在生长发育过程中,由于珠柄和其他部位的生长速度不均等,使胚珠在珠柄上的着生方式也不同,从而形成不同的胚珠类型(图3-16)。

(1) 直生胚珠。胚珠直立,珠孔、合点和珠柄列成一直线,珠孔位于珠柄对立的一端,如荞麦、胡桃等。

(2) 倒生胚珠。胚珠倒悬,珠孔向下,接近胎座,珠心与珠柄几乎平行,并且珠柄与靠近它的珠被贴生,如百合、向日葵、瓜类等。

(3) 弯生胚珠。珠孔向下,但合点和珠孔的连线呈弧形,珠心和珠被弯曲,如油菜、蚕豆、柑橘等。

(4) 横生胚珠。胚珠形成时,胚珠的一侧生长较快,使胚珠在珠柄上成90°的扭曲,胚珠和珠柄的位置成直角,珠孔则偏向一侧,如锦葵等。

2. 胚囊的发育和构造　胚囊发生于珠心组织中,胚囊母细胞(大孢子母细胞)经减数分裂形成大孢子,大孢子的细胞核进行第一次分裂,形成两个核,随即分裂移到胚囊两端,然后再进行两次分裂,以至每端有4个核,以后每端各有一核向中央形成两个极核,有些植物这两个极核融合成为中央细胞,近珠孔一端的3个核成为3个细胞,中央的为卵细胞(雌配子),两边各有一个较小的助细胞,近合点端的3个核也形成3个细胞叫反足细胞,这样就形成7个细胞或8核的成熟胚囊(雌配子体)(图3-17)。在胚囊发育的过程中,吸取了珠心的养分,以至珠心组织逐渐被侵蚀,而胚囊本身逐渐扩大,直至占据胚珠中央的大部分。有些植物的反足细胞可再分裂,形成多个细胞,如水稻、小麦等。

(三) 开花与传粉

1. 开花　开花是种子植物发育成熟的标志,当雄蕊的花粉粒和雌蕊的胚囊(或其中之一)成熟时,花被展开,露出雄蕊和雌蕊的现象称为开花。不同种类植物的开花年龄、季节和花期等习性不完全相同。一般一年生草本植物,当年开花结果产生种子后逐渐枯死。两年生草本植物,通常第一年进行营养生长,第二年开花结果后完成生命周期。果树多要经过童期后才能年年开花,如桃树3年、梨树5年等。但少数植物如竹类、剑麻一生中只开花一次。多数植物的开花季节是在早春至春夏之间开花的,少数

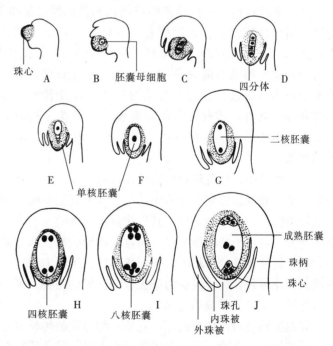

图3-17　胚珠和胚囊的发育过程
A. 内珠被逐渐形成　B. 外珠被出现　C~E. 胚囊母细胞经过减数
分裂成为4个细胞,其中3个细胞开始消失,一长大成为胚囊
F. 单核胚囊　G. 二核胚囊　H. 四核胚囊　I. 八核胚囊　J. 成熟胚囊
(引自 Holman 和 Robbins)

植物在其他季节开花，个别一年四季都开花。在冬季和早春开花植物有的先开花后长叶，如梅、榆叶梅、紫荆等；有的花叶同放，如梨、李、桃等，但大多数植物是先叶后花。

植物从第一朵花到最后一朵花开放完毕所经历的时间，称为花期。植物的花期长短随植物种类而异，决定于植物的特性，也与环境有密切关系，如早稻的花期 5~7d，小麦为 3~6d，油菜为 20~40d，棉花、月季、番茄等的花期可达一至几个月。一朵花开放时间长短，也因植物种类而异。如水稻为 1~2h，小麦 5~30min，棉花 3d，兰花长达一两个月。

多数植物开花都有昼夜周期性。在正常条件下，水稻在上午 7~8 时开花，小麦在上午 9~11 时和下午 3~5 时，油菜为上午 9~11 时。各种植物在开花期对环境温度和湿度等极为敏感，所以植物开花时间常因气候变化而提前或推迟。研究掌握植物的开花习性，有利于栽培生产上采取相应的技术措施，提高产品数量和质量，还有利于利用人工杂交的方法，创造新品种。

2. 传粉 花开放后，花药裂开，成熟花粉通过风、水、虫、鸟等不同媒介的传播，到达雌蕊的柱头上，这一过程称为传粉。传粉有自花传粉和异花传粉两种方式。

（1）自花传粉。是指雄蕊的成熟花粉落到同一朵花的柱头上的传粉现象，如小麦、棉花、番茄、豆类和桃等作物。若花在开放之前就完成了传粉和受精过程，称为闭花传粉，是一种典型的自花传粉，如豌豆、落花生等。自花传粉植物的特征为：两性花，雌蕊与雄蕊同时成熟，柱头可接受自花的花粉。

（2）异花传粉。是指雄蕊的成熟花粉借助风或昆虫等媒介传送到另一朵花的柱头上的现象。借风传粉的花称为风媒花，其特征是：多为单性花，单被或无被，花粉量多，柱头面大，并有黏液质等，如大麻、玉米及杨等。借昆虫传粉的花称为虫媒花，其特征是：多为两性花，雄蕊与雌蕊不同时成熟，花有蜜腺、香气，花被颜色鲜艳，花粉量少，花粉粒表面多具突起，花的形态结构较适合昆虫传粉，如益母草、桔梗、南瓜以及兰科植物的花等。此外，还有鸟媒花和水媒花。异花传粉较自花传粉进化，是被子植物有性生殖中一种极为普遍的传粉方式。风媒花和虫媒花等的多种多样的特征是植物长期自然选择的结果。

在自然界中，异花传粉植物比较普遍，而且在生物学意义上比自花传粉优越，因为异花传粉的精、卵细胞分别来自不同的花朵或不同的植株，它们所处的环境条件差异较大，遗传性差异也较大，相互融合后，其后代具有较强的生活力和适应性。所以，在长期的进化过程中成为大多数植物的传粉方式。而自花传粉的精、卵细胞来自同一朵花，它们产生的条件基本相似，其遗传性差异较小，所形成的后代生活力和适应性都较差。如果栽培植物长期连续的进行自花传粉，将衰退成为毫无栽培价值的品种。可见自花传粉有害，异花传粉有益，这是自然界一个较为普遍的规律。

异花传粉与自花传粉相比，它是一种进化的传粉方式，但往往受自然条件的限制，如在长期遇到低温、久雨不晴、大风和暴风雨时，异花传粉都会受到不利影响；或者雌雄蕊的成熟期不一致，造成花期不遇，减少传粉机会，从而影响结实。而自花传粉是一种原始的传粉方式，对后代不利，但在自然界仍保留下来，这是由于植物在不具备异花传粉的条件下长期适应的结果，使其繁衍后代种族得以延续。因此，自花传粉在某种情况下具有一定的优越性。况且自花传粉和异花传粉只是相对而言，异花传粉植物在条件不具备时，仍可进行自花传粉；而且自花传粉植物也常有一部分进行异花传粉，如通常认为水稻、小麦是自花传粉植物，但常有1%～3%的花朵进行异花传粉。当自花传粉植物的花朵其异花传粉率达到5%～50%范围时，称为常异花传粉植物，如棉花、高粱等。因此，这种自花传粉的方式和自花传粉植物仍能在自然界长期存在。

（3）植物对异花传粉的适应。异花传粉植物在长期的自然选择和演化过程中，在结构和生理方面产生了许多适应于异花传粉的变化。

单性花：具有单性花的植物必然是异花传粉。如雌雄同株的玉米、瓜类、蓖麻、胡桃等和雌雄异株的菠菜、番木瓜、杨、柳、银杏等。

雌雄蕊异熟：这是指一株植物或一朵花上的雌蕊和雄蕊成熟时间不一致，如玉米的雄花序比雌花序先成熟。有些植物的花为两性，但雌雄蕊的成熟时间也有先后，从而避免了自花受精的可能性。如向日葵、苹果、梨等，它们的雄蕊比雌蕊先成熟。

雌雄蕊异长：有的植物花为两性花，但在同一植株上有两种花，一种为雌蕊的花柱长、雄蕊的花丝短；另一种雌蕊的花柱短、雄蕊的花丝长。传粉时常是长花丝的花粉传到长花丝的柱头上，或短花丝的花粉传到短花丝的柱头上才能受精，这样就可以减少或避免自花传粉的机会（图3-18）。

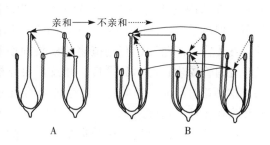

图3-18 雌雄蕊异长花的种内不亲和图解
A. 二型花柱　B. 三型花柱

自花不孕：自花不孕是花粉粒落到同一朵花或同一株花的柱头上不能受精结实的现象，其原因可能有两种情况：一种是花粉粒落到自花的柱头上，柱头液对自花的花粉粒有抑制作用，花粉不能萌发，如向日葵、荞麦。另一种情况是花粉粒虽能萌发，但花粉管生长缓慢，远不如异花传来的花粉萌发快，故不能到达子房受精，从而保证了异花受精，如玉米、番茄等。所以，在进行玉米自交系的培育时必须在人工授粉后套袋隔离。

（4）农业上对传粉规律的应用。异花传粉的植物，在花期往往会遇到不良的外界条件或雌雄蕊异熟的情况，从而降低受精机会，造成作物减产。在农业生产中，常采用人工授粉的方法，以弥补传粉的不足。同时，人工辅助授粉后，柱头上的花粉粒增加，所含的激素总量也增加，可促进花粉粒的萌发和花粉管的生长，从而提高受精率。例如玉米的单性花，在一般栽培条件下，由于雄蕊先熟或其他原因引起传粉不足，造成果穗秃尖而降低产量，若进行人工辅助授粉，则可提高结实率，一般能增产8%～10%。又如，向日葵在自然条件下，空秕粒较多，如能进行人工授粉，结实率和含油量将明显提高。

鸭梨是自花不孕植物，核桃、苹果等为雌雄蕊异熟植物，因此生产上必须与其他品种混栽，即配置授粉树。果园养蜂也是提高异花传粉不足的有效途径。

自花传粉能引起后代退化，但在作物品种提纯上有重要的实践意义。在玉米育种中，重要的环节是培育自交系。根据育种目标，从优良的品种中选择具有某种优良性状的单株，进行人工自花传粉（即自交），经过连续4～5代严格的自交和选择后，生活力虽有衰退，但在苗色、叶型、穗粒、生育期等方面达到整齐一致时，就能成为一个稳定的自交系。利用这样两个纯合的优良自交系配制的杂交种（即单交种），具有明显的增产效果。

3. 受精　雌雄配子，即精细胞和卵细胞相互融合的过程，称为受精。包括受精前花粉在柱头上萌发、花粉管生长并到达胚珠,进入胚囊,精子与卵细胞及中央细胞结合等过程。受精后的胚珠发育成为种子,受精后的极核发育成为胚乳。

(1) 花粉粒萌发。花粉粒落在柱头上,首先与柱头相互识别,若两者亲和,则吸收柱头水分和分泌物,花粉的内壁在萌发孔处向外突出,并继续伸长,形成花粉管,这一过程称为花粉粒的萌发。影响花粉粒的萌发并长成花粉管的因素是多方面的,包括柱头的分泌物和花粉本身贮藏的酶和代谢物。柱头分泌的黏性物质可以促使花粉萌发,并防止花粉由于干燥而死亡。分泌物的主要成分有水、碳水化合物、胡萝卜素、各种酶和维生素等。由于分泌物的组成成分随植物种类而异,因而对落在柱头上的各种植物花粉产生的影响也就不同。花粉粒中贮存的酶和各种代谢物质,是花粉粒萌发的内在因素,如贮存在花粉壁的多种水解酶在与水接触后,由壁内滤出,对花粉粒萌发和花粉管伸长起着重要作用。又如花粉粒和花粉管中的角质酶,可使柱头表面乳头状突起的角质溶解,为花粉管的生长开辟通道。花粉内的代谢物质,可为花粉管的最初生长提供物质基础。落到柱头上的花粉虽然很多,但不是全部能萌发的。一般来说,只有同种或亲缘很近的植物花粉才能萌发,亲缘远的异花传粉不能萌发。有些植物的柱头即使对同一花的花粉也产生抑制作用,或者即使萌发,花粉管的生长也十分缓慢。相反,对异株花粉的萌发却有促进作用,花粉管也长得很快。这种花粉与同一花的柱头在生理上不相亲和的现象,是植物保证异花传粉和异体受精,避免自体受精的适应结果。

(2) 花粉管的生长。花粉萌发后,一般向着一个萌发孔突出,形成一个细长的管子,称为花粉管。花粉管形成后能继续向下延伸,经花柱而到达子房。同时花粉细胞的内含物全部注入花粉管内,向花粉管顶端集中,如果是三细胞的花粉粒,营养核和两个精子全部进入花粉管中,而二细胞的花粉粒在营养核和生殖细胞移入花粉管后,生殖细胞便在花粉管内分裂,形成两个精子(图3-19)。

花粉管通过花柱而到达子房的生长途径可分为两种不同的情况:一些植物的花柱中间成空心的管道,花粉管在生长时沿着管壁表面下伸,到达子房;另一种情况是花柱并无花柱道,而为特殊的引导组织或一般薄壁细胞所充塞,花粉管生长时需经过酶的作用,把引导组织或薄壁组织细胞的中层果胶质溶解,花粉管经由细胞之间通过。花粉管在花柱中的生长,除利用花粉本身贮存的物质作营养外,也从花柱组织吸取养料,作为生长和建成管壁合成物质之用。花粉管到达子房以后,或者直

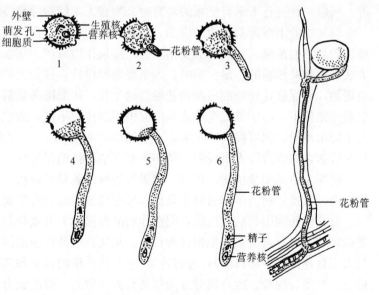

图3-19 花粉粒的构造和萌发
(图中数字显示花粉粒萌发顺序)

接伸向珠孔，进入胚囊（直生胚珠）；或者经过弯道折入胚珠的珠孔口（倒生、横生胚珠），再由珠孔进入胚囊；但也有花粉管经胚珠基部的合点或珠被而达到胚囊的。

(3) 被子植物的双受精及其意义。花粉管进入胚囊后，先端破裂，精子进入胚囊（此时营养细胞大多已分解消失），其中一个精子与卵结合，形成二倍体的受精卵（合子），以后发育成胚。精子与卵结合的过程称为受精作用。另一精子则与两个极核结合或与一个次生核结合，形成三倍体的初生胚乳核，以后发育成胚乳。这一过程称为双受精，是被子植物特有的现象（图3-20、图3-21）。

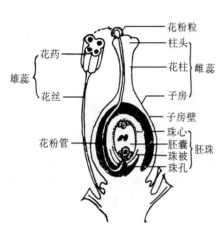

图3-20 被子植物的受精过程

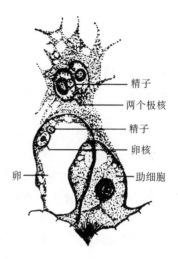

图3-21 棉花的双受精
（示胚囊内的一部分）

在双受精过程中，合子既恢复了植物体原有的染色体数目，保持了物种的相对稳定性，又使来自父本和母本的具有差异的遗传物质重组，并且在同样具有父母本遗传性的胚乳中孕育，增强了后代的生活力和适应性，也为后代提供了可能出现变异的基础。所以，双受精在植物界是有性生殖过程中最进化、最高级的形式。

(4) 受精的选择作用。柱头对花粉粒的萌发，胚囊对精子细胞的进入，都具有选择能力，只有那些和柱头在生理、生化作用上相协调的花粉粒才能萌发，卵细胞也只能和生理、生化相适应的精子融合在一起。因此，被子植物的受精过程是有选择性的。在授粉、受精过程的各个阶段都有这种对花粉和精子的选择性，它是植物在长期的自然选择条件下保留下来的，是被子植物进化过程中的一个重要现象。受精的选择性可以避免自体受精或近亲受精的不利之处，获得异体受精的利益，从而提高后代的生活力。在被子植物中，胚囊中多精子现象和多精入卵现象也有发现，多余精子有可能使胚囊中的助细胞或反足细胞受精，发育成胚，形成多胚现象，也可能多余精子进入卵细胞后，与卵细胞融合而产生多倍体。

(5) 无融合生殖及多胚现象。在正常情况下，被子植物的有性生殖是经过卵细胞和精子的融合发育成胚；但在有些植物中，不经过精卵融合，也能直接发育成胚，这种现象称为无融合生殖。无融合生殖可以是卵细胞不经过受精而直接发育成胚，如蒲公英、早熟禾等，这种现象称为孤雌生殖。或是由助细胞、反足细胞或极核等非生殖性细胞发育成胚，如水稻、烟草等，这种现象称为无配子生殖。也有的是由珠心或珠被细胞直接发育成胚的，如柑橘属，称为无孢子生殖。

在一般情况下，被子植物的胚珠只产生一个胚囊，每个胚囊也只有一个卵细胞，所以受精后只能发育成一个胚。但有的植物一粒种子中往往有两个或更多的胚存在，这种情况称为多胚现象。例如柑橘种子中通常有4~5个甚至十几个胚，其中除一个为合子胚之外，其余的均为由珠心发育而来的不定胚，故称为珠心胚。多胚现象的产生原因很多，一种可能是由于出现无配子生殖或无孢子生殖，第二种可能是由一个受精卵分裂成几个胚。此外也可能是一个胚珠中发生多个胚囊的缘故。

第二节 果 实

果实是被子植物特有的繁殖器官，一般由受精后雌蕊的子房发育形成。外被果皮，内含胚珠发育成的种子，果实具有保护种子和散布种子的作用。

一、果实的形成与组成

1. 果实的形成 被子植物的花经传粉和受精后，各部分发生很大的变化，花萼、花冠一般脱落，雄蕊及雌蕊的柱头、花柱也枯萎，子房逐渐膨大，发育成果实，胚珠发育形成种子。这种由子房发育形成的果实称为真果，如桃、杏、柑橘、柿等。但也有些植物除子房外，花的其他部分如花被、花柱及花序轴等也参与果实的形成，这类果实称为假果，如梨、苹果、无花果等。

果实的形成，需要经过传粉和受精作用，但有些植物只经传粉而未经受精作用，也能发育成果实，这种果实无籽，称为单性结实。单性结实是自发形成的，称为自发单性结实，如香蕉、无籽葡萄、无籽柑橘等。但也有些是通过人为诱导，形成具有食用价值的无籽果实，这种结实称为诱导单性结实，用赤霉素处理葡萄，也可形成无籽果实。无籽果实不一定都是由单性结实形成，也可在植物受精后，胚珠发育受阻而成为无籽果实的。还有些无籽果实是由于四倍体和二倍体植物进行杂交而产生不孕性的三倍体植株形成的，如无籽西瓜。

2. 果实的组成和构造 果实由果皮和种子构成。组成果实的组织称为果皮，通常可分为3层，由外向内分别为外果皮、中果皮和内果皮。3层果皮的厚度不同，视植物果实种类而异。有的果皮可明显地观察到外、中、内3层结构，如桃、杏；有的果皮较薄，3层界限并不明显，如落花生、向日葵等。由于果皮类型不同，其果皮的分化程度不一致。

（1）外果皮。是果皮的最外层，常由表皮或与某些相邻组织构成。外果皮上常被角质、蜡质或表皮毛，并有气孔分布。有的还具刺、瘤突、翅等附属物。也有的在表皮中含有色物质或色素。

（2）中果皮。中果皮很厚，占果皮的大部分，多由薄壁细胞组成，具有多数细小维管束。在结构上各种植物果实差异很大。如桃、梨等的中果皮肉质，刺槐的中果皮革质等。

（3）内果皮。是果皮的最内层，多由一薄壁细胞组成，内果皮各种植物差异也很大。有的具有一至多层的石细胞，核果的内果皮（果核）即由多层石细胞组成，如杏、桃、梅等；有的内果皮毛变为肉质化的汁囊，如柑橘；有的内果皮分离成单个的浆汁细胞，如葡萄、番茄等。

果皮通常是指成熟的子房壁，但假果的果皮组成除心皮外，还包含一些附属的结构组织，如苹果、梨的果实中，食用部分主要由花托发育而成，而真正的果实部分仅占很少部分。因此，果实的发育是一个十分复杂的过程，果皮的3层组织常不能和子房壁的3层组织完全对应起来。

二、果实的类型

根据果实的来源、结构和果皮性质的不同，可将果实可分为三大类，即单果、聚合果和聚花果。

1. 单果　单果是由单心皮或多心皮合生雌蕊所形成的果实，即一朵花只结成一个果实。根据果皮的性质与结构不同，单果可分为肉质果和干果。

（1）肉质果。果皮成熟后，肉质多浆，不开裂。可分为以下几种（图3-22）：

①浆果。通常由多心皮合生雌蕊发育形成，外果皮薄，中果皮和内果皮肉质多浆，内有一至多粒种子，如葡萄、枸杞、柿和茄果类蔬菜。

②柑果。由多心皮合成雌蕊发育形成的果实，外果皮较厚，革质，内含多数油室；中果皮疏松，成白色海绵状，内具有多分支的维管束（橘络），与外果皮结合，界限不明显，内果皮膜质，分隔成多室，内壁生有许多肉质多汁的囊状毛，为可食用的部分，每瓣内含多枚种子。柑果是芸香科柑橘属所特有的果实，如橙、柚、橘、柠檬等。

③核果。典型的核果是由单心皮雌蕊发育成的果实。外果皮薄，中果皮肉质，内果皮坚硬、木质化，形成坚硬的果核，内含一粒种子，如桃、杏、李、梅等。

④梨果。由合生雌蕊的下位子房与花筒一起发育形成的假果。肉质可食部分是由原来的花筒与外、中果皮一起发育而成，其间界限不明显，内果皮坚韧，革质或木质，常分隔成2～5室，每室常含两粒种子，如苹果、梨、山楂等。

⑤瓠果。由三心皮合生的具侧

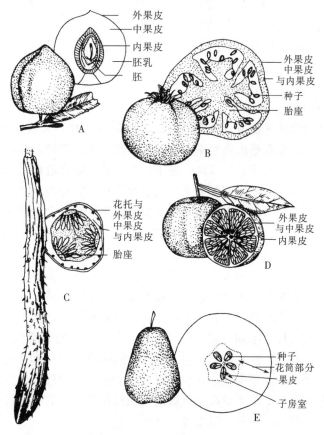

图3-22　肉质果实类型
A. 核果（桃）　B. 浆果（番茄）　C. 瓠果（黄瓜）
D. 柑果（橘子）　E. 梨果（梨）

膜胎座的下位子房与花托一起发育形成的假果。花托与外果皮形成坚硬的果实外层，中、内果皮及胎座肉质，成为果实的可食用部分。为葫芦科植物特有的果实，如葫芦、西瓜、南瓜等。

(2) 干果。果实成熟后，果皮干燥，开裂或不开裂，可分为裂果和闭果。

① 裂果。果实成熟后果皮自行开裂，散出种子。依据心皮数目和开裂方式不同分为以下几种类型（图 3-23）。

蓇葖果：由单心皮或离生心皮发育形成的果实，成熟时沿心皮腹缝线或背缝线开裂。如八角茴香、芍药、牡丹沿心皮的腹缝线开裂；木兰、白玉兰等沿被缝线开裂。

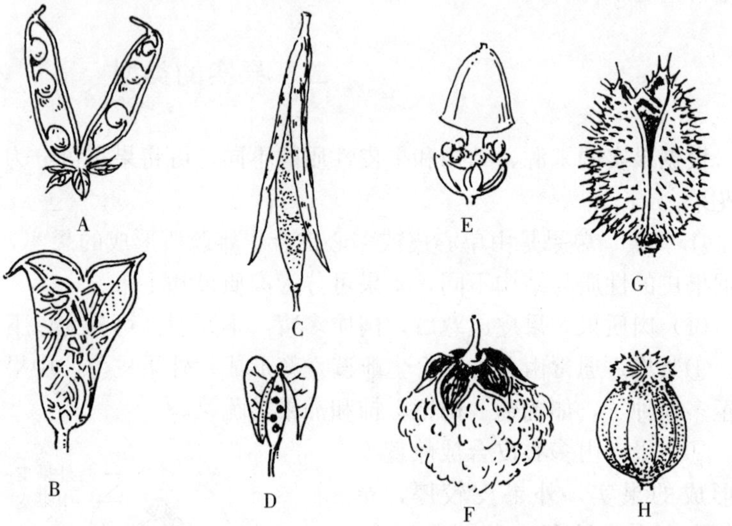

荚果：由单心皮发育形成的果实，成熟时沿腹缝线或背缝线开裂，果皮裂成 2 片。为豆科植物所特有的果实，如赤小豆、绿豆等。但也有些成熟时不开裂的，如落花生、紫荆、皂荚、合欢等。有的荚果成熟时，在种子间呈节节断裂，每节含一种子，不开裂，如含羞草、山蚂蟥等。有的荚果呈螺旋状，并具刺毛，如苜蓿。还有的荚果肉质呈念珠状，如槐等。

图 3-23 裂果的类型
A. 荚果（豌豆） B. 蓇葖果（飞燕草） C. 长角果（油菜） D. 短角果（荠菜）
E. 蒴果（车前） F. 蒴果（棉花） G. 蒴果（曼陀罗） H. 蒴果（罂粟）

角果：常分有长角果和短角果。由二心皮合生的子房发育而成的果实，在形成过程中，由二心皮边缘合生处生出隔膜，将子房隔成二室，此隔膜称假隔膜，种子着生在假隔膜两侧，果实成熟后，果皮沿两侧腹缝线开裂，成两片脱落，假隔膜仍留在果柄上。角果是十字花科植物特有的果实，长角果细长，如萝卜、油菜等；短角果宽短，如荠菜、独行菜等。

蒴果：是由合生心皮的复雌蕊发育而成的果实，子房一室或多室，每室含多枚种子。果实成熟开裂的方式较多，常见的有纵裂；果实开裂时沿心皮纵轴开裂，其中沿腹缝线开裂的称为室间开裂，如马兜铃、蓖麻等；沿背缝线开裂的称为室背开裂，如百合、棉花等；沿背、腹二缝线开裂，但子房间隔膜仍与中轴相连称为室轴开裂，如牵牛、曼陀罗等。孔裂：果实顶端呈小孔状开裂，种子由小孔中散出，如罂粟、桔梗等。盖裂：果实中部呈环状开裂，上部果皮成帽状脱落，如马齿苋、车前、莨菪等。齿裂：果实顶端呈齿状开裂，如王不留行、石竹、瞿麦等。

② 闭果。果实成熟后，果皮不开裂或分离成几部分，但种子仍包被在果实中。常分为以下几种类型（图 3-24）。

瘦果：含单粒种子的果实，成熟时果皮易与种皮分离，如白头翁、毛茛等；菊科植物的瘦果

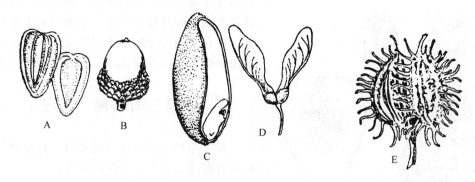

图 3-24 闭果的主要类型
A. 向日葵的瘦果 B. 栎的坚果 C. 小麦的颖果 D. 槭的翅果 E. 胡萝卜的分果

是由下位子房与萼筒共同形成的，称连萼瘦果，又称菊果，如向日葵、蒲公英、小蓟等。

颖果：由 2～3 心皮组成，果实内亦含一粒种子，果实成熟时，果皮与种皮愈合，不易分离，农业生产中常把颖果称"种子"，为禾本科植物所特有的果实。如小麦、玉米、水稻等。

坚果：果皮坚硬，内含一粒种子，如板栗、榛子等的褐色硬壳是果皮，果实外面常有由花序的总苞发育成的壳斗附着于基部。有的坚果特小，无壳斗包围，称小坚果，如益母草、薄荷、紫草等。

翅果：果皮一端或周边向外延伸成翅状，果实内含一粒种子，如榆、臭椿、枫杨等。

胞果：亦称囊果，由合生心皮雌蕊上位子房形成的果实，果皮薄，膨胀疏松地包围种子，而与种皮极易分离，如青葙、地肤、藜等的果实。

分果（双悬果）：由二心皮合生雌蕊发育而成，果实成熟后心皮分离成两个分果，双双分挂在心皮柄上端，心皮柄的基部与果柄相连，每个分果内各含一粒种子，为伞形科植物特有的果实，如当归、白芷、胡萝卜、茴香、芹菜等。

2. 聚合果 聚合果是由一朵花中许多离生心皮雌蕊形成的果实，每个雌蕊形成一个单果，聚生于同一花托上，根据单果类型不同，可分为以下几种类型。

（1）聚合蓇葖果。许多蓇葖果聚生在同一花托上，如乌头、芍药、八角茴香等。

（2）聚合瘦果。许多瘦果聚生于突起的花托上，如白头翁、毛茛、草莓等（图 3-25）。在蔷薇科蔷薇属中，许多骨质瘦果聚生于凹陷的花托中，称蔷薇果，如金樱子、蔷薇等。

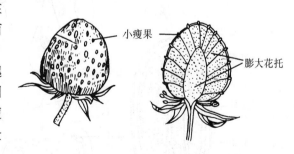

图 3-25 聚合果（草莓）

（3）聚合核果。许多核果聚生于突起的花托上，如悬钩子。

（4）聚合浆果。许多浆果聚生在延长或不延长的花托上，如五味子等。

3. 聚花果（复果） 聚花果由整个花序发育成的果实，又称为复果。如桑葚（图 3-26），是由桑的雌花序中雌花的肉质化的花萼组成的。凤梨是由多数不孕的花着生在肥大肉质的花序轴上所形成的果实，其肉质多汁的花序轴和肉质化的花被和子房一起成为果实的可食部分。无花果则是由隐头花序形成的果实，其花序轴肉质化并内陷成囊状，为果实的可食用部分。

第三节 种　　子

种子是种子植物特有的器官，是由胚珠受精后发育而成，其主要功能是繁殖。

一、种子的形成

双受精之后，胚珠发育成种子，种子一般包括胚、胚乳（或无）和种皮三部分。各种植物的种子虽然在形状、大小以及结构上差异甚大，但发育过程都是基本相似的。

图3-26　聚花果（复果）
A. 桑葚，为多数单花所成的果实，集于花轴上，形成一个果实的单位　B. 无花果果实的剖面，隐头花序膨大的花序轴成为果实的可食部分　C. 凤梨的果实，多汁的花轴成为果实的食用部分

1. 胚的发育　受精后的合子通常要经过一段休眠期，休眠期长短因植物种类而异。如小麦16～18h，苹果5～6d，茶树则长达5～6个月。

胚胎的发育是从合子的分裂开始，也是植物个体发育的起点。合子横分裂为两个异质的

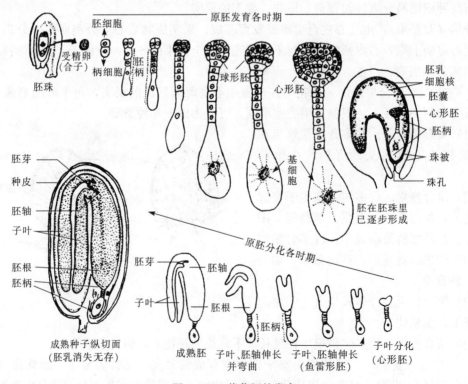

图3-27　荠菜胚的发育

细胞，近株孔端的一个较大，叫基细胞（柄细胞）；近合点端的一个较小，叫顶细胞（胚细胞），顶细胞常具有更多的细胞质，将来发育成胚体。基细胞分裂或不分裂，主要形成胚柄，或者部分参加到胚体的形成。胚柄能将胚体推入胚乳，有利于从胚乳中吸收养分，它也能从外围组织中吸收养分和加强短途运输，此外胚柄还能合成激素（图3-27）。

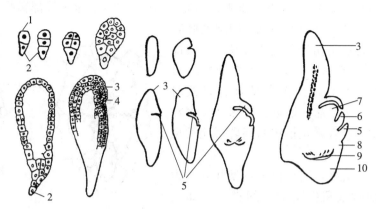

图3-28 小麦胚的发育过程
1. 胚细胞 2. 柄细胞 3. 内子叶（盾片） 4. 生长点 5. 胚芽鞘
6. 第一营养叶 7. 胚芽生长点 8. 外子叶 9. 胚根 10. 胚根鞘

胚的发育早期，胚体成球形，在这时单子叶植物和双子叶植物没有明显的区别。但随着胚的发育，双子叶植物的球形胚体两侧加快分裂生长，逐渐突起形成两片子叶，而中间生长较慢的部分将来发育成胚芽，球形胚下端分化为胚根，胚芽和胚根之间分化为胚轴。这样，一个具有子叶、胚芽、胚轴和胚根的胚就形成了。在单子叶植物的胚发育时，生长点偏向胚的一侧，因而只形成一片子叶。以小麦为例说明（图3-28）。

2. 胚乳的发育 被子植物的胚乳，由初生胚乳核发育而成，一般具有三倍染色体。极核受精后，初生胚乳核不经休眠或经短期休眠，即开始分裂。因此，胚乳的发育早于胚的发育，为幼胚的发育创造条件。胚乳的发育，一般分为核型胚乳和细胞型胚乳。

（1）核型胚乳。初生胚乳核的第一次分裂均不伴随形成细胞壁，胚乳核呈游离状态分布在胚囊中。随着核的增加和液泡的扩大，胚乳核常被挤至胚囊的周缘成一薄层。游离核的数目随植物种类而异。待发育到一定阶段，通常在胚囊周围的胚乳核之间先出现细胞壁，此后由外向内逐渐形成胚乳细胞。核型胚乳是被子植物中最普遍的胚乳发育形式

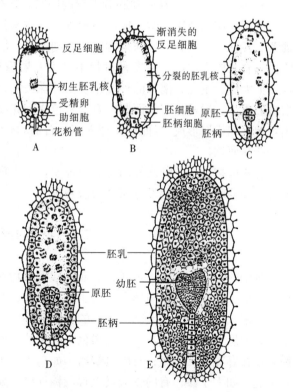

图3-29 双子叶植物核型胚乳发育过程模式图
A. 初生胚乳核开始发育 B. 继续分裂，在胚囊周围产生许多游离核，同时受精卵开始发育 C. 游离核逐渐向中央分布 D. 由边缘向中部逐渐产生胚乳细胞 E. 胚乳发育完成，胚仍在发育中

(图 3-29)，如水稻、玉米、小麦、棉花、油菜、苹果等都属此类型。

（2）细胞型胚乳。细胞型胚乳的特点是初生胚乳核分裂后，随即产生细胞壁，形成胚乳细胞。所以，胚乳自始至终没有游离核时期。如番茄、烟草、芝麻等大多数双子叶合瓣花植物的胚乳属此类型（图 3-30）。

此外，还有沼生目型胚乳，为细胞型和核型的中间类型，如慈姑等。

在一般情况下，由于胚和胚乳的发育，胚囊外的珠心组织被胚和

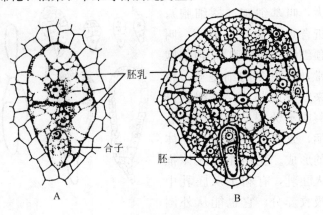

图 3-30　番茄细胞型胚乳发育的早期
A. 二细胞时期　B. 多细胞时期

胚乳所吸收而消失，故在成熟种子中无珠心组织。但有少数植物的珠心组织随种子的发育而增大，形成一种类似胚乳的储藏组织，成为外胚乳。如苋菜、石竹、甜菜等植物的成熟种子中有外胚乳而无胚乳；胡椒、姜的成熟种子中既有胚乳又有外胚乳。

3. 种皮的发育　在胚和胚乳发育的同时，珠被发育成种皮，包在种子外面起保护作用。具有两层珠被的胚珠，常形成两层种皮，外珠被形成外种皮，内珠被形成内种皮。如棉花、油菜、蓖麻等。具有一层珠被的胚珠，则形成一层种皮，如向日葵、胡桃、番茄等。有些植物虽然有两层珠被，但在发育过程中其中一层珠被被吸收而消失，只有一层珠被发育成种皮。如大豆、蚕豆、南瓜的种皮主要由外珠被发育而来，而水稻、小麦的种皮主要由内珠被发育而成。一般种皮坚硬而厚，有各种色泽和花纹或其他附属物。如棉的外种皮细胞向外突出，伸长和增厚形成"纤维"，即棉絮。石榴的外种皮表皮细胞发育为肉质可食部分。内种皮一般薄而软。

有些植物种子的种皮外面还有假种皮，是由珠柄或胎座发育而成的结构。如荔枝、龙眼的可食部分就是由珠柄发育而来的假种皮。

二、种子的形态结构

种子的形态、大小、色泽、表面纹理随植物种类不同而异。种子常呈圆形、椭圆形、肾形、卵形、圆锥形、多角形等。大小悬殊，大的有椰子、槟榔、银杏，小的如菟丝子，极小的呈粉末状，如白及、天麻。种子的颜色亦多样，绿豆为绿色，白扁豆为白色，赤小豆为红紫色，相思子一端红色，另一端黑色。种子的表面有的光滑，具光泽，如北五味子，有的粗糙，如长春花、天南星；有的具皱褶，如乌头、车前；有的具翅，如木蝴蝶；有的密生瘤刺状突起，如太子参；有的顶端具毛茸，称种缨，如白前和萝藦。

种子的结构由种皮、胚、胚乳三部分组成，有的种子还有外胚乳。

1. 种皮　种皮由珠被发育而来。有的种子在种皮外尚有假种皮，是由株柄或胎座部位的组织延伸而成，有的为肉质，如龙眼、荔枝、苦瓜、卫矛；有的呈菲薄的膜质，如砂仁、豆蔻等。在种皮上常可看到下列结构：

(1) 种脐。是种子成熟后从种柄或胎座上脱落后留下的疤痕，常呈圆形或椭圆形。

(2) 种孔。来源于胚珠的珠孔，为种子萌发吸收水分和胚根伸出的部位。

(3) 合点。来源于胚珠的合点，是种皮上维管束汇合之处。

(4) 种脊。来源于株脊，是种脐到合点之间的隆起线，内含维管束，倒生胚珠发育的种子种脊较长，弯生或横生胚珠形成的种子种脊短，直生胚珠发育的种子无种脊。

(5) 种阜。有些植物的种皮在珠孔处有一由珠被扩展形成的海绵状突起物，称种阜，种子萌发时，可以帮助吸收水分，如蓖麻、巴豆和蚕豆的种子。

2. 胚乳 胚乳是极核受精后发育而成，常位于胚的周围，呈白色，胚乳中含丰富的淀粉、蛋白质及脂肪等，是种子内的营养组织，供胚发育时所需的养料。有些种子在胚形成过程中，胚乳的营养物质全部转移到子叶里。

3. 胚 胚是由卵细胞受精后发育而成，是种子中尚未发育的幼小植物体，由四部分组成。

(1) 胚根。正对着种孔，将来发育成植物的主根。

(2) 胚轴。又称胚茎，为连接胚根与胚芽的部分，发育成为连接根与茎的部分。

(3) 胚芽。在种子萌发后发育成植物的主茎和叶。

(4) 子叶。为胚吸收和贮藏养料的器官，在种子萌发后可变绿而行光合作用。一般而言，单子叶植物具一枚子叶，双子叶植物有2枚子叶，裸子植物则有多枚子叶。

三、种子与幼苗的类型

(一) 被子植物的种子的类型

被子植物的种子常依据胚乳的有无，分为有胚乳种子和无胚乳种子两种类型。

1. 有胚乳种子 种子中有发达的胚乳，胚相对较小，子叶薄。由于子叶数目不同，又分为两种：

(1) 双子叶植物有胚乳种子。如蓖麻、柿的种子（图3-31）。

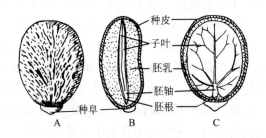

图 3-31 蓖麻种子的结构
A. 表面观　B. 与宽面垂直的纵切面
C. 与宽面平行的纵切面

(2) 单子叶植物有胚乳种子。如玉米、水稻的种子（图3-32）。

2. 无胚乳种子 种子中胚乳的养料在胚发育过程中被胚吸收并贮藏在子叶中，故胚乳不存在或仅残留一薄层，这类种子的子叶较肥厚（图3-33）。依据子叶数目又可分为两种：

(1) 双子叶植物无胚乳种子。如大豆、杏仁、南瓜的种子。
(2) 单子叶植物无胚乳种子。如慈姑、泽泻、眼子菜的种子。

大豆果实与种子

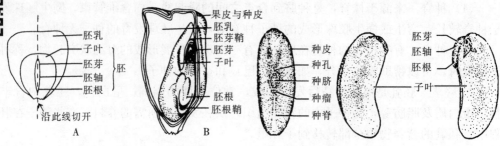

图3-32 玉米子粒的结构
A. 横切面图　B. 纵切面图

图3-33 菜豆种子的结构

（二）幼苗类型

不同植物种类的种子在萌发时，由于胚体各部分，特别是胚轴部分的生长速度不同，成长的幼苗，在形态上也不一样，常见的植物幼苗可分为两种类型，一种是子叶出土的幼苗，另一种是子叶留土的幼苗。

胚轴是胚芽和胚根之间的连接部分，同时也与子叶相连。由子叶着生的一点到第一片真叶之间的一段胚轴，称为上胚轴，由子叶着生点到胚根的一段称为下胚轴。子叶出土和子叶留土幼苗的最大区别，在于这两部分胚芽在种子萌发时的生长速度不一致。

1. 子叶出土的幼苗　双子叶植物无胚乳种子（如大豆、棉花、油菜和各种瓜类的幼苗）以及双子叶植物有胚乳种子（如蓖麻的幼苗）都属于这一类型。这类植物的种子在萌发时，胚根先突出种皮，伸入土中，形成主根。然后下胚轴加速伸长，将子叶和胚芽推出土面，所以幼苗的子叶是出土的。大豆等种子的肥厚子叶，继续把贮存的养料运往根、茎、叶等部分，直到营养消耗完毕，子叶干瘪脱落。棉花等种子的子叶较薄，出土后立即展开，进行光合作用，待真叶长出，子叶才枯萎脱落。种子的这一萌发方式称出土萌发（图3-34）。

2. 子叶留土的幼苗　双子叶植物无胚乳种子（如蚕豆、豌豆、荔枝、柑橘）和有胚乳种子（如核桃、橡胶树）及单子叶植物种子（如小麦、玉米、水稻等的幼苗），都属于这一类型。这些植物种子萌发的特点是下胚轴并不伸长，而是上胚轴跟着伸长，所以子叶或胚乳并不随胚芽伸出土面，而是留在土中，直到养料耗尽死去。如蚕豆种子萌发时胚根先穿出种皮向下生长，成为根系的主轴，由于上胚轴的伸长，胚芽不久就被推出土面，而下胚轴的伸长不大，所以子叶不会被顶出土面，而始终埋在土里（图3-35）。

了解幼苗的类型，对农、林、园艺有指导意义，因为萌发类型对种子的播种深度有密切关系。一般情况下，子叶出土幼苗的种子播种宜浅，有利于胚轴将子叶和胚芽顶出土面。子叶留土幼苗的种子，播种可以稍深。虽然如此，但不同作物种子在萌发时，顶土的力量不全一样。同时，种子的大小对顶土力量的强弱也有差别，如果顶土力量强的种子，即使是出土萌发，稍微播深也无妨碍，而顶土力量弱的，就必须考虑浅播。所以，还必须根据种子的具体情况来决定播种深度。

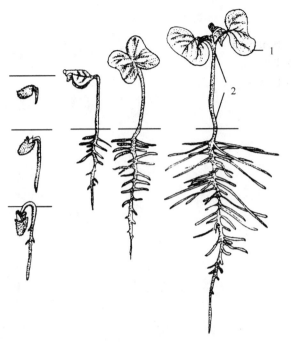

图 3-34 棉花种子子叶出土萌发情况
1. 子叶　2. 下胚轴

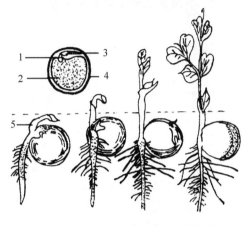

图 3-35 豌豆种子萌发过程（示子叶留土）
萌发过程自左至右
1. 胚芽　2. 子叶　3. 胚根　4. 种皮　5. 上胚轴

复习思考题

1. 花的组成包括哪几部分？各有何特点？
2. 举例说明花冠的类型。
3. 举例说明雄蕊有哪些类型。
4. 举例说明雌蕊有哪些类型。
5. 解剖观察具有上位子房、中位子房和下位子房的花，并说明它们有什么区别？
6. 以小麦、水稻为例，说明禾本科植物花的结构特点。
7. 举例说明双子叶植物花的结构特点。
8. 举例说明什么是单性花与两性花。
9. 什么叫雌雄同株、雌雄异株与杂性同株？
10. 举例说明花序的类型和特点。
11. 什么叫花序？说明花药和花粉粒的发育与结构。
12. 说明胚珠和胚囊的发育与结构。
13. 举例说明胎座的类型并绘出各类型图。
14. 什么是传粉？为什么异花传粉具有优越性？植物对异花传粉具有哪些适应特点？
15. 什么叫受精作用？说明受精作用的过程及双受精的生物学意义。
16. 果实有哪些类型？各有什么特点？
17. 什么叫无融合生殖？无融合生殖有哪些方式？什么叫多胚现象？产生多胚现象的原

因是什么？
18. 列表说明受精后花各部分的变化？
19. 农业生产上是怎样对传粉规律进行利用的？
20. 掌握植物开花习性在生产上有何意义？
21. 植物种子由哪几部分组成？试说明其特点。
22. 举例说明植物幼苗的类型。

第四章

植物的分类

教学目标 通过本章的学习让学生了解植物分类的方法、分类单位及命名法则。植物界的基本类群，低等植物和高等植物。植物界的发生阶段以及被子植物进化的基本规律。使学生掌握双子叶植物、单子叶植物主要科的基本特征和识别要点。通过实验实训，能够识别100种以上常见植物，掌握植物标本的采集、压制、蜡叶标本的鉴定与制作方法。

第一节 植物分类的基础知识

一、植物分类的方法

1. 人为分类法 人为分类法是人们为了使用方便，根据植物的某些特征、特性进行分类，而不考虑植物种类彼此间的亲缘关系和在系统发育中的地位。我国最早的植物学专著《南方草木状》（晋代嵇含著）中，就将记载的植物分为草、木、果、谷四章。我国明朝李时珍（1518—1593）所著《本草纲目》，将收集记载的1 000余种植物分为草、木、果、谷、菜五部三十类。瑞典植物分类学家林奈，把有花植物雄蕊的数目作为分类标准，分为一雄蕊纲、二雄蕊纲等均属于人为分类法。为了应用上的需要与方便，人为地将植物分为水生植物、陆生植物，木本植物、草本植物，栽培植物、野生植物等。栽培的作物又可分成粮食作物、油料作物和纤维作物。虽然人为分类法在实际应用中比较方便，但这种方法不够科学，其结果可能会给植物分类带来混乱，并不符合植物的自然发生和发展规律，不能反映植物间的亲缘关系。

2. 自然分类法 自然分类法又称系统发育分类，是按照植物间在形态、结构、生理上的相似程度，判断其亲缘关系，再将它们分类成系统。按自然分类法分类，可以明确植物在分类系统上所处的位置以及和其他植物在关系上的亲疏。在达尔文进化论的影响下出现了一些比较完善的系统，如恩格勒（Engler）分类系统（1897）、哈钦松（J. Hutchinson）分类系统（1926）、塔赫他间（A. Taxtaujqh）系统（1954）和克朗奎斯特（Cronquist）系统（1957）。尽管这些系统还只是个初步的，但与人为分类相比，显然是一个质的飞跃。由于我们对全部植物的遗传和进化的证据知之甚少，依植物的亲缘关系建立一个完全符合系统发育的自然系统目前还是难以实现的。

二、植物分类的各级单位

为了建立自然分类系统，更好地认识植物，分类学根据植物之间相异的程度与亲缘关系的远近，将植物分为不同的若干类群，或各级大小不同的单位，即界、门、纲、目、科、属、种。种是植物分类的基本单位，由相近的种集合为属，由相近的属集合为科，如此类推。有时根据实际需要，划分更细的单位，如亚门、亚纲、亚目、亚科、族、亚族、亚属、组，在种的下面又可分出亚种、变种、变型。每一种植物通过系统的分类，既可以表示出它在植物界的地位，也可以表示出这和其他种植物的关系。现将植物分类的各级单位列表4-1。

表4-1 植物分类的基本单位
(胡宝忠等，植物学，2002)

分类单位		分类举例（小麦）	
中名	拉丁名	中名	拉丁名
界	regnum	植物界	Plantae
门	diviso	被子植物	Angiospermae
纲	classis	单子叶植物纲	Monocotyledoneae
目	ordo	莎草目	Cyperales
科	familia	禾本科	Poaceae
属	genus	小麦属	*Triticum*
种	species	小麦	*Triticum aestivum* L.

现以水稻为例，说明分类学上的各类单位：

界　植物界　Regnum vegetable

门　被子植物门　Angiospermae

纲　单子叶植物纲　Monocotyledoneae

亚纲　颖花亚纲　Glunmifiorae

目　禾本目　Graminales

科　禾本科　Gramineae

属　稻属　*Oryza*

种　稻　*Oryza sativa* L.

一个种的所有个体具有基本上相同的形态特征，各个体间能进行自然交配，产生能育的正常的后代；具有相对稳定的遗传特性；占有一定的分布区和要求适合于该种生存的一定的生态条件。种的一方面是相对稳定的，而另一方面又是继续发展的。

亚种是指某种植物分布在不同地区的种群，由于受所在地区生活环境的影响，它们在形态构造或生理机能上发生了某些变化，这个种群就称为某种植物的一个亚种。

变种，在同一个生态环境的同一个种群内，如果某个个体或由某些个体组成的小种群，在形态、分布、生态或季节上发生了一些细微的变异，并有了稳定的遗传特性，这个个体或小种群，即称为原来种（又称为模式种）的变种。

变型有形态变异，但看不出有一定的分布区，仅是零星分布的个体。

品种是属于栽培学上的变异类型，不属于植物自然分类系统的分类单位。在农作物和园艺植物中，通常把经过人工选择而形成的有经济价值的变异（色、香、味、形状、大小等）列为品种。作为一个品种，应该具备一定的经济价值。

三、植物命名的方法

每种植物都有它自己的名称，同一种植物在不同地区叫法也不尽相同，例如番茄，在我国南方称番茄，北方称西红柿、洋柿子，英语称 tomato，这种现象称为同物异名。我国叫白头翁的植物就有十余种，其实它们分属于 4 科 6 属植物。名称的混乱，对研究植物的利用和分类会造成混乱或误会，也不利于国内和国际的交流。因此，有一个统一的名称是非常必要的。国际上对植物给定的统一名称叫学名。

1753 年瑞典分类学家林奈首创了植物双名法。将植物的学名用拉丁文命名，一个植物的学名是由两个拉丁单词组成，第一个单词是属名，第一个字母必须大写；第二个单词为种加词，一律小写，这种命名的方法称为"双名法"，学名的末尾必须附有定名人的名字缩写，在缩写后要加一个"."，这才成为一个完整的学名。如稻的学名是 *Oryza sativa* L.，其中 *Oryza* 为属名，*sativa* 为种加词。后边的"L."是定名人林奈（Linnaeus）的缩写。如果是亚种、变种和变型的命名，则是在种加词后加上它们的缩写 subsp.、var. 和 f.，再加上亚种、变种和变型名，同样后边附以定名人的姓氏或姓氏缩写。例如蟠桃是桃的变种，可写为 *Prunus persica* L. var. *compressa* Bean.。每种植物只有一个合法的名称，即用双名法定的名，也称学名（scientific name）。需要注意的是，中文名不能叫学名。

四、植物检索表的编制及其应用

植物检索表是植物分类学中识别鉴定植物不可缺少的工具。将特征不同的植物，用对比的方法逐步排列，进行分类，这是法国拉马克（Lamarch）倡用的二歧分类法。根据二歧分类法，可制成植物分类检索表，常用的有下列两种形式。

1. 定距检索表　定距检索表又称等距检索表。在这种检索表中，相对立的特征，编为同样号码，且在书页左边同样距离处开始描写。如此继续下去，描写行越来越短，直至追寻到检索表的最低单位为止。它的优点是将相对性质的特征都排列在同样距离，一目了然，便于应用；缺点是如果编排的种类过多，检索表势必偏斜而浪费很多篇幅。现将植物分门等距检索表举例如下：

1. 植物体无根、茎、叶分化，不产生胚。
  2. 植物体不为藻、菌共生体
    3. 有叶绿素，自养植物 ………………………………………………… 藻类（Algae）
    3. 无叶绿素，异养植物 ………………………………………………… 菌类（Fungi）
  2. 植物体为藻、菌共生体 …………………………………………… 地衣门（Lichenes）
1. 植物体有根、茎、叶分化，产生胚
  4. 有茎、叶分化，无真正根 ……………………………………… 苔藓植物门（Bryophyta）
  4. 有茎、叶分化，并出现真正根
    5. 不产生种子，用孢子繁殖 ………………………………… 蕨类植物门（Pteridophyta）
    5. 产生种子，用种子繁殖
      6. 种子或胚珠裸露 ……………………………………… 裸子植物门（Gymnospermae）
      6. 种子或胚珠包被在果皮或子房中 …………………… 被子植物门（Angiospermae）

2. 平行检索表 在平行检索表中，每一相对性状的描写紧紧相接，便于比较，在每一行之末，或为一学名，或为一数字。如为数字，则另起一行重新写，与另一相对性状平行排列。如此直至终了为止。左边数字均平头写，为平行检索表特点。例如：

1. 植物无花，无种子，以孢子繁殖 ·· 2
1. 植物有花，以种子繁殖 ·· 3
  2. 小型绿色植物，结构简单，仅有茎、叶之分，有时仅为扁平的叶状体；不具真正的根和维管束 ··· 苔藓植物门（Bryophyta）
  2. 通常为中型或大型草本，很少为木本植物，分化为根、茎、叶，并有维管束 ··· 蕨类植物门（Pteridophyta）
    3. 裸露，不包于子房内 ··· 裸子植物门（Gymnospermae）
    3. 胚珠包于子房内 ··· 被子植物门（Angiospermae）

植物检索表是鉴定植物的重要工具。当鉴定一种不知名的植物时，先找一本检索表。运用书中各级检索表，查出该植物所属的科、属和种，在检索时必须同时核对是否符合该科、属、种的特征描述。若发现有疑问时，应反复检索，直至完全符合时为止。

利用检索表鉴定植物时，可以从科一直检索到种，不但要有完整的检索表资料，而且还要有性状完整的检索植物标本。另外，对检索表中使用的各种形态学术语及检索对象形态特征，应该比较熟悉，否则，容易出现偏差。

第二节　植物的主要类群

按照两界生物系统，植物主要包括藻类植物、菌类植物、地衣植物、苔藓植物、蕨类植物、裸子植物和被子植物，根据植物的形态结构、生活习性和亲缘关系，可将植物分为两大类 16 个门（表 4-2）。

表 4-2　植物的主要门

```
                            ┌ 裸藻门 ┐
                            │ 绿藻门 │
                            │ 轮藻门 │
                            │ 金藻门 ├ 藻类植物 ┐
                            │ 甲藻门 │          │
                            │ 褐藻门 │          │
          ┌ 孢子植物(隐花植物) ┤ 红藻门 │          ├ 低等植物(无胚植物)
          │                  └ 蓝藻门 ┘          │
          │                  ┌ 细菌门 ┐          │
          │                  │ 粘菌门 ├ 菌类植物 ┤
          │                  └ 真菌门 ┘          │
植物界 ───┤                    地衣门             ┘
          │                    苔鲜植物门 ┐
          │                    蕨类植物门 ┼ 颈卵器植物 ┐
          │                                           ├ 高等植物(有胚植物)
          └ 种子植物(显花植物) ┌ 裸子植物门 ┐             │
                               └ 被子植物门 ┴ 维管植物  ┘
```

上述16门植物中，藻类、菌类、地衣称为低等植物，由于他们在生殖过程中不产生胚，故称为无胚植物。苔藓、蕨类、裸子植物和被子植物合称为高等植物，他们在生殖过程中产生胚，故称为有胚植物。凡是用种子繁殖的植物称为种子植物，种子植物开花结果又称为显花植物。蕨类植物和种子植物具有维管束，所以把它们称为维管束植物，藻类、菌类、地衣、苔藓植物无维管束，称为非维管束植物。苔藓、蕨类植物的雌性生殖器官为颈卵器，裸子植物中也有不退化的颈卵器，因此，三者合称为颈卵器植物。

一、低等植物

低等植物常生活在水中和阴湿的地方，是地球上出现最早、最原始的类群。低等植物无根、茎、叶的分化，没有维管组织，结构简单。生殖器官常是单细胞的。有性生殖的合子，不形成胚而直接发育成新个体。

（一）藻类植物

藻类植物约有3万种以上，在整个自然界分布十分广泛。包括蓝藻、绿藻、红藻等8门。藻类植物主要区别见表4-3。

表4-3 主要的藻类植物

名 称	贮藏物	含有色素	藻体颜色	生 境	植物体结构	生殖方式	代表植物
蓝藻门	蓝藻淀粉	叶绿素a、藻蓝素、藻红素	蓝绿色	海水、淡水	单细胞、多细胞群体，无核结构	裂殖、营养繁殖，孢子繁殖	念珠藻、颤藻
绿藻门	淀粉油	叶绿素a、b，叶黄素，胡萝卜素	绿色	以淡水为主，兼有海水	单细胞群体，丝状、叶状，有核	无性孢子繁殖，有性配子卵式接合	衣藻、水绵
红藻门	红藻淀粉	叶绿素a、b，叶黄素，胡萝卜素，藻红素	红色或紫色	绝大多数在海水中，淡水中约有50种	丝状、片状、树状，多细胞，有核	无性繁殖，有性为卵配	紫菜、海萝、石花菜
褐藻门	褐藻淀粉、甘露醇	叶绿素a、b，胡萝卜素，6种叶黄素	褐色	多淡水，1/4海水	多细胞分枝，丝状体，假薄壁组织体，薄壁组织体	营养繁殖，有性有配子、卵式繁殖	海带、鹿角菜
金藻门	金藻淀粉油	叶绿素a、b，胡萝卜素，叶黄素	黄绿色、黄色、金黄色		单细胞，定形群体或不定形群体，丝状体	无性繁殖，有性为配子、卵式繁殖	硅藻、无隔藻

1. 一般特征 藻类植物是一群具有光合作用色素、能独立生活的自养原植体植物。藻类植物的生境绝大多数生活在工业淡水或海洋中，少部分生活在陆地，如土壤、树皮、岩石上。藻类植物差异很大，小球藻、衣藻等必须借助于显微镜才能看到，在海洋中的巨藻可长达400m以上。藻类对环境条件要求较宽，适应能力很强，能耐极度高温和低温。某些蓝藻、硅藻可生长在50~80℃的温泉中；衣藻可生长在雪峰、极地等地区，称为冰雪藻。

藻类植物体有多种类型，有单细胞、群体和多细胞个体。多细胞的种类中又有丝状，片状和较复杂的构造等，但没有根、茎、叶的分化，称为叶状体植物（图4-1）。

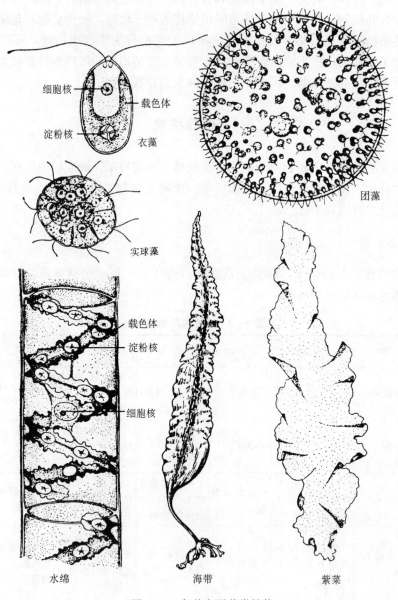

图4-1　各种主要藻类植物

藻类植物含有与高等植物相同的叶绿体色素，包括叶绿素a、叶绿素b、胡萝卜素和叶黄素4种。还有一些特殊的藻类含有藻红素和藻蓝素等，由于叶绿素和其他色素比例不同，使藻体呈现不同的颜色。藻类植物的繁殖方式有营养繁殖、无性繁殖和有性生殖。以植物体的片段发育成新个体称为营养繁殖，由孢子发育成新个体称为无性繁殖或孢子繁殖。有性生殖是借配子结合后形成新个体，有性生殖中又有同配、异配、卵式生殖和接合生殖。

2. 经济用途　藻类植物可食用，如发菜、地木耳、江蓠、石花菜、海带菜、裙带菜、鹿角菜等。海带中碘的含量为干重的0.08%～0.78%，可有效预防和治疗甲状腺肿大。蓝藻有固氮作用，有些褐藻可用作饲料和肥料。水生藻类在自然界中足以腐蚀岩石，促使形成土壤，其胶质可能黏合砂土，改进土壤。

（二）菌类植物

菌类植物有 10 万种以上，菌类植物可分为细胞门、黏菌门和真菌门。三门植物在形态、特征、繁殖和生活史上差异很大，分别介绍如下：

1. 细菌门

（1）一般特征。细菌是一类单细胞的原核生物。已发现的种类 2 000 种以上，除少数为自养外，大多为异养。细菌大小一般在 1μm 左右，故必须染色后在显微镜下才能观察到。因为细菌微小，所以它的分布十分广泛，无论是在水中、空气、土壤以及动植物体内，都有细菌的存在。

细菌的形态有 3 种，即球状、杆状、螺旋状，对应有球菌、杆菌、螺旋菌 3 种类型（图 4-2）。

细菌的结构简单，具有细胞壁，细胞膜、细胞质、核质等（图 4-3）。细菌没有真正的细胞核，只有由核酸构成的核质粒，分散在细胞质中，故细菌和蓝藻一样，均属原核生物。有些细菌分泌黏性物质，累积在细胞壁外，叫荚膜，对细菌本身有保护作用。有的细菌长有鞭毛，能够运动。绝大多数细菌不含色素，为异养生活方式，包括腐生、寄生和共生。

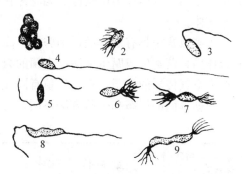

图 4-2 细菌的 3 种类型
1. 球菌　2～7. 杆菌　8、9. 螺旋菌

（2）经济用途。大多数细菌对人类是有益的，在自然界中大量的腐生细菌和腐生真菌一起，把动、植物残体分解成简单的无机物，在自然界的物质循环中起着重要的作用。细菌在工业上用途也很广，如枯草杆菌产生的蛋白酶和淀粉酶用于皮革脱毛、丝绸脱胶、酿造啤酒等，根瘤菌有固氮作用。

细菌对人类也有有害的一面，如痢疾、伤寒、破伤风等病原菌侵入人体可发生疾病，危害生命。蔬菜、果实等农作物病原菌可危害农作物，使作物发生病害。

2. 黏菌门　黏菌是介于动物和植物之间的生物，它们的生活史中一段是动物性的，另一段是具植物性的。营养体无叶绿素，为裸露的无细胞壁多核的原生质团，称变形体，其构造、行动和摄食方式与原生动物中的变形虫相似。在繁殖时期产生孢子，孢子具有纤维素的壁，这是植物的性状。

黏菌大多数为腐生，生于潮湿的环境中，如树的孔洞或破旧的木梁上，也有少数寄生，使植物发生病害，例如寄生在白菜、芥菜、甘蓝根部组织内的黏菌，使寄生根膨大，植物生长不良，甚至死亡。

3. 真菌门

（1）一般特征。真菌的种类很多，在植物界中位居第二位。约有 3 800 属，10 万多种，在陆地、水中、土壤、大气及动植物体上均有分布。

真菌除少数原始种类是单细胞的，如酵母菌，大多数发展为分枝或不分枝的丝状体，组

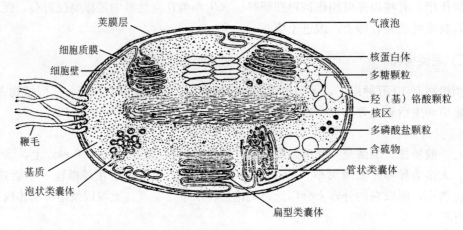

图 4-3 细菌的超微结构
（仿 Neushul, Jr.）

成植物体的丝状体称为菌丝体。菌丝体在生殖时形成各种各样的形状，如伞形、球形等，称为子实体。

大多数真菌具有细胞壁，细胞核，高等真菌有单核或双核。真菌不含叶绿体，不能行使光合作用，营寄生或腐生生活。真菌的繁殖方式多种多样，水生真菌产生流动孢子，陆生真菌产生空气传播的孢子，有性生殖有同配、异配、卵式生殖等。

根据真菌的形态和生殖方法不同，可分为四纲，它们的主要特征见表 4-4。

表 4-4 4 种真菌的主要特征

特征 种类	植物体	无性生殖	有性生殖	代表植物
藻状菌	大多为分枝的菌丝体，菌丝常无横隔，多核	产生不动孢子和游动孢子	同配、异配、卵配或接合生殖	黑根霉、白锈菌
子囊菌	绝大多数为多细胞菌丝体，菌丝有隔，每一细胞有一核	产生分生孢子或出芽繁殖	形成子囊和子囊孢子	酵母菌、黄曲霉
担子菌	在生活史的大部时期具有双核菌丝体，菌丝上具有锁状联合	一般不发达，有的具芽孢子、分生孢子、粉孢子、厚壁孢子	形成担子和担孢子	银耳、猴头
半知菌	有隔菌丝体	分生孢子	尚未发现	稻瘟病菌

（2）代表植物。

①黑根霉（*Rhizopus nigricans* Her.）。黑根霉属藻菌纲，又称面包霉、葡枝根霉，分布极广，在腐烂的果实、蔬菜面食及其他暴露在空气中或潮湿地方的动植物体上，都能迅速地生长出来（图 4-4），表面有白色的菌丝出现，是由空气中降落的孢子萌发所生。

②蘑菇（*Agaricus campestris* L. ex Fr.）。蘑菇属担子菌纲，为广泛野生及栽培的伞菌。多为腐生菌，土壤中、厩肥上、枯枝烂叶及朽木上均可发生，高山草甸、草原及山坡林下尤为常见（图 4-5）。

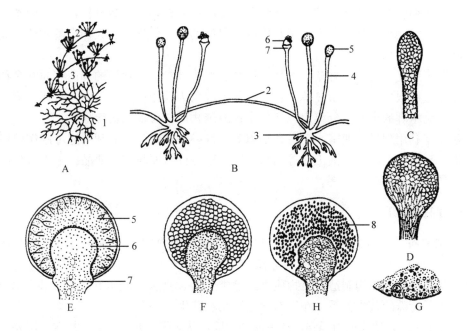

图 4-4 黑根霉的无性生殖
A. 生长示意图　B. 匍匐菌丝上长孢囊梗　C～E. 孢囊梗顶端膨大成孢子囊
F～H. 孢囊孢子的形成（每块原生质体 2～10 个核）
1. 营养菌丝　2. 匍匐菌丝　3. 假根　4. 孢囊梗
5. 孢子囊　6. 囊轴　7. 囊托　8. 孢囊孢子

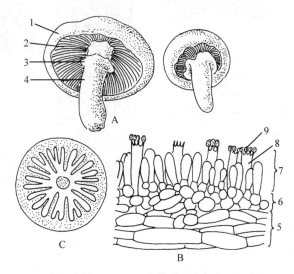

图 4-5　蘑　菇
A. 蘑菇　B. 菌褶断面之一部分　1. 菌盖　2. 菌褶　3. 菌环　4. 菌柄
5. 菌肉　6. 子实层基　7. 子实层　8. 担子　9. 担孢子
C. 菌盖横切（示辐射排列的菌褶）
（仿 Buller）

蘑菇系多细胞的菌丝体，菌丝具横隔壁，细胞有双核，具多数分枝，许多菌丝交接在一起形成子实体，幼小时球形，埋藏于基质内，以后幼子实体逐渐长大伸出基质外。成熟的子实体伞状，单生或丛生。

（3）经济用途。蘑菇、香菇、木耳、银耳、猴头菌等，可食用的真菌有300多种。真菌在医药方面应用很广，如冬虫夏草、茯苓及多孔菌均为药用菌，茯苓中含有锗、硒，具有抗肿瘤作用。毛木耳的水浸液分离出破坏血小板凝聚物质，可抵制血栓形成。

在酿造业利用酵母、曲霉、毛霉和根霉等菌种酿酒；食品工业利用酵母制作面包、馒头等；造纸、制革、医药、石油工业等用真菌发酵获得许多原料和工业品。玉米黑粉病、棉花黄枯萎病是由真菌引起的病害。

（三）地衣植物

1. 一般特征　地衣是真菌和藻类的共生体，在植物界中为一独立的门。地衣有500余属，26 000余种。构成地衣的藻类为蓝藻和绿藻，真菌主要是子囊菌，少数为担子菌，在共生体中藻类行光合作用制造有机物质供给菌类养料，真菌吸收水和无机盐供给藻类生长，彼此间形成了特殊的共生关系，在生态学上叫互利共生。

地衣分布很广，适应能力很强，从平原到山区，从热带到寒带，它生长在土壤表层和沙漠上，在山区多生长在树皮和裸露的岩石上。根据生长形态，可将地衣分为以下3种类型（图4-6）。

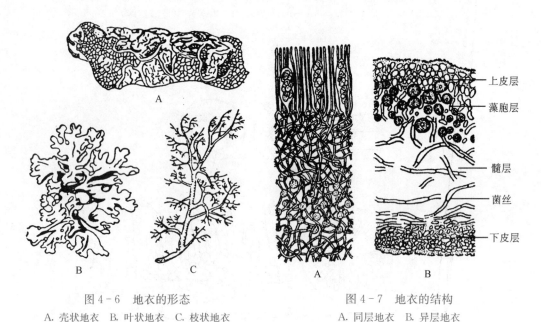

图4-6　地衣的形态
A. 壳状地衣　B. 叶状地衣　C. 枝状地衣

图4-7　地衣的结构
A. 同层地衣　B. 异层地衣

（1）壳状地衣。呈扁平状的地衣体以髓层菌丝紧贴基物（岩石、树皮、砖瓦、地表）上，形成薄层的壳状物，难以分开。

（2）叶状地衣。地衣体扁平呈叶状，植物体的一部分黏附于基质上，容易剥离。如生长在草地的地卷属和生长在岩石或树皮上的梅花衣属等。

（3）枝状地衣。地衣直立呈枝状，或下垂如丝，倒悬在空中，多具分枝，形状类似高等植物的植株。

地衣的主要繁殖方式是营养繁殖和粉芽繁殖。地衣植物通过断裂进行营养繁殖。更多的地衣则是以粉芽或珊瑚芽进行繁殖。地衣也有无性生殖和有性生殖。地衣中的真菌可以单独进行无性生殖产生孢子，或进行有性生殖后产生子囊孢子或担孢子。孢子在适宜的条件下遇到适当的藻类细胞，就可以萌发成菌丝，并缠绕藻类细胞，形成新的植物体。

叶状地衣的构造可分为上皮层、藻皮层、髓层和下皮层。上皮层和下皮层均由致密交织的菌丝构成。藻胞层是在上皮层之下由藻类细胞聚集成一层。髓层介于藻胞层和下皮层之间，由一些疏松的菌丝和藻细胞构成，这样的构造称"异层地衣"（图4-7）。

还有一些属藻细胞在髓层中均匀分布，不在上皮层之下集中排列成一层（即无藻胞层），这样的构造称"同层地衣"。叶状地衣一般为异层地衣，壳状地衣一般为同层地衣，也有异层地衣。

2. 经济用途 地衣能分泌地衣酸使岩石风化形成土壤，因此，称地衣是先锋植物。冰岛衣、松萝、石蕊、石耳可作中药。石耳也可以食用。地衣茶和石蕊还可作饮料。在环境保护方面，可利用地衣对大气中 SO_2 的敏感度，作为监测大气中 SO_2 污染的指示植物。

二、高等植物

高等植物具有以下特征：植物体结构复杂，除苔藓植物以外都具有根、茎、叶的分化。生殖器官由多细胞构成，卵受精先形成胚，再由胚形成新个体。高等植物分为4个门，即苔藓植物门、蕨类植物门、裸子植物门和被子植物门。

（一）苔藓植物门

苔藓植物约900属，23 000种，我国有2 800种。根据营养体的形态结构，分为苔纲和藓纲，主要区别见表4-5。

表4-5 苔纲和藓纲的主要区别
（胡宝忠，植物学，2002）

	苔 纲	藓 纲
植物体	多为背腹式	无背腹之分，有类似根、茎、叶分化
孢蒴	多无蒴轴，具弹丝	有蒴轴，无弹丝
孢子萌发	原丝体阶段不发达	有丝体阶段发达
代表植物	地钱、浮苔、角苔	葫芦藓、泥炭藓、黑藓

苔藓是一群小型的绿色植物，多生于比较阴湿的环境中，喜生于湿润的石面、土壤表面、树皮和朽木上，少数生于急流水中的岩石上或干燥严寒的两极地带，有的生在墙根外距地面20cm的墙面或井旁。苔藓植物是高等植物中脱离水生进入陆地生活的原始类型之一。

1. 一般特征 苔藓植物都很矮小，简单的类型是植物体呈扁平的叶状体（地钱）。比较高级的苔藓植物已有茎、叶的区别,但无真正的根,结构简单,没有维管束结构,因此输导作用不强。苔藓植物的生殖器官是由多细胞构成的,在生活中有明显的世代交替。常见的植物体是他们有性世代的配子体,配子体发达,能独立生活,在世代交替中占优势。孢子体不发达,不能独立生活,寄生在配子体上,依靠配子体提供营养。苔藓植物行卵式生殖,产生卵细胞的雌性生殖器官瓶状,有长的颈,称为颈卵器。雄性生殖器官卵形或球形,称为精子器。雌雄生殖器官成熟后,精子器内的精子借水游入颈卵器中,与卵细胞结合形成2倍体合子,合子在颈卵器内发育成胚,由胚发育形成孢子体,这些特性对适应陆生生活具有重要的生物学意义。

2. 代表植物

(1) 地钱(*Marchantia polymorpha* L.)。喜生于阴湿的土壤表面、林下、井边、墙隅等。我们看到的地钱(图4-8)是它的配子体。地钱的配子体发达,具有叉状分枝的叶状体,生长点位于分叉凹陷处。叶状体有背腹两面,背面有气孔,腹面有多细胞的鳞片和单细胞的假根。

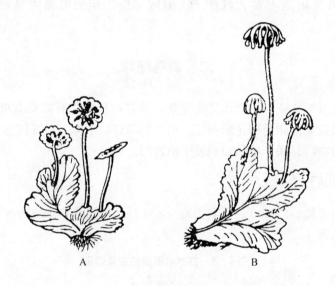

图4-8 地钱的雌、雄株
A. 地钱的雄株 B. 地钱的雌株

(2) 葫芦藓[*Funaria hygrometrica* (L.) sibth]。常分布于阴湿的泥地、林下或树干上,葫芦藓为雌雄同株的植物,植物体矮小,有类似根、茎、叶的分化。葫芦藓在颈卵器中发育成胚,胚发育成为具有足、柄、蒴3个部分的孢子体。其生活史见图4-9。

3. 经济用途 苔藓植物在森林中常有大面积生长,构成地表覆盖物,可起到保持水土的作用。许多苔藓植物生活在荒漠、冻原和岩石上,能分泌出一种酸性溶液,可溶解岩石,在土壤的形成过程中起着重要作用,对湖泊、森林的变迁有密切关系。

苔藓植物也是常见的药用植物,如金发藓有清热解毒作用,全草具乌发、活血、止血等功效。大叶藓对治疗心血管病有较好的疗效等。泥炭藓可吸收大量水分,可用于包裹鲜花和苗木。泥炭藓又为形成泥炭的主要植物,泥炭既可作燃料,在农业上还可以利用它提炼氨水作为肥料。

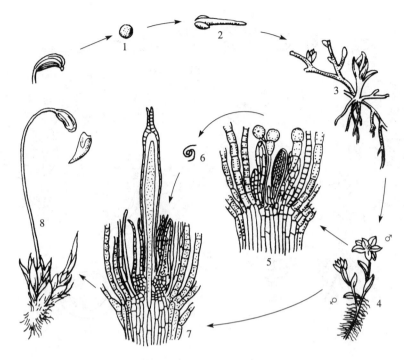

图 4-9 葫芦藓的生活史
1. 孢子 2. 孢子萌发 3. 具芽的原丝体 4. 成熟的植物体具有雌雄配子枝
5. 雄器苞的纵切面,示许多的精子器和隔丝,外有许多苞叶 6. 精子
7. 雌器苞的纵切面,示有许多颈卵器和正在发育的孢子体 8. 成熟的
孢子体仍着生于配子体上,孢蒴中有大量的孢子,孢蒴的蒴盖脱落后,
孢子散发出蒴外

(二)蕨类植物门

我国有蕨类植物 2 600 余种。以云南、贵州及华南地区最丰富,仅云南就有 1 000 余种,称为蕨类王国。蕨类植物又叫羊齿植物,现代蕨类植物广布全球,有 1 万余种,寒带、温带、热带都有分布。但在热带、亚热带为多。多生于井下、山野、溪边、沼泽等较为阴湿的环境。

1. 一般特征　蕨类植物孢子体占优势,习见的植物体为孢子体,常多年生,有根、茎、叶的分化,能行使光合作用。常有根状茎,二叉分枝或单轴分枝,根常有不定根着生在根状茎上。茎内维管系统形成中柱,中柱为结构比较原始的类型,在木质部中只有管胞而无导管,韧皮部仅有筛胞组成,是原始的维管植物。蕨类植物的配子体为微小的原叶体,是一种具有背腹分化的叶状体,呈绿色,能独立生活,腹面有精子器和颈卵器。精子大多具有鞭毛,受精作用离不开水。受精卵在配子体颈卵器中发育成胚,由胚发育成能独立生活的孢子体。蕨类植物的生活史见图4-10。

2. 经济用途　蕨类植物用途很广,而且与人类的关系也十分密切。现代开采的煤炭,大部分是古代蕨类植物遗体所形成的,成为工业上主要的燃料。有些蕨类植物的根茎中富含淀粉,可提取蕨粉供食用,食蕨在我国历史悠久。蕨和紫萁等种类的幼叶可食用,制成干

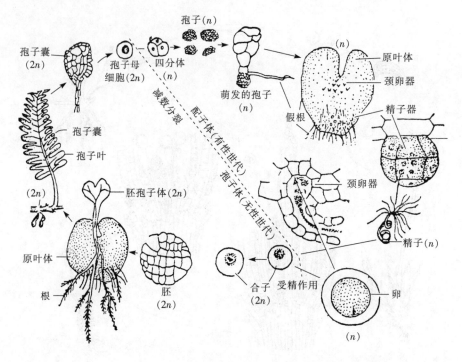

图4-10　蕨类植物（水龙骨）的生活史

品称拳菜，清香味美，为著名山珍。蕨类植物作为药用的有100多种，海金沙治尿道感染；卷柏治刀伤出血；贯众的根可治虫积腹痛、流感等症。肾蕨、铁线蕨、鹿角蕨、卷柏、水龙骨可作为庭院居室的观赏植物，肾蕨常用于插花。一般水生蕨类，在农业生产上可作绿肥，如满江红，其含氮量高于苜蓿。槐叶萍、四叶萍、满江红常用作鱼类或家畜的饲料。

（三）裸子植物门

裸子植物在生活史上既全员保留着颈卵器，又能产生种子，因此是介于蕨类植物和被子植物之间的一类高等植物。我国是裸子植物种类最多、资源最丰富的国家，有41属，约236种。分为苏铁纲、银杏纲、松柏纲、红豆杉纲和买麻藤纲等。

1. 主要特征　裸子植物种子裸露，不形成果实，裸子植物的孢子叶常聚生呈球果状，称孢子叶球，孢子叶球单性同株或异株。小孢子叶球由多数小孢子叶（相当于被子植物的雄蕊）聚生而成；每个小孢子叶下面生有贮藏小孢子的小孢子囊。大孢子叶球由多数大孢子叶（心皮）聚生而成；大孢子叶的腹面生有胚珠，胚珠裸露，不为孢子叶包被，因而胚珠形成种子后，种子裸露，不形成果实。裸子植物因此而得名。

孢子体发达，孢子体都是多年生木本植物，绝大多数为高大乔木。枝条常有长枝和短枝之分。茎具形成层和次生生长；木质部大多数只有管胞；韧皮部主要有筛胞而无筛管和伴胞。叶多为针形、鳞片或条形；叶在长枝上呈螺旋状生长，在短枝上常簇生。

2. 代表植物

（1）银杏（*Ginkgo biloba* L.）。银杏属银杏纲，为孑遗种，被称为活化石，我国特产，国内外广为栽培。落叶乔木，枝条有长短之分，叶扇形，先端二裂或波状缺刻，具分叉的脉序，在长枝上螺旋状散生，在短枝上簇生。球花单性，雌雄异株，精子具有多纤毛。种子核果状（图 4-11）。

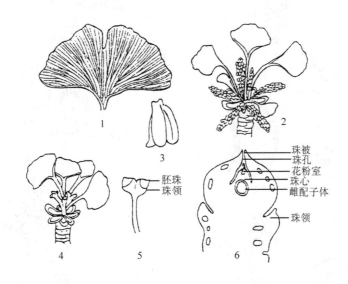

图 4-11 银 杏
1. 叶　2. 生小孢子叶球的短枝　3. 小孢子叶
4. 生大孢子叶球的短枝　5. 大孢子叶球　6. 胚珠和珠领的纵切面
（引自中山大学）

(2) 松属（*Pinus*）。松属植物属松柏纲，其孢子体枝系和根系发达。春天顶芽长成枝，枝有长枝和短枝的区别。长枝上生有螺旋状排列的鳞片叶，在鳞片中地的腋部生一短枝。短枝极矮小，顶端生有成束的 2～5 条针形叶。针形叶在第二年以后才随短枝逐渐脱落。生殖器官分为雄球果和雌球果，雌雄同株，其生活史见图 4-12。

3. 经济意义　裸子植物是组成地面森林的主要成分，大都是松柏类针叶林。自然界中的大森林 80% 以上都是裸子植物。很多针叶树是优美的常绿树种，用于行道和庭园绿化，如桧柏、水杉、雪松、云南松、南洋杉、马层松等。裸子植物广泛用于华北地区的城市绿化。裸子植物能合成有机物质、释放氧气、保持水土、涵养水分，还有吸收有毒气体、滞尘的作用。试验表明，在市区内有 20m 宽的绿化带，能使车辆噪声降到 9～10dB。

我国用在建筑、枕木、家具上的大量木材，大部分是松柏类；如东北的红松、白松、南方的杉木等。森林的副产品如松节油、松香、树脂等，在人们生活中也有重要用途。如银杏、华山松、香榧的种子可供食用，麻黄、银杏子实是著名的药材。我国特产的水杉、水松、银杏等，是地史上留下的"活化石"，在研究地史和植物界演化上有重要意义。

(四) 被子植物

被子植物有 1 万多属，约有 24 万种，约占植物界总数的一半。我国有 2 700 多属，

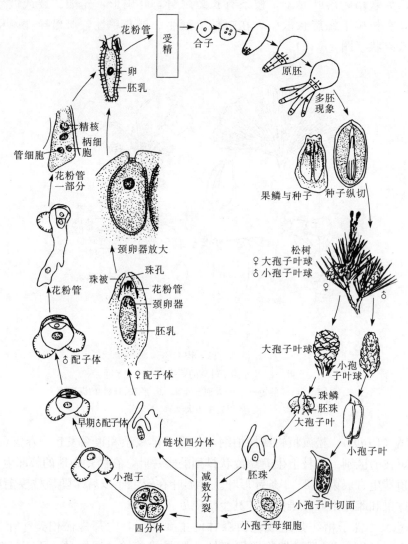

图 4-12 松树生活史
(引自华东师范大学、东北师范大学,《植物学》)

约 3 万种。它们是植物界种类最多、进化地位最高的类群,与人类生活有着密切的关系。

1. 主要特征

(1) 具有真正的花。被子植物的花由花萼、花冠、雄蕊和雌蕊四部分组成,这四部分在数量上、形态上变化很大,以适应于虫媒、鸟媒、风媒或水媒传粉的条件。

(2) 具雌蕊。胚珠包藏在子房(心皮)内。受精之后,胚珠发育成种子的同时,子房发育成果实。果实对保护种子成熟、帮助种子传播有重要作用。

(3) 具有双受精作用。被子植物精卵细胞结合形成胚,精细胞和两个极核结合形成 3 倍体的胚乳。被子植物所特有的双受精现象,使胚获得了具有双亲的遗传性,因此,后代具有更强的生活力和广泛的适应性(图 4-13)。

(4) 孢子体高度发达。孢子体在形态、结构、生活史等方面,比其他种类植物更完善、

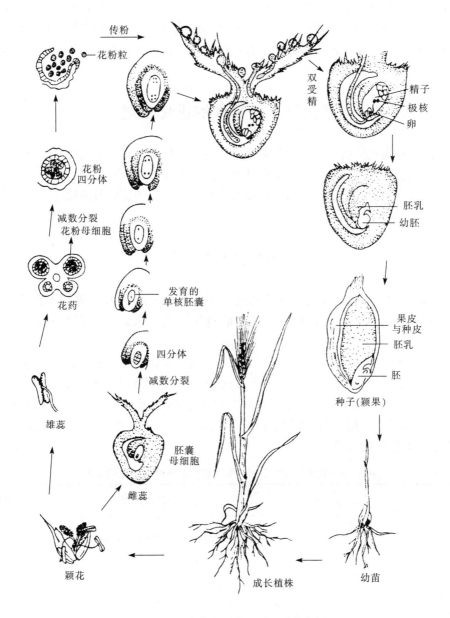

图 4-13 小麦生活史（示双受精作用）

更多样化：从乔木、灌木到草本，从自养到寄生、腐生均有，生长环境也多样化，除生于正常环境外，有水生、石生、沙生和盐碱地的植物。在解剖构造上，木质部具导管和管胞，韧皮部具筛管和伴胞，增加了物质运输和机械支持的能力。

（5）配子体极为简化。雌、雄配子体均无独立生活能力，终生寄生在孢子体上，结构上比裸子植物更简化。雄配子体即为二细胞或三细胞的花粉粒。雌配子体即胚囊，仅有7个细胞或8个核，卵细胞和两个助细胞合称卵器，是颈卵器的残余，是高度退化简化的结果。

2. 经济用途 被子植物与人们的生活关系十分密切，是人类衣、食、住、行不可缺少的物质基础。我们吃的粮食如小麦、水稻、玉米、大豆及蔬菜和水果，都是被子植物。被子植物中还有一些很重要的经济作物如烟草、麻类、棉花等。被子植物中有1 000余种是药用植物，还有一些是十分重要的工业原料，有1 000多种被子植物可用于城市行道绿化和庭院绿化。

第三节　植物界的进化概述

植物界发生和演化的历史漫长，我们可以从地质年代中，研究不同代、纪地层中存在的植物化石，获得植物界发生与演化的可靠证据。由于发现的化石不完全，故植物界发生演化中的问题专家有许多不同看法。但活化石在人们理解植物界的发生与演化方面是十分宝贵的依据。

一、植物界的发生阶段

化石是保存在地层中的古代生物的遗迹。不同的地质年代所形成的不同化石，就是在地球演变的不同时期各类生物发生和发展的真实记录，因此，化石是生物进化的历史依据。

地球自形成到现在已有近50亿年的历史。地质学家把地球度过的漫长岁月划分为5个代，即新生代、中生代、古生代、元古代和太古代。植物界的发生，依据史学上的年代和植物类型的发展，可划分为原始植物时期、高等藻类植物时期、原始陆生植物时期、蕨类植物时期、裸子植物时期和被子植物时期6个时期。表4-6说明了植物界发生阶段与地质年代的关系。

表4-6　地质年代和不同时期占优势的植物和进化的情况

代	纪	距今年数（百万年）	主要植物类群进化情况	优势植物
新生代	第四纪	现代	被子植物占绝对优势，草本植物进一步发展	被子植物
		早期 2.5		
	第三纪	后期 25	经过几次冰期后，森林衰落；草本植物发生，植物界的面貌与现代相似	
		早期 65	被子植物进一步发展且占优势，世界各地出现大范围森林	
中生代	白垩纪	上 90	被子植物得到发展	裸子植物
		下 136	裸子植物衰退，被子植物逐渐代替了裸子植物	
	侏罗纪	190	裸子植物中松柏类占优势，原始裸子植物消失；被子植物出现	
	三叠纪	225	木本乔木状蕨类植物继续衰退，裸子植物继续发展	
古生代	二叠纪	上 260	裸子植物中苏铁类、银杏类、针叶类生长繁茂	
		下 280	木本乔木状蕨类植物开始衰退	

（续）

代	纪	距今年数（百万年）	主要植物类群进化情况	优势植物
古生代	石炭纪	345	巨大的乔木状蕨类植物如鳞木类、芦木类、木贼类、石松类等形成森林；同时出现了矮小的真蕨类植物；种子蕨进一步发展	蕨类植物
	泥盆纪	上 360	裸蕨类逐渐消失	
		中 370	裸蕨类植物繁盛，种子蕨出现；苔藓植物出现	
		下 390	植物由水生向陆生演化，陆地上已出现了裸蕨类；可能出现了原始维管植物；藻类植物仍占优势	
	志留纪	435		藻类植物
	奥陶纪	500	海产藻类占优势，其他类型植物群继续发展	
	寒武纪	570	初期出现了真核细胞藻类，后期出现了与现在藻类相似的类群	
元古代		570~1 500		
太古代		1 500~5 000	生命开始，细菌、蓝藻出现	原核生物

二、植物界的演化

植物界和宇宙中任何事物一样，总是处在不断变化和发展之中。永远不会停止在一个水平上，这是自然规律，也是植物界的基本规律。

1. 植物界的进化规律

（1）在形态结构方面。植物是由简单到复杂，由单细胞进化至群体，再发展到多细胞的个体。如单细胞的蓝藻和细菌，继而出现多细胞的群体类型；最后演化成多细胞的初级和高级类型。

（2）生态习性方面。生命发生于水中，植物由水生进化到陆生。从水生的藻类植物进化到湿生的苔藓和蕨类植物，最后到陆生植物。适应陆地生活的结果是植物器官分工明确，保护组织、机械组织和输导组织逐渐发展得更先进。

（3）在繁殖方式方面。植物上从营养繁殖、无性繁殖到有性繁殖。营养繁殖是依靠营养体进行繁殖，无性繁殖依靠细胞分生孢子囊产生孢子繁殖，如真菌。在有性繁殖中，又由同配生殖到异配生殖，继而进化到卵式生殖；由简单的卵囊到复杂的颈卵器，从无胚到有胚，最后发展到高级阶段产生种子繁殖。

（4）在生活史方面。植物从无性世代到有性世代，并随着孢子体逐渐占优势，配子体逐渐退化直至最后完全寄生在孢子体上。

2. 植物界的演化路线 植物界的形成与各大类群的演化，经历了长期发展的过程，现简要概括其演化路线。地球上首先从简单的无生命物质，演进到有生命的原始生命体出现。这些原始生命体与周围环境不断地相互影响，进一步发展到一些结构很简单的低等植物——鞭毛有机体、细菌和蓝藻。通过鞭毛有机体发展为高等藻类植物，进而演化为蕨类、裸子植物以至被子植物，这是植物界演化中的一条主干；而菌类和苔藓植物则是进化系统中的旁支。菌类植物在形态、结构、营养和生殖等方面都与高等植物差别很大，难以看出它们和高等植物有直接的联系。苔藓植物虽有某些进化的特征，但孢子体尚不能独立生活，不能脱离水生环境，从而限制了它们向前发展。

第四节 被子植物分科概述

被子植物是目前地球上最占优势的一个类群，约有 25 万种，占植物界的一半以上，我国约有 3 万种。被子植物分为两个纲，双子叶植物纲和单子叶植物纲，两个纲的主要区别见表4-7。

表4-7 双子叶植物纲和单子叶植物纲的比较

双子叶植物纲（木兰纲）	单子叶植物纲（百合纲）
1. 胚具 2 片子叶（极少 1、3 或 4）	1. 胚内仅含一片子叶（或有时胚不分化）
2. 主根发达，多为直根系	2. 主根不发达，由多数不定根形成须根系
3. 茎内维管束作环状排列，具形成层	3. 茎内维管束散生，无形成层，通常不能加粗
4. 叶具网状脉	4. 叶具平行脉或弧形脉
5. 花部通常 5 或 4 基数，极少 3 基数	5. 花部常 3 基数，极少 4 基数，绝无 5 基数
6. 花粉具 3 个萌发孔	6. 花粉具单个萌发孔

一、双子叶植物纲

（一）木兰科（Magnolialceae）

本科约 15 属，250 多种，多分布于热带与亚热带，主要产于我国西南部、南部及中南半岛，我国有 11 属，约 130 种。

花程式：♂/♀：＊；$P_{6\sim15}$；C_{3+3}；A_∞；$G_{\infty:1}$。

识别要点：木本，单叶互生，花两性，有环状托叶痕，花单生，雌雄蕊多数，离生，螺旋排列于伸长的花托上，聚合蓇葖果。

代表植物：

1. 木兰属（*Mangnolia* L.） 玉兰（白玉兰、木兰 *M. denudata* Desr.）。落叶乔木，高 15m。叶倒卵形至倒卵状长椭圆形，长 10～15cm，先端为短尖头。花被 9 片，椭圆状倒卵形，带肉质，无花萼和花冠的区别。原产我国中部，各地均有栽培，为驰名中外的庭园观赏树种（图 4-14）。

2. 含笑属（*Michelia* L.） 含笑花 [*M. figo* (Lour.) Spreng.] 为常绿灌木，小枝有棕色毛。叶倒卵形或卵状长椭圆形，钝头，革质。花腋生。产于福建和广东一带。花常不满开，以此而得名。

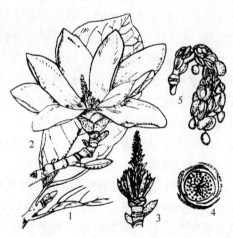

图 4-14 玉 兰
1. 花枝 2. 雄蕊和心皮的排列 3. 雄蕊
4. 花图式 5. 木兰属果实

花被片拌入茶叶，制成花茶。栽培供观赏。

本科还有叶形奇特为马褂形的鹅掌楸（亦称马褂木）〔*Liriodendron chinensis* (Hemsl.) Sarg.〕、厚朴（*Magnolia officinalis* Rdhd. et Wils.）等。厚朴树皮、根皮、花、种子及芽，皆可入药。木兰科常见植物有玉兰、紫玉兰（辛夷）、荷花玉兰（洋玉兰）、含笑。五味子果实入药可敛肺止咳、生津止汗，并用于治疗神经衰弱症。八角的果实为调味佳品。

（二）毛茛科（Ranunculaceae）

本科有40余属，1 500多种，主产于北温带。我国有36属，600多种。

花程式：$♂/♀$；$*$；$↑$；$K_{3\sim\infty}$；$C_{3\sim\infty}$；A_∞；$\underline{G}_{1\sim\infty}$。

识别要点：草本。叶分裂或复叶，无托叶。花两性，为5基数；花萼、花瓣均离生；雄蕊、雌蕊多数。聚合果或聚合蓇葖果。

代表植物：

1. 毛茛属（*Ranunculus*）

(1) 毛茛（*R. japonicus* Thunb）。多年生草本，花瓣较大，长达11mm，鲜黄色，有光泽（图4-15）。全草为外用药，可治疟疾、关节炎。

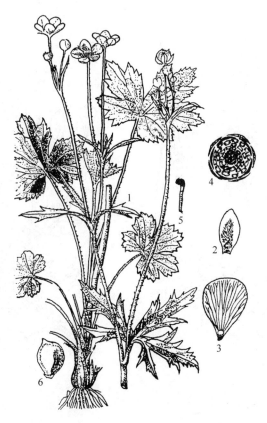

图4-15 毛 茛
1. 植株 2. 萼片 3. 花瓣 4. 花图式 5. 雄蕊 6. 果实

(2) 回回蒜（*R. chinensis* Bge.）。植物体有粗毛，聚合瘦果，似桑椹。

2. 芍药属（Paeonia）

（1）芍药（P. lactiflora Pall.）。多年生草本。根入药，为赤芍或白芍，有柔肝、养血、止痛之功效。花大美丽，为观赏花卉。

（2）牡丹（P. suffruticosa Andr.）。灌木，花大美丽，为名贵观赏花卉。根入药称丹皮，有清热、凉血、散瘀之功能。

牡丹、芍药是庭院观赏花卉。铁线莲属中的木质藤木植物常用来作垂直绿化植物。农田杂草有毛茛、石龙芮、回回蒜、水葫芦苗等，喜湿生环境。

毛茛科为药用植物大科，毛茛、乌头、芍药、牡丹、黄连、升麻、白头翁等都可入药。升麻的根茎为解毒、祛热药，可治麻疹和痘疮；白头翁根可入药，可清热、凉血，治痢疾。

（三）十字花科（Cruciferae）

本科有375属，3 000种。分布于世界各地，我国有96属，411种。

花程式：☿/♀：*；K_4；C_4；A_{2+4}；$\underline{G}_{(2:2)}$。

识别要点：草本，十字花冠，4强雄蕊，角果，侧膜胎座，具假隔膜。

代表植物：

图4-16 油菜
1. 花果枝 2. 茎生叶 3. 花
4. 花的俯视图 5. 裂开的长角果

图4-17 荠
1. 植株 2. 萼片 3. 花瓣 4. 雄蕊
5. 雌蕊 6. 果实 7. 短角果

1. 芸薹属（*Brassica*）

（1）油菜（*B. campesris* L.）。一年生草本，茎常被白粉。基生叶大头羽裂，茎生叶基部扩展抱茎，上部茎生叶提琴形或披针形，基部心形，抱茎。花黄色，长角果（图4-16），种子含油40%左右，供食用。

（2）青菜（小白菜）（*B. chinensis* L.）。叶不结球，倒卵状匙形，叶柄有狭边。原产我国，品种很多，为常见蔬菜。

2. 荠属（*Capella*） 荠［*C. Bursa-pastoris*（L.）Medic］花小而白色，短角果倒三角形（图4-17），嫩苗可作蔬菜。全草药用，能凉血、止血、降压、清湿热等。为农田常见杂草。

本科常见植物农田杂草有独行菜、北美独行菜、马康草、小花糖芥、遏蓝菜、风花菜、碎米荠、臭荠菜、小果亚麻荠、葶苈、播娘蒿等。药用植物有大青、板蓝根，均有清热解毒作用。竹桂香、紫罗兰为庭院栽培花卉。油菜是栽培的主要农作物，萝卜、白菜为常见食用蔬菜。

（四）石竹科（Carophyllaceae）

本科有55属，1 300种，分布于全球，尤其北温带最多，我国有32属，近400种。

花程式：$♂/♀$：$*$；$K_{4～5}$；$C_{4～5}$；$A_{5～10}$；$\underline{G}_{(5～2:1:\infty)}$。

识别要点：节膨大，叶全缘对生，雄蕊是花瓣的2倍，特立中央胎座，蒴果。

代表植物：

1. 石竹属（*Dianthus*） 石竹（*D. chinensis* L.），多年生草本。叶条形或宽披针形。

图4-18 石 竹
1. 植株上部 2. 花瓣
3. 带有萼下苞及萼的果实 4. 种子

图4-19 繁 缕
1. 植株全形 2. 花 3. 蒴果 4. 下部叶的基部

萼下有4苞片，叶状开展。花瓣5枚，外缘齿状浅裂，花红色、白色或粉红色，喉部有深红斑纹和疏生茸毛，基部有长爪。雄蕊10个。蒴果（图4-18）。原产我国，栽培供观赏。亦供药用，全草有清热、利尿之功能。

2. 繁缕属（*Stellaria*）　　繁缕[*S. media* (L.) Cyr.]，草本。叶卵形。花小，白色；花瓣5，每片2深裂；雄蕊10（图4-19）。为田间常见杂草。

本科常见的农田杂草有王不留行、麦瓶草（面条棵、灯笼棵、米瓦罐）、卷耳、簇生卷耳、牛繁缕、水鹅肠菜、蚤缀等。瞿麦常生于山野，可入药，有清热、利尿之功能。香石竹（康乃馨）、五彩石竹是栽培较多的花卉。

（五）蓼科（Polygonaceae）

本科有32属，1 200余种，主要分布于北温带，我国有14属，228种。

花程式：♂/♀：＊；$K_{3\sim6}$；C_0；$A_{6\sim9}$；$\underline{G}_{(2\sim4:1)}$。

图4-20　荞　麦
1. 花枝的部分　2. 花　3. 花的纵切
4. 雌蕊　5. 花图式　6. 瘦果

图4-21　何首乌
1. 花枝　2. 果枝　3. 花的顶、底面观　4. 雌蕊
5. 坚果　6. 坚果外的宿存花被——翅　7. 块根

识别要点：草本，茎节膨大。单叶，全缘，互生。膜质托叶鞘抱茎。单被花，两性花，子房上位，常为三棱形瘦果。

代表植物：

1. 荞麦属（*Faogopyrum*） 荞麦（*F. esculentum* Moench.），一年生草本。茎直立，绿色或红色，光滑。单叶互生，三角形或卵状三角形，基部心形。花白色或淡红色。瘦果三棱形（图 4-20）。我国各地栽培，种子含淀粉 60%～70%，食用或作饲料。

2. 蓼属（*Polygonum*） 何首乌（*P. multiflorum* Thund.），为多年生缠绕草本（图 4-21），具块根。花被片 5 深裂，花柱 3 个。瘦果三棱形。分布于华北、西南、西北、华东、华南各省。块根入药，具补肝益肾、养血祛风之效；藤茎入药，具养血安神、通经祛风之效。

本科农田杂草有水蓼、荭草、酸模叶蓼、柳叶蓼、两栖蓼、大黄、酸模、齿果酸模、皱叶酸模、萹蓄等。

药用植物有杠板归（蛇倒退）、何首乌（夜交藤）等，为著名药用植物，块根和藤蔓可入药。酸模根可入药，有清热凉血、利尿的功效，嫩叶有酸味，可作蔬菜食用。

（六）蝶形花科（Fabaceae, Papilionaceae）

本科约有 690 属，超过 17.6 万种，广布于全世界。我国约有 103 属，1 200 余种。

花程式：☿/♀：↑；$K_{(5)}$；C_5；$A_{(9)+1}$；$\underline{G}_{(1:1)}$。

识别要点：叶为羽状复叶或三出复叶，有叶枕。花冠为蝶形或假蝶形；二体雄蕊，也有单体或分离。荚果。

代表植物：

图 4-22 大豆
1. 花枝 2. 花 3. 雄蕊 4. 雌蕊 5. 果实

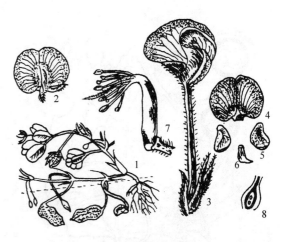

图 4-23 花生
1. 植株 2. 花 3. 花的纵切 4. 旗瓣 5. 翼瓣
6. 龙骨瓣 7. 雄蕊及雌蕊 8. 子房

1. 大豆属（Glycine）　大豆［G. max（L）Merr.］，一年生草本，全株有毛。茎直立。叶为三出复叶，小叶卵形。总状花序，腋生，有2～10朵小花；花白色或紫色，萼片5枚，形成蝶形花冠；雄蕊10枚，连合成二体雄蕊；雌蕊一心皮，子房上位；边缘胎座。荚果密生粗毛。种子椭圆形，黄色，稀绿色或黑色（图4-22）。原产我国，有5 000年栽培历史，全国各地均有栽培。

2. 落花生属（Arachis）　花生（A. hypogaeas L.），一年生草本。叶为偶数羽状复叶，小叶4个。花小，黄色，单生于叶腋，或2朵簇生。受精后子房柄迅速伸长，向地面弯曲，使子房插入土中，膨大而成荚果（图4-23）。花生是重要的油料作物，种子含油量达50%左右，并含有丰富的蛋白质和维生素。油可食用，又是工业上的重要用油。

本科大部分是栽培的农作物和蔬菜，有豌豆、绿豆、豆薯、豇豆、豆角等。可作绿肥的有苜蓿、草木樨、紫云英。农田杂草有野大豆、大巢菜、多花米口袋、天蓝苜蓿、胡枝子等。药用植物有甘草、黄芪等。黄芪有补气、固表止汗、利尿等功能。甘草有清热解毒、补脾胃、润肺等功能。决明种子可入药，能解热，清肝明目，降压，利尿。还有苦参、补骨脂、鸡骨草、鱼藤、密花豆等都是名贵中药。

合欢是观赏园林植物，是常见的优美行道树种。紫檀的心材可作乐器或优质家具，俗称"红木"。

（七）杨柳科（Salicaceae）

杨柳科有3属，约450种，主产于北温带，我国有3属，2 000余种，遍及全国。

花程式：♂：K_0，C_0，$A_{2\sim\infty}$；♀：K_0，C_0，$\underline{G}_{(2:1:\infty)}$。

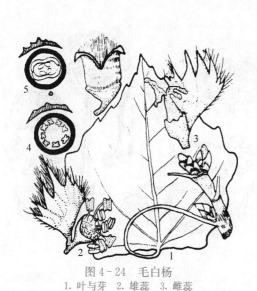

图4-24　毛白杨
1. 叶与芽　2. 雄蕊　3. 雌蕊
4. 雄花花图式　5. 雌花花图式

图4-25　旱柳
1. 叶枝　2. 雌花枝　3. 雄花枝　4. 雌花花图式
5. 雌花　6. 雄花　7. 雄花花图式

识别要点：木本。单叶互生，雌雄异株，柔荑花序，无花被，果为蒴果，种子有毛。

代表植物：

1. 杨属（*Populus*）

（1）毛白杨（*P. tomentosa* Carr.）。乔木，树皮灰白色。叶三角状卵形，基部近叶柄处常有2腺体，背面密生灰色绵毛；雄蕊8，蒴果2裂（图4-24）。木材供建筑、造纸用，又是防护林的庭院行道树种。

（2）加拿大杨（*P. Canadensis* Moench）。树干有裂口，树皮粗厚。叶三角形，基部截形。原产于美洲，各地有栽培，为绿化优良树种。

2. 柳属（*Salix*） 旱柳（*S. matsudana* Koidz.），乔木，枝直立。叶披针形，苞片三角。

雌花和雄花均有2腺体。蒴果2裂（图4-25）。为庭院、行道、固堤树种。

本科植物有毛白杨、银白杨、山杨、旱柳、龙爪柳等，大多是林木树种或行道绿化树种，如毛白杨、河柳、垂柳等是护堤、固沙、防风的良好树种。

（八）蔷薇科（Rosaceae）

本科是一个大科，它有4个亚科，约124属，3 300种。广布于全世界，主产于北温带。我国有55属，1 000余种，分布于全国各地。

花程式：♂/♀：*；K_5；$C_{5,0}$；$A_{5\sim\infty}$；$\underline{G}_{\infty\sim 1}$；$\overline{G}_{(5\sim 2)}$

识别要点：有托叶；花为5基数，雄蕊多样，离生或轮生，心皮合生或离生；子房上位和下位；果为核果、梨果、瘦果和蓇葖果。

代表植物：

图4-26 苹果
1. 花枝 2. 花的纵切 3. 果的纵切 4. 果的横切

图4-27 桃
1. 花枝 2. 果枝 3. 花的纵切 4. 花药 5. 果核

1. 苹果属（*Malus*）　苹果（*M. pumila* Mill.），乔木。叶椭圆形或卵形，两面有毛。花白色或粉红色，花柱基部合生。果为梨果，果梗短（图4-26），为我国北方栽培的主要果树之一，与苹果同属的还有花红、海棠果等。

2. 桃属（*Prunus*）　桃［*P. persica*（L.）Batsch］，乔木。叶卵状披针形，叶柄有腺体，花粉红色，与叶同时开放，果为核果。桃品种较多，分食用和观赏品种。良好的食用品种果大，多汁而甜（图4-27）。桃仁为镇咳、祛痰药，花能利尿下泻。

本科多为常见栽培果树，有苹果、山楂、白梨、桃、李、杏、梅等。农田杂草有委陵菜、多茎委陵菜、朝天委陵菜、蛇梅、龙芽草等。药用植物如金樱子、地榆、翻白草、委陵菜等。草莓为常见栽培种，果实作水果食用。观赏花木有月季、玫瑰、红叶李、碧桃、枇杷等。枇杷叶可入药，能利尿、清热、止渴。玫瑰、月季花、根都可入药。龙芽草（仙鹤草）、棣棠、珍珠梅的花、果可入药。

（九）锦葵科（Malvaceae）

本科有50属，1 000余种，分布于温带和热带，我国有15属，80余种。

花程式：$♂/♀:*;K_5;C_5;A_{(\infty)};\underline{G}_{(3\sim\infty:3\sim\infty)}$。

识别要点：单叶互生。单体雄蕊，花药一室。蒴果或分果。

代表植物：

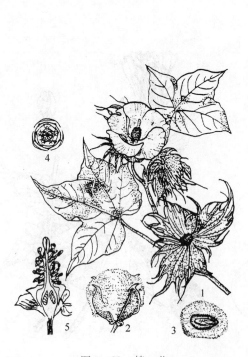

图4-28　棉　花
1. 花枝　2. 蒴果　3. 种子　4. 花图式　5. 花的纵切

图4-29　木　槿
1. 花枝　2. 叶背及星状毛　3. 花纵切　4. 果枝　5. 果瓣　6. 种子

1. 棉属（*Gossypium*） 棉花（陆地棉）（*G. hirsutum* L.），一年生草本，高达1.5cm。单叶互生，掌状分裂。萼片5，杯状；外有3个副萼，叶状，边缘有不规则的尖裂；花瓣5，乳白色，后变成淡紫色，旋转排列；单体雄蕊，花药一室；心皮3～5合生，中轴胎座。蒴果，室背开裂，种子有长毛（图4-28）。

2. 木槿属（*Hibiscus*） 木槿（*H. syriacus* L.），灌木。叶常具裂，无毛，基出，3裂大脉，具不规则的齿。花粉红或白紫色，雄蕊柱不超出花冠，为观赏纤维植物（图4-29）。全株入药，可治疗皮肤癣疮。花可食用。为常见观赏花卉，全国各地均有栽培。

本科中有著名的纤维植物，如棉花（陆地棉）、红麻、苘麻等。供栽培观赏的花卉有木芙蓉、蜀葵、扶桑、木槿、锦葵、红秋葵等。常见的农田杂草有磨盘草、野葵和野西瓜苗。

药用植物有苘麻、蜀葵和木芙蓉。木芙蓉叶、花和根可入药，能清热、凉血与解毒；蜀葵根、花、种子可入药，可清热、镇咳与利尿；苘麻种子药用，能润肠、通便、利尿、通乳等。

（十）芸香科（Rutaceae）

本科约有100属，1 000种，分布于亚热带和温带。我国有29属，150种。本科以柑橘类果树最有名。

花程式：♂/♀：* ↑；$K_{(5～4)}$；$C_{5～4}$；$A_{10～8}$；$\underline{G}_{(5～4)}$。

识别要点：茎常具刺，叶上常见透明油点，无托叶。萼片与花瓣同数，常4～5片，花盘明显，子房上位。果多为柑果或浆果。

代表植物：

柑橘属（*Citrus*）

（1）橘（柑、宽皮橘）（*C. reticulata* Blanco）。箭叶狭，略带边缘；果扁球形，果皮易剥离。我国长江以南各地区均有栽培，著名品种有蕉柑、温州蜜橘、黄岩蜜橘等。

（2）酸橙（*C. aurantium* L.）。常绿小乔木，小枝三棱状，有长刺。叶互生，草质，卵状矩形至倒卵形，叶柄有明显的叶翼。花白色，芳香。柑果近球形，橙黄色，果皮粗糙（图4-30）。主产我国南方各地区。

图4-30 酸橙
1. 花枝 2. 花的纵切 3. 果实的纵切 4. 种子

本科植物多为栽培果树，如柑、甜橙、柚、金橘、柠檬等。常见的有花椒，果皮作调味品，种子可榨油。药用植物有黄柏、白藓、芸香、柑、酸橙、黄皮等，黄皮根、叶、果可入药，能解毒行气、健胃、止痛。柑的果皮入药称"陈皮"，有理气健脾、化痰之功效。

（十一）菊科（Compostae, Asteracae）

菊科植物是被子植物中最大的一科，约1 000属，3 000种。我国有230属，2 300多种。分布于全国各地。根据花冠的类型及植物体是否含乳汁，可分为管状花亚科和舌状花亚科。

花程式：♂/♀：*；↑；$K_{0～\infty}$；$C_{(5)}$，$A_{(5)}$；$G_{(2:1)}$。

识别要点：草本，叶互生，头状花序，聚药雄蕊。瘦果顶端常有冠毛或鳞片。

代表植物：

向日葵属（*Helianthus*）

(1) 向日葵（*H. annuus* L.）。一年生高大草本，常不分枝。单叶卵圆形，具长柄。头状花序大，总苞片绿色叶状；边缘小花舌状，黄色，中性，中央花管状，黄色，花冠5裂，两性；每一小花基部有一小苞片，萼片退化为2个鳞片，常早落；雄蕊5枚，聚药雄蕊；雌蕊由2心皮合生，子房下位。瘦果较大（图4-31）。

(2) 菊芋（洋姜）（*H. tuberosus* L.）。有块茎，多分枝，叶卵状矩圆形，头状花序直径约10cm；块茎含淀粉和菊糖，可腌食或用饲料。

本科植物多为栽培的花卉，如：百日菊、孔雀草、万寿菊、波斯菊、瓜叶菊等。

主要农田杂草有：苍耳、刺儿菜、鳢肠（旱莲草）、飞廉、鬼针草、阿尔泰紫苑、黄蒿、苣荬菜、苦菜、黄鹌菜等。

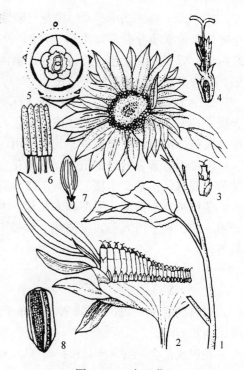

图4-31 向日葵
1. 花序 2. 花序纵切 3. 管状花 4. 管状花纵切面
5. 花图式 6. 聚药雄蕊 7. 舌状花 8. 瘦果

药用植物有牛蒡，有疏散风热、利咽消肿之功效；根、茎、叶有清热解毒、活血止痛之功能。款冬花蕾可入药，能润肺下气、止咳化痰。茵陈蒿嫩茎叶入药，主治黄疸肝炎。艾蒿叶子有散寒除湿，温经止痛之功效。红花可入药，有活血去瘀通经之功能。蒲公英有清热解毒、消肿散结的作用。栽培的蔬菜有生菜与莴笋。在农田杂草中苦苣菜、白蒿与艾蒿均可食用。

（十二）茄科（Solanaceae）

本科有85属，2 500种。主要分布在热带及温带。我国有26属，约170种，全国各地均有分布。

花程式：$↑/✻ ; * ; K_{(5)} ; C_{(5)} ; A_5 ; \underline{G_{(2:2:\infty)}}$。

识别要点：茎直立，单叶互生，花萼合生，宿存，花冠轮状，雄蕊5个，着生于花冠基部与花冠裂片互生，浆果或蒴果。

代表植物：

1. 茄属（*Solanum*）

(1) 茄（*S. melongena* L.）。一年生草本，具星状毛。花蓝紫色，浆果紫色、白色或淡绿色（图4-32）。为重要蔬菜之一。原产印度、泰国。

(2) 马铃薯（*S. tuberosum* L.）。草本。具块

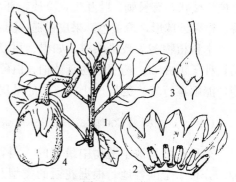

图4-32 茄
1. 植株的一部分 2. 花冠及雄蕊
3. 花萼及雌蕊 4. 果实

茎，叶为不整齐羽状复叶，小叶大小相间排列；花两性，白色或淡紫色，聚伞花序圆锥状；浆果球形，熟时蓝色（图 4-33）。块茎富含淀粉。为粮食作物之一，并可作蔬菜。

(3) 龙葵（*S. nigrum* L.）。一年生草本。叶为单叶，卵形或椭圆形，全缘或具不整齐齿；花白色，伞形花序，浆果熟时黑色；全草有清热解毒、利尿消肿之效。为常见田间杂草。

2. 番茄属（*Lycopersicom*） 番茄（*L. esculentum* Mill.），一年生草本。不整齐羽状复叶，聚伞花序，花黄色。浆果球形、扁圆形，红或黄色。可生食或熟食。栽培品种很多，为重要蔬菜之一。

本科有许多栽培的作物和蔬菜。烟草叶为烤烟原料，马铃薯和茄子、番茄、辣椒为主要蔬菜。农田杂草有龙葵、苦蘵、酸浆、白英、刺天茄。枸杞为著名的中药，叶为天精，根皮为地骨皮，果为枸杞子，可滋补壮阳，补肝肾，有益精明目之功效。洋金花（白花曼陀罗）叶、种子与花皆可入药，花有麻醉、镇痛、止咳的功能，有大毒。茄科植物作为观赏花卉的有夜来香、五色茉莉、朝天椒、珊瑚樱等。

图 4-33 马铃薯
1. 花枝 2. 块茎 3. 花 4. 花图式

(十三) 葫芦科（Cucurbitaceae）

本科约有 100 属，800 种。我国有 22 属，100 余种，南北各地区都有分布。

花程式：♂/♀：*；♂：$K_{(5)}$，$C_{(5)}$，$A_{1+(2)+(2)}$；♀：$K_{(5)}$；$C_{(5)}$；$\overline{G}_{(3:1\sim\infty)}$。

识别要点：具卷须的草质藤本。叶掌状分裂。花单性，花药折叠；子房下位，侧膜胎座，瓠果。

代表植物：

1. 甜瓜属（*Cucumis* Linn）

(1) 黄瓜（*C. sativus* L.）。一年生草质藤本。卷须不分叉，叶心状广卵形或三角形，掌状 3～5 浅裂，两面有糙毛。花单性，雌雄同株；花萼狭钟形，裂钻形；花冠黄色，合瓣，辐状 5 裂；雄花常簇生于叶腋，雄蕊 5 枚，其中两两连合，另一分离，花药折叠；雌蕊 3 心皮合生，子房下位，侧膜胎座肉质。瓠果圆柱形，有刺或无刺（图 4-34）。原产喜马拉雅山南麓，约在 6 世纪以前传入中国。

(2) 甜瓜（香瓜）（*C. melo* L.）。茎平卧地

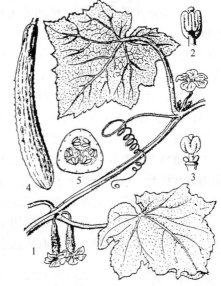

图 4-34 黄 瓜
1. 花枝 2. 雄蕊 3. 雌蕊 4. 瓠果 5. 果实横切面

面,被短刚毛。叶掌状,3~7浅裂,果实椭圆形、光滑,成熟后有香味,可生食或加工罐头。

2. 赤瓜属(*Thladiantha*) 赤瓜(*T. dubia* Bunge.),果实卵圆形,红色,可供观赏。块根及果实入药,主治跌打损伤、扭腰岔气、胸肋疼痛、肠炎、痢疾等。

本科是重要的蔬菜,有较多的药用植物。常见的栽培瓜类蔬菜有:南瓜、冬瓜、甜瓜(香瓜)、丝瓜、瓠子、笋瓜、西葫芦、西瓜等,是主要栽培作物。

药用植物有南瓜,南瓜种子能食用和制油,入药有驱虫、健脾、下乳等功能。栝楼块根入药,称"天花粉",能止渴生津、降火润燥。果皮和种子入药,能清热化痰,利气散结,润肠通便。绞股蓝的根状茎入药,对于治疗冠心病、动脉硬化有显著的疗效,并具有抗癌功能。农田杂草种类较少,仅有马泡(马交儿、小香瓜),对作物危害不大。

(十四)苋科(Amaranthaceae)

本科约有65属,850种,分布于热带和温带。我国有13属,50种,南北各省均有分布。

花程式:♂/♀:*;$K_{5\sim3}$;C_0;$A_{5\sim3}$;$\underline{G}_{(2\sim3:1:1)}$。

识别要点:草本。无托叶。花小,单被;萼片膜质,雄蕊与之对生。胞果常盖裂。

代表植物:

苋属(*Amaranthus*)

(1)苋(*A. tricolor* L.)。又叫雁来红,一年生,高达1.5m。叶卵状,椭圆形至披针形,绿、紫或绿紫相间;穗状花序,花杂性,萼片与雄蕊各3个;胞果盖裂(图4-35)。嫩茎叶可作蔬菜,叶色不同的品种可供观赏。

(2)凹头苋(*A. ascendes* L.)。一年生,无毛。茎常平卧而上升,叶先端有凹缺,萼片与雄蕊各3个,果略皱;可作菜用或作猪饲料。

(3)刺苋(*A. spinosus* L.)。一年生。叶柄基部两侧各有一刺,幼嫩时可作菜用。

本科植物常见栽培的蔬菜即苋,花和红叶品种常作为观赏植物。农田杂草有反枝苋、皱果苋、紫穗苋、凹头苋、刺苋、青葙(狗尾巴花)、空心连子菜(水花生)等。

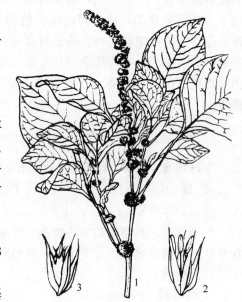

图4-35 苋
1. 花枝 2. 雄花 3. 雌花

观赏花卉有千日红、鸡冠花。药用植物青葙的种子可入药,有清肝消炎、祛风热、明目降压之功效。牛膝根全草入药,有活血引瘀、利关节、强腰膝、补肝肾之功效。

(十五)藜科(Chenopodiaceae)

本科有102属,1 400种,分布于世界各地。我国有48属,170余种。

花程式:♂/♀:*;$K_{5\sim3}$;C_0;$A_{5\sim3}$;$\underline{G}_{(2\sim3:1)}$。

识别要点：草本，单叶互生。花小，单被，花无花冠，雄蕊与萼片同数而对生，胞果。

代表植物：

1. 菠菜属（*Spinacia*） 菠菜（*S. oleracea* L.），一年生或多年生草本。全株光滑无毛，主根圆锥状，带红色（图4-36）。茎中空，直立。叶幼期基生，抽茎后茎叶互生，具长柄，叶戟形或卵形，肥厚，肉质。花单性，雌雄异株。胞果位于增大具刺状物的2苞片中。为栽培的蔬菜，营养丰富（含蛋白质、维生素、铁）。

2. 甜菜属（*Beta*） 甜菜（*B. vulgaris* L.），一年生或二年生草本。根肥厚，纺锤形。茎直立，分枝或不分枝；叶大，具长柄，光滑无毛；茎生叶小，柄短。花两性，生于叶腋，每2至数花成簇，形成大圆锥形复穗状花序；花被片5，基部与子房合生；雄蕊5，着生于具腺的花盘上；雄蕊3心皮合生，子房半下位，花柱3。种子包于坚硬的花被内（图4-37）。原产欧洲，我国北方有栽培。根为制糖原料。变种君达菜（*B. vulgaris* var. *cila* L.），根不肥大，叶大，可作蔬菜或饲料。

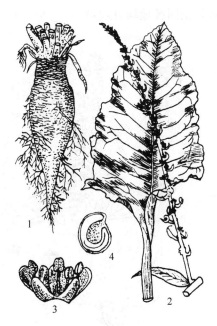

图4-36 菠 菜　　　　　　　　　　图4-37 甜 菜
1.雄花枝 2.雄花（开放） 3.雄花（将开） 4.雌蕊　　1.根 2.花枝 3.花簇 4.花的正面观

3. 藜属（*Chenopodium*） 灰绿藜（*C. glaucum* L.），叶肉质，背面有较厚的白粉，中脉显著，黄褐色。生于盐碱地，如菜园、荒地、住宅附近的盐碱地。

本科植物栽培的蔬菜有菠菜、君达菜、甜菜。农田杂草有藜（灰灰菜）、灰绿藜、猪毛菜、碱蓬、轴藜、绿珠藜、盐角草等。

药用植物有藜，嫩苗可作野菜食用，入药有清热、利湿、杀虫之功效。地肤（扫帚苗），嫩茎叶可食用，成熟时茎枝可作扫帚。果实为中药"地肤子"，能利尿、清湿热。

（十六）唇形科（Labiatae，Lamiaceae）

本科有220属，3 500种，是世界性的大科，分布于世界各地。我国有99属，800余种。本科植物几乎都含有芳香油，有很多是著名的中草药和香料。

花程式：$↑/♀:↑$；$K_{(5)}$；$C_{(4\sim5)}$；$A_{2+2,2}$；$\underline{G}_{(2:4:1)}$。

识别要点：茎四棱，单叶对生，唇形花冠，二强雄蕊，4枚小坚果。

代表植物：

1. 藿香属（Ageastache） 我国仅一种，藿香［A. rugosus （Fisch et Mey.） O. Ktze.］，为多年生草本，具香气。叶心状，卵形至长圆状披针形，散生透明腺点，下面多短柔毛。轮伞花序集成顶生的假穗状花序（图4-38）。全国各地均有分布，生于山坡、路旁。现多有栽培。

2. 薄荷属（Mentha） 薄荷（M. haplocayr Briq.），多年生草本，具根状茎（图4-39）。全株含留兰香油或绿薄荷油，可制作香料，全草有疏散风热、清利明目、理气解郁之功效，全国各地均有栽培。

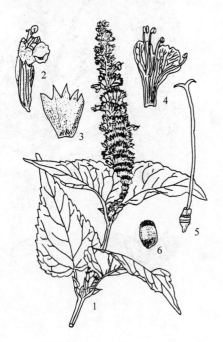

图4-38 藿 香
1. 花枝 2. 花 3. 花萼 4. 花冠（示雄蕊）
5. 雌蕊 6. 小坚果

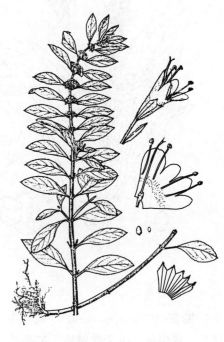

图4-39 薄 荷

本科植物栽培的蔬菜有草石蚕（甘露子），根茎和块茎凉拌后食用。十香菜常用来作凉拌菜。荆芥是广泛栽培的调味蔬菜。农田杂草有野薄荷、宝盖草、夏枯草、夏至草、水苏、益母草等。紫苏是栽培的油料作物。地瓜儿苗的根可作凉拌菜食用。一串红、朱唇、芝麻花、熏衣草、五彩苏是栽培较多的观赏花卉。

本科大多是著名的中草药，如筋骨草、白毛枯草，全草入药，清热解毒、凉血降压。藿香全草入药可健胃、化湿、止呕、清暑热。夏枯草有利尿明目作用。丹参根入药，可活血祛瘀，凉血安神。野薄荷全草有疏散风热、理气解郁之功效。黄芩根有清热燥湿、泻火解毒、止血安胎之功效。益母草的果实称茺蔚子，能清肝明目。全草入药，可活血、祛瘀、调经。

（十七）旋花科（Convolvulaceae）

本科约有56属，1 800种，分布于热带和温带。我国有22属，128种，分布于全国各地。

花程式：♂/♀：*；K_5；$C_{(5)}$；$\underline{G}_{(2\sim3:2\sim3)}$。

识别要点：蔓生草本，茎缠绕，常具乳汁，花冠漏斗状、钟状，花5基数，蒴果。

代表植物：

1. 番薯属（*Ipomoea*）

（1）甘薯［*I. batas*（L.）Lam.］。甘薯又称番薯、红薯。一年生草本，具白色乳汁。茎匍匐，节常生不定根，并膨大成块根。单叶互生，叶形变化大，有心形、戟形或掌状分裂。花紫色、淡红色或白色，单生，或几朵组成聚伞花序。果为蒴果（图4-40）。原产热带美洲，我国各地有栽培。温带及寒带地区很少开花，常用块根繁殖。块根富含淀粉，为主要杂粮。茎、叶可作饲料。

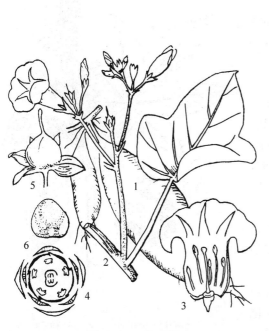

图4-40 甘薯
1. 块根 2. 花枝 3. 花的纵切面
4. 花图式 5. 果实 6. 种子

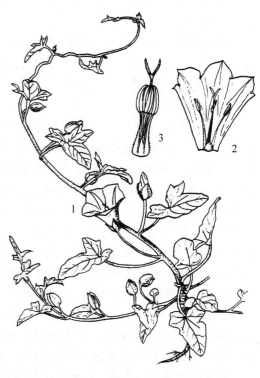

图4-41 打碗花
1. 植株 2. 花解剖 3. 雄蕊和雌蕊

(2) 蕹菜（*I. aquatica* Forsk）。一年生水生或陆生草本，茎中空蔓生，或浮于水中，节处生根。单叶三角形，或箭形、戟形。花淡粉红至白色，蒴果。为长江以南地区的著名叶菜类蔬菜。

2. 打碗花属（*Calystegia*） 打碗花（*C. hederacea* Wall.），多年生草本（图 4-41）。全株无毛，茎缠绕或平卧分枝。叶有长柄，基部叶全缘，茎生叶近三角形、戟形。花单生于叶腋，花冠漏斗状，粉红色，长 2～2.5cm。子房 2 室，柱头 2 裂，蒴果卵状球形，花期 5～8 月，遍布南北各地。全草入药，有调经活血、滋阴补虚、健脾益胃之功效。幼苗可作野菜食用。

本科植物栽培的农作物有甘薯，蔬菜有蕹菜。牵牛、矮牵牛、马蹄金（黄疸草）、金鱼花、茑萝是栽培的观赏花卉。

常见的农田杂草有打碗花、田旋花（箭叶旋花）、菟丝子、小碗花（小旋花）等。菟丝子为寄生性，寄生于豆科和菊科植物，对寄生植物危害很大。药用植物有牵牛、圆叶牵牛，种子入药称牵牛子，可治水肿腹胀、大小便不利等病症。马蹄金（黄疸草）全草入药能清热利湿、解毒消肿，分布于长江以南各地。

（十八）大戟科（Euphorbiaceae）

本科 300 属，8 000 种。主产热带。我国 61 属，364 种。主要分布在长江以南各地。

花程式：☿/♀：*；☿：$K_{0\sim5}$，$C_{0\sim5}$，$A_{1\sim\infty}$；♀：$K_{0\sim5}$，$C_{0\sim5}$，$\underline{G}_{(3:3:1\sim2)}$。

识别要点：常具乳汁。单叶互生，基部常有 2 个腺体。花单性，子房上位，3 心皮，3 室，中轴胎座。蒴果。

代表植物：

1. 蓖麻属（*Ricinus*） 蓖麻（*R. communis* L.），一年生草本，在热带地区成小乔木状。单叶，大形，掌状，5～11 深裂，盾状着生。圆锥花序顶生。花单性，雌雄同株，无花瓣，雌花位于上部。雄花具多数雄蕊，花丝多分枝，多体雄蕊。蒴果有刺，子房 3 室（图 4-42）。原产非洲，我国各地有栽培，种仁含油达 55%～70%。蓖麻油为重要工业原料，是高级润滑油，又是医药上的缓泻剂。叶可养蚕。

2. 大戟属（*Euphobia*） 地锦（*E. humifusa* Willd.），俗名铺地红、小虫卧单，为平铺小草本。全株红色，有乳汁；叶矩圆形，常对生；杯状聚伞花序；蒴果；是秋季田间杂草。全草有清热解毒、利尿、通乳、止血、杀虫等效果。

图 4-42 蓖麻
1. 花枝 2. 雄花 3. 雌花
4. 子房的横切面 5. 叶 6. 种子

3. 铁苋菜属（*Acalypha*） 铁苋菜（*A. australis* L.）俗名红叶苗、血布袋棵、合蚌含珠。叶为卵形，3 出脉，雌雄花在同一花序上，雌花在下，生于叶状苞片内，为秋季田间杂草。是棉蚜、红蜘蛛和烟草线虫病和根瘤病菌的寄主。全草入药,能清热解毒、利水消肿。

本科植物有些是栽培的油料作物,如蓖麻、油桐,种仁含油量 46%~70%,乌桕种子可榨油,是我国南方重要的工业油料植物。木薯是淀粉植物,可作粮食或工业用原料。橡胶树是工业不可缺少的重要资源,用途甚广。常见的农田杂草有泽漆(猫儿眼)、甘遂(假猫眼)、地锦、铁苋菜、大戟等。可入药的有大戟、地锦、铁苋菜。巴豆是著名的泻药,防治蚜虫有特效。重阳木、霸王鞭可作行道树及观赏树,虎刺、一品红是栽培较多的观赏植物。

(十九)伞形科(Umbelliferae)

本科有 250 属,2 000 种,多产于北温带。我国有 57 属,500 种。伞形科是中草药的宝库,有些是栽培的蔬菜。

花程式:$⚥/♀:*;K_{(5)};C_5;A_5;\overline{G}_{(2:2:1)}$。

识别要点:草本,叶柄基部成鞘状抱茎,伞形或复伞形花序,子房下位,双悬果。

代表植物:

1. 胡萝卜属(*Daucus*)　胡萝卜(*D. carota* var. *sativa* DC.),二年生草本,根圆锥形,肥厚肉质,橙黄色或橙红色。叶 2~3 回羽状全裂,最终裂片线状披针形。总苞片及小苞片羽状全裂。复伞形花序,果实为双悬果,狭椭圆形,被以皮刺及钩状刺毛(图 4-43)。为栽培植物,根作蔬菜,含有丰富的胡萝卜素,有较高的营养价值。

图 4-43　胡萝卜
1. 幼株　2. 花枝　3. 花序中间的花
4. 果实的纵切面　5. 果实的横切面　6. 肥大直根

图 4-44　当归
1. 叶枝　2. 果枝　3. 根

2. 当归属（*Angelica* L.） 当归［*A. sine-nsis*（Oliv.）Diels.］，多年生草本（图4-44）。根粗壮，具香气；可入药，能补血、活血、调经止疼、润肠通便，为妇科良药。

本科植物栽培的蔬菜有胡萝卜、芫荽（香菜）、茴香（小茴香）、芹菜（旱芹）等。农田杂草有破子草、蛇床、破铜钱、积雪草、水芹菜、野胡萝卜、窃衣、天胡荽等。

药用植物有隔山香、白芷、柴胡、川芎、茴香、芫荽、独活（毛当归）、当归、柴胡、防风、蛇床、硬阿魏、前胡、水芹、毒芹等。当归为妇科要药，根入药有补血、活血、调经之功能；川芎茎能活血行气，祛风止痛。防风根入药，有发汗解表、祛风止痛的功效。毒芹全草剧毒，人畜误食即可致死；根茎入药，外用拔毒，有祛瘀功能。

（二十）木樨科（Oleaceae）

本科约30属，600种，广布温带和热带地区。我国有12属，200种。

花程式：☿/♀：＊；$K_{(4)}$，稀$_{(3\sim10)}$；$C_{(4)}$，A_2，稀$_{3\sim5}$；$\underline{G}_{(2:2)}$。

识别要点：木本，叶常对生，花被常4裂，雄蕊2；子房上位，2室，每室有胚珠2个。

代表植物：

1. 丁香属（*Syringa* L.） 紫丁香（*S. oblata* Lindl.），为栽培观赏灌木。花紫色，早春开放，花冠管状。叶广卵形，为北方常见栽培花木（图4-45）。

2. 连翘属（*Forsythis* Vahl.） 连翘［*F. suspensa*（Thunb.）Vahl.］，落叶灌木，枝中空。单叶或三出复叶。花先叶开放，黄色，单生。蒴果。各地广为栽培，为常见庭园观赏植物。果入药，可清热解毒、消肿散结。同属金钟连翘（金钟花）（*F. virid-issima* Lindl.）相似于连翘，但枝具片状髓，为观赏花木。

3. 木樨属（*Osmanthus*） 桂花（木樨）［*O. fragrans*（Thunb）Lour.］，常绿灌木或小乔木。叶对生，椭圆形，革质。花蔟生叶腋，花冠淡黄色，极芳香。核面果紫黑色。原产我国西南部，各地均有栽培，是珍贵的观赏芳香植物。花可作香料或食用。其变种较多，常见有金桂、银桂等。

图4-45 紫丁香
1. 枝 2. 花 3. 花冠内面（示2雄蕊）
4. 果实 5. 种子

本科植物中引种栽培的有油橄榄（齐墩果），果实可食用，榨油和药用。用材树有水曲柳、白蜡树等。庭院栽培的花卉有桂花、水蜡树、小叶白蜡树、小蜡、连翘、金钟花（黄金条）、迎春花、探夏、紫丁香、茉莉花等。

药用植物有女贞，果为"女贞子"，能补肾、养肝、明目。连翘果实入药，可清热解毒、消肿散结。茉莉根、叶、花可入药，能理气开郁、清热解毒。探春花叶、花入药，可消肿解毒、解热利尿。供药用的植物还有扭肚藤等，桂花的花能入药，有化痰生津、散瘀、辟臭之功能。

二、单子叶植物纲

(一) 泽泻科 (Alismataceae)

本科有13属,90种,广布于全球。我国有5属,13种,分布于全国。

花程式: ♂/♀:*; P_{3+3}; $A_{6\sim\infty}$; $\underline{G}_{6\sim\infty}$。

识别要点:草本,常为水生或沼生,叶常基生,花在花轴上轮状排列,雌蕊和雄蕊均6至多数,果为聚合瘦果。

代表植物:

1. 泽泻属(*Alisma*) 泽泻[*A. orientable* (Samss) Juzepcz.],多年生沼生草本,具球茎。叶基生,有长柄,长椭圆形,先端尖。白花,排列成大型轮状分枝的圆锥花序,在分枝处有3个苞叶。雄蕊6枚;雌蕊心皮多数,离生。果为聚合瘦果(图4-46)。我国各地均有分布,为常见的水田杂草之一。茎、叶可作饲料。球茎入药,有利尿、渗湿功能。

2. 慈姑属(*Sagittaria*) 慈姑(*S. sagittifolia* L.),多年生水生草本,有纤匐枝,枝端膨大成球。叶基生,箭形,具长柄,粗而有棱,沉水叶狭带形。花单性,总状花序下部为雌花,上部为雄花;雄蕊和心皮均多数(图4-47)。为稻田常见杂草。球茎富含淀粉,可食用或制淀粉。药用有清热解毒之功能。南方各地均有栽培。

图4-46 泽 泻
1. 植株 2. 花 3. 果序

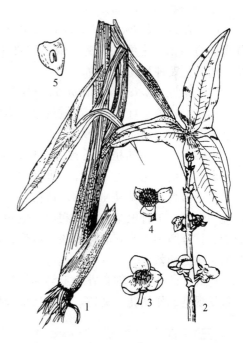

图4-47 慈 姑
1. 植株 2. 花序 3. 花 4. 果实 5. 种子

（二）百合科（Liliaceae）

本科有175属，约2 000种，广布于全球。我国有54属，334种，分布于全国。

花程式：$↑/♀: *; P_{3+3}; A_{3+3}; \underline{G}_{(3:3)}$。

识别要点：具根茎、球茎或鳞茎。花3基数，子房上位，中轴胎座。蒴果或浆果。

代表植物：

1. 葱属（*Allium*）

（1）洋葱（*A. cepa* L.）。多年生草本，鳞茎膨大，呈扁球形，皮红色，有辛辣味。叶圆筒形，中空。花茎柱状中空，顶端生一伞形花序。花被片6枚，白色，花瓣状；雄蕊6枚，花丝基部扩大；雌蕊由3心皮组成，子房上位，3室。蒴果（图4-48）。为主要栽培蔬菜。

（2）葱（*A. fistulosum* L.）。叶管状，中空，被有白粉。花葶粗壮中空，中部膨大。伞形花序，总苞片膜质，白色，开花前破裂。鳞茎棒状，果为蒴果。为主要栽培蔬菜。

（3）蒜（*A. sativum* L.）。鳞茎分为数瓣，成球形；基生叶带状，扁平，供菜用。鳞茎含挥发性的大蒜蒜辣素，有健胃、止痢、止咳、杀菌、驱虫等作用。供作蔬菜用的还有韭菜。

2. 百合属（*Lilium*）

（1）百合（*L. brownii* var. *uiridulum* Baker）。鳞茎直径约5cm。花可供观赏。鳞茎供食用，有润肺止咳、清热、安神和利尿之效。

（2）卷丹（*L. lancifolium* Thunb.）。卷丹与百合的区别在于叶腋常有珠芽；花橘红色，有紫黑色斑点。几乎遍布全国，用途与百合相同。

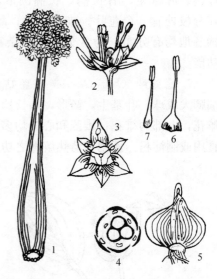

图4-48 洋葱
1. 花序 2. 花 3. 花的正面 4. 花图式
5. 鳞茎 6. 内轮雄蕊 7. 外轮雄蕊

本科中作菜用的植物还有石刁柏、金针菜。金针菜又名黄花菜，花黄色，芳香，供食用，为名贵蔬菜。

药用植物有平贝母、玉竹、黄精、百合、知母等，平贝母鳞茎入药，有清热润肺、止咳化痰的作用。玉竹根茎有养阴润燥、生津止渴的作用。黄精，根茎有补脾润肺、益气养阴的功能。百合鳞茎入药有润肺止咳、清热、安神和利尿之效。知母可根茎入药，有清热养阴、润肺生津的功效。

供观察的花卉有郁金香、玉簪和文竹。郁金香花瓣黄色或紫红色，柱头增大成鸡冠状，可栽培观赏或作切花。文竹，叶状枝细线形，刚毛状，是赏叶花卉。

（三）石蒜科（*Amaryllidaceae*）

本科约有90属，1 300种，多产于南美和地中海一带。我国有14属，140种。

花程式：$↑/♀: *; P_{3+3}; A_{3+3}; \overline{G}_{(3:3)}$。

识别要点：草本，有鳞茎或根状茎。叶线形，花序为伞形花序，花被片及雄蕊各6个，排列成2轮，子房下位，子房3室，蒴果。

代表植物：

1. 石蒜属（*Lycoris*） 石蒜［*L. radiata* (L'Her) Herb］，为多年生宿根花卉。叶线形，冬季生出，叶色翠绿，夏秋季枯死，但花茎抽出呈伞形花序（图4-49），红花怒放，故又名"平地一声雷"，是布置花镜的好材料。

2. 水仙属（*Narcissus*） 水仙（*N. tazetta* var. *chinensis* Roem.），花白色，有鲜黄色、杯状的副花冠。原产浙江和福建，各地多栽培作盆景。鳞茎可供药用。

本科有许多种是著名的观赏花卉。如石蒜、水仙、君子兰、朱顶红、晚香玉、网球花、菖蒲莲（葱莲）等。另外，水仙、石蒜可作药用，石蒜的鳞茎含有石蒜碱，可作农药杀虫剂。

图4-49 石 蒜
1. 着花的花茎 2. 植株营养体全形 3. 重生鳞茎
4. 果实 5. 子房横切面，示胎座

（四）兰科（Orchidaceae）

本科为种子植物第二大科，约750余属，17 000种，分布于热带、亚热带与温带地区。我国约有166属，1 100余种，主要分布于长江以南各地区。

花程式：♂/♀:↑；P_{3+3}；$A_{2\sim1}$；$\overline{G}_{(3:1)}$。

识别要点：陆生，附生或腐生草本。叶常退化成鳞片。花两性，两侧对称，花被片6，2轮排列，雄蕊2个或1个。与花柱、柱头连合成合蕊柱，下位子房一室，侧膜胎座，蒴果。

代表植物：

1. 兰属（*Cymbidium*） 建兰［*C. ensifolium*（L.）Sw.］，为观赏园林植物。有假鳞茎，叶带形，长30~50cm，宽1~1.7cm，弯曲下垂，2~6枚丛生。花葶直立，常短于叶。花4~7朵生于直立的花葶上，苞片比子房短，浅黄绿色，花浅黄绿色，夏季开花清香四溢（图4-50）。

2. 天麻属（*Gastredia*） 天麻（*G. elata* Bl.），天麻是常用的中草药，为多年生腐生草本。块茎横生，肉质卵圆形，地上茎淡黄绿色，有节，其上有鞘状鳞叶，花黄绿色，总状花序，萼片与花瓣合生。块茎入药可治疗高血压、肢体麻木、眩晕、神经衰弱、小儿惊风等。

本科的药用植物还有白芨，块茎可收敛止血，消肿生肌。手掌参的块根能补肾益精，理气止痛。本科的观赏植物有白芨、建兰、寒兰、春兰、墨兰、独蒜兰、文心兰等。

图4-50 建 兰
1. 植株 2. 花 3. 唇瓣 4. 叶尖

兰科植物被植物学家认为是单子叶植物最进化的类群,为百合亚纲进化的顶峰。花高度特化,更适于昆虫传粉。

(五)莎草科(Cyperaceae)

本科有800多属,4 000余种,广布全球,以北温带最多,多生于潮湿沼泽环境。我国有31属,670种,分布于全国。

花程式:$\male/\female: P_0, A_{1\sim3}, \underline{G}_{(2\sim3)}; \male: P_0, A_{1\sim3}; \female: P_0, \underline{G}_{(2\sim3)}$。

识别要点:茎常三棱形,实心;叶常3列,或仅有叶鞘,叶鞘闭合;小穗组成各种花序;小坚果。

代表植物:

1. 莎草属(*Cyperus*)

(1) 莎草(*C. rutundus* L.)。又称香附子。根状茎匍匐细长,先端生有多数长圆形黑褐色块茎;叶片狭条形,鞘棕色,常裂成纤维状。秆顶有2~3枚叶状苞片,与数个长短不同的伞梗相杂,伞梗末梢各生5~9线形小穗(图4-51)。干燥的块茎名香附子,可提取香附油,入药,有理气解郁、调经止痛的作用。

(2) 碎米莎草(*C. iria* L.)。一年生草本。秆丛生,扁三棱状。叶状苞3~5枚。雄蕊3枚,柱头3裂。小坚果具3棱。为水田杂草。

(3) 异型莎草(*C. difforumis* L.)。叶状苞常2枚,少有3枚,长于花序,辐射枝顶端由多数小穗密集成球形头状花序,种子繁殖,常生于水田中。

2. 荸荠属(*Eleocharis*) 荸荠[*E. dulcis* (Burm. f.) Trin. ex Henschel],匍匐根状茎细长,顶端膨大成球茎,为食用荸荠。秆丛生,圆柱状,有多数横隔膜。全国各地均可栽培。球茎除供食用外,也供药用,可清热、止渴、明目、化痰、消积。

莎草科常见的农田杂草有莎草、异型莎草、伞莎草、碎米莎草、矮红颖莎草、水莎草、扁穗莎草、水葱、水蜈蚣、牛毛毡、荆三棱等。用于栽培的有荸荠(马蹄、地梨)、油莎豆等。荸荠球茎可以生食、熟食或药用。油莎豆其块茎含油量高达27%。

本科中具有经济价值的是乌拉草、咸水草、高秆莎草,均可作为造纸和编织的原料。风车草(旱伞草、伞草)是南北栽培的观赏植物。

(六)禾本科(Gramineae)

本科是被子植物中的大科之一,约有660属,1万余种。广布全球。我国有255属,1 200种,分布于全国各地。

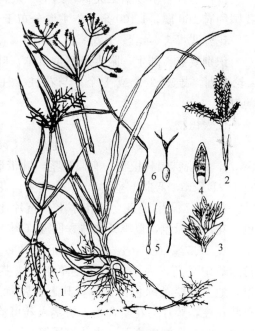

图4-51 香附子
1. 植株 2. 穗状花序
3. 小穗顶端的一部分(示鳞片内发育的两性花)
4. 鳞片正面观 5. 雌蕊及雄蕊 6. 未成熟的果实

花程式：♂/♀：$P_{2\sim3}$；$A_{3\sim3+3}$；$\underline{G}_{(2:3:1)}$。

识别要点：茎秆圆柱形，有节，节间常中空。叶常2列互生，叶由叶片、叶鞘和叶舌组成，叶片带形，叶鞘；边缘常分离而覆盖。每个小穗轴由颖片和小花组成，并由小穗组成各种花序，颖果。

代表植物：

1. 小麦属（*Triricum*）　普通小麦（*T. aestivum* L.），两年生草本植物（图4-52）。复穗状花序，直立，每个小穗有3～8朵小花，外稃顶端常具芒，每朵小花有浆片2枚，雄蕊3枚，雌蕊一枚，2枚柱头呈羽状，颖果。小麦为我国北方主要的粮食作物之一，品种极多。

2. 稻属（*Oryza*）　稻（*O. sativa* L.），一年生草本（图4-53）。通常在幼时有明显的叶耳。小穗长圆形，圆锥花序顶生。小穗两侧略扁，有小花3朵，2朵不孕小花退化，一朵小花为两性花，花具内、外稃，雄蕊6枚，雌蕊一枚，浆片一个，柱头2裂成羽毛状。颖果。水稻为我国栽培历史最悠久的作物之一，据近年发现的浙江河姆渡新石器时代遗址中有籼稻的存在，证明我国至少在6 000～7 000年前就已经开始种植水稻，比世界各国都早。

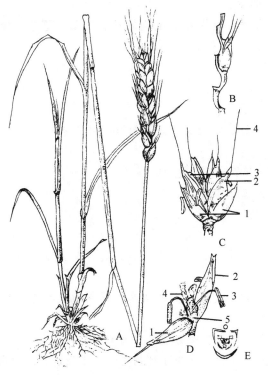

图4-52　普通小麦
A. 植株　B. 部分穗轴（示小穗着生状态）
C. 小穗：1. 颖片　2. 外稃　3. 内稃　4. 芒
D. 花：1. 外稃　2. 内稃　3. 雄蕊　4. 柱头　5. 浆片
E. 花图式

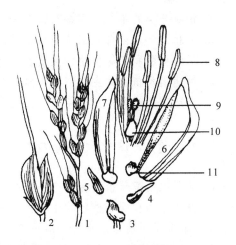

图4-53　水　稻
1. 花序枝　2. 小穗　3. 颖片　4、5. 两朵不孕花的外稃　6. 结实花的外稃　7. 结实花的内稃　8. 雄蕊　9. 柱头　10. 子房　11. 浆片

3. 玉蜀黍属（*Zea* L.）　玉米（*Z. mays* L.），一年生草本，茎秆实心（图4-54）。花

单性同株，是典型的异花授粉作物。顶生雄蕊，雄蕊3个。为圆锥花序，小穗孪生，一个有柄，一个无柄，每小穗有2朵小花，内外均膜质。叶腋内单生肉穗状雌花序，外有多层鞘状苞片包被，雌小穗孪生，每小穗含2花，两颖等长。第一朵花不孕，外稃膜质，内稃有或无，第二朵小花结实，内、外稃均膜质，雌蕊一个，花柱细长呈丝状，伸出苞叶之外，先端2裂，果为颖果。玉米为我国华北地区的主要粮食作物之一。

禾本科植物是经济价值最高的一科，大多是人们栽培的粮食作物，如小麦、大麦、稻、玉米、高粱、粟等。此外，还可作重要的牧草，或作糖料、纺织和造纸工业原料。有些禾本科植物如竹、佛肚竹、慈竹、斑竹、凤尾竹可作为观赏植物。

农田杂草有野燕麦、稗草、早熟禾、雀麦、无芒雀麦、看麦娘、画眉草、鹅观草、假稻、假李氏禾、马唐、红茎马唐、狗牙根、牛筋草、千金子、狗尾草、金狗尾草、芦苇、荩草、棒头草、毛笔草等。野燕麦和狗牙根为田间恶性杂草。

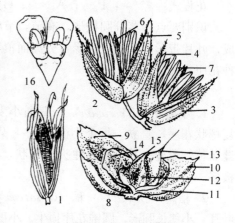

图4-54 玉米
1. 果序 2. 雄小穗 3. 第一颖 4. 第二颖
5. 外稃 6. 内稃 7. 雄蕊 8. 雌小穗
9. 第一颖 10. 第二颖 11. 结实花外稃
12. 结实花内稃 13. 雌蕊 14. 不孕花外稃
15. 不孕花内稃 16. 成熟颖果

复习思考题

1. 名词解释：人类分类法、自然分类法、种、世代交替、原叶体、维管植物、非维管植物、种子植物。
2. 植物分类的单位有哪些？哪个是基本单位？
3. 植物的学名由哪几部分组成，书写中应注意什么？
4. 低等植物和高等植物的主要区别有哪些？
5. 简述藻类植物的主要特征与经济意义。
6. 简述菌类植物的主要特征。细菌和真菌在形态、结构上有什么特点？常见的真菌有哪些？
7. 地衣有什么特点？地衣按形态、结构可划分为哪些基本类型？同层地衣和异层地衣有什么区别？
8. 简要说明苔藓植物在形态、结构、生态分布与生殖方式等方面的主要特征。
9. 被子植物和裸子植物的主要区别有哪些？为什么说被子植物是地球上最进化的类群？
10. 举例说明植物进化的一般规律。
11. 植物界的发生阶段可分为哪些时期？各时期有哪些主要的代表植物类群？
12. 双子叶植物纲和单子叶植物纲的主要区别有哪些？
13. 简要说明十字花科、蝶形花科、茄科、唇形科、蔷薇科、锦葵科、菊科与葫芦科的主要特征。

第五章

植物的水分代谢

教学目标 通过本章学习，使学生了解水在植物生活中的重要性，植物细胞吸水的方式，水势、溶质势、压力势、衬质势的概念。了解根系吸水的原理，蒸腾作用在植物生活中的重要作用，蒸腾作用的气孔调节。水分在植物体内的运输和传导途径，水分沿导管上升的动力。能够运用作物需水规律和合理灌溉的生理指标来指导农业生产。通过本章的实训实习，使学生学会用小液流法测定植物组织的水势的方法。

生命离不开水，没有水就没有生命。在农业生产上，水是决定有无收成的重要因素之一，农谚说"有收无收在于水"，就是这个道理。

植物根系不断从环境中吸收水分，来满足植物正常生命活动的需要。但植物又不可避免地散失水分到环境中去。我们把植物对水分的吸收、运输、利用和散失的整个过程称为植物的水分代谢。了解植物水分代谢规律，对作物的优质、高产有重要意义。

第一节 水在植物生活中的重要性

一、植物的含水量

不同的植物含水量有很大差异。水生植物（浮萍、满江红、轮藻等）含水量可达鲜重的90%以上，在干旱地区生长的植物（地衣、藓类）水分含量仅占6%，草本植物的含水量占其鲜重的70%~80%，木本植物稍低于草本植物。根尖、嫩梢、幼苗和肉质果实（番茄、桃）含水量可达60%~90%。

树干的含水量为40%~50%，干燥的禾谷类种子为10%~14%，油料作物种子含水量在10%以下。种子含水量增加，生命活动增强，就不易贮藏。

同一植物在不同环境中，含水量也有明显区别。在荫蔽、潮湿环境中的植物，其含水量比在向阳、干燥的环境中要高一些，生长旺盛的器官比衰老的器官含水量高。

二、植物体内水分的存在状态

水在植物生命活动中的作用，不但与数量有关，而且和存在状态也有密切关系。植物细胞的原生质、膜系统和细胞壁,由蛋白质、核酸和纤维素等大分子组成,他们有大量的亲水基(如—NH_2、—COOH、—OH等),这些亲水基与水有很大的亲和力,容易起水合作用。凡是被植物细胞的胶体颗粒或渗透物质吸附、不能自由移动的水分称为束缚水;而不被胶体颗粒或渗透物质所吸附,或吸附力很小、可以自由移动的水分称为自由水。实际上,这两种状态水分的划分也不是绝对的,它们之间有时界限并不明显。

植物细胞内的水分存在状态经常处在动态变化之中,随着代谢的变化,自由水/束缚水的比值也相应发生变化。自由水可直接参与生理代谢过程。自由水/束缚水比值高时,植物代谢旺盛,生长速度快,但抗逆性差。反之,生长速度缓慢,其抗逆性强。

三、水在植物生命活动中的作用

水分在植物生命活动中的作用是多方面的,主要表现如下:

1. 水分是原生质的主要成分 原生质的含水量一般在70%～90%,使细胞质呈溶胶状态,保证新陈代谢正常进行,如根尖、茎尖,在含水量减少的情况下,原生质变成凝胶状态,生命活动就大大减弱,如休眠的种子。

2. 水分是代谢作用过程的反应物质 在光合作用、呼吸作用、有机物质合成和分解的过程中,都有水分子参与。

3. 水分是植物对物质吸收和运输的溶剂 一般来说,植物不能直接吸收固态的无机物质和有机物质,这些物质只有溶解在水中才能被植物吸收。同样,各种物质在植物体内的运输,也要溶解在水中才能进行。

4. 水分能保持植物的固有姿态 由于细胞含有大量水分,维持细胞的紧张度(即膨压),使植物枝叶挺立,便于充分接受光照和交换气体,同时,在植物开花时使花瓣展开,有利于传粉和受精。

5. 细胞的分裂和延伸生长都需要足够的水 植物细胞的分裂和延伸生长对水分很敏感,生长需要一定的膨压,缺水可使膨压降低甚至消失,严重影响细胞分裂及延伸生长,而使植物生长受到抑制,植株矮小。

第二节 植物细胞对水分的吸收

植物的生命活动是以细胞为基础的,一切生命活动都是在细胞内进行的,植物对水分的吸收最终决定于细胞之间的水分关系。细胞对水分的吸收有以下3种方式:①吸胀吸水:干燥的种子在未形成液泡之前的吸水;②渗透性吸水:有液泡的细胞以渗透性吸水为主;③代谢性吸水:直接消耗能量,与渗透作用无关的叫代谢性吸水。在这3种吸水方式中,渗透吸水是细胞吸水的主要方式。

一、植物细胞的渗透吸水

(一)水的化学势和水势

根据热力学原理,系统中物质的总能量可分为束缚能和自由能两部分。束缚能是不能转化为用于做功的能量,而自由能是在温度恒定的条件下用于做功的能量,用 ΔG^0 表示。已知任何体系中的物质的自由能决定于物质的种类和数量,我们在研究水分流动时所说的自由能,是指存在于指定数目分子内的自由能。任何物质每摩尔的自由能,称为该物质的化学势,水的化学势用 μ_w 表示。其热力学含义为:当温度、压力及物质数量(水分以外)一定时,体积中 1mol 水分的自由能。水的化学势是依温度、压力、水以外的物质以及其他因素(如吸附力、张力、重力等)而变化的变数。

水的化学势与其他热力学量一样,不用其绝对值,而是用其相对值($\Delta \mu_w$),在一定条件下的纯自由水的化学势作为参比状态,把纯水在当时温度与大气压力下的化学势指定为零,则其他状态的水的化学势偏离这一零值的情况则能够确定。并且,为了突出水的化学势在水分生理中的物理意义,通常把水的化学势除以水的偏摩尔体积 $V_{w,m}$ 使其具有了压力的单位,即在植物生理学中被广泛应用的概念——水势。所以,水势就是偏摩尔体积的水在一个系统中的化学势与纯水在相同温度压力下的化学势之间的差,可以用公式表示为:

$$\phi_w = \frac{\mu_w - \mu_w^0}{V_{w,m}} = \frac{\Delta \mu_m}{V_{w,m}}$$

式中　ϕ_w——水势;

　　　$\mu_w - \mu_w^0$——化学势差($\Delta \mu_w$),单位为 J/mol,J=N·m;

　　　$V_{w,m}$——水的偏摩尔体积,单位为 m^3/mol。

则水势:

$$\phi_w = \frac{\mu_w - \mu_w^0}{V_{w,m}} = \frac{J/mol}{m^3/mol} = \frac{J}{m^3} = \frac{N}{m^2} = Pa$$

水势单位为帕(Pa),一般用兆帕(MPa,$1MPa=10^6 Pa$)来表示。过去曾用大气压(atm)、巴(bar)作为水势单位,它们之间的换算关系是:1bar=0.1MPa=0.987atm,1标准 atm=$1.013 \times 10^5 Pa$=1.013bar。

偏摩尔体积($V_{w,m}$)是指在恒温恒压、其他组分浓度不变的情况下,混合体系中 1mol 该物质所占据的有效体积。在纯的水溶液中,水的偏摩尔体积与纯水的摩尔体积($V_w = 18.00 cm^3/mol$)相差不大,在实际应用时往往用纯水的摩尔体积代替偏摩尔体积。我们把纯水的水势定为零,由于溶液中溶质颗粒会降低水的自由能,所以任何溶液的水势都是负值。

(二)渗透作用

把蚕豆的种皮紧缚在漏斗上,注入蔗糖溶液,然后把整个装置浸入盛有清水的烧杯中,漏斗内外液面相等。由于种皮是半透膜(水分子能通过而蔗糖分子不能透过),所以整个装置就成为一个渗透系统。在一个渗透系统中,水的移动方向决定于半透膜两侧溶液的水势高低。水分从水势高的溶液,流向水势低的溶液。实质上,半透膜两侧的水分子是可以自由通过的,可是清水的水势高,蔗糖溶液的水势低,从清水到蔗糖溶液的水分子比从蔗糖溶液到清水的水分子多,所以在外观上,烧杯中的水流入漏斗内,漏斗玻璃管内的液面上升,静水压也开始升高。随着水分逐渐进入玻璃管内,液面逐渐上升,静水压力越大,压迫水分从玻璃管内向烧杯移动的速度就越快,膜内外水分进出速度越来越接近。最后,液面不再上升,停滞不动，实质是水分进出的速度相等，呈动态平衡（图5-1）。水分从水势高的系统通过半透膜向水势低的系统移动的现象，就称为渗透作用。

具有液泡的细胞，主要靠渗透吸水，当与外界溶液接触时，细胞能否吸水，取决于两者的水势差，当外界溶液的水势大于植物细胞的水势时，细胞正常吸水；当外界溶液的水势小于植物细胞的水势时，植物细胞失水；当植物细胞和外界溶液的水势相等时，植物细胞不吸水也不失水，暂时达到动态平衡。

当外界溶液的浓度很大细胞严重失水时，液泡体积变小，原生质和细胞壁跟着收缩，但由于细胞壁的伸缩性有限，当原生质继续收缩而细胞壁已停止收缩时，原生质便慢慢脱离细胞壁，这种现象叫质壁分离（图5-2）。把发生质壁分离的细胞放在水势较高的清水中，外面的水分便进入细胞，液泡变大，使整个原生质慢慢恢复原来的状态，这种现象叫质壁分离的复原。

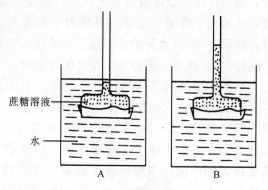

图5-1 渗透现象
A. 实验开始时　B. 经过一段时间

  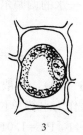

1　　　　　　　2　　　　　　　3

图5-2 植物细胞的质壁分离现象
1. 正常细胞　2、3. 进行质壁分离的细胞

（三）植物细胞的水势

细胞吸水情况决定于细胞的水势。典型的细胞 ϕ_w 是由3部分组成的：

$$\phi_w = \phi_s + \phi_p + \phi_m$$

式　ϕ_w——细胞的水势；

　　ϕ_s——渗透势；

　　ϕ_p——压力势；

　　ϕ_m——衬质势。

1. 细胞的渗透势（ϕ_s）或溶质势　渗透势亦称溶质势。是由于溶质的存在而使体积水势降低的力量。渗透势由于溶质颗粒的存在，降低了水的自由能，因而使水势低于纯水的水势。溶液的渗透势等于溶液的水势，因为溶液的压力势为0。植物细胞的渗透势值因内外条件不同而异。一般来说，温带生长的大多数作物叶组织的渗透势在 $-1 \sim -2\text{MPa}$。而旱生植物叶片的渗透势很低，仅有 -10MPa。

2. 压力势（ϕ_p）　压力势是指细胞的原生质体吸水膨胀，对细胞壁产生一种作用力，于是引起富有弹性的细胞壁产生一种限制原生质体膨胀的反作用力。压力势是由于细胞壁压力的存在而增加的水势。压力势往往是正值。

3. 衬质势（ϕ_m）　细胞的衬质势是指细胞胶体物质（蛋白质、淀粉和纤维素等）的亲水性和毛细管对自由水的束缚而引起的水势降低的值，以负值表示。未形成液泡的细胞具有一定的衬质势，干燥的种子衬质势可达－100MPa左右；但已形成液泡的细胞，其衬质势仅有－0.01MPa左右，占整个水势的很少一部分，通常可省略不计。因此，上述公式可简化为：

$$\phi_w = \phi_s + \phi_p$$

（四）细胞间的水分移动

植物相邻细胞间水分移动的方向取决于细胞之间的水势差异，水总是从水势高的细胞流向水势低的细胞（图5-3）。

细胞A的水势高于细胞B的，所以水从A细胞流向B细胞。当多个细胞连在一起时，如果一端的细胞水势较高，依次逐渐降低，则形成一个水势梯度，水便从水势高的一端移向水势低的一端。水势高低不同不仅影响水分移动方向，A细胞——B细胞，而且也影响水分移动速度。两细胞间水势差异越大，水分移动越快。植物叶片由于蒸腾作用不断散失水分，所以水势较低；根部细胞因不断吸水水势较高。所以，植物体的水分总是沿着水势梯度从根输送至叶。

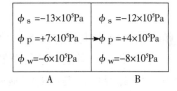

图5-3　相邻两细胞之间水分移动的图

二、植物细胞的吸胀吸水

干燥种子的细胞中，壁的成分纤维素和原生质成分蛋白质等生物大分子都是亲水性的，而且都处于凝胶状态，它们对水分的吸引力很强，这种吸引水分子的力称为吸胀力，因吸胀力的存在而吸收水分的作用称为吸胀吸水。蛋白质类物质吸胀力量最大，淀粉次之，纤维素较小。因此，大豆及其他富含蛋白质的豆类种子吸胀力很大，禾谷类淀粉质种子的吸胀力较小。

一般地说，干燥种子在细胞形成中央液泡之前主要靠吸胀吸水。细胞内亲水物质通过吸胀力而结合的水称为吸胀水，它是束缚水的一部分，在高温时不蒸发，在低温时不结冰。

三、植物细胞的代谢性吸水

利用细胞呼吸释放出的能量，使水分经过质膜进入细胞的过程称代谢性吸水。不少试验证明，当通气良好引起细胞呼吸速率增强时，细胞吸水加快；相反，减小氧气或用呼吸抑制剂处理时，细胞呼吸速率降低，细胞吸水减少。由此可见，原生质的代谢与细胞吸水有着密切的关系，但这种吸收方式的机制目前还不清楚。

第三节　植物根系对水分的吸收

植物根系吸水是陆生植物吸水的主要途径。根系在地下形成一个庞大的网络结构，在土壤中分布范围比较广，因此，根系在土壤中吸收能力相当强。

一、根部吸水的区域

根系是植物吸水的主要器官，根系吸水主要在根尖进行。根尖中分生区、伸长区和根冠区三部分由于原生质浓厚，输导组织不发达，对水分移动阻力大，吸水能力较弱。根毛区输导组织发达，对水分的移动阻力小。所以，根毛区吸水能力最强。

二、根系吸水的方式

植物根系吸水主要有以下两种方式：一是被动吸水，二是主动吸水。

1. 被动吸水　当植物进行蒸腾作用时，水分便从叶子的气孔和表皮细胞表面蒸腾到大气中去，其 ϕ_w 降低，失水的细胞便从邻近水势较高的叶肉细胞吸水，接近叶脉导管的叶肉细胞向叶脉导管、茎的导管、根的导管和根部吸水，这样便形成了一个由低到高的水势梯度，使根系再从土壤中吸水。这种因蒸腾作用所产生的吸水力量，称为"蒸腾拉力"。由于吸水的动力来源于叶的蒸腾作用，故把这种吸水称为根的被动吸水，蒸腾拉力是蒸腾旺盛季节植物吸水的主要动力。

2. 主动吸水　根的主动吸水可由"伤流"和"吐水"现象说明。小麦、油菜等植物在土壤水分充足、土温较高、空气湿度大的早晨，从叶尖或叶缘水孔溢出水珠，这种现象称为"吐水"（图5-4）。在夏季晴天的早晨，经常看到作物叶尖和叶缘有吐水现象。

如葡萄在发芽前有个伤流期，表现为有大量的水液从伤口流出（修剪时留下的剪、锯口或枝蔓受伤处），这种从受伤或剪断的植物组织茎基部伤口溢出液体的现象称为伤流。流出的汁液叫伤流液。若在切口处连接一压力计，可测出一定的压力，这显然是由根部活动引起，与地上部分无关。这种靠根系的生理活动，使液流由根部上升的压力称为根压。以根压为动力引起的根系吸水过程，称为主动吸水。

伤流是由根压引起的。葡萄及葫芦科植物伤流液较多，稻、麦等作物较少。同一种作物，根系生理活动强弱、根系有效吸收面积的大小

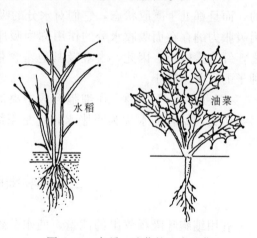

图5-4　水稻、油菜的吐水现象

都直接影响根压和伤流量。因此，根系的伤流量和成分，是反映植物根系生理活性强弱的生理指标之一。吐水现象也是由根压引起的，亦可作为植物根系生理活动状况的指标。一般来讲，作物吐水量越大，表示作物生长越健壮。

三、影响根系吸水的因素

根系通常生存在土壤中,所以根系自身因素和土壤条件都影响根系吸水。

(一)根系自身因素

根系的有效性决定于根系密度及根表面的透性。根系密度通常指每立方厘米土壤内根长的厘米数(cm/cm^3)。根系密度越大,占土壤体积越大,吸收的水分就越多。根系的透性也影响到根系对水分的吸收,一般初生根的尖端透水能力强。而次生根失去了它们的表皮和皮层,被一层栓化组织包围,透水能力差。根系遭遇土壤干旱时透性降低,供水后透性逐渐恢复。

(二)土壤条件

1. 土壤水分状况　土壤中的水分可分为束缚水、毛管水和重力水 3 种类型。束缚水是吸附在土壤颗粒外围的水,植物不能利用;毛管水是植物能够利用的有效水;重力水在干旱农田为无效水,在稻田是可以利用的水分。根部有吸水的能力,而土壤也有保水的本领(土壤中一些有机胶体和无机胶体能吸附一些水分,土壤颗粒表面也吸附一些水分),假如前者大于后者,植物则吸水,否则失水。

2. 土壤通气状况　在通气良好的土壤中,根系吸水性很强,若土壤透气状况差,则吸水受抑制。试验证明,用 CO_2 处理根部,以降低呼吸代谢,小麦、玉米和水稻幼苗的吸水量降低 14%~15%,尤以水稻最为显著;如通以空气,则吸水量增大。

3. 土壤温度　土壤温度不但影响根系的生理生化活性,也影响土壤水分的移动。因此,在一定的温度范围内,根系中水运输加快,反之则减弱。温度过高或过低,对根系吸水均不利。

4. 土壤溶液浓度　土壤溶液浓度过高,其水势降低。若土壤溶液水势低于根系水势,植物不能吸水,反而造成水分外渗。一般情况下,土壤溶液浓度较低,水势较高。盐碱地土壤溶液浓度太高,植物吸水困难,导致生理干旱。如果水的含盐量超过 0.2%,就不能用于灌溉作物。

第四节　蒸腾作用

植物所吸收的水分,除一小部分用于植物代谢之外,其余大部分水分通过蒸腾作用而散失掉。水分从植物体中散失到外界有两种形式:一是以液体形式散失到体外,如伤流、吐水现象;二是以气体形式散失掉,即蒸腾作用,后者是植物水分散失的主要形式。

蒸腾作用是指水分以气态通过植物体表面(主要是叶子),从体内散失到大气中的过程。蒸腾作用和水分的蒸发有着本质的区别,这是因为蒸腾作用受代谢的调节。

一、蒸腾作用的部位和方式

幼小的植物体地上部分都能进行蒸腾。木本植物长成以后,其茎干与枝条表面发生栓质化，只有茎枝上的皮孔可以蒸腾，称为皮孔蒸腾，皮孔蒸腾仅占全部蒸腾的0.1%。因此，植物的蒸腾作用是通过叶片进行的。叶片蒸腾作用有两种方式：一是通过角质层的蒸腾，叫角质蒸腾；另一种是通过气孔的蒸腾，称为气孔蒸腾。这两种蒸腾方式在蒸腾中所占的比重，与植物种类、生长环境、叶片年龄有关。如生长在潮湿环境中的植物，其角质蒸腾往往超过气孔蒸腾，水生植物的角质蒸腾也很强烈；幼嫩叶子的角质蒸腾可占总蒸腾量的1/3～1/2。但一般植物的功能叶片，角质蒸腾量很小，只占总蒸腾量的5%～10%。因此，气孔蒸腾是一般中生植物和旱生植物叶片蒸腾的主要形式。

二、蒸腾作用的生理意义

蒸腾作用尽管是散失水分的过程，但它对植物正常的生命活动具有积极的意义。

1. 蒸腾作用是植物吸水和水分上升的主要动力 如果没有蒸腾作用产生的拉力，植物较高部位就得不到水分的供应，矿质盐类也不可能随蒸腾液流而分布到植物体的各个部位。

2. 蒸腾作用能降低植物的温度 据测定，夏天在直射光下，叶面温度可达50～60℃，由于水的汽化热比较高，在蒸腾过程中把大量的热量带走，从而降低了叶面温度，可避免热害。

3. 蒸腾作用有利于物质运输 蒸腾作用有助于根部吸收的无机离子以及根中合成的有机物转运到植物体的多个部分，从而满足生命活动的需要。

4. 蒸腾作用使气孔张开，有利于气体交换 气孔张开有利于光合原料二氧化碳的进入和呼吸作用对氧的吸收等生理活动。

三、蒸腾作用指标

常用的蒸腾作用的表示方法有以下3种：

1. 蒸腾速率 植物在一定时间内单位叶面积上散失的水量称为蒸腾速率，又叫蒸腾强度，常用$g/(dm^2 \cdot h)$来表示。大多数植物通常白天的蒸腾速率是0.5～2.5$g/(dm^2 \cdot h)$，晚上是在0.01～0.2$g/(dm^2 \cdot h)$。

2. 蒸腾效率 指植物每消耗1kg水所生产干物质的克数，或者说在一定时间内干物质的累积量与同期所消耗的水量之比，称为蒸腾效率或蒸腾比率。野生植物的蒸腾比率是每千克水1～8g干物质，而大部分作物的蒸腾比率是每千克水2～10g干物质。

3. 蒸腾系数 植物制造1g干物质所消耗的水量（g）称为蒸腾系数（或需水量）。一般野生植物的蒸腾系数是125～1 000，而大部分作物的蒸腾系数是120～700（表5-1）。

表5-1 几种主要作物的蒸腾系数（需水量）

作物	蒸腾系数	作物	蒸腾系数
水 稻	211～300	油 菜	277
小 麦	257～774	大 豆	307～368
大 麦	217～755	蚕 豆	230
玉 米	174～406	马铃薯	167～659
甘 薯	248～264	甘 蔗	125～350

植物在不同生育期的蒸腾系数是不同的,在旺盛生长期,由于干重增加快,蒸腾系数小;在生长较慢、温度较高时,蒸腾系数变大。研究植物的蒸腾系数或需水量,对作物如何进行合理灌溉有重要的指导意义。

四、蒸腾作用的过程和机理

(一) 气孔的大小、数目及分布

气孔是植物叶表皮上由保卫细胞所围成的小孔,它是植物叶片与外界进行气体交换的通道,直接影响着光合、呼吸、蒸腾作用等生理过程。不同植物气孔的大小、数目和分布有明显差异(表5-2)。气孔一般长 $10\sim40\mu m$,宽 $4\sim7\mu m$,每平方毫米有100个气孔,最高可达2 230个。大部分植物的叶上、下表面都有气孔,但不同植物的叶上、下表面气孔数量不同。不同的生态环境,气孔的分布有明显差异。浮水植物气孔仅分布在上表面;禾谷类作物上、下表面气孔数目较为接近;双子叶植物棉花、蚕豆、番茄等,下表面比上表面气孔多。近期研究证明,气孔数目与环境中二氧化碳浓度关系密切,二氧化碳浓度高时,气孔密度低。

表5-2 不同植物气孔的数目、大小和分布

植物种类	1mm² 叶面气孔数		下表皮气孔大小 长 (μm) ×宽 (μm)
	上表皮	下表皮	
小 麦	38	14	38×7
野燕麦	25	23	38×8
玉 米	52	68	19×5
向日葵	58	156	22×8
番 茄	12	130	13×6
苹 果	0	400	14×12

(二) 气孔蒸腾过程

气孔蒸腾分两步进行,第一步是水分在叶肉细胞壁表面进行蒸发,水汽扩散到细胞间隙和气室中;第二步这些水汽从细胞间隙、气室扩散到周围大气中去。

叶片上气孔的数目虽然很多,但是所占面积比较小,一般只有叶面积的1%~2%。但蒸腾量比同面积的自由水面高出50倍。因为气孔的孔隙很小,当完全张开时,长度也只有 $10\sim40\mu m$,宽 $4\sim7\mu m$,但水分子的直径只有 $0.000\,454\mu m$,比它更小。根据小孔扩散原理,即气体通过小孔扩散的速度不与小孔的面积成正比,而与孔的周长成正比,这就是所谓的小孔扩散律,孔越小,其相对周长越长,水分子扩散速度越快。这是因为在小孔周缘处扩散出去的水分子相互碰撞的机会少,所以扩散速度就比小孔中央分子扩散的速度快,这种现象叫边缘效应(图5-5)。因为气孔有边缘效应,所以蒸腾速度比相同自由水面蒸发快得多。

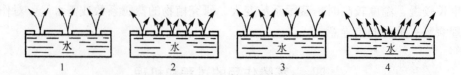

图 5-5　水分通过多孔的表面（1～3）和自由水面（4）蒸发情况的图解
1. 小孔分布稀疏　2. 小孔分布过密，彼此干扰大　3. 小孔分布适当，
总蒸发量接近于自由水面　4. 自由水面的蒸发量

气孔开度对蒸腾速率有直接影响。现在一般用气孔导度来表示，其单位是 mmol/$(m^2 \cdot s)$，也有用气孔阻力表示的，它们都是描述气孔开度的量。在许多情况下气孔导度使用与测定更方便，因为它直接与蒸腾速率成正比，与气孔阻力呈反比。

（三）气孔开闭的机理

保卫细胞的吸水和失水是由什么原因引起的？气孔运动的机理是什么？这一直是植物生理学研究的热点之一，关于气孔开闭的机理主要有以下 3 种学说。

1. 淀粉与糖转化学说　在光照下，光合作用消耗了二氧化碳，于是保卫细胞 pH 增高到 7，淀粉磷酸化酶催化正向反应，使淀粉水解为糖，引起保卫细胞渗透势下降，从周围细胞吸取水分，保卫细胞膨大，因而气孔张开。

在黑暗中，保卫细胞光合作用停止，而呼吸作用仍进行，产生的二氧化碳积累使保卫细胞 pH 下降，淀粉磷酸化酶催化逆向反应，使糖转化为淀粉，溶质颗粒数目减少，细胞渗透势亦升高，细胞失水，膨压丧失，气孔关闭。

该学说可以解释光和二氧化碳影响，也符合观察到的淀粉白天消失、晚上出现的现象。然而近几年来的研究发现，在一部分植物保卫细胞中并未检测到糖的累积。有些植物的气孔运动不依赖光合作用，与二氧化碳无关。这些研究表明，用这个学说解释气孔运动还有一定的局限性。

$$淀粉 + H_3PO_4 \underset{\text{pH 降低}}{\overset{\text{pH 升高}}{\underset{\longleftarrow}{\overset{\longrightarrow}{\text{淀粉磷酸化酶}}}}} 葡萄糖-1-磷酸$$

2. K^+ 积累学说　在 20 世纪 70 年代，观察到当气孔保卫细胞内含有大量的 K^+，气孔张开，气孔关闭后 K^+ 消失。K^+ 积累学说，即在光照下保卫细胞的叶绿体通过光合磷酸化作用合成 ATP，活化了质膜 H^+-ATP 酶，把 K^+ 吸收到保卫细胞中，K^+ 浓度增高，水势降低，促进保卫细胞吸水，气孔张开。相反，在黑暗条件下，K^+ 从保卫细胞扩散出去，细胞水势提高，水分流出细胞，气孔关闭。

3. 苹果酸代谢学说　20 世纪 70 年代初，人们发现苹果酸在气孔开闭运动中起着某种作用，便提出了苹果酸代谢学说。在光照下，保卫细胞内的部分二氧化碳被利用时，pH 就上升到 8.0～8.5，从而活化了 PEPC（磷酸烯醇式丙酮酸羧化酶），它可催化由淀粉降解产生的 PEP（磷酸烯醇式丙酮酸）与 HCO_3^- 结合形成草酰乙酸，并进一步被苹果酸还原酶还原为苹果酸。

$$\text{PEP} + \text{HCO}_3^- \xrightarrow{\text{PEP 羧化酶}} \text{草酰乙酸} + \text{磷酸}$$

$$\text{草酸乙酸} + \text{NADPH（或 NADH）} \xrightarrow{\text{苹果酸还原酶}} \text{苹果酸} + \text{NADP（或 NAD）}$$

苹果酸解离为 2 个 H^+ 与 K^+ 交换，保卫细胞内 K^+ 浓度增加，水势降低；苹果酸根进入液泡和 Cl^- 共同与 K^+ 保持电中性。同时，苹果酸也可作为渗透物质降低水势，促使保卫细胞吸水，气孔张开（图 5-6），当叶片由光下转入暗处时过程逆转。近期研究证明，保卫细胞内淀粉和苹果酸之间存在一定的数量关系。即淀粉、苹果酸与气孔开闭有关，与糖无关。

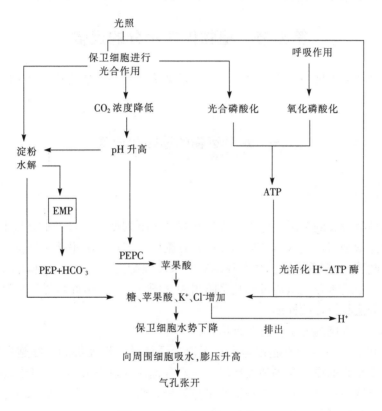

图 5-6 气孔运动机理图解

五、影响蒸腾作用的因素

影响蒸腾作用的环境因子主要是温度、大气湿度、光照度和风速。

1. 温度 在一定范围内温度升高蒸腾加快，因为在较温暖的环境中，水分子汽化及扩散加快。

2. 大气湿度 大气湿度对蒸腾的强弱影响极大。大气湿度愈小，叶内外蒸汽压差愈大，叶内水分子很容易扩散到大气中去，蒸腾愈快。反之，大气湿度大，叶内外蒸汽压差小，蒸腾受抑制。

3. 光照 光照加强，蒸腾加快，因为光可促进气孔的开放，并提高大气与叶面的湿度，加速水分的扩散。

4. 风 风对蒸腾的影响比较复杂,微风能把叶面附近的水汽吹散,并摇动枝叶,加快了叶内水分子向外扩散,从而促进了蒸腾作用,但强风会使气孔关闭和降低叶温,减弱蒸腾。

5. 土壤条件 因植物地上部的蒸腾与根系吸水有密切关系,因此,各种影响根系吸水的土壤条件,如土壤温度、土壤通气、土壤溶液的浓度等,均可间接地影响蒸腾作用。

总之,影响蒸腾作用的环境因素是多方面的,且各因素之间还相互联系和相互影响。如光影响温度,温度影响湿度等。但在一般自然条件下,光是影响蒸腾作用的主导因子。

第五节 植物体内水分的运输

陆生植物根系从土壤中吸收的水分,必须运到茎、叶和其他器官,供植物生理活动需要或蒸腾到体外。

一、水分运输的途径和速度

(一)水分运输的途径

水分从被植物吸收到蒸腾到体外,大致需要经过下列途径:首先水分从土壤溶液进入根部,通过皮层薄壁细胞,进入木质部的导管和管胞中;然后水分沿着木质部向上运输到茎或叶的木质部(叶脉);接着,水分从叶片木质部末端细胞进入气孔下腔附近的叶肉细胞细胞壁的蒸发部位;最后水蒸气就通过气孔蒸腾出去(图 5-7)。由此可见,土壤—植物—空气三者之间的水分是具有连续性的。

水分在茎、叶细胞内的运输有两种途径:

1. 经过死细胞 导管和管胞都是中空无原生质体的长形死细胞,细胞和细胞之间都有孔,特别是导管细胞的横壁几乎消失殆尽,对水分运输的阻力很小,适于长距离的运输。裸子植物的水分运输途径是管胞,被子植物是导管和管胞。管胞和导管的水分运输距离依植株高度而定,由几厘米到几百米。

2. 经过活细胞 水分由叶脉到气孔下腔附近的叶肉细胞,都是经过活细胞。这部分在植物体内的间距不过几毫米,距离很短,但因细胞内有原生质体,以渗透方式运输,所以阻力很大,不适于长距离运输。没有真正输导系统的植物(如苔藓和地衣)长不高。在进化过程中出现了管胞(蕨类植物和裸子植物)和导管(被子植物),才有可能出现高达几米甚至几百米的植物。

(二)植物体内水分运输的速度

水分通过活细胞的运输主要靠渗透传导,距离虽短,但运输阻力大,运输速度一般只有 10^{-3} cm/h。另一部分运输是通过维管束中的死细胞(导管或管胞)和细胞间隙进行的长距离运输。由于导管是中空的而无原生质的长形死细胞,阻力小,运输速度快。一般运输为

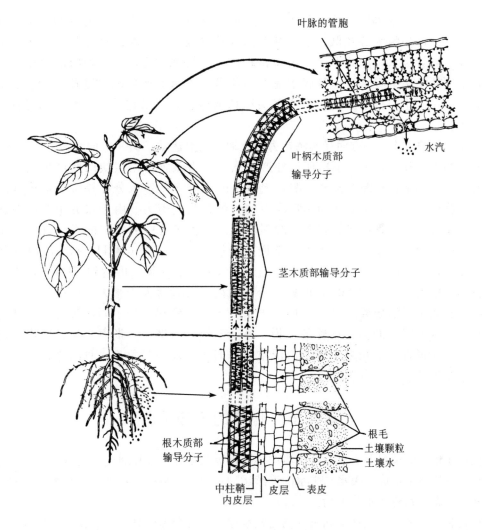

图 5-7 植物体内水分运输的途径

3～45m/h。而管胞中由于两管胞分子相连的细胞壁未打通，水分要经过纹孔才能在管胞间移动，所以运输阻力较大，运输速度一般不到 0.6 m/h，比导管慢得多。水分在木质部导管或管胞中的运输占水分运输全部途径的 99.5% 以上。

二、水分运输的动力

水分沿导管或管胞上升的动力有两个：一是下部的根压，二是上部的蒸腾拉力。

1. 根压 由于根系的生理活动，使液流从根部上升的压力，称为根压。不同植物的根压大小不同，大多数植物的根压一般不超过 0.2MPa。0.2MPa 的根压可使水分沿导管上升到 20.4m 的高度。在热带雨林区的乔木能长成参天大树，高度在 50m 以上，在蒸腾作用比较旺盛时根压很小，所以水分上升的动力不是靠根压。只在早春树木刚发芽、叶子尚未展开时，根压对水分上升才起主导作用。对于高大的乔木而言，蒸腾拉力才是水分上升的主要动力。

2. 蒸腾拉力　蒸腾拉力是由于叶片的蒸腾失水而使导管中水分上升的力量。当叶片蒸腾失水后，叶细胞水势降低，于是从叶脉导管中吸水，同时叶脉导管因失水而水势下降，就向茎导管吸水，如此下去。由于植物体内导管互相连通，这种吸水力量最后传递到根，根便从土壤中吸水。这种吸水完全是由蒸腾失水而产生的蒸腾拉力所引起的，只要蒸腾作用一停止，根系的这种吸水就会减慢或停止，所以它是一个被动的过程，称为被动吸水。

在导管中的水流，一方面受蒸腾拉力的驱动，向上运动；另一方面水流本身具有重力。这两种力的方向相反，上拉下坠使水柱产生张力。当蒸腾作用很快时所产生的蒸腾拉力能否将导管中的水柱拉断？试验证明，水分子的内聚力能使水分在导管中形成连续不断的水柱。我们把相同分子之间的相互吸引的力量称为内聚力。由于水分子之间有强大的内聚力，水分子与导管壁之间有强大的附着力，所以导管中的水柱能忍受强大的张力不会断裂，也不会与管壁脱离。内聚力学说是爱尔兰人迪克森（H. H. Dixon, 1914 年）和伦纳（Renner, 1912 年）提出来的。据测定，水分子的内聚力可达到 30MPa 以上，而水柱的张力一般为 0.5～3.0MPa，可见水分子的内聚力远远大于张力，可以保证水柱连续不断，水分能不断沿导管上升。这种由于水分子蒸腾作用和分子间内聚力大于张力，使水分在导管内连续不断向上运输的学说，称为蒸腾—内聚力—张力学说，也称为内聚力学说。这个学说得到了众多学者的广泛支持，但也存在一些争论，总的来说，目前还没有更好的学说代替内聚力学说。

第六节　作物的水分平衡

植物在正常的情况下，根系从土壤中不断地吸收水分，叶片通过气孔蒸腾失水，这样就在植物生命活动中形成了吸水与失水的连续运动过程。一般把植物吸水、用水、失水三者之间的和谐动态关系称为水分平衡。

在农业生产中，应根据不同植物的需水规律，进行合理灌溉，才能保持作物体内的水分平衡，达到作物高产、稳产的目的。

一、作物的需水规律

1. 不同作物对水分的需要量不同　植物的蒸腾系数就是需水量，作物种类不同需水量有很大差异（表 5-1）。小麦、大麦和豌豆需水量较多，高粱和玉米需水量较少。以生产等量的干物质而言，需水量少的作物比需水量大的作物所需水分少；或者在水分较少的情况下，能制造较多的干物质，因而受干旱影响比较少。在生产上常以作物的生物产量乘以蒸腾系数为理论最低需水量。但作物实际需要的灌溉量要比理论值大得多，因为土壤保水能力、降雨及生态需水的多少还应考虑进出。

2. 同一作物不同生育期对水分的需求量不同　植物在整个生育期中对水分的需求有一定的规律，一般在苗期需水较少，在开花前旺盛生长期需水量大，开花结果后需水量逐渐减少。不同作物在不同生育期的需水量有很大区别。例如早稻在苗期，由于蒸腾面积较小，水分消耗量不大；进入分蘖期后，蒸腾面积扩大，气温也逐渐转高，水分消耗量也明显加大；到孕穗开花期耗水量达最大值，进入成熟期后，叶片逐渐衰老脱落，耗水量又逐渐减少。

3. 作物的水分临界期 作物一生中对水分缺乏最敏感、最易受害的时期，称为水分临界期。一般而言，植物水分临界期处于花粉母细胞四分体形成期。这个时期如缺水，就会使性器官发育不正常。禾谷类作物一生有两个临界期，一是拔节到抽穗期，如缺水可使性器官形成受阻，降低产量；二是灌浆到乳熟末期，这时缺水，会阻碍有机物质的运输，导致子粒糠秕，千粒重下降。

作物水分临界期的生理特点是原生质的黏性和弹性都显著降低，因此忍受和抵抗干旱的能力减弱，此时，原生质必须有充足的水分，代谢才能顺利进行。因此，在农业生产上，必须采取有效措施，满足作物水分临界期对水分的需求，是取得高产的关键。

二、合理灌溉的指标

（一）土壤含水量指标

作物灌水一般是根据土壤含水量来进行灌溉，即根据土壤墒情决定是否需要灌水。一般作物生长较好的土壤含水量为田间持水量的 $60\%\sim80\%$，如果低于此含水量，就应及时进行灌溉。但这个值不固定，常随许多因素的改变而变化。此值在农业生产中有一定的参考意义。

（二）作物形态指标

作物缺水时，其形态表现：幼嫩的茎叶在中午发生暂时萎蔫，导致生长速度下降，茎、叶变暗、发红。这是因为干旱时生长缓慢，叶绿素浓度相对增大，使叶色变深，在干旱时糖的分解大于合成，细胞中积累较多的可溶性糖并转化成花青素，使茎叶变红，是因为花青素在弱酸条件下呈红色的缘故。形态指标易于观察，但是当植物在形态上表现受旱或缺水症状时，其体内的生理生化过程早已受到水分亏缺的危害，这些形态症状不过是生理生化过程改变的结果。因此，更为及时和灵敏的灌溉指标是生理指标。

（三）灌溉的生理指标

1. 叶水势 叶水势是一个灵敏的反映植物水分状况的指标。当植物缺水时，叶水势下降。当水势下降到一定程度时，就应及时灌溉。对不同作物，发生干旱危害的叶水势临界值不同。表 5-3 列出了几种作物光合速率开始下降时的叶水势阈值。

表 5-3 光合速率开始下降时的叶水势值

作物	引起光合下降的叶水势值（MPa）	气孔开始关闭的叶水势值（MPa）
小麦	-1.25	
高粱	-1.40	
玉米	-0.80	-0.480
豇豆	-0.40	-0.40
早稻	-1.40	-1.20
棉花	-0.80	-1.20

2. 植物细胞汁液的浓度 干旱情况下植物细胞汁液浓度比水分供应正常情况下为高，当细胞汁液浓度超过一定值时，就应灌溉，否则会阻碍植株生长。

3. 气孔开度 水分充足时气孔开度较大，随着水分的减少，气孔开度逐渐缩小；当土壤可利用水耗尽时，气孔完全关闭。因此，气孔开度缩小到一定程度时就要灌溉。

4. 叶温—气温差 缺水时叶温—气温差加大，可以用红外测温仪测定作物群体温度，计算叶温—气温差确定灌溉指标。目前已利用红外遥感技术测定作物群体温度，指导大面积作物灌溉。

作物灌溉的生理指标受栽培地区、时间、作物种类、作物生育期的不同而异，甚至同一植株不同部位的叶片也有差异。因此，在实际运用时，应结合当地的情况，测出不同作物的生理指标阈值，以指导合理灌溉。在灌水时尤其要注意看天、看地、看作物苗情，不能用某一项生理指标生搬硬套。

复习思考题

1. 名词解释：自由水、束缚水、水势、渗透势、压力势、衬质势、渗透作用、吸胀作用、质壁分离、蒸腾速率、蒸腾效率、根压、蒸腾拉力、水分平衡、内聚力学说。
2. 水在植物生活中有哪些作用？
3. 植物体内的水分存在状态有哪两种？不同水分的存在状态对植物代谢和抗性有何影响？
4. 了解质壁分离及复原在农业生产上有何指导意义？
5. 根系吸水和细胞吸水有什么不同。
6. 解释下列现象：
(1) 作物在盐碱地生长不好的原因是什么？
(2) 为什么作物苗期化肥施用过多，会产生"烧苗"现象？
(3) 植物为什么会产生根压和蒸腾拉力？
(4) 为什么说麦收"八、十、三场雨，瑞雪兆丰年"？
7. 蒸腾作用有哪些形式？蒸腾的数量指标如何表示？
8. 简述水分沿导管上升的动力。
9. 说明水分在植物体内运输的途径和速度。
10. 简述气孔开闭的机理。
11. 何为水分临界期？了解水分临界期在农业生产上有何意义？
12. 合理灌溉的生理指标有哪些？
13. 举例说明在农业生产、城市绿化中，育苗移栽和园林树木移栽时怎样维持水分平衡？在移栽后应采取什么措施？
14. 简述灌水增产的生理原因和节水灌溉技术的措施。
15. 如何理解农业生产中"有收无收在于水"这句话？

第六章

植物的矿质营养

教学目标 通过本章的学习使学生了解植物生长发育所必需的矿质元素，必需矿质元素的生理功能及缺素症状。植物根系吸收矿质元素的原理和吸收过程。根系对矿质元素的选择吸收，以及影响吸收矿质元素的因素。掌握矿质元素的运输途径，植物对矿质元素的利用，作物需肥的基本规律，合理施肥的生理指标，施肥原理及合理施肥技术。通过实训实习使学生学会植物营养缺乏症的观察分析方法。

植物除了从土壤中吸收水分外，还需要各种矿质元素和氮素，来维持正常的生命活动。"庄稼一枝花，全靠肥当家"的农谚充分说明了肥料对植物的重要性。植物吸收的营养元素，有的作为植物体的组成成分，有的参与调节生命活动，也有的兼备这两种功能。矿质元素和水一样主要存在于土壤中，由根系吸收进入植物体内，运输到植物需要的部位，加以同化，以满足植物生长发育的需要。我们把植物对矿质元素的吸收、运转和同化，称为矿质营养。

第一节 植物体内的必需元素

一、植物的必需元素及其确定方法

在自然界有100多种元素，其中有40余种是生物体内所必需的。究竟哪些元素是植物体内必需的呢？要回答这个问题可以从两方面入手：一是分析植物体内的元素，二是进行缺素培养。

将植物材料放在105℃的环境中烘干，失去水分后剩下的干物质中包括无机物和有机物。若将干物质放在160℃高温下充分燃烧，有机物质碳、氢、氧、氮分别以二氧化碳、水、分子态氮和氮的氧化物形式挥发掉，剩下的白色灰烬中的元素，统称为灰分元素或矿质元素。虽然，灰分中并不包括氮，然而，氮与钾、磷等元素一样，通常以硝酸盐（NO_3^-）和铵盐（NH_4^+）的形式被吸收，所以把氮归并于矿质元素一起讨论。一般说来，植物体中含有5%～90%的干物质，10%～95%的水分；而干物质中有机化合物占90%～95%；无机化合物仅占5%～10%。

通过灰分分析，在不同的植物中至少存在70多种矿质元素，其中在植物体内存在较为普遍且量较大的有十余种，植物体内的矿质元素含量因植物种类、器官或部位不同而有很大差异（表6-1）。年龄和生境的不同也影响到植物体内矿质元素的含量。禾谷类作物中含有很多硅（Si）；十字花科和伞形科植物富有硫（S），豆科植物中含有钙（Ca）和硫（S），马铃薯块茎中含有钾（K），盐生植物含有钠（Na），海藻中含有大量的碘（I）、溴（Br）等。

表6-1 植物体内的含灰量

植物（或器官、部位）	植物干重中灰分质量分数（%）	植物（或器官、部位）	植物干重中灰分质量分数（%）
水生植物	1左右	中生植物	5～15
盐生植物	最高可达45以上	树叶	3～4
细菌	8～10	树皮	3～8
真菌	7～8	木材	0.5～1
海藻	10～20	种子	约为3
苔藓	2～4	茎和根	4～5
蕨类植物	6～10	叶	10～15

1. 植物体内的必需元素 植物体内的矿质元素种类很多，据分析，地壳中存在的元素几乎都能在不同植物中找到。虽然现在已发现植物中含有70多种元素，但并不是每一种元素都是植物必需的。

所谓必需元素是指植物生长发育必不可少的元素。国际植物营养学会规定的植物必需元素的3条标准是：

第一，缺乏该元素，植物生长发育不正常，不能完成生活史。

第二，缺乏该元素，植物表现出专一的病症，而加入该元素后，逐渐转向正常。

第三，对植物营养的功能是直接的，而不是由于改善土壤或培养基条件所致。

根据以上3条标准，现已确定植物必需的矿质（含氮）元素有14种，它们是氮（N）、磷（P）、钾（K）、钙（Ca）、镁（Mg）、硫（S）、铁（Fe）、铜（Cu）、硼（B）、锌（Zn）、锰（Mn）、钼（Mo）、氯（Cl）、镍（Ni）；加上从空气中和水中得到的碳（C）、氢（H）、氧（O），一共17种。根据植物对这些元素的需求量，把它们分为两大类：

(1) 大量元素。植物对此类元素需要较多，它们占植物干重的0.1%以上。这些元素是：碳、氢、氧、氮、磷、钾、钙、镁、硫等。

(2) 微量元素。植物对此类元素的需量极微，占干重的0.01%以下。它们是铁、硼、锰、锌、铜、钼、氯、镍等。尽管它们需要量很小，但缺乏时植物不能正常生长，若稍有过量，反而对植物有害，甚至导致植物死亡。

2. 确定植物必需元素的方法 确定植物的必需元素，仅仅分析灰分是不够的，因为灰分中大量存在的元素，不一定是植物生活需要的，而含量很少的却可能是植物体内所必需的。由于土壤条件较为复杂，其中的元素成分无法控制，因此，用土培法无法正确地确定必需元素。目前常用溶液培养法、砂培法和气栽法等来确定植物必需的矿质元素（图6-1）。

溶液培养法亦称水培法。是在含有全部或部分植物所需养分的水溶液中培养植物的方法。而砂基培养法则是在洁净的石英砂、蛭石或小玻璃球等基质中，加入营养液来培养植物的方法。砂培中的砂，只能起到固定植物的作用，必需养分仍由溶液提供。

要使植物生长发育正常，培养液中应含有各种必需元素，保持适宜的浓度与pH。各种阴阳离子总量之间应保持平衡，且无毒害。在水培时，还要注意通气和防止光线对根系的直接照射等。

在研究植物必需的矿质元素时，可在配制的营养液中除去加入某一元素，如在除去某一

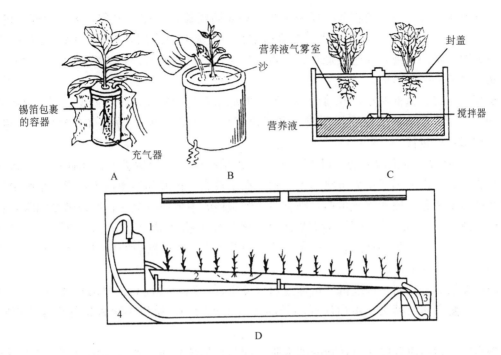

图 6-1 溶液培养法的几种类型

A. 水培法：使用不透明的容器（或以锡箔包裹容器），以免光照及藻类繁殖，并注意通气　B. 沙培法　C. 气栽法：根悬于营养液上方，营养液被搅起成雾状　D. 营养膜法：营养液从容器 1 流进长着植物的浅槽 2，未被吸收的营养液流进容器 3，并经管 4 泵回 1，营养液成分及 pH 可自动调控

（引自 Salisbury Ross，1992）

元素时，植物生长发育不正常，不能完成其生活史，并出现特有的病症，而加入该元素后，症状就消失，则说明该元素为植物的必需元素。反之，若减去某一元素时，对生长发育无不良影响。即表示该元素为非必需元素。

二、各种必需的元素的生理作用及缺素症

植物体内必需的矿质元素在植物体内的作用有以下 3 个方面：①是细胞结构物质的组成成分；②是植物生命活动的调节者，参与酶的活动；③起电化学作用，即离子浓度的平衡、胶体的稳定和电荷中和等。有些大量元素同时具备上述 2~3 个作用，大多数微量元素只具有酶促功能。

（一）大量元素

1. 氮　植物所吸收的氮素主要是无机态氮和硝态氮，也可以吸收利用有机态氮，如尿素等。

氮是构成蛋白质的主要成分，占蛋白质含量的 16%~18%。而细胞质、细胞核和酶都含有蛋白质，所以氮也是细胞质、细胞核和酶的组成成分。此外，核酸、核苷酸、辅酶、磷脂、叶绿素等化合物中都含有氮，而某些植物激素、维生素和生物碱等也含有氮。由此可见，氮在植物生命活动中占有首要地位，故又称为生命元素。

当氮肥供应充分时，植物叶大而绿，叶片功能期延长，分枝（分蘖）多，营养体健壮，花多，产量高，生产上常施用氮肥促进植物生长。但氮肥过多时，叶片深绿，导致植株旺长，细胞质丰富而壁薄，易感染病虫害，常发生倒伏，抗逆能力差，成熟期延迟。但对叶菜类作物可以多施一些氮肥。

植株缺氮时，植株矮小，叶薄而小色淡（叶绿素含量少）或发红（氮少，用于形成氨基酸的糖类也少，余下较多的糖类形成较多花色素苷，故呈红色），分枝（分蘖）少，花少，子实不饱满，产量低。

2. 磷 通常磷呈正磷酸盐（$H_2PO_4^-$）形式被植物吸收。当磷进入植物体后，大部分成为有机物，有一部分仍保持无机物形式。磷存在于磷脂、核酸和核蛋白中，磷脂是细胞质和生物膜的主要成分，核酸和核蛋白是细胞质和细胞核的组成成分之一，所以磷是细胞质和细胞核的组成成分。磷是核苷酸的组成成分。核苷酸的衍生物（如 ATP、FMN、NAD^+、$NADP^+$ 和 CoA 等）在新陈代谢中占有极其重要的地位。磷在糖类的代谢、蛋白质代谢和脂肪代谢中起着重要的作用。

磷能促进各种代谢正常进行，植株生长发育良好，同时可提高作物的抗寒性及抗旱性，提早成熟。由于磷与糖类、蛋白质和脂肪的代谢关系密切，所以不论种植什么作物都需要磷肥。

缺磷时，蛋白质合成受阻，新的细胞质和细胞核形成较少，影响细胞分裂，生长缓慢，叶小，分枝或分蘖减少，植株矮小。叶色暗绿，细胞生长慢，叶绿素含量相对升高。某些植物（如油菜）叶有时呈红色或紫色，因为缺磷阻碍了糖分的运输，在叶片中积累了大量的糖分，有利于花色素的形成。缺磷时，开花期和成熟期都延迟，产量降低，抗性减弱。

3. 钾 钾在植物中几乎都呈离子状态存在，部分在原生质中处于吸附状态。与氮、磷相反，钾不参与重要有机物的组成。钾主要集中在植物生命活动最活跃的部位，如生长点、幼叶与形成层等。

钾对于参与活体内各种重要反应的酶起着活化剂的作用，是 40 多种酶的辅助因子。钾促进呼吸进程及核酸和蛋白质的形成。钾对糖类的合成和运输有影响，钾在蒸腾作用中调节气孔的开闭。

在农业生产上，钾供应充分时，糖类合成加强，纤维素和木质素含量提高，茎秆坚韧，抗倒伏。由于钾能促进糖分转化和运输，使光合产物迅速运到块茎、块根或种子，促进块茎、块根膨大，种子饱满。故栽培马铃薯、甘薯、甜菜等作物时施用钾肥，增产显著。钾不足时，植株茎秆柔弱易倒伏，抗旱性和抗寒性均差；叶片细胞失水，蛋白质解体，叶绿素破坏，所以叶色变黄，逐渐坏死。也有叶缘枯焦，生长较慢，而叶中部生长较快，整片叶子形成杯状弯卷或皱缩。

4. 硫 植物从土壤中吸收硫酸根离子。SO_4^{2-} 进入植物体后，一部分保持不变，大部分被还原成硫，进一步同化为含硫氨基酸，如胱氨酸、半胱氨酸和蛋氨酸等。而这些氨基酸几乎是所有蛋白质的构成分子，所以硫也是细胞质的组成成分。半胱氨酸—胱氨酸系统的变化直接影响到细胞的氧化还原电位。硫也是 CoA 的成分之一。氨基酸、脂肪、糖类等的合成，都和 CoA 有密切关系。

硫不足时，蛋白质含量显著减少，叶色黄绿或发红，植株矮小。

5. 钙 植物从氯化钙等盐类中吸收钙离子。植物体内的钙有的呈离子状态，有的呈盐形式存在，也有与有机物结合的。钙主要存在于叶子或老的器官和组织中。它是一个比较不易移动的元素。钙在生物膜中可作为磷脂的磷酸根和蛋白质的羧基间联系的桥梁，因而可以维持膜结构的稳定性。

钙是构成细胞壁的一种元素，细胞壁的胞间层是由果胶酸钙组成的。缺钙时，细胞壁形成受阻，影响细胞分裂，或者不能形成新细胞壁，出现多核细胞。因此缺钙时生长受抑制，严重时幼嫩器官（根尖、茎端）溃烂坏死。番茄蒂腐病、莴苣顶枯病、芹菜裂茎病、菠菜黑心病、大白菜干心病等都是缺钙引起的。

胞质溶胶中的钙与可溶性的蛋白质形成的钙调素在代谢中起着"第二信使"的作用。

6. 镁 镁主要存在于幼嫩器官和组织中，植物成熟时则集中于种子。镁是叶绿素的组成成分之一。缺乏镁，叶绿素合成受阻，叶脉仍保持绿色而叶肉变黄，有时呈红紫色。镁是光合作用和呼吸作用中许多酶如 RUBP 羧化酶、乙酰 CoA 合成酶的活化剂。蛋白质合成时，氨基酸的活化需要镁的参与，镁也是染色体的组成成分。若缺镁严重，则形成褐斑坏死。在光合和呼吸过程中，镁可以活化各种磷酸变位酶和磷酸激酶。同样，镁也可以活化 DNA 和 RNA 的合成过程。

（二）微量元素

1. 铁 植物从土壤中主要吸收氧化态的铁。通常 Fe^{3+} 先吸附在质膜的表面，经 NAD（P）H 还原后转变为 Fe^{2+}，Fe^{2+} 再进入细胞内。铁进入植物体内处于被固定状态，不易转移。铁是许多重要氧化还原酶的组成成分。铁在呼吸、光合和氮代谢方面的氧化还原中（Fe^{3+}、Fe^{2+}）都起着重要作用。铁也是固氮酶中铁蛋白和钼铁蛋白的金属成分，在生物固氮中起作用。缺铁影响叶绿素的形成。华北果树的"黄叶病"就是植物缺铁所致。

缺铁时幼叶缺绿发黄，甚至变为黄白色，而下部叶片仍为绿色。土壤中一般不会缺铁，但在碱性土壤或石灰质土壤中，铁易形成不溶性化合物而影响植物对铁的吸收。

2. 锰 锰是糖酵解和三羧酸循环中某些酶的活化剂，所以锰能提高呼吸速率。锰是硝酸还原酶的活化剂，植物缺锰会影响它对硝酸盐的利用。在光合作用方面，水的裂解需要锰参与。缺锰时，叶绿体结构会受到破坏甚至解体。

3. 硼 硼能与游离状态的糖结合，使糖带有极性，从而使糖容易通过质膜，促进运输。硼对植物生殖过程有影响。植株各器官中硼的含量在花中最高。缺硼时，花药和花丝萎缩，绒毡层组织破坏，花粉发育不良。果树花期喷硼，可促进花粉发芽，加快受精速度，提高坐果率。安徽、江苏等省的甘蓝型油菜"花而不实"就是因为植株缺硼的原因。黑龙江省小麦不结实也是由缺硼引起的。硼具有抑制有毒酚类化合物形成的作用，所以缺硼时，植株酚类化合物（如咖啡酸、绿原酸）含量过高，致使嫩芽和顶芽坏死。

4. 锌 锌以 Zn^{2+} 形式被吸收。锌是碳酸酐酶的成分，此酶存在于原生质和叶绿体中，因此锌与光合、呼吸有关。锌也是谷氨酸脱氢酶及羧肽的组分，在氮代谢中也起一定作用。同时，锌与生长素的合成有关。

缺锌植物失去合成色氨酸的能力，而色氨酸是吲哚乙酸的前身，因此缺锌植物的吲哚乙酸含量低。锌是叶绿素生物合成的必需元素。锌不足时，植株茎部节间短，呈莲丛状，叶小且变形，叶缺绿。吉林和云南等省玉米"花白叶病"，华北地区果树"小叶病"等都是缺锌的缘故。

5. 铜　铜是某些氧化酶的金属成分，可以影响氧化还原过程。铜又存在于叶绿体的质蓝素中，参与光合电子传递。

缺铜时，叶片生长缓慢，呈蓝绿色，幼叶缺绿，随后发生枯斑，最后死亡脱落。另外可使气孔下形成空腔，使水分过度蒸腾而发生萎蔫。

6. 钼　钼是硝酸还原酶的金属成分，起着电子传递作用。钼又是固氮酶中钼铁蛋白的成分，在固氮过程中起作用。所以，钼的生理功能突出表现在氮代谢方面。钼对花生、大豆等豆科植物的增产作用显著。

缺钼时，叶较小，脉间失绿，有坏死斑点，且叶缘焦枯向内卷曲。

7. 氯　氯在光合作用水裂解过程中起着活化剂的作用，促进氧的释放。根和叶的细胞分裂需要氯。缺氯时植株叶小，叶尖干枯、黄化，最终坏死；根尖粗，生长慢。

8. 镍　镍是大多数植物生长所必需的微量元素。植物以 Ni^{2+} 的形式吸收镍。镍是脲酶、氢酶的金属铺基，镍也是固氮菌脱氢酶的成分，镍还有激活大麦中 α-淀粉酶的作用。镍对于植物氮代谢及生长发育的正常进行都是必需的。缺镍时，植物体内的尿素会积累过多，叶尖坏死，而对植物产生毒害，不能完成生活史。

当植物缺乏上述必需元素时。植物体内的代谢都会受到影响，进而在植物体外观上产生可见的症状。这就是所谓的营养缺乏症或缺素症。为了便于检索，现将植物缺乏各种必需矿质元素的主要症状归纳为：

A 较老的器官或组织先出现病症
　B 病症常遍布全株，长期缺乏则茎短而细
　　C 基部叶片先缺绿，发黄，变干时呈浅褐色 ············ 氮
　　C 叶常红色或紫色，基部叶发黄，变干暗绿色 ············ 磷
　B 病症常限于局部，基部叶不干焦但杂色或缺绿
　　C 叶脉间或叶缘有坏死斑点，或叶呈卷皱状 ············ 钾
　　C 叶脉间坏死斑点大并蔓延至叶脉，叶厚，但叶形细小，茎短 ············ 锌
　　C 叶脉间缺绿（叶脉仍绿）
　　　D 有坏死斑点 ············ 镁
　　　D 有坏死斑点并向幼叶发展，或叶扭曲 ············ 钼
　　　D 有坏死斑点，最终呈青铜色 ············ 氯
A 较幼嫩的器官或组织先出现病症
　B 顶芽死亡，嫩叶变形或坏死，不呈叶脉间缺绿
　　C 嫩叶初期呈典型钩状，后从叶尖和叶缘向内死亡 ············ 钙
　　C 嫩叶基部浅绿，从叶基起枯死，叶捻曲，根尖生长受抑 ············ 硼
　B 顶芽仍活
　　C 嫩叶易萎蔫，叶暗绿色或有坏死斑点 ············ 铜
　　C 嫩叶不萎蔫，叶缺绿
　　　D 叶脉也缺绿 ············ 硫
　　　D 叶脉间缺绿但叶脉仍绿
　　　　E 叶淡黄色或白色，无坏死斑点 ············ 铁
　　　　E 叶片有小的坏死斑点 ············ 锰

需要说明的是，植物缺素时的症状会随植物种类、发育阶段及缺素程度的不同而有不同的表现。此外，同时缺乏数种元素会使病症复杂化。其他环境因素（如各种逆境、土壤pH）都可能引起植物产生与营养缺乏类似的症状。因此，在判断植物缺乏哪种矿质元素时，应进行综合诊断。

第二节　植物对矿质元素的吸收和运输

一、植物对矿质元素的吸收

植物从外界环境中吸收各种矿质元素是植物维持正常代谢的必要条件。植物吸收矿质元素可以通过叶片，也可以通过根部，但主要是通过根部吸收。

（一）根系对矿质元素的吸收

1. 根系吸收矿质元素的部位　植物细胞对矿质元素的吸收是植物吸收矿质元素的基础，而从器官水平来看，整个植物体对矿质元素的吸收部位有叶片和根系，根系是植物吸收矿质元素的主要器官。根系吸收矿质元素的情况直接影响着植物的生长发育。关于根系吸收矿质元素的部位，有实验证明：根毛区虽然积累的离子比较少，但该部位的木质部分化完全，吸收的离子能较快地运出。根尖顶端虽有大量的离子积累，该部位还未分化出输导组织，离子不易运出。综合离子积累和运出的结果，确定根尖的根毛区是吸收矿质的主要部位，这一点和吸收水分基本一致。

2. 植物吸收矿质元素的特点　植物对矿质元素的吸收是一个复杂的生理过程，有人认为矿质元素是和水一起被吸收的，而大量实验证明根吸收矿质元素和吸水有一定的联系，但根对矿质元素的吸收是一个相对独立的过程，根系对不同离子的吸收还有选择性。

（1）根系对盐分和水分的相对吸收。盐分和水分两者被植物的吸收是相对的，既有关又无关。"有关"表现在盐分只能溶解在水中，才能被根部吸收；"无关"表现在两者的吸收机理不同。根部吸水主要是因蒸腾而引起的被动过程，而吸收无机盐则是以消耗代谢能量的主动吸收为主，有载体运输，也有通道运输和离子泵运输，其运输速度和水分的运输速度并不一致。

（2）根系对离子的选择性吸收。植物不但吸收水分与吸收无机盐表现为相对独立性，一种盐带有不同电荷的离子也不是等量进入植物体的。植物根系吸收离子的数量与溶液中离子的数量不成比例的现象称为离子的选择性吸收。如在土壤中施入（NH_4）$_2SO_4$ 时，植物对 NH_4^+ 的吸收量远远超过 SO_4^{2-}，在吸收 NH_4^+ 的同时将 H^+ 置换到土壤中，从而使土壤中 SO_4^{2-} 和 H^+ 浓度增大，导致 pH 下降，这种盐称为生理酸性盐。如施入 $NaNO_3$ 则相反，植物吸收大量的 NO_3^-，而使 Na^+ 残留在土壤中，使土壤 pH 升高，因此，把 $NaNO_3$ 称为生理碱性盐。如供给 NH_4NO_3 时，植物对 NH_4^+ 和 NO_3^- 离子几乎以同等速度吸收，根部置换的 H^+ 和 HCO_3^- 相等，并不改变土壤的 pH，这种盐称为生理中性盐。在生产实际当中，如果长期施用某一种肥料，就会使土壤酸化和碱化，从而破坏土壤结构。因此，在农业生产上要合理施肥才能起到改良土壤的作用。

（3）单盐毒害和离子拮抗。某种溶液若只含有一种盐分（即溶液的盐分中的金属离子只有一种），该溶液即被称为单盐溶液。若将植物培养在单盐溶液中，植物不久就会呈现不正常状态，最后死亡。这种现象称为单盐毒害。

在发生单盐毒害的溶液中，加入少量含有其他金属离子的盐类，单盐毒害就会减轻或消除，离子间的这种作用称为离子拮抗作用。例如在 NaCl 溶液中加入 $CaCl_2$，在 $CaCl_2$ 溶液中加入 NaCl 和 KCl（图 6-2），就能减轻单盐毒害。

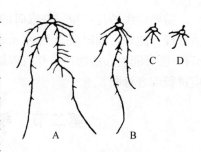

图 6-2 小麦根在单盐溶液和盐类混合液中的生长情况
A. $NaCl+KCl+CaCl_2$
B. $NaCl+CaCl_2$　C. $CaCl_2$　D. NaCl

我们把植物必需的矿质元素按一定浓度与比例配成混合溶液，使植物生长良好。这种能使植物生长良好的溶液称为生理平衡溶液。对海藻来说，海水就是生理平衡溶液，对大多数农作物来说，除了盐碱地之外，土壤溶液也比较接近生理平衡溶液。

（二）根系吸收矿质的方式

根系吸收矿质元素的方式有两种，即被动吸收和主动吸收。

1. 被动吸收　根细胞对溶质的吸收是顺电化学梯度进行的，因为这种吸收方式不需要代谢能量，因此称为非代谢性吸收或被动吸收。主要包括单纯扩散和易化扩散。

溶液中的溶质从浓度较高的区域跨膜移向溶液浓度较低的邻近区域称为单纯扩散。因此，当外界溶液的浓度高于细胞内部溶液的浓度时，外界溶液中的溶质就会扩散到细胞内部。易化扩散是溶质通过膜转运蛋白顺浓度梯度或电化学梯度进行的跨膜转运。参与易化扩散的膜转运蛋白主要有两种，即通道蛋白和载体蛋白，载体蛋白又称为载体，也称为运输酶或透过酶。

2. 主动吸收　根细胞通过呼吸作用提供的能量逆浓度梯度吸收矿质元素的过程，称为主动吸收。它是根部吸收矿质元素的主要形式。

（三）根系吸收矿质元素的过程

根部吸收矿质元素的过程分为两步。

1. 离子交换吸附　细胞的主要成分是蛋白质，蛋白质是两性电解质，因而可吸附不同的离子。根部细胞呼吸作用放出的二氧化碳和水生成 H_2CO_3，离解成 H^+ 和 HCO_3^-。

$$CO_2 + H_2O \longrightarrow H_2CO_3$$

$$H_2CO_3 \longrightarrow H^+ + HCO_3^-$$

这些离子吸附在根系细胞的表面，并和土壤中的无机离子进行交换，交换的原则是：同电荷等价交换，即阳离子和阳离子交换，阴离子和阴离子交换，其交换方式有以下两种：

（1）通过土壤溶液进行交换。根际表面吸附的 H^+ 和 HCO_3^- 同溶于溶液中的离子，如 K^+、Cl^- 等进行交换，结果，土壤中的 K^+、Cl^- 交换到根表面，而根表面的 H^+ 和 HCO_3^- 则交换到土壤溶液中（图 6-3）。

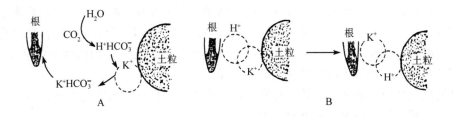

图 6-3 根对吸附在土壤胶体上的矿物质的吸收
A. 通过土壤溶液和土粒进行离子交换 B. 接触交换

(2) 接触交换。当根系和土壤胶粒接触时，土壤表面所吸附的离子与根直接进行交换，因为根表面和土粒表面所吸附的离子，是在一定吸附力的范围内振动着，当两种离子的振动面部分重合时，便可相互交换。

由于呼吸作用可不断产生 H^+ 和 HCO_3^-，它们与周围溶液土粒的阴阳离子迅速交换，因此，无机盐离子就会被吸附在根的表面。

2. 吸附在根原生质表面的离子转移到原生质的内部 离子从根细胞表面运输到细胞内的过程可用"载体学说"来解释。生物膜有一种流动镶嵌模型，膜上有一种特殊蛋白质，离子是通过这种特殊蛋白质运输的，它们具有专门运输物质的功能，称为运输酶或透过酶。运输酶与物质结合的专一性很强，一种运输酶常只能与特定的离子结合。它对所结合的离子或分子有高度的亲和力。因此其吸收是有选择性的，这种运输过程示意见图 6-4。

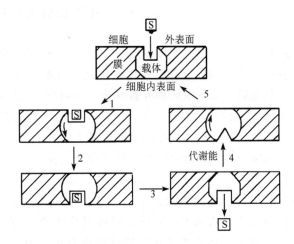

图 6-4 离子或分子 (S) 主动吸收机理的一种假说示意图
1. 载体分子和 S 结合 2. 由于变构作用产生旋转
3. S 被释放入细胞，载体分子回到不能运动的形状
4. 载体获得能量，成为可转动的形状 5. 载体恢复原状

当膜外存在新结合的物质时，质膜上的运输酶能分辨出这种物质并与之结合，形成复合体。然后复合体旋转 180°，从膜外转向膜内，由于消耗能量，运输酶的亲和力变弱，就把物质释放到细胞内。当再次获取能量时，运输酶恢复原状，亲和力提高，结合位置又转向膜外。如此往复，就把膜外的物质不断运到膜内，积累于细胞中。

进入原生质内的矿质元素，其中少数参与细胞的各种代谢活动或积累到液泡中。大部分则通过胞间连丝在细胞间移动，最后进入导管随蒸腾液流上升，运向植物体的各个部位。

（四）植物地上部分对矿质元素的吸收

除根部外，植物的地上部分也可以吸收矿质元素。在农业上采用给植物地上部分喷施肥料以补充对矿质元素需要的措施称为根外追肥或根外营养。由于地上部分吸收矿物质的器官，主要是以叶片为主，故根外营养又叫叶片营养。要使叶片吸收营养元素，首先要保证溶液能很好地吸附在叶面上。有些植物叶片很难附着溶液，有些植物叶片虽附着溶液但不均匀。为了克服这种困难，可在溶液中加入降低表面张力的物质（表面活性剂或沾湿剂），如吐温、三硝基甲苯，或加入适量的洗涤剂。

根外追肥的优点是速效、高效、省肥。作物在生育后期根部吸肥能力衰退时，或在作物营养临界期，可采用根外追肥来补充营养。

营养物质可以通过气孔进入叶内，也可以从角质层透入叶内。由于叶片只能吸收液体，固体物质是不能透入叶片的，所以溶液在叶面上的时间越长，吸收矿物质的数量就越多。凡是影响液体蒸发的外界环境，如风速、气温、大气湿度等，都会影响叶片对营养元素的吸收量。因此，根外追肥的时间以下午4时左右为宜，阴天或傍晚最好，但需24h无雨。根外追肥所用肥料的浓度一般在0.3%～1%之间。微量元素在0.1%左右为宜。

二、矿质元素在植物体内的运输和利用

1. 矿质元素在植物体内运输的形式　根部吸收的氮素，大部分在根内转化成有机氮化物再运向地上部分。有机氮化物包括氨基酸（主要有天门冬氨酸、谷氨酸、丙氨酸和蛋氨酸）和酰胺（天冬酰胺和谷氨酰胺），还有少量的氮素以硝酸根的形式向上运输。磷素主要以正磷酸盐的形式运输，也有一些在根部转变为有机磷化物（甘油磷酰胆碱、己糖磷酸酯等）向上运输。硫主要是以硫酸根离子的形式向上运输，少数以蛋氨酸及谷胱甘肽等形式运输。大部分金属元素是以离子形式向上运输。

2. 矿质元素在植物体内的运输途径和速度　根部吸收的矿质元素经质外体和共质体进入导管以后，随蒸腾液流上升，或按浓度差而扩散。大量实验证明，根部吸收的矿质元素是通过木质部向上运输的，也可以从木质部横向运输到韧皮部。而叶片吸收的矿质元素向上和向下运输都是通过韧皮部进行的。叶片吸收的矿质元素也可以从韧皮部横向运输到木质部，在茎内向上运输是通过韧皮部和木质部。矿质元素在植物体内的运输速度为30～100cm/h。

3. 矿质元素的利用　当矿质元素分布到植物体各部分以后，大部分合成为有机物，形成植物结构物质。如氨基酸、蛋白质、叶绿素等。磷合成核酸、磷脂等。有些以离子状态存在，有的作为酶的活化剂和渗透物质。

已参与到植物生命活动中的元素，经过一段时间后，也可以分解并运送到其他部位加以重复利用。氮、磷、钾、镁易重复利用，因而往往是下部老叶先发病；铜、锌有一定程度的重复利用；另外一些元素在细胞中一般形成难溶解的稳定化合物，是不能参与循环的元素，或不可再利用元素，如钙、铁、锰、硼等；它们的缺素症状表现在幼嫩的茎尖和幼叶。可再利用的元素中以氮、磷最典型，不可再利用的元素以钙最为典型。

矿质元素除在植物体内进行运转和分配外，也可从体内排出。在植物衰老时期，叶片中的养分可因雨、雪、雾而损失。在热带雨季生长的籼稻生长后期，由于雨水淋洗损失氮素可达吸收氮量的30%。在植株生长末期，根系也可向土壤中排出矿质元素。被淋洗或排出土壤中的物质，有些可被植物重新吸收。

三、影响根部吸收矿质元素的条件

1. 温度　在一定范围内，根部吸收矿质元素的速率随土壤温度的增高而加快，因为温度影响了根部的呼吸速率，也影响主动吸收。但温度过高（超过40℃），一般作物吸收矿物质元素的速率即下降。温度过低时，根吸收矿质元素的数量减少。因为低温时，代谢弱，主动吸收慢，细胞质黏性增大，因此离子移动的速度慢。

2. 通气状况　如前所述，根部吸收矿物质与呼吸作用有密切关系。因此，土壤通气状况直接影响根吸收矿物质。试验证明，在一定范围内，氧气供应越好，根系吸收矿质元素就越多。土壤通气良好，除了增加氧气外，还有减少二氧化碳的作用。二氧化碳过多，必然抑制呼吸，影响盐类吸收和其他生理过程。

3. 溶液浓度　在外界溶液浓度较低的情况下，随着溶液浓度的增高，根部吸收离子的数量也增多，两者成正比。但是，外界溶液浓度增高到一定程度时，离子吸收速率与溶液浓度便无紧密关系，通常认为是离子载体和通道数量所限。在作物苗期一次施用化学肥料过多，会引起"烧苗"现象，同时根部也吸收不了，造成浪费。

4. 氢离子浓度　外界溶液的pH对矿物质吸收有影响。组成细胞质的蛋白质是两性电解质，在弱酸性环境中，氨基酸带正电荷，易于吸附外界溶液中的阴离子；在弱碱性环境中，氨基酸带负电荷，易于吸附外界溶液中的阳离子。

土壤溶液的pH对植物矿质营养的间接影响比上述的直接影响还要大。首先，土壤溶液反应的改变，可以引起溶液中养分的溶解或沉淀。一般作物生长发育最适的pH是6～7，但有些作物（如茶、马铃薯、烟草）适于较酸性的环境，有些作物（如甘蔗、甜菜）适于较碱性的环境。栽培作物或溶液培养时应考虑外界溶液的酸碱度，以便获得最佳效果。

第三节　氮代谢

植物吸收的矿质养料在植物体内进一步转化为有机物的过程称为矿质养料的同化。下面着重介绍氮的同化过程。

在大气中有79%的氮气（N_2），植物不能直接利用，必须将氮气转化为结合态氮才能被利用，这个过程主要靠微生物的生物固氮来进行。土壤中90%是有机态氮。有机氮化物是由动植物和微生物遗体分解产生，其中一少部分形成氨基酸与尿素被植物直接吸收，而大部分通过氨化作用转变为氨。氨可与土壤中其他物质反应再形成铵盐，或通过硝化作用氧化成亚硝酸盐（NO_2^-）和硝酸盐（NO_3^-）。硝酸盐又可通过反硝化作用形成氮气等气体返回到大气中，以上作用都是由土壤微生物完成的。

一、生物固氮

氮气（或游离氮）转变成含氮化合物的过程称为固氮。固氮有自然固氮和工业固氮之分。工业固氮和自然固氮各占全部固氮量（全球每年2.5×10^{11} kg左右）的15%和85%。

在自然固氮中，有10%是通过闪电进行的，而90%是由生物固氮完成的。生物固氮，就是某些微生物把大气中的游离氮转化为含氮化合物（NH_3或NH_4）的过程。生物固氮的规模非常宏大，它们对农业生产和自然界中的氮素平衡都有十分重要的意义。

二、硝酸盐的还原

1. 植物体内氮素来源　植物的氮源主要是无机氮化物，其中又以铵盐和硝酸盐为主，它们占土壤含量的1%～2%，铵态氮被植物吸收后，可直接用来合成氨基酸。但硝态氮必须经过代谢还原，转变为氨后才能合成氨基酸和蛋白质等。

2. 硝酸盐的还原　植物从土壤中吸收的硝酸盐必须经代谢还原才能被利用，因为蛋白质的氮呈高度还原状态，而硝酸盐的氮却呈氧化状态。

一般认为，硝酸盐还原按以下步骤进行：

$$\underset{\text{硝酸盐}}{\overset{(+5)}{NO_3^-}} \xrightarrow{+2e} \underset{\text{亚硝酸盐}}{\overset{(+3)}{NO_2^-}} \xrightarrow{+2e} \underset{\text{次亚硝酸盐}}{\overset{(+1)}{N_2O_2^{2-}}} \xrightarrow{+2e} \underset{\text{羟氨}}{\overset{(-1)}{[NH_2OH]}} \xrightarrow{+2e} \underset{\text{氨}}{\overset{(-3)}{NH_3}}$$

上式中，圆括号内数字为N的价位数，方括号内的步骤仍未肯定。整个过程需要8个电子，最后将NO_3^-还原为NH_3。

硝酸盐还原为氨的过程，在叶和根内都能进行，但以叶为主。在还原过程中，需要硝酸还原酶和亚硝酸还原酶的催化，还需要有铁、铜、锰、镁等元素参与，这些元素缺乏时，其还原过程受阻，从而影响到氮素的同化。

三、氨的同化

植物吸收的铵态氮或由硝酸盐还原产生的铵态氮在体内能同化成有机物质。高浓度的铵态氮对植物有毒害作用，能使光合磷酸化或氧化磷酸化解偶联，并能抑制光合作用中水的光解。氨的同化有以下4种途径，分别叙述如下：

（1）氨与呼吸代谢产物α-酮酸结合形成氨基酸，氨与草酰乙酸结合形成天冬氨酸。在三羧酸循环中的中间产物α-酮戊二酸与氨结合，在谷氨酸脱氢酶催化下生成谷氨酸。

$$\begin{matrix} \alpha\text{-酮戊二酸} \\ \text{草酰乙酸} \end{matrix} \xrightarrow[+NH_3-H_2O]{NADH+H^+ \quad NAD^+} \begin{matrix} \text{谷氨酸} \\ \text{天冬氨酸} \end{matrix}$$

（2）氨与氨基酸结合形成酰胺。氨与谷氨酸或天冬氨酸，在谷氨酰胺合成酶（图6-5反应①）或天冬酰胺合成酶（图6-5反应③）催化下生成谷氨酰胺和天冬酰胺。谷氨酰胺合成酶对氨有很高的亲和力，定位于叶绿体和细胞质中，在根等非绿色组织中定位于质体中。

（3）通过转氨基作用或氨基交换作用合成氨基酸，把一种氨基酸的氨基转到α-酮戊二酸或另一种氨基酸上，转氨作用由转氨酶催化完成。见图6-5中反应②和④，反应中的草酰乙酸由磷酸烯醇式丙酮酸羧化生成（图6-5反应⑤）。在植物细胞的细胞质中，叶绿体和微体中均有转氨酶，转氨作用在氨的同化中起着重要作用。

（4）在高等植物中还有一种氨同化的方式，即氨、CO_2和ATP结合生成氨甲酰磷酸，

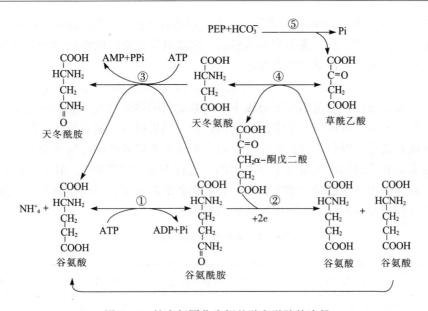

图 6-5 铵态氮同化为氨基酸和酰胺的途径
①谷氨酰胺合酶 ②谷氨酸合酶 ③天冬酰胺合酶 ④转氨酶 ⑤PEP羧化酶

后者参与嘧啶核苷酸的生物合成。

$$NH_3+CO_2+ATP \longrightarrow NH_2COO（P）+ADP$$

通过以上4种途径，无机态氮转化为有机态氮，绝大多数合成氨基酸，继而合成蛋白质，有少部分进入核酸等含氮物质代谢，其中谷氨酰胺和天冬酰胺是两种氨的临时储存形式，它们具有贮氨、放氨和解除氨毒的作用。

第四节　合理施肥的生理基础

在农业生产中，土壤中的养分不断被作物吸收，而作物产品大部分被人们利用，农田中的养分会逐渐减少。因此，要想使农作物持续高产，必须补充农田中缺少的养分，这不仅要有足够的肥料，而且还要合理施肥。只有根据作物的吸肥规律，满足作物在不同生育期对肥料的需求，才能使作物高产。

一、作物的需肥规律

1. 不同作物需肥量不同　棉花、油菜对氮、磷、钾的需要量都较大，必须在各个生育期满足它们对氮、磷、钾的需求。禾谷类作物如玉米、小麦和水稻需氮肥量大，还需要一定数量的磷、钾肥配合。蔬菜中的叶菜类，如韭菜、小白菜、大白菜、菠菜等叶片肥大，质地柔软，需要施用速效性氮肥。农作物和蔬菜中的豆科作物如大豆、花生、菜豆等可通过根瘤菌能自身固氮，一般应控制氮肥，配合施磷肥和钾肥。薯类作物如甘薯、马铃薯需磷、钾较多，也需要一定的氮。此外，油菜需镁较多，甜菜、苜蓿、亚麻对硼有特殊需求。

2. 不同作物需肥形态不同　如烟草既需要铵态氮，也需要硝态氮。因为硝态氮能使烟叶形成较多的有机酸，可提高燃烧性；而铵态氮有利于芳香挥发油的形成，增加香味，所以

烟草施用 NH_4NO_3 最好。水稻根内若缺乏硝酸还原酶，则不能还原硝酸，宜用铵态氮而不适宜施用硝态氮。烟草、马铃薯和甜菜等忌氯，因氯可降低烟叶的燃烧性和马铃薯的淀粉含量，所以用草木灰作钾肥比氯化钾效果好。

3. 同一作物不同生育期需肥不同　作物生长与矿质元素的吸收并不是均匀一致的，但大致上有一个基本规律，幼苗期需肥量较少，随着幼苗的逐渐长大，吸肥量逐渐增加。一般在开花结实期，吸收肥料达到一生中的高峰期，开花结果以后，随着长势的减弱，吸收量缓慢下降，到成熟期停止吸收。我们把作物对缺乏矿质元素最敏感的时期称为需肥临界期，把施肥营养效果最好的时期称为最高生产效率期（或营养最大效率期）。用于收获果实和种子的农作物，营养最大效率期是生殖生长期，需肥临界期是苗期。不同作物生长习性不同，对矿质元素的吸收情况也不同。不同作物的需肥规律见表6-2。

表6-2　不同作物的需肥规律

单位：%

作　物	生育期	氮（N）	磷（P_2O_5）	钾（K_2O）
早　稻	移栽—分蘖期	35.5	18.7	21.9
	稻穗分化—出穗期	48.6	57.0	61.9
	结实成熟期	15.9	24.3	16.2
晚　稻	移栽—分蘖期	22.3	13.9	20.5
	稻穗分化—出穗期	58.7	47.4	51.8
	结实成熟期	19.0	36.7	27.7
冬小麦	出苗—返青	15.0	7.0	11.0
	返青—拔节	27.0	23.0	32.0
	拔节—开花	42.0	49.0	51.0
	开花—成熟	16.0	21.0	6.0
棉　花	出苗—现蕾	8.8	8.1	10.1
	现蕾—棉铃形成	59.6	58.3	63.5
	棉铃形成—成熟	31.6	33.6	26.4
花　生	苗期	4.8	9.2	6.7
	开花期	23.5	22.6	22.2
	结荚期	41.9	19.5	66.4
	成熟期	29.7	22.6	4.7

综上所述，不同作物、同一作物的不同品种、不同生育期需肥种类和数量不同，同一作物的同一品种播种期不同，需肥规律也有很大区别。如玉米的春播和夏播，春播玉米生育期比较长，夏播玉米生育期短，仅有90d左右。春玉米施肥可采用"三攻"追肥法，即攻秆肥、攻穗肥和攻籽肥。而夏玉米可采用"一炮轰"的施肥方法，即一次性追肥。

二、合理施肥增产的生理原因

合理施肥对增产的作用是间接的，它通过改善光合性能，调节植物的代谢和改善土壤环境，从而增加干物质积累并提高产量。

1. 促进光合作用，增加有机营养　合理施肥可增大光合面积，增加叶绿素含量，延长叶片的功能期，提高光合速率，增加有机营养。磷、钾肥能改善光合产物的分配利用，把光合产物迅速运输到结实器官，从而提高经济系数。

2. 调节代谢，协调作物的生长发育　因各种矿质元素对植物生长发育的影响不同，因此，如何根据矿质元素的生理作用和植物的需肥规律，对植物因地、适时、适量的施肥，就可按照人们已定的目标，调节植物生长发育，使作物达到优质、高产的目的。

3. 改善土壤环境，满足植物生长的需要　经常施用有机肥，能改善土壤结构，改良土壤的水、温、气状况，有利于土壤团粒结构的形成。疏松的土壤有利于促进土壤微生物的活动，加速有机质的分解和转化，提高土壤肥力，给根系生长营造一个良好的生活环境，从而提高根系生长和吸收的能力。

三、合理施肥的生理指标

要想使作物获得高产，合理施肥是十分重要的。要做到合理施肥必须考虑到作物种类、作物需肥的特点、土壤酸碱度、作物的长相与长势、天气状况等多种因素。应在施足基肥的基础上分期追肥，从而满足作物不同生育期对肥料的需要。具体施肥时要分析作物的营养元素含量、作物生长发育状况和生理生化变化等因素，并以此作为合理施肥的依据。

（一）追肥的形态指标

我国农民在看苗管理方面有很丰富的经验，他们能根据作物各生育期的外部形态来判断是否缺肥。这些反映植株需肥情况的外部形态，称为追肥的形态指标。

1. 相貌　作物的长势和长相是追肥的形态指标。当氮肥充足时，植株生长快，叶大而柔软，株型松散；氮素不足时，植株生长慢，叶短而直，株型紧凑。河南省偃师县岳滩刘应祥等对冬小麦的春季管理，总结出"三个耳朵"的管理经验。小麦叶片有2/3下垂，叶片大而薄为"猪耳朵"，是旺苗，要进行控制；叶片浓绿，大小适中，有1/3下垂，称"驴耳朵"，是壮苗的标志；叶片小而直立，不下垂为"马耳朵"，是弱苗的标志，必须水肥促进。

2. 叶色　叶色也是追肥的形态指标之一，因为叶色是反映作物体内营养状况（尤其是氮素水平）最灵敏的指标。功能叶的叶绿素与含氮量变化基本一致。如丰产小麦的叶色在返青、拔节、孕穗时呈现出"青、黄、青"的交替变化，如果这些叶色变化发生改变，说明氮素过多或缺乏，必须采取相应的管理措施。

（二）追肥的生理指标

植株是否缺肥，可以根据植株内部的生理状况去判断。这种能反映植株需肥情况的生理生化变化，称为施肥的生理指标。施肥的生理指标一般是以功能叶为测定对象。

1. 营养元素　叶片营养元素诊断是研究植物营养状况的有效途径之一。当养分缺乏时，产量甚低；养分适当时，产量最高；养分过剩，产量不但不增加，还会导致贪青晚熟。在营养元素缺乏和适当之间有一个临界浓度，临界浓度是获得最高产量的最低养分浓度。不同作物不同生育期各元素的临界浓度（表6-3），可作为合理施肥的依据。

表6-3 几种作物矿质元素的临界浓度（占干重的百分率）

作物	测定期	分析部位	氮	五氧化二磷	氧化钾
春小麦	开花末期	叶片	2.6～3.0	0.52～0.60	2.8～3.0
燕麦	孕穗期	植株	4.25	1.05	4.25
玉米	抽雄	果穗前一叶	3.10	0.72	1.67
花生	开花	叶片	4.0～4.2	0.57	1.20

2. 淀粉含量 水稻体内含氮量与淀粉含量成负相关，氮不足时，淀粉在叶鞘中积累，所以鞘内淀粉愈多，表示缺氮愈严重。测定时，将叶鞘劈开，浸入碘液中，如被染成蓝黑色，颜色深，且占叶鞘面积比例大，表明缺氮。

3. 酰胺含量 作物能以酰胺的形式将体内过多的氮素贮藏起来。顶叶内如含有酰胺，表示氮素营养充足；如不含酰胺，说明氮素营养不足，这一指标可作为水稻等作物施用穗肥的依据。

4. 酶活性 作物体内的营养离子常与某些酶结合在一起，当这些离子不足时，酶活性下降。硝态氮和铵态氮的转变是分别由硝酸还原酶和谷氨酸脱氢酶催化的。当这些氮化物不足时，酶的活性也下降；随着氮化物的增多，这两种酶的活性也增强；可是当施肥量超过一定限度时，以上这两种酶的活性就不再增强，而保持一定的水平。因此，可根据作物体内硝酸还原酶和谷氨酸脱氢酶的活性的变化，来确定氮肥的合理用量。

■ 复习思考题

1. 名词解释：必需元素、大量元素、微量元素、水培法、生理酸性盐、生理碱性盐、单盐毒害、离子拮抗、生理平衡溶液、叶片营养、元素的再利用、氮的同化。
2. 植物必需元素有哪些？哪些是大量元素？哪些是微量元素？
3. 简述氮、磷、钾的生理功能及缺素症状，为什么说氮是植物的生命元素？
4. 植物缺乏哪些元素病症从幼叶开始显现？缺乏哪些元素病症从下部老叶开始表现？为什么？
5. 植物根系对矿质元素的吸收有哪些特点？
6. 简述植物主动吸收矿质元素的过程。
7. 什么是生理酸性盐？了解这些在农业生产上有何指导意义？
8. 简要说明氨的同化有哪几种途径？酰胺在植物体内有哪些作用？
9. 简述硝态氮进入植物体被还原和合成氨基酸的过程。
10. 合理施肥为什么能使作物增产？
11. 合理追肥的形态指标与生理指标有哪些？
12. 从生理的角度分析，能否将作物一生中需要的肥料一次施完？为什么？举例说明。
13. 什么是根外追肥？根外追肥应注意哪些问题？
14. 用你学过的理论知识，谈谈如何对作物进行合理施肥。

第七章 光合作用

教学目标 本章主要阐述绿色植物是如何通过光合作用，将无机物转化为有机物，以及植物体是如何将这些有机物（同化产物）通过转化、运输有规律地分配到各个器官中去的内容。通过本章的学习，使学生了解叶绿体结构及叶绿体中色素的种类、颜色和各色素的作用；掌握光合作用的概念、反应过程、影响因素和光合作用产物的种类及其运输的形式、途径、速度和分配规律等相关知识，使学生利用光合作用的理论指导农业生产。同时使学生掌握叶绿体色素的提取和分离及定量测定等技术。

第一节 光合作用的概念及其意义

一、光合作用的概念及特点

1. 光合作用的概念 绿色植物利用光能，将所吸收的二氧化碳和水合成有机物，并放出氧气的过程。常用下列化学式来表示光合作用的总反应。

$$CO_2 + H_2O \xrightarrow[\text{叶绿体}]{\text{光}} (CH_2O) + O_2$$

式中（CH_2O）代表碳水化合物，它和氧气是光合作用的产物。

2. 光合作用的特点 光合作用有 3 个突出的特点：①水被氧化到放出氧气的水平；②二氧化碳被还原到合成碳水化合物的程度；③光合作用是地球上最重要的、利用光能的化学（氧化还原）反应过程，即发生了光能的吸收、转换与贮存。

二、光合作用的意义

1. 蓄积太阳能量 光合作用在将二氧化碳和水合成有机物质的同时，把太阳投射到绿色植物表面的一部分辐射能转换为化学能，贮藏在合成的有机物中，所以光合作用是地球上转化太阳能的最主要过程，是我们一切粮食和燃料的最初来源。工、农业动力用的煤炭、石油及天然气等，均是很早以前植物通过光合作用积累的日光能。因此，可以把绿色植物看成是一个巨大的能量转换站。

2. 制造有机物　植物通过光合作用，将无机物转变为有机物。地球上的植物每年通过光合作用合成约 5×10^{11} t 有机物，其数量之大、种类之多，是任何过程都不能相比的。人类所需的粮食、蔬菜、水果、纤维、油料、木材及药材等都来自植物光合作用。

3. 调节大气成分、带动生态良性循环　在光合作用中，绿色植物不断地从自然界中吸收二氧化碳，同时释放氧气，它是地球上一切需氧过程所必需的氧源。可见绿色植物的光合作用可使大气中氧浓度相对稳定，因而人们把绿色植物看成是一个自动的空气净化器。此外，由于氧气的释放和积累，一部分氧气转化为臭氧，在大气上层形成一个屏障，它能吸收太阳光中对生物有害的强紫外辐射，对生物起了很好的保护作用。

人类和一切需氧生物的呼吸（生物氧化）就是分解生物体内有机物的过程，动植物残体的氧化与燃烧也是分解有机物的过程，这些过程均消耗氧气，释放二氧化碳和水，将有机物归还于大自然。而绿色植物从自然界吸收来的二氧化碳和水合成新的有机物，不仅解决了绿色植物本身的生命活动所需要的营养（补充功能有机物），同时，也维持了非绿色植物、动物和人类的生命，即重建新的生物体。这就带动了自然界生态良性大循环。

由此可见，光合作用是地球上一切生命存在和发展的根本源泉，特别是人类生活和生产的物质来源与能量来源。

第二节　叶绿体和光合色素

植物的光合作用，是在绿色细胞的叶绿体中进行的。叶绿体具有特殊的结构，并含有多种色素，这是和它的光合作用机能相适应的。

一、叶绿体的形态结构和化学成分

1. 叶绿体的形态与大小　高等植物的叶绿体，多数为扁平椭圆形的小颗粒，平均直径 $3\sim7\mu m$，厚 $2\sim3\mu m$，分布在细胞质中，每个叶肉细胞含有数十个到数百个叶绿体。据统计，每平方毫米的蓖麻叶子中叶绿体的数目多达数十万个。因此，叶绿体的总表面积要比叶子面积大得多，这就有利于对日光能和空气中二氧化碳的吸收。

2. 叶绿体的结构　叶绿体由叶绿体膜、类囊体和基质三部分组成（图7-1）：

（1）叶绿体膜。亦称被膜，由两层单位膜构成，外膜透性强，内膜透性差。内外两层膜间有间隙，称为膜间隙。

（2）类囊体。由单位膜形成的扁平小囊，是叶绿体的基本结构单位，内含光合色素，是进行光能吸收和转化的场所。类囊体膜的形成大大地增加了膜片层的总面积，利于有效地收集光能、增加光反应界面。高等植物的类囊体

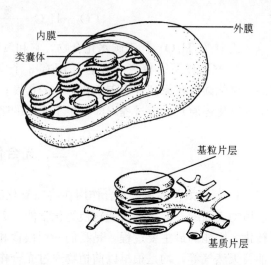

图7-1　叶绿体超微结构（立体）图解

有两种：一种较大且彼此不重叠，贯穿在基质中，称基质类囊体，或称基质片层或基粒间类囊体；另一种较小，可自身或与基质类囊体重叠组成基粒，称基粒类囊体。

（3）基质。在叶绿体内膜里面和基粒、基质片层之间充满着水溶性的液体，称为基质。其中含有酶类、无机离子、核糖体、淀粉粒等。它是光合作用中碳同化的场所。

3. 叶绿体的化学成分 叶绿体的化学成分非常复杂，据测定，各种物质的含量大致如下：水分约占90%，干物质约占10%。在干物质中，蛋白质占35%~50%，类脂化合物占20%~25%，灰分占12%~18%，色素约占10%。

二、叶绿体的光合色素及其吸收光谱与荧光

（一）色素的种类

高等植物叶绿体中主要含有以下4种色素（表7-1）。

表7-1　高等植物叶绿体内的色素种类

色素类	色素种	分子式	色素种颜色	色素类颜色
叶绿素	叶绿素 a	$C_{55}H_{72}O_5N_4Mg$	蓝绿色	绿色
	叶绿素 b	$C_{55}H_{70}O_6N_4Mg$	黄绿色	
类胡萝卜素	胡萝卜素	$C_{40}H_{56}$	橙黄色	黄色
	叶黄素	$C_{40}H_{56}O_2$	金黄色	

这4种色素都不溶于水，而易溶于酒精、丙酮与石油醚等有机溶剂中。因此可用酒精等有机溶剂来提取。但在不同溶剂中，各种色素的溶解度不同，可利用这一特性将4种色素分离开来。

（二）光合色素分子结构的特点

1. 叶绿素分子结构的特点 叶绿素分子的形状好像一个蝌蚪（图7-2）。头部是一个卟啉环，环的中央为一镁原子，由于镁原子偏向于带正电荷，与它相邻近的氮原子则偏向于带负电荷，因此有极性，能吸引水分子，使得头部具亲水性。尾部是一条长链状的叶绿醇，它能与脂类化合物结合，因而具有亲脂性。

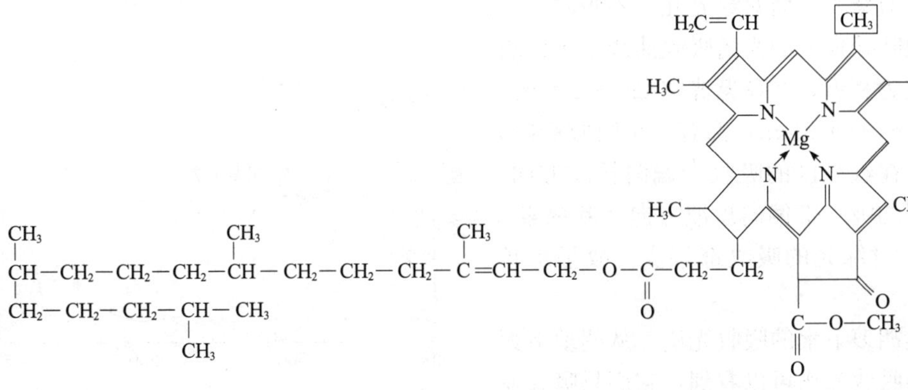

图7-2　叶绿素 a 的结构式（—CH_3 换为—CHO 即为叶绿素 b）

叶绿素分子的另一结构特点是头部具一系列共轭双键，也就是有一个大π键，其中的电子容易被光激发，这是叶绿素分子能引起光化学反应的基本特性。

2. 类胡萝卜素分子结构的特点 类胡萝卜素是由8个异戊二烯形成的四萜，含有一系列的共轭双键，分子的两端各有一个不饱和的取代的环己烯，即紫罗兰酮环（图7-3）。

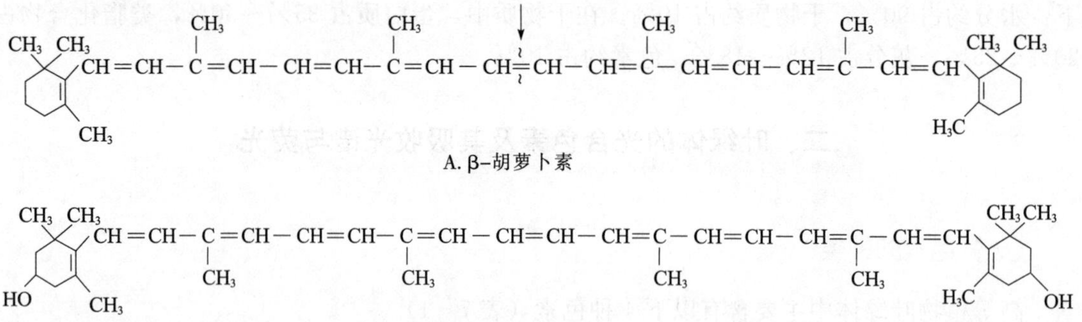

图7-3 β-胡萝卜素和叶黄素的分子结构

胡萝卜素是不饱和的碳氢化合物，有α、β、γ 3种同分异构体，其中以β-胡萝卜素在植物体内含量最多。叶黄素是由胡萝卜素衍生的醇类，也叫胡萝卜醇，通常叶片中叶黄素与胡萝卜素的含量之比约为2∶1。

（三）光合色素的光学特性

让太阳光通过三棱镜，可以看到红、橙、黄、绿、青、蓝、紫7种颜色。这七色连续的光谱，称为太阳光谱。如果把光合色素的提取液放在太阳光和三棱镜之间，由于一些光被光合色素吸收了，结果通过三棱镜之后形成的光谱便出现一些暗带，这种光谱叫光合色素的吸收光谱。

1. 吸收光谱

（1）叶绿素的吸收光谱。从叶绿素a和叶绿素b的吸收光谱，可以看到，红光部分呈现一条很宽的暗带，蓝紫光部分也有较宽的暗带，而绿光部分仍是绿的。说明它们吸收红光最多，其次是蓝紫光，而对绿光几乎不吸收。从叶绿素a和叶绿素b的光谱吸收曲线上可以看到，二者较为相近，在蓝紫光（430～450nm）和红光区（640～660nm）都有一个吸收高峰，但叶绿素a在红光区的吸收带偏向长波方向，在蓝紫光区的吸收带偏向短波方向。叶绿素a和叶绿素b对绿光的吸收都很少，故呈绿色（图7-4）。

（2）类胡萝卜素的吸收光谱。从胡萝卜素和叶黄素的吸收光谱可以看到，它们只吸收蓝紫光，但蓝紫光部分吸收的范围比叶绿素的宽

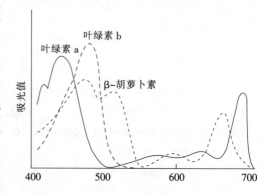

图7-4 几种光合色素吸收光谱的曲线

一些。从胡萝卜素和叶黄素的光谱吸收曲线上可以看到，它们只吸收蓝紫光（400～500nm），但蓝紫光部分吸收的范围比叶绿素宽一些（图7-4），它们基本不吸收红、橙、黄光，从而呈现橙黄色或黄色。

太阳光的直射光含红光较多，散射光含蓝紫光较多，因此，植物不但在直射光下可保持较强的光合作用，而且在阴天或背阴处，也可通过吸收蓝紫光进行一定强度的光合作用，这是植物在长期进化过程中形成的一种特性。

2. 荧光现象和磷光现象　如果将叶绿素溶液盛于试管内，在透射光下看呈绿色，在反射光下看呈深红色，这种现象叫荧光现象。荧光现象是由于叶绿素分子吸收光能后，处于激发状态，激发状态的叶绿素分子很不稳定，它能将吸收到的光能，以比入射光较长的光波（呈深红色）发射出来，这就是所看到的荧光。荧光现象说明叶绿素能被光所激发，因而有可能引起光化学反应。类胡萝卜素则没有荧光现象。

叶绿素分子吸收光能后，由最稳定的、最低能态的基态变为高能的但极不稳定的激发态（图7-5）。叶绿素分子吸收不同波长的光，可以被激发到不同能态的激发态。吸收蓝光，叶绿素分子上的电子被激发到第二单线态；吸收红光，被激发到第一单线态。第二单线态上的电子所含的能量虽然比第一单线态上的高，但多余的能量并不能用于光合作用，处于第二单线态的叶绿素分子的电子通过释放部分能量，转变到第一单线态后，才能参与光合作用。所以，尽管一个蓝光量子的能量比红光量子的大，但光合作用效果与能量小的红光量子相同。当处于第一单线态的叶绿素分子的电子不能将能量用于光合作用，而以光的形式释放回到基态时，则产生荧光。荧光的波长一般长于吸收光的波长，这是因为所吸收的能量有一部分被

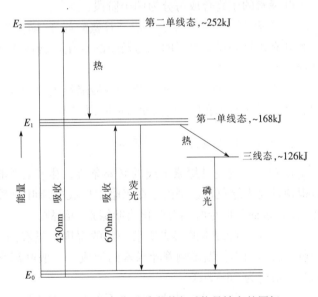

图7-5　色素分子受光激发后能量转变的图解

消耗在电子移动和分子内部振动上。荧光的寿命很短，约为10^{-9}s。如果当第一单线态上的电子又以热能形式释放一部分能量，同时这个被激发电子的自旋方向发生倒转，则与刚刚被激发的电子的自旋方向相同时，就成为另一种激发态（或称亚稳定态）即三线态。三线态回到基态所释放的光，称为磷光。磷光的寿命较长，为$10^{-3}\sim10^{-2}$s。叶绿素在溶液中的荧光较明显，但在叶片中却很微弱，这可能是由于激发态的叶绿素分子的电子降能态时所释放的能量，用于推动电子运动或转化成热量，产生荧光的机会很少。

（四）植物的叶色

一般来说，叶片中叶绿素与类胡萝卜素的比值约为3∶1，所以正常的叶片总呈现绿色。在秋天或在不良的环境中，叶片中的叶绿素较易降解，数量减少，而类胡萝卜素比较稳定，

所以叶片呈现黄色。类胡萝卜素总是和叶绿素一起存在于高等植物的叶绿体中,此外,也存在于果实、花冠、花粉、柱头等器官的有色体中。一般阳生植物叶片的叶绿素 a/b 比值约为 3∶1,而阴生植物的叶绿素 a/b 比值约为 2.3∶1。叶绿素 b 含量的相对提高就有可能更有效地利用漫射光中较多的蓝紫光,所以叶绿素 b 有阴生叶绿素之称。

三、叶绿素的生物合成及其相关条件

叶绿素和植物体内其他有机物质一样,需经常更新。据测定,菠菜叶中的叶绿素,72h 后更新 95.8%;烟草的叶绿素,19d 后更新 50%;不同植物的叶绿素更新速度是不相同的。叶绿素的生物合成过程十分复杂,至今尚不完全清楚,并且叶绿素的形成和解体,与光照、温度、水分和矿质营养的关系极为密切。

(一)叶绿素的生物合成

叶绿素的生物合成可分为两个阶段:

1. 与光无关的酶促反应阶段 谷氨酸或 α-酮戊二酸是合成叶绿素的起始物质,它们经一系列有机物和镁等离子的参与及酶的催化,合成出 Mg-原卟啉,再经甲基化反应变为原叶绿酸酯。

2. 与光有关的转化阶段 原叶绿酸酯经光照射加氢变为叶绿酸酯 a,然后与叶绿醇结合即成叶绿素 a。叶绿素 a 氧化即形成叶绿素 b。

(二)影响叶绿素合成的外界条件

1. 光照 光是叶绿素形成的必要条件。生长在黑暗中的植物,绝大多数呈黄色,见光后很快转变为绿色,这是由于在黑暗中形成的原叶绿酸酯(无色),在光下被还原成为叶绿酸酯 a,进而与叶绿醇结合转化为叶绿素的缘故。

2. 温度 叶绿素的形成要求一定的温度。早春的作物幼苗和萌发的树木幼芽,常呈黄绿色,就是因为低温影响着叶绿素的形成。一般叶绿素形成的最低温度为 2~4℃,最高为 40℃,最适为 26~30℃。

3. 水分及氧含量 叶片缺水,不仅叶绿素的形成受阻,而且会加速分解。所以当干旱时叶子会变黄。氧含量不足时,不能合成叶绿素。但一般情况下,地上部不会由于缺氧而影响叶绿素合成。

4. 营养元素 形成叶绿素需要有一定的营养元素。植物的矿质营养状况,特别是叶片含氮量与叶绿素含量和叶色呈正相关,因为氮是叶绿素的组成元素,缺氮时,叶色浅绿;氮多时,叶色深绿。生产上常以叶色深浅来判断植物的氮素营养状况。另外,植物缺镁、铁、铜、锰、锌等元素时,也表现缺绿。因为镁是叶绿素的组成成分,铁、锰等是形成叶绿素必不可少的条件。

此外,叶绿素的形成还受遗传因素控制。如水稻、玉米的白化苗以及花卉中的斑叶不能合成叶绿素。有些病毒也能引起斑叶。

第三节 光合作用机理

一、光合作用的过程

(一) 光反应和暗反应在叶绿体内的空间位置

光合作用的过程在植物体内是连续进行的,并不是全过程都需要光的。为了研究方便,将全过程分为3个步骤:首先是原初反应,光能的吸收传递与转化(光能转化成电能);其次是电子传递与光合磷酸化,电能转化成活跃的化学能(同化力的产生);最后是二氧化碳的同化,活跃的化学能转化成稳定的化学能(碳水化合物的合成)。其中第一、二步需要在有光的情况下才能进行,一般笼统地称为光反应,第三步则在光下或暗中均可进行,为了与光反应相区别,一般称为暗反应。

在绿色细胞内,光合作用各步骤在空间的位置是一定的。原初反应,电子传递与光合磷酸化是在叶绿体内的类囊体上进行,二氧化碳的同化则是在叶绿体的基质中进行,各步骤既有一定的隔离,又是密切联系的。

(二) 原初反应

原初反应是指叶绿素分子被光激发而引起第一个光化学反应的过程。

1. 光能的吸收与传递 高等植物体内的4种色素均能吸收光能,但它们并不是都能起光化学反应,大部分色素只能把吸收的光能传递到作用中心色素(P_{680},P_{700})上。作用中心色素是由一种特殊状态的叶绿素 a 分子构成的,它能起光化学反应,而作用中心色素以外的所有色素统称为"天线色素",它们只起吸收光能和传递光能的作用(图 7-6)。

2. 光化学反应(光能转化成电能) 能量传到作用中心的色素光系统Ⅱ(需要较短波长的红光 680nm,简称为 PSⅡ)和光系统Ⅰ(需要长波红光 700nm,简称为 PSⅠ)才起光化学反应,引起电荷分离,把电子交给一个受体(A),再从一个供体(D)取回电子,也就是发生一个还原和氧化的反应。光系统Ⅱ的最终电子供体是水,光系统Ⅰ的最终电子受体是辅酶Ⅱ($NADP^+$),辅酶Ⅱ得到电子并还原成为还原态辅酶Ⅱ(NADPH)。这样光能就转变成了电子的能量,贮存在还原态的电子受体中(图 7-6)。

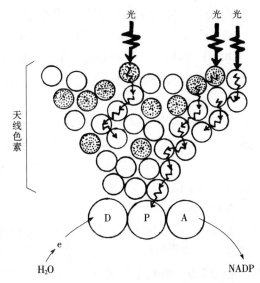

图 7-6 光能的吸收与传递

注:○代表"天线色素",P 是作用中心色素分子,
D 是电子供体,A 是电子受体,e 是电子

(三) 电子传递与光合磷酸化

1. 电子传递系统 针对电子传递系统当前较公认的是Z形光合链（图7-7）。

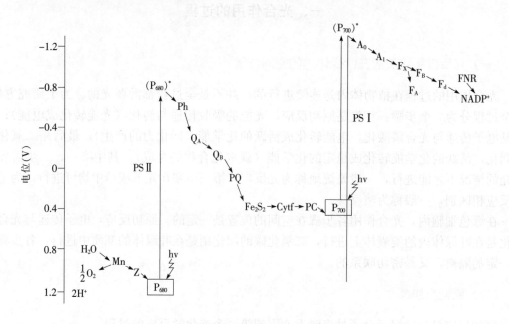

图7-7 光合作用中的两个光化学反应和电子传递

P_{700}和P_{680}分别是PSⅠ和PSⅡ的作用中心色素；Z（成分不清）为PSⅡ原初电子供体；Ph（去镁叶绿素）为PSⅡ原初电子受体；QA（质醌）为电子递体；QB（质醌）为双电子递体；PQ（质醌）为质子（H^+）和电子（e^-）递体；Fe_2S_2（铁硫蛋白）、Cytf（细胞色素f）、PC（质蓝素）均为电子递体，其中PC为PSⅠ的原初电子供体；A_0（叶绿素）为PSⅠ的原初电子受体；A_1（叶绿醌）、Fx、FB、FA（铁硫中心）、Fd（铁氧还蛋白）均为单电子递体；FNR为铁氧还蛋白—$NADP^+$还原酶。

光合链是由PSⅡ、PSⅠ和若干电子传递体，按一定的氧化还原电位依次排列而成的体系。在两个光系统之间，有一系列的电子递体，如质体醌（PQ）、细胞色素（Cyt）和质体蓝素（PC）形成电子传递链，有的电子递体在接收和送出电子的同时，还接收和释放氢离子（质子H^+），所以也是质子传递体如质体醌（$PQ+H^++e^-=PQH$）；在Z链的起点，水是最终的电子供体；在Z链的终点，$NADP^+$是电子的最终受体。在整个链的电子传递中，只有两处 [P_{680}→(P_{680})*、P_{700}→(P_{700})*] 是逆氧化还原电位梯度并需光能推动的需能反应，而其余的电子传递过程都是顺着能量的梯度自发进行的。

2. 光合磷酸化作用 光下，在叶绿体膜上，由光推动的光合电子传递放能驱动ADP和Pi（无机磷酸）磷酸化形成ATP的反应，称之为光合磷酸化作用，它是与电子传递偶联起来的。由于电子传递方式的不同，光合磷酸化过程主要有两种（图7-7）。

（1）非环式的光合磷酸化。是与开链式的电子传递方式相偶联的磷酸化过程。水光解产生的电子在PSⅡ、PSⅠ两个光系统中，经光的两次加能推动，沿着Z链途径上的电子传递体，最终到达$NADP^+$，形成NADPH。伴随着这条电子传递途径所偶联的磷酸化作用有

ATP 的产生、水的光解、氧气的释放和 NADPH 的形成。它是光合电子传递和产生活化能的主要形式,在通常情况下它占总量的 70% 以上。

(2) 环式的光合磷酸化。光合电子只在 PSⅠ光系统中,被光和能推动,经由若干个电子传递体的传递,最后又回到了 PSⅠ光系统中,形成一个循环。伴随着这条环式电子传递途径所偶联的磷酸化作用只产生 ATP,无水的光解、氧气的释放和 NADPH 的形成。它是光合电子传递中产生 ATP 的补充形式,所以只占总量的 30% 左右。

在光化学反应和光合磷酸化作用中,形成的还原态辅酶Ⅱ(NADPH)和腺三磷(ATP)均是高能物质,暂时贮存着活跃的化学能,在二氧化碳还原同化过程中,提供氢和能量,进而驱动碳素同化,所以统称为"同化力"。

(四) 光合碳同化

植物在利用光反应中形成的同化力(NADPH 和 ATP),把二氧化碳还原、转化成为稳定的碳水化合物的过程中,进而将活跃的化学能转化成稳定的化学能,称为二氧化碳同化或碳同化。根据碳同化过程中最初产物所含碳原子的数目以及碳代谢的特点,碳同化途径可分多条。这里主要介绍普遍存在的 C_3 和 C_4 途径。其中,C_3 途径是最基本的二氧化碳同化途径,因为只有 C_3 途径具有合成蔗糖、淀粉、脂肪和蛋白质等光合产物的能力,C_4 途径只起着固定、转运或暂存二氧化碳的作用,不能单独形成光合产物。

1. C_3 途径 这条途径最早是由卡尔文等提出的,故称为卡尔文循环。由于这条途径中二氧化碳固定后形成的磷酸甘油酸(PGA)为三碳化合物,又称 C_3 途径。这个循环中的二氧化碳受体是二磷酸核酮糖(RuBP),也谓之为还原的磷酸戊糖途径。只具有 C_3 循环的植物,称为 C_3 植物,如小麦、棉花、大豆和大多数树木等。

C_3 途径是光合碳代谢中最基本的循环,是所有放氧光合生物所共有的同化二氧化碳的途径。整个循环见图 7-8,由 RuBP 开始至 RuBP 再生结束,共有 14 步反应,均在叶绿体的基质中进行。全过程分为羧化、还原、再生 3 个阶段。从图 7-8 中可以看出,空气中的二氧化碳在酶的催化下,与受体二磷酸核酮糖(RuBP)作用,生成两个磷酸甘油酸,然后还原为两个磷酸甘油醛,它们经过一系列转酮、转醛、磷酸化等反应,固定一个碳,又重新产生一个二磷酸核酮糖,再去结合二氧化碳,这样需要 6 次循环,才能形成一个六碳糖。六碳糖再聚合成蔗糖、淀粉等。

(1) 羧化阶段。指进入叶绿体的二氧化碳与受体 1,5-二磷酸-核酮糖(RuBP)结合,并水解产生 3-磷酸甘油酸(PGA)的反应过程(图 7-8 中的反应①)。以固定 3 个分子的二氧化碳为例:

$$3RuBP + 3CO_2 + 3H_2O \longrightarrow 6PGA + 6H^+$$

羧化阶段分两步进行,即羧化和水解:在二磷酸核酮糖羧化酶作用下 RuBP 的 C_2 位置上发生羧化反应形成 1,5-二磷酸-2-羧基-3-酮基阿拉伯糖醇,它是一种与酶结合不稳定的中间产物,被水解后产生 2 mol PGA。

(2) 还原阶段。利用同化力将 PGA 还原为 3-磷酸-甘油醛(GAP)的反应过程(图 7-8 中的反应②、③):

$$6PGA + 6ATP + 6NADPH + 6H^+ \longrightarrow 6GAP + 6ADP + 6NADP^+ + 6Pi$$

此阶段有两步反应:磷酸化和还原。磷酸化反应由 PGA 激酶催化,还原反应由

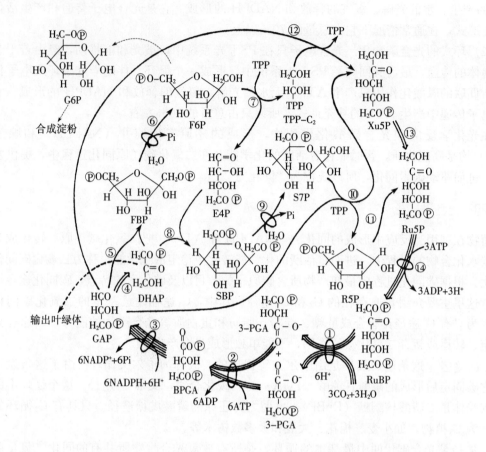

图 7-8 卡尔文循环（光合碳还原循环）

代谢产物名：RuBP. 1,5-二磷酸-核酮糖 PGA. 3-磷酸甘油酸 BPGA. 1,3-二磷酸甘油酸 GAP. 3-磷酸-甘油醛 DHAP. 磷酸二羟丙酮 FBP.1,6-二磷酸-果糖 F6P. 6-磷酸-果糖 E4P. 4-磷酸-赤藓糖 SBP. 1,7-二磷酸-景天庚酮糖 S7P. 7-磷酸景天庚酮糖 R5P. 5-磷酸-核糖 Xu5P. 5-磷酸-木酮糖 Ru5P. 5-磷酸-核酮糖 G6P. 6-磷酸-葡萄糖 TPP. 焦磷酸硫胺 TPP-C2. TPP 羟基乙醛

参与反应的酶：①二磷酸核酮糖羧化酶/加氧酶 ②3-磷酸甘油酸激酶 ③NADP$^+$-3-磷酸-甘油醛脱氢酶 ④磷酸丙糖异构酶 ⑤、⑧醛缩酶 ⑥1,6-二磷酸-果糖（酯）酶 ⑦、⑩、⑫转酮酶 ⑨1,7-二磷酸-景天庚酮糖（酯）酶 ⑪5-磷酸-核酮糖表异构酶 ⑬5-磷酸-核糖异构酶 ⑭5-磷酸-核酮糖激酶

（实线表示循环中的各反应，虚线表示从循环中输出产物，实线的数目表示循环一周此反应的顺序，有圈的部分表示催化此反应的酶被光活化）

NADP-GAP脱氢酶催化。羧化反应产生的PGA是一种有机酸，要达到糖的能级，必须使用光反应中生成的同化力，ATP与NADPH能使PGA的羧基转变成GAP的醛基。当二氧化碳被还原为GAP时，光合作用的贮能过程便基本完成。

（3）再生阶段。由GAP重新形成RuBP的过程（图7-8中的反应④～⑭）：

$$5GAP + 3ATP + 2H_2O \longrightarrow 3RuBP + 3ADP + 2Pi + 3H^+$$

这里包括形成磷酸化的3、4、5、6和7碳糖的一系列反应。最后由5-磷酸-核酮糖激酶（Ru5PK）催化，消耗1mol ATP，再形成RuBP。

可见，每同化一个二氧化碳需要消耗 3 个 ATP 和 2 个 NADPH，还原 3 个二氧化碳可输出一个磷酸丙糖，固定 6 个二氧化碳可形成一个磷酸己糖。形成的磷酸丙糖可运出叶绿体，在细胞质中合成蔗糖或参与其他反应；形成的磷酸己糖则留在叶绿体中转化成淀粉而被临时贮藏。光合作用的全过程图解见图 7-9。

2. C_4途径（C_4二羧酸途径）

（1）C_4途径的概念。20 世纪 60 年代中期由哈奇—斯拉克等人发现一些起源于热带的植物，如玉米、高粱、甘蔗等，它们固定二氧化碳时其受体是磷酸烯醇式丙酮酸（PEP），最初产物不是磷酸甘油酸，而是草酰乙酸（OAA）等 4 个碳的二羧酸，因此把这一固定二氧化碳的途径，叫

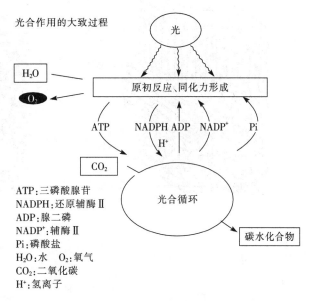

ATP：三磷酸腺苷
NADPH：还原辅酶Ⅱ
ADP：腺二磷
$NADP^+$：辅酶Ⅱ
Pi：磷酸盐
H_2O：水　O_2：氧气
CO_2：二氧化碳
H^+：氢离子

图 7-9　光合作用全过程图解

C_4途径。而把通过 C_4途径固定二氧化碳的植物，叫 C_4植物，这类植物大多起源于热带或亚热带，主要集中于禾本科、莎草科、菊科、苋科、藜科等 20 多个科的 1 300 多种植物中。其中禾本科占 75%，但农作物中却不多，只有玉米、高粱、甘蔗、黍与粟等数种适合于高温、强光与干旱条件下生长的植物。

（2）C_4植物叶片结构。C_3植物与 C_4植物叶片的结构有明显的差异（图 7-10）。C_4植物叶片围绕着维管束有两类不同功能的光合细胞紧密排列，内层为维管束鞘细胞，其外为一至数层叶肉细胞，两类细胞之间有许多胞间连丝相连；这些维管束鞘发达并内含大型的叶绿体。而 C_3植物却无这种结构，维管束鞘细胞小，周围的叶肉细胞排列较松散；只有叶肉细胞内含有叶绿体，所以维管束鞘细胞不积存淀粉。

（3）C_4途径的生化过程。C_4途径中的反应虽因植物种类不同而有差异，但基本上可分为羧化、还原或转氨基化、脱羧和受体再生 4 个阶段（图 7-11）。

①羧化（固定）阶段。在叶肉细胞质中，由磷酸烯醇式丙酮酸（PEP）羧化酶催化，PEP 与 HCO_3^- 结合，生成草酰乙酸（OAA）。

②还原阶段或转氨基阶段。OAA 或者在 NADP-苹果酸脱氢酶作用下被还原为苹果酸（MAL），该反应在叶肉细胞的叶绿体中进行；OAA 或者在天冬氨酸转氨酶催化下，接受谷氨酸的氨基，生成天冬氨酸（ASP），该反应在叶肉细胞的细胞质中进行。

③脱羧阶段。已形成的 MAL 和 ASP 由叶肉细胞通过胞间连丝进入维管束鞘细胞中脱羧。脱羧因植物种类不同，脱羧酶系至少有 3 种类型。

NADP-苹果酸酶类型：在维管束鞘的叶绿体内 MAL 脱羧（并释放二氧化碳）生成丙酮酸，丙酮酸由维管束鞘细胞再返回到叶肉细胞。

NAD-苹果酸酶类型：进入维管束鞘细胞中的 ASP 先经天冬氨酸转氨酶的作用形成 OAA，后 OAA 再经①的酶的催化生成 MAL，然后，MAL 在此酶的催化下脱羧（并释放

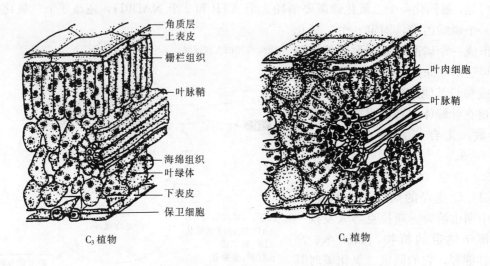

图 7-10 C₄植物的叶片与 C₃植物叶片的解剖结构差异

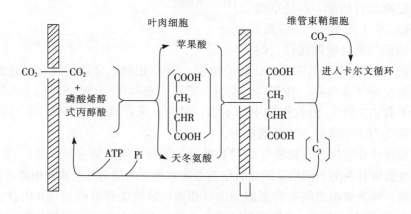

图 7-11 C₄植物碳同化途径

二氧化碳)生成丙酮酸。这些过程都在维管束鞘细胞中的线粒体中完成,生成的丙酮酸在细胞质中由丙氨酸氨基转移酶催化下形成丙氨酸,然后进入叶肉细胞。

PEP 羧激酶类型:在维管束鞘细胞内,ASP 经天冬氨酸氨基转移酶催化下转氨基后形成 OAA,OAA 再在 PEP 羧激酶的催化下脱羧(并释放二氧化碳)变成 PEP。生成的 PEP 可能直接进入叶肉细胞,也可能先转变为丙酮酸,再形成丙氨酸进入叶肉细胞。

上述 3 种类型脱羧反应中释放的二氧化碳都进入维管束鞘细胞的叶绿体中,由 C_3 途径同化。C_4 植物在维管束鞘细胞中均发生脱羧释放二氧化碳反应,使维管束鞘细胞内二氧化碳浓度大大提高,所以 C_4 途径中的脱羧起着"二氧化碳泵"的作用。C_4 植物这种浓缩二氧化碳的效应,提高了 RuBP 羧化酶的活性,使二氧化碳同化速率提高,进而能抑制光呼吸。

④受体再生阶段。返回叶肉细胞的丙酮酸,在磷酸丙酮酸双激酶催化下,再变成 PEP,重新作为二氧化碳的受体;进入叶肉细胞的丙氨酸,经过转氨作用转变为丙酮酸,再续上述反应形成 PEP。

由于 PEP 底物再生需消耗 2 个 ATP，这使得 C_4 植物同化一个二氧化碳需消耗 5 个 ATP 与 2 个 NADPH。

C_4 植物同化二氧化碳的方式实际上是在 C_3 途径的基础上，多一个固定二氧化碳途径，叶肉细胞中的 C_4 途径起到了浓缩二氧化碳（有人称它为二氧化碳泵）的作用，它为维管束鞘中进行的 C_3 途径提供较高浓度的二氧化碳，从而使 C_4 植物同化二氧化碳的能力比 C_3 植物强，二氧化碳补偿点低，光合效率也比较高。

（4）C_4 植物光呼吸很低而净光合强度高的原因。

①C_4 植物具有 C_3 途径和 C_4 途径两条固定二氧化碳的途径。C_4 途径起二氧化碳泵的作用，使 C_3 途径可在二氧化碳浓度高于大气的微环境中进行，因而提高了合成有机物的速度。

②C_4 植物光呼吸低。由于维管束鞘细胞内二氧化碳浓度的提高，抑制了光呼吸基质乙醇酸的形成，因此降低了光呼吸，减少了消耗。

③C_4 植物的二氧化碳补偿点比 C_3 植物低。在维管束鞘细胞内伴随着 C_3 途径也进行光呼吸，放出二氧化碳，但由于叶肉细胞排列紧密，放出的二氧化碳也容易被叶肉细胞收集重新利用，因而二氧化碳由气孔放出很少或不放出。

④C_4 植物的耐旱能力比 C_3 植物强。由于 C_4 植物能利用低浓度的二氧化碳，所以，即使在外界干旱、气孔关闭时，仍能利用细胞间隙含量极低的二氧化碳继续生长，而 C_3 植物则不行。所以在干旱环境中，C_4 植物比 C_3 植物生长较好。

⑤C_4 植物固定二氧化碳的能力比 C_3 植物强。C_4 植物的 PEP 羧化酶对二氧化碳的亲和力较 C_3 植物的 RuBP 羧化—加氧酶对二氧化碳的亲和力高 65 倍，因此，C_4 植物的净光合速率比 C_3 植物快得多，尤其是在二氧化碳浓度低的环境下相差更为悬殊。

应当指出，C_4 植物起源于热带，它的高光合效率是与高温、高光照度的生态环境相适应的，如果在光照度较弱和天气温和的条件下，其光合效率就有可能赶不上 C_3 植物。

3. 光呼吸

（1）光呼吸的概念。植物的绿色细胞在光下除进行一般的呼吸外，还进行一种与一般呼吸特性显著不同的呼吸。因此，把植物的绿色细胞在照光条件下，由光引起的吸收氧气并放出二氧化碳的过程，称为光呼吸。光呼吸是相对于暗呼吸而言的。一般的细胞都有暗呼吸，即通常所说的呼吸作用，它不受光的直接影响，在光下和黑暗中都可进行。但光呼吸只有在光下才能进行，而且光呼吸是与光合作用密切相关的，它是伴随着光合作用的进行才发生的呼吸。

（2）光呼吸的过程——乙醇酸的氧化途径。

①光呼吸基质乙醇酸的产生。光呼吸的呼吸基质是乙醇酸，它是在叶绿体中由二磷酸核酮糖（RuBP）转化而来。RuBP 羧化酶具有双重活性，它既能催化 RuBP 的羧化（即加二氧化碳），又能催化 RuBP 的加氧，这种酶称为 RuBP 羧化酶—加氧酶。它的活性决定于大气中二氧化碳和氧气的相对浓度。在高浓度的二氧化碳及低浓度的氧气条件下，有利于羧化反应，它催化 RuBP 加二氧化碳，产生 2 个 mol 磷酸甘油酸（PGA），参与卡尔文循环，促使光合作用加速，抑制光呼吸；而低浓度的二氧化碳及高浓度的氧气有利于加氧反应，它催化 RuBP 加氧，使 RuBP 裂解产生 1mol 磷酸甘油酸（PGA）和 1mol 磷酸乙醇酸，磷酸乙醇酸加水脱去磷酸便生成光呼吸基质乙醇酸（图 7-12）。

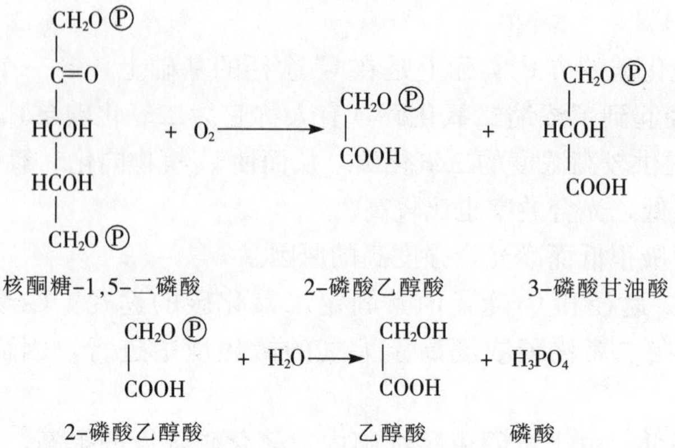

$$\begin{array}{c}CH_2O\ \textcircled{P}\\ |\\ C{=}O\\ |\\ HCOH\\ |\\ HCOH\\ |\\ CH_2O\ \textcircled{P}\end{array} + O_2 \longrightarrow \begin{array}{c}CH_2O\ \textcircled{P}\\ |\\ COOH\end{array} + \begin{array}{c}CH_2O\ \textcircled{P}\\ |\\ HCOH\\ |\\ COOH\end{array}$$

核酮糖-1,5-二磷酸   2-磷酸乙醇酸   3-磷酸甘油酸

$$\begin{array}{c}CH_2O\ \textcircled{P}\\ |\\ COOH\end{array} + H_2O \longrightarrow \begin{array}{c}CH_2OH\\ |\\ COOH\end{array} + H_3PO_4$$

2-磷酸乙醇酸   乙醇酸   磷酸

图 7-12 乙醇酸的产生

②光呼吸基质乙醇酸的氧化。乙醇酸在叶绿体内形成后，就转移到过氧化体中（图7-13）。在乙醇酸氧化酶作用下，乙醇酸被氧化为乙醛酸和过氧化氢。这一反应以及形成乙醇酸时的加氧反应，就是光呼吸中吸收氧气的反应。乙醛酸在转氨酶作用下，从谷氨酸得到氨基而形成甘氨酸转移到线粒体内，由两分子甘氨酸经甘氨酸脱羧酶作用脱氨基、脱羧基和释放二氧化碳后转变为丝氨酸，又转回到过氧化体。这就是光呼吸中放出二氧化碳的过程。丝氨酸又在过氧化体和叶绿体中得到 NADH 和 ATP 的还原供能，最后转变为 3-磷酸甘油酸（PGA），重新参与卡尔文循环。

在整个光呼吸过程中，氧气的吸收发生于叶绿体和过氧化体中，二氧化碳的释放发生在线粒体中。因此，乙醇酸的氧化途径是在叶绿体、过氧化体和线粒体 3 种细胞器的协同作用下完成的，并且是一个循环过程。

(3) 光呼吸的生理意义。光呼吸的生理功能也是双刃的。光呼吸在消耗 RuBP，它必然影响光合产物的积累。有人计算，光呼吸能把光合固定的二氧化碳 1/3 以上释放掉。光呼吸在高等植物中普遍存在，是不可避免的过程。对植物本身来说，光呼吸又是一种自身防护体系。

①回收碳素。通过乙醇酸循环可回收乙醇酸中的碳素，减少高氧浓度

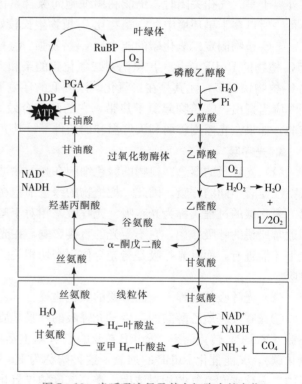

图 7-13 光呼吸途径及其在细胞内的定位
①RuBP 羧化—加氧酶 ②磷酸乙醇酸磷酸（脂）酶
③乙醇酸氧化酶 ④谷氨酸—乙醛酸转氨酶
⑤丝氨酸—乙醛酸氨基转移酶 ⑥甘氨酸脱羧酶
⑦丝氨酸羟甲基转移酶 ⑧羟基丙酮酸还原酶
⑨甘油酸激酶

下碳素的浪费。

②维持 C_3 植物光合碳还原循环的运转。在叶片气孔周围二氧化碳浓度低时,光呼吸释放的二氧化碳能被 C_3 途径再度利用,以维持 C_3 循环的运转。

③防止强光对光合机构的破坏。在强光下,光反应中形成的同化力会超过二氧化碳同化的需要,过剩的同化力会对光合膜、光合器官有伤害作用,而光呼吸却可消耗同化力,从而保护叶绿体,免除或减少强光对光合机构的破坏。

④消除乙醇酸。乙醇酸对细胞有毒害,光呼吸则能消除乙醇酸,使细胞免遭毒害。

⑤提供有机物合成原料。乙醇酸循环中产生的甘氨酸、丝氨酸是合成蛋白质所必需的,有的中间产物在合成糖等化合物中可能也是有用的材料。

二、光合作用的蓄能过程

(一) 可利用能的生化转化

1. 水的光解与氧的释放 水的光解是希尔于 1937 年发现的,他将离体的叶绿体加到具有适当氢接受体的水溶液中,光照后放出氧气。这样的离体叶绿体在光下进行水分解,并放出氧气的反应,被称为希尔反应。

在植物体内,水的光解是在基粒片层的堆叠区发生的。光系统Ⅱ(PSⅡ)的捕光复合体(LHCⅡ)在光照下不断地向光系统Ⅱ提供光能,推动了光系统Ⅱ的激发,进而加速了光系统Ⅱ向光合链提供电子;在光系统Ⅱ的放氧复合体(OECⅡ)的协助下,促使水的光氧化,并把电子送给光系统Ⅱ使其还原,同时释放氧气。因此,目前认为水的裂解放氧是一个复杂的动力学过程。综合反应后,最后结果见下式:

$$2H_2O \longrightarrow O_2 + 4H^+ + 4e^-$$

有些实验数据说明,每释放一个氧分子,至少需要吸收 8 个光量子,光解 2 个水分子,形成 4 个氢离子(质子)和送出 4 个电子。这里的放氧就是光合作用的放氧,电子和氢质子被输送到光合链上传递,这就是光能转变成电能的过程。

2. 伴随环式电子传递发生的可利用能的生化转化 它主要是在基质片层内进行。它在光合演化上较为原始,在高等植物中可能起着补充 ATP 不足的作用。

$$ADP + Pi \xrightarrow{\text{光}} ATP + H_2O$$

3. 伴随非环式电子传递发生的可利用能的生化转化 它主要是在基粒片层上进行。它在植物可利用能的转化上占主要地位。

$$2NADP^+ + 3ADP + 3Pi \xrightarrow{\text{8 个光量子}} 2NADPH + 3ATP + O_2 + 2H^+ + H_2O$$

(二) 光合作用单位及光合能量转化效率

1. 光合作用单位 原初反应的进行需要由相当多的光合色素分子组成的光合作用单位来完成。那么,光合作用单位该如何划分?它是指每同化 1 mol 的二氧化碳或释放 1 mol 的氧气所需光合色素摩尔的数目。可见,它是一个能进行光化学反应的光合机构,这样光合单位就得包括天线色素系统和反应中心。即光合作用单位是指存在于类囊体膜上能进行完整光反应的最小结构单位。由此看来，每释放一个氧分子，至少需要吸收8个光量子，光解2个水分子，形成4个氢离子（质子）和送出4个电子，都属光合作用单位范畴。

2. 光反应中的光能转化效率 光能转化效率是指光合产物中所贮存的化学能占光合作用所吸收的有效辐射能的百分率。光反应中，植物把光能转变成化学能贮藏在ATP和NADPH中。每形成1mol ATP需要约50kJ能量，每形成1mol NADPH需要约220kJ能量，在光反应中吸收的能量按680nm波长的光计算，则8mol光量子的能量E_2为1 410kJ。

如果按非环式电子传递方式：每吸收8mol光量子，形成2mol NADPH和3mol ATP来考虑，8mol光量子可转化成的化学能为E_1。则有：

$$E_1 = 220kJ \times 2 + 50kJ \times 3 = 590kJ$$

能量转化率＝光反应贮存的化学能/吸收的光能＝E_1/E_2＝590kJ/1 410kJ＝42％

由此可见，光反应中光能转化效率还是较高的。

3. C_3途径中的能量转化效率 以同化3个二氧化碳形成1个磷酸丙糖为例。在标准状态下每形成1mol GAP贮能1 460kJ，每水解1mol ATP放能32kJ，每氧化1mol NADPH放能220kJ，则C_3途径的能量转化效率为91％［1 460/（32×9＋220×6）］，这是一个很高的值。然而在生理状态下，各种化合物的活度低于1.0，与上述的标准状态有差异，另外，要维持C_3光合还原循环的正常运转，其本身也得消耗能量，因而一般认为，C_3途径中能量的转化效率在80％左右。

第四节 同化产物的运输和分配

高等植物的所有个体都是由根、茎、叶、花、果实和种子等多种器官组成的，这些器官既有分工又相互依存。功能叶是产生同化物的主要器官，所合成的同化物质会不断地向其他器官输送，为它们的生长发育提供能量和物质基础或作为贮藏物质加以积累。简言之，同化物的运输就是同化物质从植物体的一部分向另一部分的传导。功能叶产生的同化物质，若由于运输不畅或分配不合理，就会影响经济产量的提高，难以实现人们栽培植物的预期目的。因此，掌握、调整植物体内同化物质的运输和分配，对提高作物产量和品质具有实践意义。植物体内的同化物质的运输与分配十分复杂，运输的形式和机理也有许多不同。

一、光合作用产物

光合作用的产物主要是碳水化合物，包括单糖（葡萄糖、果糖）、双糖（蔗糖）和多糖（淀粉），其中以蔗糖和淀粉为最普遍。有些植物如洋葱、大蒜的光合产物则是葡萄糖和果糖。用示踪原子^{14}C标记的（$^{14}CO_2$）进行实验的结果表明，蛋白质、脂肪和有机酸也都是光合作用的产物。但大多数蛋白质、脂肪和有机酸是通过碳水化合物代谢的中间产物再度合成的。以上述光合产物为基础，通过中间代谢，还可以形成种类繁多的次生产物，例如生长素、维生素、木质素、各种有机酸、植物碱和类萜化合物等。它们均属于有机物。

二、植物体内同化物的运输

(一) 同化物的运输系统

在高等植物中,同化物的运输主要采用在细胞内或细胞间进行的短距离运输和通过专门的输导系统进行远距离运输两种形式。木质部和韧皮部都有运输功能。同化物在木质部中运输只能随木质部液流向上作单向移动。在木质部和韧皮部之间,靠维管射线进行少量同化物的横向运输。韧皮部中同化物的运输可上可下,即作双向运输,它是同化物运输的主要途径。

1. 高等植物体的两大运输系统

(1) 共质体。由于胞间连丝的存在,使构成植物体的所有细胞的原生质体连成一个整体,即共质体。在共质体内,水分、矿质、光合产物及各种有机物进行频繁地交流。

(2) 质外体。构成植物体的所有细胞的细胞壁、细胞间隙以及木质部的导管、管胞,彼此连成一体,称为质外体。质外体的基本组成物质是纤维素、半纤维素与果胶质等。

2. 短距离运输 短距离运输又分为细胞内运输和细胞间运输两部分。

(1) 细胞内运输。胞内运输主要指细胞内各细胞器间的物质交换。如分子自由运动、分子扩散推动原生质的环流,细胞器膜内外的物质交换,以及囊胞的形成与囊胞内含物的释放等。

(2) 细胞间运输。胞间运输是指细胞间通过质外体、共质体以及质外体与共质体之间的短距离运输。

①质外体运输。物质在质外体中的运输称为质外体运输。由于质外体中液流的阻力小,所以物质在质外体中的运输速度较快。但质外体内没有外围的保护,运输物质容易流向体外,同时运输速率也受外力的影响。

②共质体运输。物质在共质体中的运输称共质体运输。与质外体运输相比,共质体中原生质的黏度大,运输阻力大,但共质体中的物质有质膜的保护,不易流失到体外。一般而言,细胞间的胞间连丝多,孔径大,同化物存在的浓度梯度大,有利于共质体的运输。

③质外体与共质体之间的运输。即为物质通过质膜的运输。它包括3种形式:第一,顺浓度梯度的被动转运,包括自由扩散和通过通道或载体的协助扩散;第二,逆浓度梯度的主动转运,包括一种物质伴随另一种物质进出质膜的伴随运输;第三,以小囊泡方式进出质膜的膜动转运,包括内吞、外排和出胞等。

3. 长距离运输 近代采用示踪原子法,进一步证明同化物是靠韧皮部进行长距离运输的。用$^{14}CO_2$饲喂叶片,进行光合作用后,就发现在叶柄或茎内含^{14}C的光合产物主要积累在韧皮部。

我国劳动人民很早就会用环剥的方法来提高果树的产量(图7-14)。环剥就是把植物树干或枝条上形成层以外的组织,主要是将韧皮部剥去一窄圈。环剥后同化物往下运输的通道被切断,养分就积累在环剥口以上的部分,可以促进花芽和果实的生长。例如,苹果树在开花前于侧枝基部进行环剥，有防止落花落果和增大果实、提高果实含糖量的效果。如果环剥较宽，切口上部组织增生，时间一长就会形成愈伤组织长成瘤状物。果树的高空压条，就是利用这一原理促进不定根的产生，例如，荔枝在扦插前采用环剥，切口上部产生瘤状物后，此时切下进行扦插可大大提高成活率。但是在主干上进行环剥时，如果环剥较宽，当年不能形成愈伤组织，根系就会饥饿至死，这就是所谓的"树怕剥皮"。

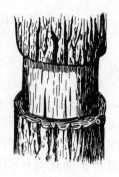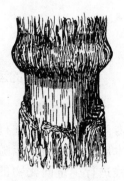

图 7-14 木本枝条的环割

环割试验用事实证明，韧皮部是植物进行长距离地向下运输同化物的主要途径。

（二）同化物运输的形式与速度

对韧皮部运输物质的试验证明：韧皮部中运输的物质 90% 以上是糖，其中主要以蔗糖为主，此外，还有少量的棉子糖、水苏糖、甘露醇或山梨糖醇等。含氮化合物的运输，主要是以氨基酸和酰胺的形式进行。

有机物在韧皮部中的运输速度随植物的种类而异，一般为 30～150 cm/h。用放射性同位素示踪法测得：玉米为每小时 15～660cm，向日葵为 30～240cm，甘薯为 30～72cm，榆树为 10～120cm，松树为 6～48cm。一般为每小时 65cm 左右。

三、植物体内同化物的分配

（一）源与库的概念及相互转化

1. 代谢源与代谢库的概念　近年来，在研究有机物分配方面提出了"源"与"库"的概念。所谓"源"是指制造养料为其他器官提供营养的部位和器官，主要是成长着的功能叶片，"库"则是消耗养料或贮藏养料的部位和器官，如幼嫩的叶、茎、根和花、果、种子等。同化物质的分配运输是一个比较复杂的生理过程，这个生理过程有它的规律性。这个规律在植物外观体现为同化物供求上的两器官（或两部分）的对应关系，那就是"库—源"单位。如菜豆某一复叶的光合同化物主要供给着生此叶的茎及其腋芽；再如结果期的番茄植株，通常每隔 3 叶着生一果穗，其果穗及其以下 3 叶便组成一个"库—源"单位。

2. 代谢源与代谢库的相互转化　"源"和"库"的概念是相对的，它随生育期的不同而变化，如幼叶就无养料的输出而是消耗养料的器官，它不是"源"而是"库"，但随叶片的成长就会输出有机物，由"库"转变为"源"。"库—源"单位的概念也是相对的，它会随着生长条件而变化，并可人为地改变。如将番茄植株上的某一果穗摘除，该"库—源"单位的 3 个叶片制造的光合产物也可以向其他果穗输送。

明确"源"、"库"概念和"库—源"单位，为人们实际生产中的作物整枝、摘心、疏果等栽培技术奠定了生理理论基础。

3. 代谢源与代谢库关系的 3 种类型

(1) "源"限制型。这是一种"源"小"库"大的类型,叶片生产的同化物满足不了"库"的需要,限制产量形成的主要因素是"源"的供应能力。这一类型的植物,若为棉花、果树等,往往由于"库"数目过多,把"源"的同化物源源不断地调入时,时常导致叶片早衰和花、果实的脱落;而水稻等,结实率低,空壳率高。

(2) "库"限制型。这是属于"源"大"库"小的类型,限制产量形成的主要因素是"库"的接纳能力。这一类型的作物,单位叶面积的载花量小。因此,结实率高且饱满,但整个产量不一定高。

(3) "库—源"互作型。这是一种过渡状态的中间类型。不论是定"源"增"库",还是定"库"增"源",产量均随之增加。此种类型的产量是由"库"、"源"协同调解的,因此,在生产上,要把栽培植物不同时期的叶面积系数的大小作为高产栽培、合理施肥的重要指标,对于制定栽培措施有重大的实践意义。

实践证明,"源"是"库"的供应者,而"库"对"源"具有一定的调解作用,"源"、"库"两者相互依赖,相互制约。在实际生产中,必须根据植物生长的特点以及人们对植物的要求,确定适宜的"源"、"库"量。栽培技术上采用去叶、提高二氧化碳浓度,调节光强等处理可以改变"源"的供应能力;而采用去花、疏果、变温,使用呼吸控制剂等处理可以改变"库"的贮运能力。

(二) 同化物质的分配规律

植物体内同化物的分配是动态的,总规律是由"源"到"库",现归纳为以下几点:

1. 优先运向生长中心 生长中心是指正在生长的主要器官或部位,其特点是代谢旺盛,生长快,对养分的吸收能力强。但生长中心往往随植物生育期的不同而变化,因此同化物的分配也相应转移。比如,植物前期以营养生长为主,因此根、茎、叶是生长中心;随着生殖器官的出现,植物的生长由营养生长转入生殖生长,这时生殖器官就成为生长中心,因而也成为分配中心。如禾谷类作物在成熟时几乎有 $1/3 \sim 1/2$ 的同化物集中到子粒中,而茎秆内剩下的同化物极少。再比如,不同器官吸收养料能力不同,同化物分配中心亦发生变化。在营养器官中,茎、叶吸收养料的能力大于根,特别是当光合产物较少时,就常常优先分配到地上器官,很少运至根部,这样会造成根系发育不良;在生殖器官中,果实吸收养料能力大于花,如大豆、棉花等植物开花结实后,当干旱或者光照不足,降低叶的光合作用时,光合产物就优先运入果荚或棉铃中,使花蕾得不到足够的同化物而脱落。

人们在农业生产实践中,对棉花、番茄及果树进行摘心、整枝、修剪等办法,就是改善光合条件和调整有机养料的分配,促进同化物的积累以提高坐果率和果实产量。

2. 就近供应 叶片所形成的光合产物主要是运至邻近的生长部位。一般说来,植物茎上部叶片光合产物主要供应茎顶端及其上部嫩叶的生长;而下部叶则主要供应根和分蘖的生长;处于中间的叶片,它的光合产物则上、下部都供应。当形成果实时,所需的养分主要靠和它最邻近的叶片供应。例如,大豆的叶腋出现豆荚后,这个叶片的光合产物,主要供应这个豆荚,当这个叶片受到损伤,或者光合作用受阻时,由于这个豆荚得不到养料就会发生脱落。棉花也类似,如叶片受伤,同节上的蕾铃就容易脱落。因此,保护果枝上的叶片正常地进行光合作用，是防止棉花蕾铃脱落的方法之一。

果树营养枝的光合产物的分配也随距离的加大而减少，所以营养枝在树冠中均匀的配置，对调节营养、均衡树势、保证器官建成、高产稳产有重要意义。

由于果实的位置在不同植物上不相同，所以对果实产量影响最大的叶位也不一样。例如，稻、麦主要为旗叶（穗下叶），其次为第二叶；玉米为穗位叶，其次为上、下部 2 片叶；棉、豆类为果实附近的叶片。根据这一规律，要注意保护花、果附近的叶片，并使其有较好的光照条件，促进光合积累以供应较多的同化物。

3. 纵向同侧运输　用放射性同位素^{14}C供给向日葵叶子，发现只有与这叶片处于同一方向的子实里才有放射性^{14}C，这是由于输导组织纵向分布所致。在纵向运输畅通的情况下，往往只运给同侧的花序或根系；而水和无机盐也是由同一方位的根系供给相同方位的叶片和花序。

总之，同化物分配规律虽很复杂，但其基本原则是：①"源'本身制造养料能力要超过其自身的消耗，有多余才能输出；②分配到哪里和分配多少，决定于接受器官之间的竞争能力，也就是哪个器官生长势强，以及部位靠近哪个器官就分配得多。因此，在生产管理上，尤其在生殖器官形成时期，要改善田间光照条件和水肥措施，既要保证功能叶高效的光合能力，又要促进接受养料器官的生长优势。近年来用激素类物质如萘乙酸、赤霉素等来处理生殖器官，发现不但可以促进其生长，而且能增强其争夺养料的能力。

（三）同化物的分配与再利用

所有生物在其生命活动中，都存在着合成、分解的代谢过程，该过程循环往复，直至生命终止。植物体除了已经构成植物骨架的细胞壁等成分外，其他的各种细胞内含物在该器官或组织衰老时都有可能被再度利用。即被转移到另外一些器官或组织中去。植物种子在适宜的温度、水分、氧气条件下，就能生根、发芽，这一自养阶段的过程就是同化物再分配与再利用的过程。

许多植物的器官衰老时，大量的糖以及可再度利用的矿质元素如氮、磷、钾都要转移到就近的新生器官中去。植物在生殖生长时期，营养体细胞内的内含物向生殖器官转移的现象尤为突出。就是在生殖器官内部，许多植物的花在完成受精后，花瓣细胞中的内含物也会大量转移到种子中去，以致花瓣凋谢。另外，植物器官在离体后仍能进行同化物的转运。如已收获的洋葱、大白菜等植物，在贮藏过程中其鳞茎或外叶已枯萎，而新叶甚至新根照常生长。这种同化物质和矿质元素的再度利用是植物体的营养物质在器官间进行再分配、再利用的普遍现象。

细胞内含物质的转移与生产实践密切相关，只要我们明确原理，采取一定的调控手段，就能得到良好的效果。如小麦叶片中细胞内含物过早转移，会引起该叶片的早衰；而过迟转移则会造成贪青迟熟。小麦在灌浆后期，如遇干热风的突然袭击不仅叶片很快失水枯萎，同时该叶片的大量营养物质就不能及时转移到子粒中去。再如突然的高湿或低温也会发生类似现象。农产品的后熟、催熟、贮藏和保鲜等与物质再分配关系同样密切相关。

北方农民在严重霜冻来临之际，把玉米连秆带穗一同拔出并堆在一起，可大大减轻植株茎叶的冻害，使茎叶的有机物继续向子粒转移。这种被人们称为"蹲棵"的措施一般可增产

5%～10%。水稻、小麦、芝麻、油菜等收获后堆在一起,并不马上脱粒,对提高粒重效果同样比较明显。

(四) 同化物质的分配与产量

要达到提高产量的目的,必须促使更多的同化物运往经济器官中去。然而,在栽培上就得设法,让栽培植物提高以下3项指标:

1. 源的输出能力 功能叶的光合强度一般与同化产物的输出速率存在着显著的正相关。某些试验表明,随着光合强度的增强,运输速率随之加快。试验还发现,光照度不仅通过光合作用间接影响光合产物的运输过程,还直接影响光合产物从叶内输出。

2. 库的拉力 输入器官"库"的拉力是指对灌浆物质的吸取能力。据沈允钢试验表明,稻穗是灌浆期间吸取能力最强的输入器官。

3. 输导组织的分布 试验证明,受精后胚囊之所以能成为吸收中心,与囊内激素的含量较多有直接的关系,尤其是生长素含量。同时也证明,与输导组织的分布状况同样有直接的关系。有机物是在筛管内运输的,并由韧皮部薄壁细胞从能量上给以支持,而这些能量来自呼吸作用。因此,一切不利于输导组织呼吸的因素均会减缓有机物质的运输。

四、影响和调节同化物运输的环境因素

植物体内同化物质的运输和分配受温度、水分、光照和营养元素等的影响。

1. 温度 温度影响同化物的运输速率。不同温度处理植株的试验表明,低温抑制同化物运输,20～30℃时的运输量最大,温度再升高,运输又下降。温度也影响同化物的分配方向。例如,当土温高于气温时,光合产物向根部运输的比例大;当气温高于土温时,光合产物向冠部运输的比例大。

昼夜温差对同化物分配有很大影响。在生理温度允许的范围内,昼夜温差大有利于同化物向子粒分配。也有利于块根、块茎的生长。

2. 水分 水既是同化物质的运输介质,又是光合作用的原料,所以水分不足必定影响同化物的运输与分配。其原因为:①水分不足,气孔关闭,光合速率降低,使得叶肉细胞内可运态蔗糖浓度降低,结果从源叶输入韧皮部内的同化物质减少;②在缺水条件下,筛管内集流运动的速度降低。

3. 营养元素 对同化物运输影响最大的营养元素有氮、磷、钾和硼。

(1) 氮。供氮必须适量,使 C/N 比维持在适宜的比例。如氮素过多,导致植物营养生长过于旺盛,光合产物用于生长多,用于茎鞘贮藏较少,进而减少再度向子粒的分配。然而氮素过低,容易引起功能叶片早衰。

(2) 磷。磷参与同化物的形成,是光合循环不可缺少的重要元素。它以高能磷酸键的形式贮存和利用能量,广泛参与植物的代谢,促进光合速度。所以磷有促进同化物质运输的作用。因此,在作物产量形成后期,适当追施磷肥有利于同化物质向经济器官内运输,提高产量。如在棉花开花期喷施磷肥,也能达到减少蕾铃脱落的目的。

(3) 钾。对同化物运输与分配的影响表现在两个方面:一是促进碳水化合物的运输;二

是促进运入库中的蔗糖转化为淀粉，以利维持韧皮部两端的压力势差。

（4）硼。硼对同化物的运输具有明显的促进作用。一方面，硼能促进蔗糖的合成，提高可运态蔗糖所占比例；另一方面，硼能以硼酸的形式与游离态的糖结合，形成带负电的复合体，容易透过质膜。因此，在作物灌浆期叶面喷施硼肥有利于光合产物输入子粒，具有增产效果。

第五节 影响光合作用的因素

一、光合速率及表示单位

植物的光合作用和其他生命活动一样，也经常受着外界条件和内部因素的影响而不断地发生变化。要了解内、外因素对光合作用影响的程度，就得找一个指标来衡量。光合作用的指标是光合速率。光合速率通常是以每小时、每平方分米叶面积所同化的二氧化碳毫克数来表示，即 [$mg/(dm^2 \cdot h)$]；或以每平方米叶片每秒钟吸收的二氧化碳微摩尔数来表示，即 [$\mu mol/(m^2 \cdot s)$]。一般测定光合速率的方法都没有把叶子的呼吸作用考虑在内，所以测定的结果实际是光合作用减去呼吸作用的差数，称为净光合速率。如果要测真正的光合速率，应该把净光合速率加上这段时间内的呼吸速率。即：

真正的光合速率＝净光合速率＋呼吸速率

二、影响光合作用的内部因素

植物叶片的光合能力存在着种和品种、叶龄和叶位等的差异，这些差异归根到底是由其光能吸收传递和转化能力、二氧化碳固定途径、电子传递和光合磷酸化能力及固定二氧化碳的相关酶活力等决定的。人们可以调整的，在植物体上可以宏观体现的是以下4项因素。

1. 叶绿素的含量 叶绿素是光合作用的必需条件。在一定范围内，叶绿素含量愈高，光合速率越高。但是当叶绿素含量超过一定限度后，其含量对光合作用就没有影响了。这是因为叶绿素已经有余，与叶绿素密切相关的光化学反应，已不再是光合作用的限制因子。植物叶中若叶绿素含量有很大富裕，可提高叶的适应性，可充分吸收日光提高光饱和点。所以作物以叶绿素含量较多为健壮。

2. 叶片的发育和结构 叶子在幼嫩的时候，光合速率很低，随着叶子的成长，光合速率不断加强；当叶片衰老变黄时，光合速率则下降。根据这个原则，同一植株不同部位的叶片光合速率，因叶子发育状况不同而呈规律性的变化。

3. 光合产物的积累与输出 光合产物（特别是糖）的积累会使光合作用减弱，反之，光合产物运出则会加强叶片的光合速率。同化物的外运是和生长过程紧密联系的，只有光合作用足够强时，才可能有大量同化物向叶子外面运输，而同化物的外运反过来又会促进光合作用的进行。

4. 不同生育期 一株作物不同生育期的光合速率，从苗期起，随植株的成长而逐渐增强，到现蕾开花期达到最高峰。开花后由于收获器官形成期间，同化物大量外运，从而也促进光合作用进行。到了生育后期，随着植株衰老，光合速率也逐渐下降。

由于不同植物的内因各有差别，因此，在相同的外界条件下进行比较，不同植物的光合速率差异很大。

几种栽培作物的光合速率：玉米为 60mg/（dm^2·h），甘蔗为 49mg/（dm^2·h），稻、麦等为 20mg/（dm^2·h）左右。同一作物不同品种之间，光合速率也有差异，例如玉米杂交种的光合速率，显著高于亲本，因此我们应注意选育光合能力较强的品种。

三、影响光合作用的外界因素

（一）光照度

光是光合作用能量的来源，又是叶绿素形成的条件，光照还影响气孔的开闭，因而影响二氧化碳的进入。此外，光照还能影响大气温度和湿度的变化。因此，光照条件对光合速率关系极为密切。光照度的单位为勒克斯（lux 简称 lx），可用照度计来测量，一般夏季晴天中午，地面的光照度约为 10 万 lx，阴天时光照只有 1 万～2 万 lx。

1. 光饱和点 植物在很低的光照度下就可以进行光合作用，但光合速率很低，随着光照的增强，光合速率也增强，达到一定光强时，光合速率便达到最大值。以后，即使继续增加光强，光合速率也不再增加，这种现象叫光饱和现象。开始达到光饱和现象时的光照度，称为光饱和点（图 7-15）。各种植物的光饱和点不同。

在光饱和点以上的光照，植物不能利用是非常可惜的，如若提高植物的光饱和点，将是发挥光合潜力的一个方面。通过合理密植，加强田间管理，如肥水条件较好，使气孔开度增大，二氧化碳进入叶细胞多；或者增施二氧化碳等是可以提高植物光饱和点的。

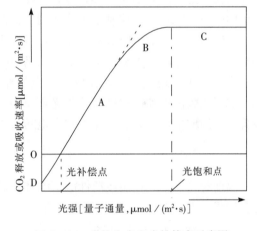

图 7-15 光饱和点和光补偿点示意图

光饱和现象产生的原因主要有两个方面：①光合色素和光反应来不及利用过多的光能。②二氧化碳的固定及同化速度较慢，不能与光反应的速度相协调。

2. 光补偿点 当光照度较高时，植物的光合速率要比呼吸速率高若干倍。当光照度下降时，光合速率和呼吸速率均随之下降，但光合速率下降得较快。当光照降低到一定数值时，光合吸收的二氧化碳就与呼吸放出的二氧化碳相等，也就是净光合速率等于 0，这时的光照度称为光补偿点（图 7-15）。在光补偿点时，植物叶内的有机物不但没有积累，相反由于其他器官的呼吸消耗，则对整株植物来说，消耗大于积累，这对植物生长发育非常不利。一般喜光植物的光补偿点为 500～1 000 lx，耐阴植物为 100 lx。补偿点的高低对栽培植物很重要。如在温室冬季光照度很低，尤其是阴天，在这种情况下，为使植物生长良好，就应避免温度过高，以降低光补偿点。大田作物生长后期，下层叶片的光照度常处于补偿点以下，在生产中常采取整枝、去老叶等措施，以改善光照、减少消耗、增加光合产物的积累。

(二) 二氧化碳

二氧化碳是光合作用的主要原料。环境中二氧化碳浓度的高低明显影响光合速率。大气中二氧化碳含量约为 0.033%（即 330μl/L）左右。

1. 二氧化碳补偿点 二氧化碳补偿点即植物光合作用吸收二氧化碳和呼吸作用放出的二氧化碳相等时，环境中的二氧化碳浓度。各种植物的二氧化碳补偿点不同，玉米等 C_4 植物为 0～10μl/L，称为低补偿点植物。小麦等 C_3 植物为 40～100μl/L，称为高补偿点植物。低补偿点植物在空气二氧化碳浓度很低时均能利用，说明它比高补偿点植物利用二氧化碳的能力强。在光饱和点时，二氧化碳低补偿点植物的光合速率可达到高补偿点植物的 2 倍。

2. 二氧化碳饱和点 当空气中二氧化碳浓度超过二氧化碳补偿点以后，随着二氧化碳浓度的增高，光合速率也不断增强。当二氧化碳浓度增加到一定限度，植物的光合速率便不再增强，这时环境中的二氧化碳浓度为二氧化碳饱和点。各种植物的二氧化碳饱和点，在 5 万～10 万 lx 条件下，大多处于 800～1 800 μl/L 范围内。二氧化碳浓度超过饱和点后，将引起气孔保卫细胞原生质中毒，导致气孔开度减小、阻力增大，直至气孔关闭，阻止了二氧化碳向叶肉扩散，从而抑制了光合作用。因此，有二氧化碳饱和现象。

植物在光合作用时吸收二氧化碳量是很大的，一般作物每天每平方米叶面积吸收 20～30 g 二氧化碳，每天每 667 m^2 要吸收 40～60 kg 二氧化碳。为此，空气必须加速流通。生产上要求田间通风良好，原因之一就是充分利用空气中的二氧化碳。

二氧化碳浓度和光照度对植物光合速率的影响是相互联系的。植物的二氧化碳饱和点是随着光强的增加而提高的，光饱和点也随着二氧化碳浓度的增加而增高。

(三) 温度

温度对光合碳同化酶系活性的影响甚大，当温度增高时，叶绿体内基质中的酶促反应速度会增强，但同时酶的变性或破坏速度也加快，所以光合碳同化与温度的关系也和任何酶促反应一样，有最高、最低和最适温度。热带植物在低于 5～7℃ 的温度下，即不能进行光合作用，而温带和寒带植物在 0℃ 以下，都能进行光合作用。光合作用的最适度也因植物而不同。C_3 植物一般在 10～35℃ 下可正常进行光合作用，最适温度为 25～30℃。到 35℃ 以上时光合作用就开始下降，在 40～50℃ 时光合作用几乎停止。C_4 植物则不同，它们光合作用的最适温度一般在 40℃ 左右。低温之所以影响光合作用，主要是因为酶促反应受到抑制。高温对光合作用的不利影响是多方面的。它可使酶钝化，也可破坏叶绿体的结构；失水过多，减小气孔开度，二氧化碳向叶肉细胞的供应减少；呼吸最适温高于光合最适温，于是呼吸速率的增加幅度大于光合速率的增加幅度。故较高温度利于呼吸而不利于光合。

昼夜温差对光合净同化率有很大的影响。日光充足的白天温度高，利于光合作用进行；夜间温度相对降低，则降低了呼吸消耗。可见，在植物生长允许的温度范围内，昼夜温差大利于光合积累。

(四) 水分

叶片接近水分饱和时，才能进行正常的光合作用。而当叶片缺水达20%左右时，光合作用受到明显抑制。虽然水是光合作用的原料，但光合作用所利用的水比起植物所吸收的水来，只占极小的比例，不到1%，所以水分作为光合作用的原料是不会缺乏的。当土壤干旱和大气湿度较低时，就直接影响叶片组织的含水量。叶片组织缺水时，对光合作用影响是多方面的，表现为：气孔关闭，二氧化碳不能进入叶肉细胞，叶肉细胞内淀粉的水解作用加强，光合产物运出又较缓慢，造成糖分累积，这些都会影响光合作用，使其减弱。小麦在土壤湿度为1.0%时，下午就会萎蔫。在这种状态下，整株小麦的光合作用比水分充足时要低35%～40%。因此，叶片缺水过甚，会严重损害光合作用的进行。

(五) 矿质元素

矿质元素直接或间接影响光合作用。氮、镁、铁、锰等是叶绿素生物合成所必需的矿质元素，钾、磷等参与碳水化合物代谢，缺乏时便影响糖类的转化和运输，这样也就间接影响了光合作用；同时，磷也参与光合作用中间产物的转化和能量传递，所以对光合作用影响很大。在一定范围内，营养元素越多，光合速率就越大。

以上是分别叙述各个因素对光合作用的影响。实际上各个因素对光合作用的影响是相互联系而且相互影响的。例如，二氧化碳供应不足时，植物就不能充分利用日光能。另一方面，在上述诸因素中，如果某一因素处在最低量下，它就成为当时的限制因素，限制着其他因素发挥作用。当改善这个因素时，就会使光合速率显著提高。例如，在低光强度下，光照不足是限制因素，这时即使增加二氧化碳量光合速率也不会增加。

因此，在分析各种因素对光合作用的影响时，必须考虑多种因素的相互关系和综合影响，并从中找出限制因素，采取有效措施加以解决，以提高植物产量。

(六) 光合作用的日变化

植物在一天中，随着光照、温度等条件的变化，光合速率也会发生有规律的变化。

1. 无云的晴天 早晨随太阳升起，开始进行光合作用。上午随着光照增强，光合速率也相应增强，中午达到最高点，以后随光照减弱而逐渐下降。至日落后，光合作用停止，一天中光合速率的变化表现为单峰曲线。

2. 炎热的夏季 上午光合速率就可达到最高点，中午由于高温和强光使叶片强烈失水和气孔关闭等原因，光合速率会下降，至下午又出现第二次高峰，但强度不如上午高，因而一天中，光合速率的变化表现为双峰曲线。中午前后，光合速率下降，呈现"午睡"现象。引起光合"午睡"的主要因素是大气干旱和土壤干旱。在干热的中午，叶片蒸腾失水加剧，如此时土壤水分也亏缺，那么植株的失水大于吸水，就会引起萎蔫与气孔开度降低，对二氧化碳的吸收减少。另外，中午及午后的强光、高温、低二氧化碳浓度等条件都会使光呼吸激增，产生光抑制，这些也都会使光合速率在中午或午后降低。

光合"午睡"是植物遇干旱时普遍发生的现象，也是植物对环境缺水的一种适应方式。但是"午睡"造成的损失可达光合生产的30%，甚至更多。所以在生产上应适时灌溉，如果有可能的情况下，中午加以遮荫，或选用抗旱品种，以缓和"午睡"程度，使一天的光合速率均保持较高水平。

3. 多云天气 随着光照度的不规则变化，光合速率则相应地出现时高时低的现象。

第六节 光合作用与作物产量

一、作物产量的构成因素

作物一生中由光合作用所合成的有机物质的数量，决定于光合面积、光合速率和光合时间这 3 个因素。植物的光合产物减去呼吸消耗和脱落（统称为有机物消耗），剩下的干重（包括根、茎、叶、果实、种子等器官）称为生物产量。

生物产量＝光合面积×光合速率×光合时间－有机物消耗

在生物产量中，直接作为收获物的、经济价值较高的这部分产量，如稻麦的子粒、甘薯的块根、果树的果实、林木的木材等，称为经济产量。经济产量占生物产量的比值，称为经济系数。它们的关系如下：

经济产量＝经济系数×生物产量

或：经济产量＝经济系数×（光合面积×光合速率×光合时间－有机物消耗）

可见，构成作物经济产量的因素有 5 个：光合面积、光合速率、光合时间、有机物消耗和经济系数。通常把这 5 个因素合称为光合性能。一切农业措施，归根到底，主要是通过协调和改善这 5 个因素而起作用。

显然，经济系数是由光合产物分配到不同器官的比例决定的。一般说来，经济系数是品种比较稳定的一个性状，但栽培条件和管理措施也可改变经济系数。因此，在经济产量形成的关键时期，必须有针对性地加强田间管理，使同化产物尽可能多地输入经济器官贮存起来。在农作物栽培中，人们为了提高经济系数，减少倒伏，增加密度，越来越多地采用了半矮秆、矮秆品种。当然矮秆也不是越矮越好，茎秆过矮会恶化叶片的通风透光条件，干物质积累减少，结果经济系数虽然提高了，但经济产量反而下降。

二、作物对光能的利用

（一）光能利用率

光能利用率是指照射到地面上的日光能，被光合作用转变为化学能而贮藏于有机物质中的百分数。

到达地面的太阳辐射能中，约有一半为红外线，另一半主要是可见光和少量的紫外线。只有可见光部分对光合作用有效，叶片又只能吸收照射到叶面的可见光大约 85％，相当于全部辐射能的 42.5％，而且大部分用于蒸腾作用或反射出去（表 7-2）。根据计算，只有 0.5％～1％的辐射能用于光合作用，低产田对光能利用率只达 0.1％～0.2％（森林植物也只有 0.1％），而每 667m^2 产量 500kg 以上的丰产田光能利用率也只有 3％左右。

表 7-2 照射到叶面上太阳光的分配

照射到叶面的太阳光	可见光约 50%	反射 5%	
		透过 2.5%	
		吸收 42.5%	蒸腾损失 40%
			辐射损失约 2%
	红外光约 50%	反射 15%	光合利用 0.5%～1%
		透过 12.55	
		吸收 22.5%——均在蒸腾及辐射中损失	

作物的光能利用率最大可达多少？据报道：玉米可达 4.6%，高粱可达 4.5%，大豆可达 4.4%，水稻可达 3.2%。实际例子告诉我们，农业上的增产潜力还很大。

(二) 栽培作物光能利用率不高的原因

1. 漏光的损失 作物生长初期，叶面积小，有很大一部分阳光直接照射到地面上而损失。有人计算过，稻、麦的普通大田，因漏光而损失达 50% 以上。特别是生产水平低的田块，直到生长后期仍没有封行，漏光损失就更多。这是未照到植株上的漏光，照到植株上的光也有反射和透射的漏光的损失。

2. 光饱和现象的限制 光照度超过光饱和点以上部分，植物不能利用，C_3 植物对此表现最为明显。

3. 环境条件的影响 如干旱、二氧化碳浓度低、缺肥、温度过高或过低、作物生长发育不良，或受病虫危害等。都会使光合能力下降，合成有机物减少；另一方面还可使呼吸作用增强和发生落叶，使有机物质消耗增多，从而影响光能利用率。据估计，呼吸消耗一般占光合作用 15%～20%，在不良条件下可达 30%～50% 或更多。

三、提高作物光能利用率以提高产量的途径

提高作物光能利用率，其目的是使作物转化更多的光能，成为作物体内可贮藏的化学能，即提高产量。因此，在农业生产上，在考虑摆脱栽培植物光能利用率不高的原因的基础上，应尽力调节影响生物产量的几大因素。

(一) 提高作物群体的净同化率

大田作物是由许许多多个体组成的，但它并不是个体的简单总和，而是具有许多特点的。因此，必须把大田作物作为一个整体来看待，称为作物群体。作物群体比个体能够更充分地利用光能，因为在群体的结构中，叶片彼此交错排列，多层分布，上层叶片漏过的光，下层叶可以利用，各层叶片的透射光和反射光，可以反复吸收利用，光照越强，透射光和反射光也越强，就可使中、下层叶子得到更多的光照。所以群体对光能的利用率较高，例如水稻群体光饱和点可达 7 万～9 万 lx。

但群体对光能的利用，与群体的结构特别是叶面积的大小有关。如果作物过度密植，叶

片过于郁闭，就会使群体下部光照不足，光合能力下降，而呼吸消耗仍在进行，致使整个群体积累减少。所以，只有在合理密植的情况下才能使群体净同化率提高。

（二）增加光合面积

光合面积是植物的绿色面积，主要是叶面积，它是对产量影响最大、同时又是可控制的一个因子。通过合理密植或改变株型等措施，可增大光合面积。

1. 叶面积系数 体现作物群体光合面积大小的指标是叶面积系数，它为作物的种植密度提供根据。所谓叶面积系数，是指作物叶片总面积与所占土地面积的比值。即：

$$叶面积系数 = \frac{植株叶片总面积}{所占土地面积}$$

作物的叶面积系数在一定范围内，数值越大，光合积累有机物越多，产量越高。

但叶面积系数也不能太大，超过一定范围，由于光照条件变坏，反而影响产量。不同作物的最适叶面积系数不同，根据现有资料，各种作物的最大叶面积系数为：水稻7、小麦5、玉米5或大于5。同一作物不同生育期的最适叶面积系数也不同，例如水稻一般品种，生育前期最适叶面积系数是2.5～3.5，中期是4～6，孕穗至抽穗期间是6～8，抽穗以后稳定在4～5，最适叶面积系数不是固定不变的，选择适于密植性状的品种，最适叶面积系数就有可能提高。

2. 合理密植 合理密植是提高作物产量的重要措施之一，因为只有足够的种植密度才能充分吸收和更好地利用落在地面上的阳光。合理密植的主要原则是处理好群体和个体之间的关系。群体和个体既是统一的，又是矛盾的。当群体生长到后期，矛盾往往更为突出。因此，密植是否合理，关键就看能否改善群体后期的通风透光条件。

密植程度的表示方法有多种，例如，播种量、基本苗数、总分蘖数、总穗数、叶面积系数等。最好的表示方法是叶面积系数，但生产上通常用基本苗数表示。基本苗数也有一定幅度，但随着栽培条件和品种的改进也有增加的趋势。例如稻、麦的密度一般由原来的每667m^2 10多万株苗增加到25万～30万株苗或更多；玉米由每667m^2 1 000多株增加到4 000～5 000株。国外近年育成直立叶杂交玉米，每667m^2 保苗16 000～18 000株，亩产可达1 000kg以上。

3. 改变株型 近年来国内外培育出的水稻、小麦、玉米等高产新品种，大多为矮秆、叶挺而厚的。种植此类品种可增加种植密度，提高叶面积系数，并耐肥抗倒伏，因而能提高光能利用率。

（三）延长光合时间

1. 提高复种指数（间套复种） 复种指数就是全年内农作物的收获面积占耕地面积的比例。提高复种指数就相当于增加收获面积，延长单位土地面积上作物的光合时间。

间套复种就是将不同作物，按一定顺序进行交错循环种植，科学搭配，组成一个不同生长周期内，由多种作物参与的、多层次的、合理的复合群体结构。它利用不同农作物生育期长短的时间差和植株高矮的空间差以及不同农作物根系分布的层次差和对土壤条件利用的营养差，在地力、时间、空间和光、热能资源上得到充分利用，有效地提高了光能利用率，从而获得更大的经济效益。

间套复种在我国已有悠久的历史和丰富的经验。我国农民早就采用玉米与豆类作物进行间作，获得双丰收并能得到肥田的效果。目前，多数人多地少的地区，广泛发展立体高效种植，将间套复种的效应进一步发挥，使由单一作物生长的"一旺"，变为多个旺长期，即"春旺"、"夏旺"和"秋旺"。如果再加覆盖栽培的"冬旺"，就能一年四季常绿。立体高效种植已成为广大农民致富的途径。

2. 延长生育期 这里的延长生育期是指在年度内，延长有限土地内的绿色植物的生长时期。充分利用保护地的生产资源，在不影响耕作制度的前提下，适当延长生育期能提高产量。如在保护地内对番茄、茄子、辣椒等蔬菜和水稻等农作物提前育苗移栽，然后在陆地定植，这就是延长生育期的措施之一。再有，不同地区，由于一年中气候不一，有的季节无作物生长，有的存在作物换季空闲，人造林地也有砍伐和重植空闲等。若能正确利用这一空闲，提高了光能利用率，有利于提高光合产量。

（四）提高光合速率

在已确定了光能利用率的品种的前提下，调控好栽培植物的光、温、水、肥和二氧化碳等条件都可以提高光合速率。

1. 选育光能利用率高的品种 光能利用率高的品种应具有的特征是：生育期比较短、矮秆抗倒、叶片分布合理、叶片较短较直立、耐阴性较强适合密植。

较矮的茎秆可减少呼吸消耗，有利光合产物的积累并使植株重心降低，避免因倒伏而减产。叶片分布合理、叶片较短而较直立，可使群体上下层均匀受光，减少互相遮蔽；直立的叶片还可使叶片双面受光，并使叶面反射出来的光折向群体内部，供给其他叶片吸收；在早晚弱光下，叶片与阳光近于垂直，可充分受光，中午强光时，阳光从上面斜射叶片，可减少强光与高温的不良影响，并使其下部的叶接受更多的光；叶片较短与叶片挺直有关，叶片太长则易下披，使田间光照不良。耐阴性较强就是说光补偿点较低，植株即使在较弱的光下仍然能积累有机物。

高产品种还具有青秆黄熟的特点，即成熟时茎秆不早衰，茎秆及其上层叶片保持绿色的时间较长，就是说光合作用进行的时间较长。据研究，水稻谷粒充实所需的淀粉，仅 26% 是由抽穗前植株的光合产物提供的，而抽穗以后的光合产物提供了 74%，有的品种可达 90%。可见生育后期保持茎秆绿色和较大的绿叶面积才有利于高产。

2. 调整栽培环境 植物光合作用的二氧化碳最适浓度为 $1\,000\mu l/L$（即 0.1%）左右，远远超过大气中的正常含量。据报道，在温室中把大气二氧化碳浓度提高到 $900\sim1\,800\mu l/L$ 时，黄瓜可增产 36.5%~69%，菜豆增产 17%~82%。

目前采取二氧化碳施肥法以增加空气二氧化碳含量。在温室，二氧化碳施肥可用干冰（固体二氧化碳），它在常温下升华为气态；也可用液化石油气燃烧以增加二氧化碳浓度。在小型温室中，可结合糖化饲料发酵，或用水缸盛着厩肥发酵，通过不时搅拌，即可增加室内二氧化碳浓度。在大型温室中，可取附近工厂烟道排出的废气，只要洗滤去二硫化碳、一氧化碳等有毒物质，就是二氧化碳最经济的来源，同时又减低了空气污染。

在大田中进行二氧化碳施肥，目前采取的办法是：增施有机肥料，促进微生物活动，分解有机物放出二氧化碳；深施碳酸氢铵肥料，此肥除含氮素外，还含有 50% 左右的二氧化碳。这些二氧化碳一部分可溶解于土壤溶液中由根部吸收,另一部分可扩散到空气中供叶片吸收;在果树行间铺上稻、麦等茎秆,经微生物分解后可直接增加空气中的二氧化碳含量,另有抑制杂草生长、减少地面水分蒸发等作用,使果树产量有所提高。

3. 补充人工光照 在自然光线弱、气温低的季节里,利用人工光照栽培,可增加温室或塑料大棚内的光照度和室温,以提高作物的光合速率。人工光照栽培(最好用日光灯,日光灯的光谱与日光近似)现已广泛应用于蔬菜或瓜果生产。晚秋季节,在温室中种植蔬菜和瓜果,不仅可使其生长发育良好,并能获得高产,以满足人们的需要。

4. 加强田间管理 加强田间管理可给作物创造一个适宜的环境条件,如合理施肥、灌溉、及时中耕除草、防治病虫害等,能提高光合作用,减少呼吸消耗和脱落,并能使更多的光合产物运到产品器官内;整枝、修剪可改善通风透光条件,减少有机物的消耗,调节光合产物的运输,这些措施都有良好的增产效果。

除高等植物外,人们还可利用广阔的海面湖泊,种植海带、紫菜等藻类,以充分利用日光能。

复习思考题

1. 何谓光合作用?光合作用有什么重要意义?
2. 叶片为什么都是绿色的?叶绿体色素对光谱选择吸收具有哪些生物学意义?荧光和磷光现象说明什么问题?
3. 试述叶绿体的结构与功能的关系。
4. 为什么叶绿素吸收红光和蓝紫光?哪些因素影响叶绿素的生物合成?
5. 光合作用的光反应在叶绿体内哪部分进行?分哪几个步骤?产生哪些物质?光合作用的暗反应在叶绿体的哪部分进行?可分几个步骤?产生哪些物质?
6. 环式光合磷酸化与非环式光合磷酸化有哪些主要区别?
7. 光合机理可分哪几个阶段?为什么 C_3 途径是光合同化二氧化碳的最基本途径?
8. 试述 C_4 植物光合碳代谢与叶片结构的关系。
9. 你认为光呼吸的生理功能是什么?
10. 如何解释 C_4 植物比 C_3 植物的光呼吸低?
11. 试述光、温、水、气与氮素对光合作用的影响。
12. 产生光合作用"午睡"现象的可能原因有哪些?如何缓和"午睡"程度?
13. 什么叫光能利用率,作物光能利用率较低的原因有哪些?
14. 生产上为什么要注意合理密植?
15. 影响光能利用率的因素有哪些?如何提高光能利用率?
16. 解释现象:①阴天温室应适当降温;②棉花、玉米打老叶;③要保持田间通风透光。

第八章

植物的呼吸作用

教学目标 本章主要讲述绿色植物生命活动的基本反应——呼吸（生物氧化）过程。通过讲述植物能量代谢和体内有机物分解与转换的过程，进而阐明植物的呼吸作用对维持其正常生命活动所起的重要作用。宏观讲解呼吸作用对调节和控制植物的生长发育、抗病免疫和农产品贮藏加工、改善品质等所具有的实践意义。通过本章的教学使学生了解呼吸作用的概念、强度、类型、意义及场所；掌握用广口瓶（小篮子法），测定植物某器官呼吸强度的技术；达到能在农业生产中正确预测造成植物进行无氧呼吸的条件和调整栽培措施的目的。

第一节 呼吸作用的概念、类型及生理意义

一、呼吸作用的概念

呼吸作用是植物重要的生理活动之一。植物任何一个生活细胞，任何一个生活时期，都在进行呼吸，一旦呼吸结束，生命也就停止。所谓呼吸，就是生活细胞内的有机物质，在一系列酶的作用下，逐步氧化分解，同时放出能量的过程。在呼吸作用过程中，被氧化分解的物质称为呼吸基质。农业植物体内许多有机物质，如糖、脂肪、蛋白质等，都可以作为呼吸基质，但是最主要最直接的呼吸基质是葡萄糖。

二、呼吸作用的类型

呼吸作用根据是否有氧气参加，可分为有氧呼吸和无氧呼吸两种类型。

1. 有氧呼吸 有氧呼吸是指生活细胞在氧气的参与下，在一系列酶的作用下，将有机物彻底氧化降解为二氧化碳和水，并放出全部能量的过程。其特点是有氧气参加，基质降解彻底，放出能量彻底，最终产物为二氧化碳和水。反应式如下：

$$C_6H_{12}O_6 + 6O_2 \longrightarrow 6CO_2 + 6H_2O + 2\,870 kJ$$

有氧呼吸是植物进行呼吸的主要形式。在农业生产实践中，常常提到的呼吸作用是指有

氧呼吸,甚至把呼吸看成为有氧呼吸的同义词。

2. **无氧呼吸**　一般指在无氧条件下如密闭或淹水等,在一些酶的作用下,细胞利用有机物分子内部的氧,无游离氧参加使某些有机物氧化分解成为不彻底的氧化产物,同时释放能量的过程。

无氧呼吸的产物通常有酒精和乳酸。而草酸、苹果酸、酒石酸、柠檬酸等也常是植物无氧呼吸的产物,但最常见的是产生酒精的无氧呼吸。

无氧呼吸对许多微生物来说,是正常生活的一部分。微生物的无氧呼吸称为发酵。

(1) 酒精发酵。酵母菌在缺氧的条件下,将糖分解为酒精和二氧化碳,并放出能量的过程称为酒精发酵。利用酵母菌制酒就是根据酒精发酵的原理。

(2) 乳酸发酵。乳酸细菌使糖转化为乳酸称为乳酸发酵。饲料青贮或东北的腌酸菜时产生的酸味,就是由于乳酸细菌进行乳酸发酵的结果。

3. **有氧的光呼吸**　(在光合作用一章中介绍)

三、呼吸作用的生理意义

呼吸作用是植物维持正常生命活动所不可缺少的生理过程,是与植物生命活动联系在一起的,是植物生命存在的标志(图8-1)。

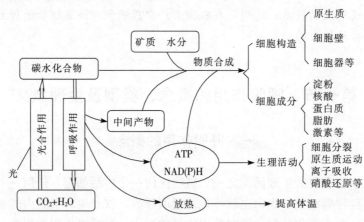

图 8-1　呼吸作用的主要功能示意图

1. **为植物生命活动提供能量**　呼吸作用为一切生命活动提供能量。绿色植物细胞除可直接利用光能进行光合作用外,大部分生命活动所需要的能量还得靠呼吸分解同化物质来提供。非绿色生物的生命活动需要能全部依赖于呼吸作用。因为呼吸作用在将有机物质进行生物氧化的过程中,把其中贮存的化学能以可利用能形式,并以不断满足植物体内各种生理过程对能量的需要的速度释放;或以热的形式释放,用来满足植物生长发育的宏观活动、物质转化过程中的分子运动和维持植物体温。

2. **中间产物参与植物体内的有机物合成**　呼吸作用的底物氧化分解经历一系列的中间过程,进而产生一系列的中间产物,这些中间产物不稳定,成为合成各种重要有机物质如蔗糖与淀粉、氨基酸与蛋白质、核苷酸与核酸、脂肪酸与脂肪等的原料。各种物质的代谢也通过这些中间产物建立起了联系。

3. 利于植物体抗病免疫　呼吸作用在植物抗病免疫方面有着重要作用。在植物和病原微生物的相互作用中，植物依靠呼吸作用氧化分解病原微生物所分泌的毒素，以消除其毒害。植物受伤或受到病菌侵染时，也通过旺盛的呼吸，促进伤口愈合，增强植物的免疫能力。

尽管呼吸作用对植物的生活是非常重要的，但也必须看到：呼吸作用必然引起有机物的消耗。据测定和推算，植物的光合产物有 1/5～1/3 被呼吸消耗掉，热带的森林甚至消耗了 3/4。如果条件不利，再加上光呼吸消耗的部分，则更是惊人。所以，在满足植物生活对能量需要的情况下，设法降低呼吸消耗，已成为当前提高农业产量的重要环节。

第二节　呼吸作用的机理

一、呼吸作用的场所——线粒体

植物呼吸作用是在细胞质内线粒体中进行的。由于与能量转换关系更为密切的一些步骤是在线粒体中进行的，因此，常常把线粒体看成是细胞能量供应中心和呼吸作用的主要场所。线粒体普遍存在于植物的生活细胞里。

1. 线粒体的形态　线粒体一般呈线状、粒状或杆状。长 1～5μm，直径 0.5～1.0μm。线粒体的形状和大小受环境条件的影响，pH、渗透压的不同均可使其发生改变。一般细胞内线粒体的数量为几十至几千个。如玉米根冠细胞有 100～3 000 个。细胞生命活动旺盛时线粒体的数量多，衰老、休眠或病态的细胞线粒体数量少。

2. 线粒体的结构　在电子显微镜下可见线粒体是由双层膜围成的囊状结构。

（1）外膜。外膜表面光滑，上有小孔，通透性强，有利于线粒体内外物质的交换。

（2）内膜和嵴。线粒体的内膜向内延伸折叠形成片状或管状的嵴（图 8-2）。内外两层膜之间的空腔为 6～8nm，称为膜间隙；嵴内的空腔称为嵴内腔。膜间隙和嵴内腔中充满着无定形的液体，其液体内含有可溶性的酶、底物和辅助因子。其中的标志酶是腺苷酸激酶。内膜的透性差、对物质的透过具有高度的选择性，可使酶存留于膜内，保证代谢正常进行。嵴的出现增加了内膜的表面积，有效地增大了酶分子附着的表面。内膜的内表面上附着许多排列规则的基粒，它可分为头部、柄部和基片三部分。它是偶联磷酸化的关键装置。

（3）基质（衬质）。线粒体嵴间也就是线粒体的内部空间称为嵴间腔，其内充满了基质。基质内含有脂类、蛋白质、核糖体及三羧酸循环所需的酶系统。此外，还含有 DNA、RNA 纤丝及线粒体基因表达的各种酶。基质中的标志酶是苹果酸脱氢酶。

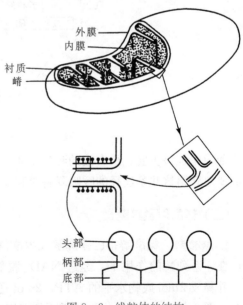

图 8-2　线粒体的结构

3. 线粒体的功能　植物的各种生命活动需要的能量主要依靠线粒体提供。催化这些供能生化过程所需要的各种酶多分布在线粒体中。细胞内的有机物质在线粒体中释放的能量，40%～50%储存在ATP分子中，随时供生命活动的需要；另一部分以热能的形式散失。

二、呼吸作用的过程

（一）高等植物体内呼吸系统综述

呼吸作用也是一个非常复杂的生理过程。在高等植物中存在着多条呼吸代谢的生化途径，当一条途径受阻时，可以通过另一条途径进行呼吸，暂时维持正常的生命活动，这是植物在长期进化过程中，所形成对多变的环境条件适应的现象。在缺氧条件下进行酒精发酵和乳酸发酵，在有氧条件下进行三羧酸循环和磷酸戊糖循环途径，还有脂肪酸氧化分解的乙醛酸循环以及乙醇酸氧化途径等。它们之间的关系见图8-3。

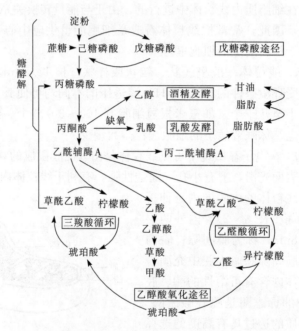

图8-3 植物体内主要呼吸代谢途径相互关系示意图

葡萄糖是最主要、最直接的呼吸基质。在此，以1mol葡萄糖的氧化降解过程为例，简明扼要地介绍这几条途径的呼吸降解过程及其相互关系。

（二）糖酵解及其意义

1. 糖酵解 糖酵解指己糖降解成丙酮酸的过程（简称EMP途径）。即：呼吸基质葡萄糖，在一系列酶的作用下，经过NAD^+脱氢辅酶的脱氢而氧化，逐步转变为2mol的丙酮酸。并释放2mol底物水平的ATP，2mol还原态的辅酶NADH。这个过程不需要游离氧的参与（图8-4），其氧化作用所需要的氧来自水分子和被氧化的糖分子。

糖酵解降解成丙酮酸的总反应式为：

$$C_6H_{12}O_6 + 2NAD^+ + 2ADP + 2H_3PO_4 \rightarrow 2CH_3COCOOH + 2NADH + 2H^+ + 2ATP$$

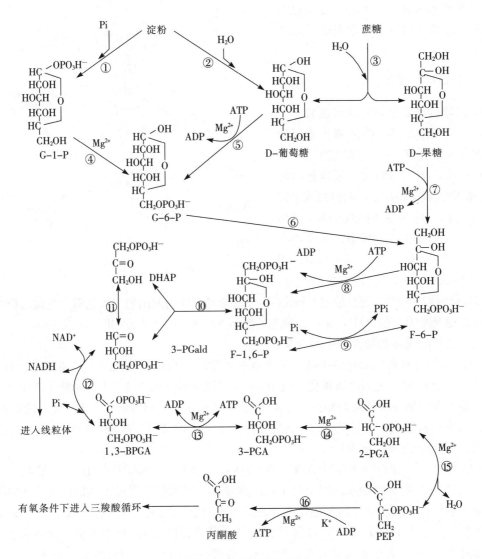

图 8-4 糖酵解途径

①淀粉磷酸化酶 ②淀粉酶 ③蔗糖酶 ④磷酸葡萄糖变位酶 ⑤己糖激酶
⑥磷酸己糖异构酶 ⑦果糖激酶 ⑧ATP-磷酸果糖激酶 ⑨焦磷酸—磷酸果糖激酶
⑩醛缩酶 ⑪磷酸丙糖异构酶 ⑫3-磷酸甘油醛脱氢酶 ⑬磷酸甘油酸激酶
⑭磷酸甘油酸变位酶 ⑮烯醇化酶 ⑯丙酮酸激酶
(金属离子是各有关酶的促进剂，~表示高能磷酸键)

2. 糖酵解的生理意义

(1) 糖酵解存在普遍，产物活跃。糖酵解普遍存在于生物体中，是有氧呼吸和无氧呼吸的共同途径；糖酵解的产物——丙酮酸的化学性质十分活跃，可以通过各种代谢途径，生成不同的物质（图8-5）。

(2) 糖酵解是生物体获得能量的主要途径。通过糖酵解，生物体可获得生命活动所需的部分能量。对于厌氧生物来说，糖酵解是糖分解和生物体获得能量的主要方式。

(3) 糖酵解多数反应可逆转。糖酵解途径中，除了由己糖激酶、磷酸果糖激酶、丙酮酸激酶等所催化的反应以外，多数反应均可逆转，这就为糖异生作用提供了基本途径。

(三) 有氧呼吸系统

1. 三羧酸循环及其特点与意义

（1）三羧酸循环。糖酵解产物丙酮酸，在有氧条件下，经三羧酸和二羧酸的循环反应，而逐步脱羧、脱氢被彻底氧化分解成二氧化碳和水，同时释放全部能量的过程，称为三羧酸循环（简称TCA）。在三羧酸循环过程中，2mol 的丙酮酸在有氧的条件下，在一系列酶的作用下，经过 FAD、NAD^+ 脱氢辅酶的脱氢，

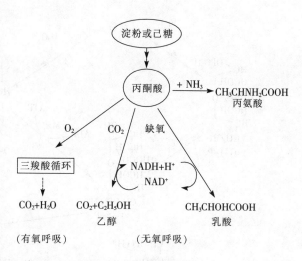

图 8-5 丙酮酸在呼吸代谢和物质转化中的作用

进一步氧化脱羧并脱氢，逐步放出二氧化碳，这就是呼吸作用放出的二氧化碳。在此过程中，同时释放 2mol 底物水平的 ATP，8mol 还原态的辅酶 NADH 和 2mol $FADH_2$（图 8-6）。

（2）三羧酸循环的特点和生理意义。

①TCA 循环释放二氧化碳中的氧是来自被氧化的底物和被消耗的水。循环每运行一次，丙酮酸的三个 C 原子便彻底被氧化，放出 3mol 二氧化碳。由于 1mol 葡萄糖能产生 2mol 丙酮酸，因此两个循环就把葡萄糖的 6 个 C 原子全部氧化，放出 6mol 二氧化碳，这就是呼吸作用放出的二氧化碳。当环境中二氧化碳浓度增高时，脱羧反应减慢，呼吸作用便受抑制。

TCA 循环的总反应式为：

$$CH_3COCOOH + 4NAD^+ + FAD + ADP + Pi + 2H_2O \longrightarrow 3CO_2 + 4NADH + 4H^+ + FADH_2 + ATP$$

②TCA 循环中水的加入相当于向中间产物注入了氧原子，促进了还原性碳原子的氧化。丙酮酸并不是直接和氧结合而氧化，而是通过逐步脱氢而氧化。一次循环脱下 5 对 H 原子，但丙酮酸只含 4 个 H，另外 6 个 H 是从每次循环净消耗的 3mol 水中来的，即步骤②、⑥、⑧各加进 1mol 水。若由葡萄糖算起，则 1mol 葡萄糖通过两次三羧酸循环共脱下 10 对 H。脱下的 H 也不能直接和氧结合，其中 8 对被 NAD^+ 所接受，生成 8mol NADH，2 对被 FAD 所接受，生成 2mol $FADH_2$。

③TCA 循环中底物水平磷酸化只发生一步。循环中唯一直接生成 ATP 的部位是步骤⑥，它属于底物水平磷酸化，1mol 葡萄糖通过三羧酸循环则直接生成 2mol ATP。

④TCA 循环是糖、脂肪、蛋白质三大类物质的共同氧化途径。TCA 循环的起始底物乙酰 CoA 也是这三大类物质的代谢产物。三羧酸循环中有许多中间产物，可用于合成体内的其他有机物。因此，通过呼吸作用可以把碳水化合物、脂肪、蛋白质的代谢联系起来，呼吸作用成为植物体内物质代谢的中心环节。

2. 磷酸戊糖循环及其特点和生理意义

（1）磷酸戊糖循环。植物在正常生长的条件下，EMP-TCA 循环是主要的呼吸降解途径。这一途径包括糖酵解、三羧酸循环、电子传递和氧化磷酸化三大过程。其中糖酵解是在细胞质中进行的，三羧酸循环、电子传递和氧化磷酸化则是在线粒体中进行的。在

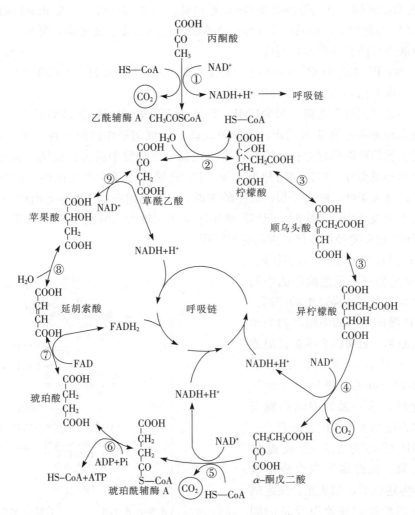

图 8-6 三羧酸循环的反应过程
①丙酮酸脱氢酶复合体 ②柠檬酸合成酶或称缩合酶 ③顺乌头酸酶 ④异柠檬酸脱氢酶
⑤α-酮戊二酸脱氢酶复合体 ⑥琥珀酸硫激酶 ⑦琥珀酸脱氢酶 ⑧延胡索酸酶 ⑨苹果酸脱氢酶
（步骤①、④、⑤为不可逆反应，其余可逆反应）

1954—1955年间人们研究表明，EMP-TCA循环途径并不是高等植物有氧呼吸的唯一途径。后经试验发现，与EMP-TCA循环途径不一致的是葡萄糖并不预先分解为2mol的丙糖分子，而是磷酸化为磷酸葡萄糖后，直接氧化成磷酸葡萄糖酸，再降解为戊糖以至丙糖。由于在这个循环中，葡萄糖被氧化时产生磷酸戊糖，继而谓之为磷酸戊糖循环。又因为葡萄糖在反应开始时，直接被氧化脱氢，所以也称为葡萄糖的直接氧化途径（简称HMP循环）。而磷酸戊糖途径所占的概率较小（一般小于30%）。催化磷酸戊糖途径各反应的酶和催化糖酵解各反应的酶都存在于细胞质中，因此两大途径的各过程进行的部位一样都是在细胞质中。

具体过程是：呼吸基质葡萄糖预先吸收1mol的ATP，磷酸化成磷酸葡萄糖（被活化），再在一系列酶作用下，经脱氢、脱羧转变成磷酸葡萄糖酸及磷酸戊糖。然后，磷酸戊糖经一系列糖分解与重组的循环变化，再一次转化成磷酸葡萄糖。这就完成了一个循环转化，并产生2mol NADPH和放出1mol二氧化碳。即为呼吸作用放出的二氧化碳。在实际降解过程中，1mol 葡萄糖若彻底氧化分解需要 6mol 葡萄糖同时参加反应，产生 6mol 磷酸戊糖，再转变为 5mol 磷酸葡萄糖，则共产生 12mol NADPH 和 6mol 二氧化碳（图 8-7）。

戊糖磷酸途径的总反应式可写成：

$$6G6P + 12NADP^+ + 7H_2O \rightarrow 6CO_2 + 12NADPH + 12H^+ + 5G6P + Pi$$

（2）磷酸戊糖循环的特点和生理意义。

①它是一条"代行"之路。因为 EMP-TCA 循环中的主要脱氢辅酶是 NAD，而 HMP 循环中的脱氢辅酶则必须是 NADP。两种脱氢辅酶在细胞质中同时存在，则二者的浓度与活性就决定了葡萄糖的降解途径。这两种途径在葡萄糖降解中所占的比例，随植物的种类、器官、年龄和环境而异。如以植物种类来说，HMP 循环途径所占的比例，蓖麻大于玉米；以器官来说，茎大于叶，叶大于根；以年龄来说，在年幼组织中比在年老组织中所占的比例较小。植物干旱或受伤、染病时，HMP 循环途径比例较大。因此当 EMP-TCA 循环途径受阻时，HMP 循环途径可替代正常的有氧呼吸。

② HMP 循环与 C_3 循环密切相连。HMP 循环中的糖分子重组阶段的中间产物和酶类均与卡尔文循环中的相同。

③ HMP 循环途径的中间产物为生物合成提供原料。HMP 循环途径形成的中间产物在生理活动中十分活跃，与其他代谢建立联系，并沟通各种代谢反应。此外，这一系列中间产物与细胞壁结构物质如木质素的合成有关。

④ HMP 循环为生物合成提供 NADPH 来源。在许多生物合成中以 NADPH 作为还原剂，如非光合细胞的硝酸盐、亚硝酸盐的还原以及氨的同化和脂肪酸与固醇的生物合成等。因此，油料作物在种子成熟期，其代谢途径从以 EMP-TCA 循环途径为主转为以 HMP 循环途径为主。

⑤ HMP 循环的存在提高了植物的抗病力和适应力。植物在干旱、受伤和染病等逆境条件下，HMP 循环途径十分活跃。研究表明，凡是抗病力强的植物或作物品种，HMP 循环途径较为发达。因此，HMP 循环途径有助于提高植物的抗病力。处于逆境时，内外因素不利于 EMP-TCA 循环途径的循环，但磷酸戊糖途径却依然畅通，甚至还能加强，因而提高了植物的适应力。

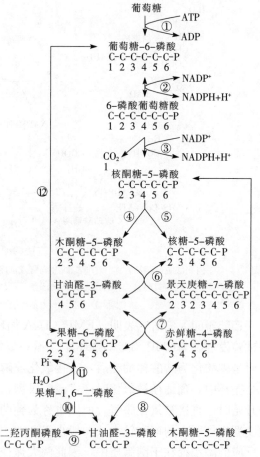

图 8-7　磷酸戊糖途径的反应过程

①己糖激酶　②6-磷酸-葡萄糖脱氢酶　③6-磷酸-葡萄糖酸内酯酶　④磷酸葡萄糖酸脱氢酶　⑤磷酸核酮糖异构酶　⑥磷酸核糖异构酶　⑦转酮醇酶　⑧转醛醇酶　⑨磷酸丙糖异构酶　⑩醛缩酶　⑪磷酸果糖激酶　⑫磷酸己糖异构酶

（四）无氧呼吸（发酵）

无氧呼吸的最初阶段都要经历糖酵解的过程，即呼吸基质葡萄糖经糖酵解转变成丙酮酸，由丙酮酸开始，再沿不同途径进行。

1. 酒精发酵 这是一条无氧呼吸（发酵）的主要途径。水稻浸种催芽时，谷堆内部的谷芽和一般果实所出现的无氧呼吸都属酒精发酵。反应式如下：

$$C_6H_{12}O_6 \longrightarrow 2C_2H_5OH + 2CO_2 + 226kJ$$

具体过程是：葡萄糖经糖酵解转变成丙酮酸，丙酮酸脱羧转变成乙醛，乙醛被糖酵解产生的 NADH 还原为乙醇（酒精）。

2. 乳酸发酵 马铃薯块茎、甜菜肉质根内部出现无氧呼吸的产物是乳酸，称为乳酸发酵。反应式如下：

$$C_6H_{12}O_6 \longrightarrow 2CH_3CHOHCOOH + 197kJ$$

具体过程是：葡萄糖经糖酵解转变成丙酮酸后，直接被糖酵解产生的 NADH 还原为乳酸。

无氧呼吸是植物对短暂缺氧的一种适应，但植物不能忍受长期缺氧。因为无氧呼吸释放的能量很少，转换成 ATP 的数量更少，这样，要维持正常生活所需要的能量，就要消耗大量有机物。同时，酒精和乳酸积累过多时，会使细胞中毒甚至死亡。例如，作物淹水后不能正常生活以至死亡；种子播种后久雨不晴发生烂种；以及种子收获后长期堆放发热，产生酒味，使种子变质等，都是由于长时间无氧呼吸的结果。

但是植物处在短暂无氧环境进行无氧呼吸之后，恢复有氧条件时，将可恢复正常生长。这是由于各种无氧呼吸的产物在有氧条件时，都可作为有氧呼吸的基质，继续氧化分解，最后生成二氧化碳和水。例如，淹水后的作物若能及时排水方可恢复正常生长；种子收获后，必须晒干扬净并要适时翻仓；水稻浸种催芽的种堆，内部出现酒味时，及时翻到边缘，使其进行有氧呼吸，可使酒精分解而消除酒味。

三、电子传递与氧化磷酸化

（一）生物氧化的概念

在生物体内进行的氧化作用称为生物氧化。也就是在需氧生物中，各种呼吸代谢过程中脱下的氢，最终都传递到氧而被氧化。生物氧化与非生物氧化的化学本质是相同的，都是脱氢、失去电子或与氧直接化合，并释放被氧化物质内部的能量。然而，生物氧化是在生活细胞内，在常温、常压、接近中性的酸碱度和有水的环境下，在一系列酶以及中间传递体的共同作用下逐步地完成的，而且能量是按着生物体代谢的需要逐步释放的，其在生物体的宏观表现是生命的存在，即呼吸现象；这就是它与非生物氧化的不同。

生物氧化的表现形式之一是电子传递和氧化磷酸化。

（二）电子传递系统——呼吸链的概念和组成

HMP 循环产生的 NADPH 的部分，在一定条件下，才经转氢酶催化生成 NADH，这就是 HMP 循环途径形成的 NADH。HMP 循环途径和 EMP－TCA 循环途径中形成的 NADH 或 FADH，还要经过一系列传递，最后才能和游离氧结合生成水，这就是呼吸作用形成的水。由于氢原子包括质子和电子，氢的传递主要是其电子的传递，因此这个过程称为电子传递。参加传递的物质，有多种氢传递体和电子传递体，它们按照氧化还原电位高低的一定顺序排列在线粒体内膜上，组成电子传递链，一般称这种电子传递链为呼吸链（图8-8）。

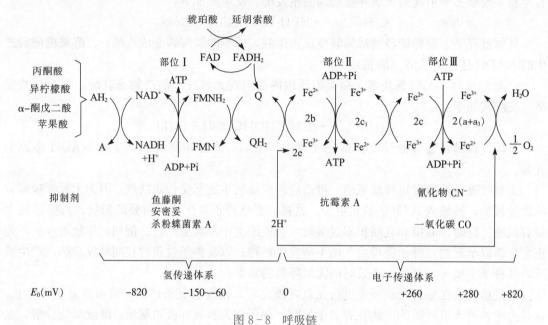

图 8-8 呼吸链
（AH_2 和 BH_2 代表呼吸代谢中间产物，Q 为辅酶 Q）

最后的电子传递体是 $Cyta_3$，也叫细胞色素氧化酶，因为它能把接受来的电子直接传给游离 O_2，使 O 激活，1 个 O 原子接受 2 个 e^- 后，它就与介质中的 $2H^+$ 结合生成 1mol H_2O。

（三）氧化磷酸化的概念及类型

1. 氧化磷酸化的概念 在电子传递过程中，有的步骤放出的能量推动 ADP＋Pi 磷酸化为 ATP，从而把有机物中的化学能部分地转移到 ATP 中，供生命活动需用。这种伴随由呼吸基质脱下的氢，通过电子传递到达氧的过程所发生的 ADP＋Pi 磷酸化为 ATP 的作用称为氧化磷酸化作用，即呼吸链上电子传递放能与 ADP＋Pi 磷酸化成 ATP 贮能相偶联的反应。据测定，从 NADH 每传递 1 对 H 到 O_2，能产生 3mol 氧化水平 ATP；FADH 能产生 2mol 氧化水平 ATP，这就是呼吸作用所放出的可利用能。

2. 氧化磷酸化的类型 氧化磷酸化作用是生活细胞中形成 ATP 的主要途径之一。根据生物氧化方式不同，可将磷酸化分为底物水平磷酸化和氧化磷酸化两种类型。

（1）底物水平磷酸化。底物水平磷酸化即底物被氧化的过程中，形成了含高能磷酸键的磷酸化合物，如 X～P。这个高能化合物所含的能量，可使 ADP 磷酸化形成 ATP。此化合物的能量在酶的催化下，经磷酸化转移到 ADP 上，生成 ATP。X～P＋ADP⟶ATP＋X。

（2）氧化水平（电子传递系）磷酸化。电子传递系磷酸化即为通常所称的氧化水平磷酸化。指的是底物脱下的氢，经过呼吸链氧化放能，并伴随着 ADP＋Pi 磷酸化生成 ATP 的过程。

氧化水平磷酸化中氧化放能与磷酸化贮能之间的偶联关系，常用 P/O 这一指标来反应。所谓磷氧比 P/O，是指电子传递链每消耗 1 个氧原子（1/2 氧分子）所用去的无机磷 Pi 或产生的 ATP 的摩尔数的比值。P/O 是线粒体氧化磷酸化活力功能的一个重要指标。在标准图式的呼吸链中从 NADH 开始氧化到成水，要经过 3 次 ATP 的形成，所以 P/O 是 3；而 $FADH_2$ 走完呼吸链，只有两次 ATP 的形成，所以 P/O 是 2。

在正常情况下，植物的呼吸作用，总是偶联着磷酸化作用。但当植物处于不良的环境如高温、干旱、缺钾等条件下，磷酸化的偶联将受破坏，这时呼吸虽然增高，但不能形成 ATP，放出的能量均以热能释放掉，这种呼吸称为无效呼吸。植物进行无效呼吸时，体内的有机物质将大量消耗，对积累不利。因此，在农业植物栽培过程中，必须加强田间管理，防止出现这种情况。

四、呼吸作用中的能量利用效率

植物在呼吸作用中，葡萄糖被彻底地降解为二氧化碳和水，同时释放能量。释放的能量除用于形成 ATP 外，其余的以热能的形式释放掉，这种热能不能用于各种生理活动，而 ATP 则是植物体能够直接利用的能量形式。当需要的时候 ATP 水解为 ADP＋Pi，释放的能量便可用于各种需能活动，如原生质的运动，无机盐的吸收，有机物的合成、运输以及生长运动等。因此，ATP 在活细胞中既是贮能物质，又是供能物质，在能量转换中具有特殊而重要的作用。

能量利用效率应该是呼吸基质释放的，用于各种生理活动的，可利用能占其释放的总能量的比值。底物磷酸化形成的 ATP 仅占一小部分，大部分 ATP 是通过氧化磷酸化形成的。若按摩尔数计算，1mol 六碳糖通过 EMP－TCA 循环途径和电子传递链被氧化为二氧化碳和水，在糖酵解过程中可形成 4mol ATP 和 2mol NADH，1mol NADH 进入线粒体后经氧化磷酸化可形成 2mol ATP（因为 NADH 必须借助其他反应系统，消耗 1mol ATP 后，才能往返线粒体，所以生成 2mol ATP）；在 TCA 循环中，可形成 2mol ATP、8mol NADH 和 2mol $FADH_2$。经氧化磷酸化，1mol NADH 可形成 3mol ATP，1mol $FADH_2$ 可形成 2mol ATP。这样，减去糖酵解反应中用去的 2mol ATP，那么 1mol 六碳糖通过 EMP－TCA 循环途径和电子传递链被彻底氧化后最终形成 36mol ATP。

1mol 六碳糖在 pH 7 条件下，被彻底氧化释放能量为 2 870kJ，1mol ATP 水解为 ADP 释放 31.8kJ，36mol ATP 则为 1 145kJ。能量转换率为 40％（1 145kJ/2 870kJ），其余的 60％以热的形式散失。

五、光合作用与呼吸作用的关系

光合作用与呼吸作用既相互独立又相互依存，推动了体内物质和能量代谢的不断进行，光合作用制造有机物，贮藏能量，而呼吸作用则分解有机物，释放能量。光合作用为呼吸作用生产呼吸基质；呼吸作用为光合作用收集能量，保存光合原料（表 8－1）。

表 8-1 光合作用和呼吸作用的主要区别和联系

项 目		光 合 作 用	呼 吸 作 用
区 别	1. 原料	二氧化碳，水	葡萄糖等有机物，氧
	2. 产物	有机物（主要为碳水化合物），氧	二氧化碳，水
	3. 能量变化	把太阳光能转变为化学能。是贮能的过程	把化学能转变为 ATP（另一种化学能）、热能，是放能过程
	4. 磷酸化形式	光合磷酸化	氧化磷酸化和底物水平磷酸化
	5. 代谢类型	有机物合成作用	有机物降解作用
	6. 反应类型	水被光解，二氧化碳被还原	呼吸底物被氧化、生成水
	7. 进行部位	绿色细胞的叶绿体中、细胞质	活细胞的细胞质和线粒体中
	8. 需要条件	光照下	光照下或黑暗中均可
联 系	1. 光合作用为呼吸作用提供原料，呼吸释放的能量可供绿色细胞用		
	2. 光合释放的氧气可供呼吸利用，呼吸释放的二氧化碳也可作为光合的原料		
	3. 二者有许多共同的中间产物可以交替使用，因而使两个过程有一定联系		

第三节 影响呼吸作用的因素

呼吸作用是生物有机体内进行的复杂的物质和能量代谢的过程，因而不可避免地要受到各种各样的因素影响，包括来自生物体内部的因素和来自外界环境因素的影响，毫无疑问，外部因素是通过改变内部因素而发生作用。

一、呼吸作用的生理指标

呼吸作用的主要生理指标由呼吸速率和呼吸商来表示。

1. 呼吸速率及表示单位 呼吸速率是表示呼吸强弱的定量指标。呼吸速率是指单位时间内、单位植物材料所放出的二氧化碳量或吸收的氧气量。

常用的单位是：CO_2（或 O_2），$\mu mol/(g \cdot h)$。

究竟采用哪种单位，应根据具体情况，以尽可能地反映出呼吸作用的强弱变化为标准。不同种植物，同种植物的不同器官或不同发育时期，呼吸速率不同。通常，花的呼吸速率最高；依次是萌发的种子、分生组织、形成层、嫩叶、幼枝、根尖和幼果等；而处于休眠状态的组织和器官的呼吸速率最低。

2. 呼吸商（简称 RQ） 呼吸商又称呼吸系数，指植物组织在一定时间内放出二氧化碳的量与吸收氧气的量之比。它可以反映呼吸底物的性质和氧气供应状况。其计算公式：

RQ=［放出的二氧化碳量（体积或摩尔数）］/［吸收的氧气量（体积或摩尔数）］

呼吸商数值的大小与许多因素有关，包括底物种类，无氧呼吸的存在与氧化作用是否彻底，是否发生物质的转化、合成与羧化，是否存在其他物质的还原以及某些物理因素如种皮不透气等。其中，底物种类是影响呼吸商最关键的因素。

当呼吸底物为碳水化合物且又被彻底氧化时，其 RQ 为 1，反应式：$C_6H_{12}O_6 + 6O_2 \longrightarrow 6CO_2 + 6H_2O$，RQ=6/6=1。

当呼吸底物为脂肪（脂肪酸）、蛋白质等富含氢即还原程度较高的物质时，RQ<1。如棕榈酸被彻底氧化时：$C_{16}H_{32}O_2 + 23O_2 \longrightarrow 16CO_2 + 16H_2O$，RQ=16/23=0.7。

若呼吸底物为有机酸等富含氧即氧化程度较高的物质时，RQ>1。如柠檬酸被彻底氧化时：$2C_6H_8O_7 + 9O_2 \longrightarrow 12CO_2 + 8H_2O$，RQ=12/9=1.33。

从上面的计算可以看出，呼吸底物性质与呼吸商有密切关系。在发生完全氧化时，呼吸商的大小取决于底物分子中相对含氧量的多少。因此，可以根据呼吸商判断底物的种类。植物体内的呼吸底物是多种多样的，碳水化合物、蛋白质、脂肪或有机酸等都可以被呼吸利用。一般说来，植物呼吸通常先利用碳水化合物，其他物质较后才被利用。

当氧气供应不充足时，无氧呼吸较强，呼吸商增大。

二、内部因素对呼吸速率的影响

植物的呼吸速率因植物种类、器官、组织及生育期的不同而有很大差异。

1. 植物种类 不同种类的植物，其代谢类型、内部结构及遗传性不会完全相同，必然造成呼吸速率的差异（表 8-2）。例如，喜光的玉米高于耐阴的蚕豆，柑橘高于苹果，玉米种子比小麦种子高近 10 倍。低等植物的呼吸速率远高于高等植物。总之，生长快的植物高于生长慢的植物，草本植物高于木本植物。

表 8-2 不同植物（组织、器官）的呼吸速率

植物组织	O_2 [$\mu mol/(g \cdot h)$（干重）]	植物组织	O_2 [$mm^3/(g \cdot h)$（鲜重）]
豌豆种子	0.005	仙人掌	6.8
大麦幼苗	70	景 天	16.6
甜菜切片	50	云 杉	44.1
向日葵植株	60	蚕 豆	96.6
番茄根尖	300	茉 莉	120.0
细 菌	10 000	小 麦	251.0

2. 器官、组织 同一植物的不同器官，因为代谢不同，组织结构不同以及与氧气接触程度不同，所以呼吸速率也有很大的差异。在同一植物体上，通常生长旺盛的幼嫩器官（根尖、茎尖、嫩叶等）的呼吸速率高于生长缓慢的年老器官（老根、老茎、老叶）；生殖器官高于营养器官；在花中，雌雄蕊的呼吸速率比花被强，雄蕊中又以花粉最强；受伤组织高于正常组织。例如，花的呼吸速率高于叶 3~4 倍；雌蕊高于花瓣 18~20 倍；芋头的花序开花时呼吸速率增高 23~30 倍。

3. 生育期 呼吸速率还随生育期的变化而改变。同一植株或植株的同一器官在不同的

生长过程中，呼吸速率会有较大的变化。一年生植物初期生长迅速，呼吸速率升高；到一定时期，随着植物生长变慢，呼吸逐渐平稳，有时会有所下降；生长后期开花时又有所升高。植物的叶片幼嫩时呼吸较快，成长后下降；初进衰老时，呼吸又上升，而后渐降；到衰老后期，呼吸速率可下降到极其微弱的程度。也就是说：叶片在功能前期处于生长阶段，呼吸速率在最高峰；进入功能期后降到较高的平稳阶段；而后初进衰老时又略有升高，但远不及功能前期，接下来便随着衰老时间的延续逐渐下降，直至呼吸停止，叶片脱落。许多肉质类果实在完熟之前也有一个呼吸跃变期。因此，呼吸速率强弱在一定程度上可反映生活力的强弱，但生长健壮时期，呼吸速率并不一定是最高。

三、外界条件对呼吸速率的影响

影响呼吸速率的外部因素很多，主要有以下几方面。

1. 温度 温度对呼吸速率的影响，主要是影响呼吸酶的活性。在一定范围内，呼吸速率随温度的增高而加快，超过一定温度，呼吸速率则会随着温度的升高而下降。温度对呼吸作用的影响体现在最低点、最适点和最高点这温度三基点上。

一般说来，植物的呼吸作用在接近0℃时进行得很慢。大多数温带植物呼吸的最低温度约为−10℃。耐寒植物的越冬器官（如芽及针叶），在−25～−20℃时，仍未停止呼吸。但是，如果夏季的温度降低到−5～−4℃，针叶的呼吸便完全停止。可见，呼吸作用的最低温度依植物体的生理状况而有差异。

呼吸作用的最适温度在25～35℃。所谓最适温度是保持植物正常生长过程中，能持续较稳定状态的最高呼吸速率的温度。呼吸的最适温度比光合和生长的最适温度都高，因此，呼吸作用的最适温度并不是植物正常健壮生长的最适温度。植物呼吸过强时，消耗大量的有机物质，对生长反而不利。

呼吸作用的最高温度，一般在35～45℃。在较高温度条件下，细胞质将受到破坏，酶的活性也会受影响，因此呼吸作用便急剧下降。温度每升高10℃所引起的呼吸速率增加的倍数，通常称为温度系数（Q_{10}）：

$$Q_{10} = [(t+10)℃时的呼吸速率] / t℃时的呼吸速率$$

温度的另一间接效应是影响氧在水介质中的溶解度，从而影响呼吸速率的变化。

2. 水分 植物细胞含水量对呼吸作用的影响很大，因为原生质只有被水饱和时，各种生命活动才能旺盛地进行。在一定范围内，呼吸速率随着组织含水量的增加而升高。

风干的种子不含自由水，呼吸作用极为微弱。当含水量稍微提高一些时，它们的呼吸速率就能增加数倍。到种子充分吸水膨胀时，呼吸速率可比干燥的种子增加几千倍。因此，种子含水量是制约种子呼吸强弱的重要因素。

植物的根、茎、叶和果实等含水量大的器官，会看到相反的情况。当含水量发生微小变动时，对呼吸作用影响不大；当水分严重缺乏时，它们的呼吸作用反而增强。这是由于细胞缺水时，酶的水解活性加强，淀粉水解为可溶性糖，使细胞水势降低，增强保水能力以适应干旱的环境。但是，可溶性糖是呼吸作用的直接基质，于是便引起呼吸作用增强。对于植物整体来说，也有类似的情况，接近萎蔫时，呼吸速率有所增加；如果萎蔫时间较长，细胞含水量则成为呼吸作用的限制因素。

3. 氧气 氧气是植物进行正常呼吸的必要因子。它直接参与生物氧化过程，氧气不足，不仅可以影响呼吸速率，而且还影响呼吸代谢的途径（有氧呼吸或无氧呼吸）。

大气中氧含量比较稳定，约为21%，对于植物的地上器官来说，基本能保证氧的正常供应。当氧含量降低到20%以下时，呼吸开始下降。氧含量降低到5%~8%时，呼吸作用将显著减弱。但是，不同植物对环境缺氧的反应并不相同。比如，水稻种子萌发时缺氧呼吸本领较强，所需的氧含量仅为小麦种子萌发时需氧量的1/5。

植物根系虽然能适应较低的氧浓度，但氧含量低于5%~8%时，其呼吸速度也将下降。一般通气不良的土壤中氧含量仅为2%，而且很难透入土壤深层，从而影响根系的正常呼吸和生长。

在农业生产中，作物处于水淹等土壤通气不良条件时，根系则处于缺氧甚至无氧环境。作物长时间地进行无氧呼吸必然导致伤害或死亡。其原因有：

①无氧呼吸产生的乙醇、乳酸会使细胞蛋白质变性而发生毒害作用。

②TCA循环和电子传递与氧化磷酸化受阻，释放ATP能量少，作物为维持正常生命活动而消耗过多有机物，势必造成体内养料损耗过多。而且许多耗能反应受到限制，如营养元素的吸收，有机物的合成与运输等。

③根对水的透性降低，加上对元素的吸收量减少，影响了水分的吸收。

④中间产物少，严重影响作物体内的物质合成。这些都造成了代谢的不平衡。因此，生产上经常中耕松土，保证良好的通气状况是非常必要的。

4. 二氧化碳 二氧化碳是呼吸作用的产物，当环境中二氧化碳浓度增大时，三羧酸循环运转会受到抑制，因而影响呼吸速率。

当二氧化碳浓度升高到1%以上时，呼吸作用受到明显抑制。土壤中由于根系，特别是土壤微生物的呼吸，会产生大量的二氧化碳。尤其是高温季节有机体呼吸旺盛，如果土壤通气不良，则积累二氧化碳可达4%~10%，甚至更高。适时中耕松土有助于促进土壤和大气的气体交换。豆类等一些作物的种子由于种皮的限制，使呼吸作用释放的二氧化碳难以透出，内部聚积高浓度的二氧化碳，抑制呼吸作用。这成为种子休眠的一个原因。

5. 机械损伤 机械损伤会显著加快组织的呼吸速率。由于正常生活着的细胞有一定的结构，某些氧化酶与底物是隔开的，机械损伤破坏了原来的间隔，使底物迅速氧化，加快了生物氧化的进程。另外，机械损伤使某些细胞转化为分生组织状态，形成愈伤组织去修补伤处，这些分生细胞的呼吸速率当然比原来休眠或成熟组织的呼吸速率快得多。

机械刺激也会引起叶片的呼吸速率发生短时间的波动，因此在测定植物样品的呼吸速率时，要轻拿轻放，避免因机械刺激带来的误差。

影响呼吸作用的外界因素除了上述之外，呼吸底物（如可溶性糖）的含量、一些矿质元素（如磷、铁、铜等）对呼吸也有影响。此外，病原菌感染可使寄主的磷酸戊糖途径增强，呼吸速率提高。

需要指出的是，以上所讨论的各种影响条件仅仅是就其单一因素而言。实际上，各种因素是相互作用的，植物受到的最终影响是诸因素综合作用的结果。例如，植物组织含水量的变化对于温度所发生的效应有显著的影响，小麦种子的含水量从14%增至22%时，在同一温度下，呼吸速率相差甚大。一般地说，任何一个因子对于生理活动的影响都是通过全部因子的综合效应而反映出来的。当然，就处在某一环境中的植物来说，影响呼吸作用的诸因素中必然有其主要因素。在生产实践中要善于找出主要因素，采取最有效的措施，收到最显著的效果。

第四节 呼吸作用在农业生产上的应用

一、呼吸作用与作物栽培

哪里有生命活动，哪里就有呼吸。呼吸作用作为植物体内的代谢中心，不仅影响作物的无机营养与有机营养，而且影响物质的吸收、转化、运输与分配，最终影响细胞分裂、组织产生、器官形成和植株长大。

在作物栽培上，许多措施直接或间接地保证植物呼吸作用正常进行。例如，浸种催芽过程中，每隔一定时间要浇水和翻堆，以供应足够的水分和透气散热，防止因呼吸放热而温度过高，同时避免无氧呼吸的发生。水稻育秧通常采用湿润育秧；早稻育秧在寒潮过后，适时排水，都是使根系得到充分的氧气。水稻的搁田、晒田，旱田作物的中耕松土、黏土的掺砂等，可以改善土壤的通气条件。在低洼地开沟排水，降低地下水位，可增加土壤透气性，有效地抑制无氧呼吸，促进作物根系良好生长发育。

温室栽培和利用薄膜育苗时，应注意解决高温和光照不足的矛盾，适时揭开薄膜通风降温以降低呼吸消耗，才能培育出健壮的幼苗。果树夏剪中去萌蘖，有利于果树的通风透光。通风可以降低果树树冠内温度，控制呼吸，降低耗能。

作物栽培中有许多生理障碍，也是与呼吸有直接关系的。涝害淹死植株，是因为无氧呼吸进行过久，累积酒精而引起中毒。干旱和缺钾能使作物的氧化磷酸化解偶联，导致生长不良甚至死亡。低温导致烂秧，原因是低温破坏线粒体的结构，呼吸"空转"，缺乏能量，引起代谢紊乱之故。

二、呼吸作用与农产品贮藏

（一）呼吸作用与粮食和种子的贮藏

粮食和种子贮藏的目的，一是使商品粮不发霉变质，不降低商品价值；二是使作为种植资源的种子保持生命活力，尽量延长寿命。

1. 粮食和种子贮藏期间的生理变化 粮食的贮藏与呼吸作用密切相关，种子是有生命的机体，不断地进行呼吸。当种子的含水量低于一定限度时其呼吸极低，若含水量超过一定限度，则呼吸急剧增强。这是由于含水量少时，种子内的水分都呈束缚水状态存在，它与原生质胶体牢牢地结合在一起，因此，各种代谢活动包括呼吸作用都不活跃；当种子含水量增高超过一定限度时，细胞内就出现了自由水，各种酶的活性大大增高，呼吸作用便急剧增强。

呼吸速率快，引起有机物质大量消耗；呼吸放出的水分，又会使粮堆湿度增大，粮食

"出汗",呼吸加强;呼吸放出的热量,又使粮温升高,反过来又促使呼吸增强,最后导致粮食发热霉变,使贮藏种子的质量发生变化,或品质下降,严重时失去利用价值。因此,在贮藏过程中必须降低粮食的呼吸速率,确保安全贮藏。

2. 粮食和种子贮藏的适宜条件　温度、水分、氧气以及微生物和仓虫等外界条件影响种子贮藏。一般说来,种子宜贮藏在低温、干燥、少氧、通风条件下。水稻种子在14～15℃库温条件下,贮藏2～3年,仍有80%以上的发芽率。

试验证明,种子含水量在4%～14%范围内(在自然条件下风干或在低于40℃条件下风干),每降低1%含水量可使种子寿命延长一倍。温度在0～50℃范围内,每降低5℃种子(风干后的)寿命延长一倍。例如,葱属的大多数种子,在室温条件下不到3年便失去生活力;若将种子含水量降至6%,贮于5℃以下的环境,20年后仍能萌发。要使种子安全贮藏,种子必须呈风干状态,含水量一般在8%～16%(因种子而异),可称为安全含水量,又称临界含水量。当种子含水量超过安全含水量时,呼吸速率急剧上升。可见,在粮食的贮藏中,控制水分含量和尽可能地降低贮藏温度极为重要,在进仓前一定要晒晾干。国家规定了入库种子的安全含水量(表8-3),高于这个标准就不耐贮藏。

表8-3　种子贮藏期的安全水分标准

作物种子	贮藏安全水分(%)	作物种子	贮藏安全水分(%)
籼稻	13.5	大豆	12
粳稻	14.0	蚕豆	12～13
小麦	12.0	花生(仁)	8～9
大麦	13.5	棉籽	9～10
粟	13.5	菜籽	9
高粱	13.0	芝麻	7～8
玉米	13.0	蓖麻	8～9
荞麦	13.5	向日葵	10～11

贮藏温度还与种子的安全含水量有关。安全含水量越高,贮藏温度要求越低。不过,种子含水量高而处在低温条件下则易受冻害。

贮藏期间,必须防治害虫,此外,还要注意应用通风和密闭的方法以减少呼吸作用。通风的目的是散热、散湿。冬季或晚间开仓,西北冷风透入粮堆,降低粮温。密闭方式必须以粮食干燥、无虫为基础。在春末初夏的梅雨季节,进行全面密闭,防止外界潮湿空气侵入。除了水分含量及温度严重影响粮食的贮藏外,氧气和二氧化碳浓度也影响种子贮藏。种子呼吸吸收氧,放出二氧化碳。若能适当增高二氧化碳含量、降低氧含量,便可减弱呼吸作用,延长贮藏时间。近年来,有些部门使用化学保管法,即以磷化氢(H_3P)气体抑制粮食长霉和发热;也有的采用脱氧保管法,即向粮堆内充入低氧含量的空气,降低种子的呼吸速率。也有用充氮保管法保管大米,即抽出粮堆(用塑料密封)的空气,再充入氮气,以抑制大米呼吸,可保持大米的新鲜度。

(二) 呼吸作用与果蔬贮藏

肉质果实和蔬菜含水分较多，与粮食和种子贮藏的方法有很大的不同。其贮藏原则主要是在尽量避免机械损伤的基础上，控制温度、湿度和空气成分，降低呼吸消耗，使肉质果实、蔬菜保持色、香、味等新鲜状态。

1. 肉质果实贮藏期间的生理变化 果实生长时期，呼吸作用逐渐降低。但有些果实在生长结束、成熟开始时会出现呼吸突然升高的现象，称为呼吸高峰或呼吸跃变期。有呼吸高峰的果实，如苹果、梨、香蕉、李、番茄、西瓜、草莓等。有些果实没有明显的呼吸高峰，如柑橘、凤梨、葡萄、樱桃、无花果、瓜类等。

呼吸高峰一般在贮藏期间发生，但长久留在树上的果实也有呼吸高峰出现。目前一致认为，呼吸高峰的出现与乙烯产生有关。在果实呼吸高峰出现前，均有较多的乙烯生成。一般说来，当果实、蔬菜中乙烯浓度达到 $0.1\mu l/L$ 时，便会诱导呼吸高峰出现。出现呼吸高峰时，呼吸强度可比以前高出5倍以上，果实食用的品质最好；过此高峰，品质下降，且逐渐不耐贮藏。因此，贮藏时应尽量推迟呼吸高峰的出现，发现腐烂果应及时拣出。

2. 肉质果实和蔬菜贮藏的适宜条件 果蔬贮藏不能干燥，因为干燥会造成皱缩，失去新鲜状态，但柑橘、白菜、菠菜等贮藏前可轻度晾晒风干，以降低呼吸和微生物活动。呼吸高峰的出现和温度关系很大。如苹果，在22.5℃贮藏时，其呼吸高峰出现早而显著，在10℃左右就不那么显著，而在2.5℃以下几乎看不出来。所以贮藏果实时，一个重要问题就是推迟呼吸高峰的出现，办法之一就是降低温度。但低温不能低到使组织受冻的程度。每种果蔬都有其适宜的贮藏温度。大多数果实贮藏温度在0～1℃，苹果为0～5℃，不可高于6℃。橙柑则以7～9℃为宜，梨为10～12℃，香蕉要在12～14.5℃。荔枝不耐贮藏，在0～1℃只能贮存10～20d，若改用低温速冻法，使荔枝几分钟之内结冻，即可经久贮藏。

贮藏期间还要保持一定的湿度，以防止果实萎蔫和皱缩，一般贮藏的相对湿度在80%～90%。近年来国外试验成功了高湿贮藏法，即利用98%～100%的高湿，贮藏的甘蓝、胡萝卜、花椰菜、韭菜、马铃薯以及苹果的腐烂率。在高湿中贮藏的产品，水分丧失减少，保持了蔬菜的鲜嫩度。特别是对于许多叶菜类，能保持鲜嫩的颜色，并且延长了蔬菜的贮藏寿命。

"自体保藏法"是一种简便的果蔬贮藏法。由于果实蔬菜本身不断呼吸，放出二氧化碳，在密闭环境里，二氧化碳浓度逐渐增高，抑制呼吸作用（但容器中二氧化碳浓度不能超过10%，否则，果实中毒变坏），可以延长贮藏期。如能密封加低温（1～5℃），贮藏时间更长。自体保藏法现已广泛被利用。例如，四川南充果农将广柑贮藏于密闭的土窖中，贮藏时间可以达到四五个月之久；哈尔滨等地利用大窖套小窖的办法，使黄瓜能贮存三个月而不坏。

(三) 呼吸作用与块根、块茎的贮藏

与果实蔬菜不同的是，块根、块茎贮藏期间是处于休眠状态而非成熟过程中，它们没有呼吸高峰。但块根、块茎一般都是皮薄、水分含量多，贮藏时与果实、蔬菜有许多相似之处。

如为避免机械损伤，需要较低的温度、一定的湿度和气体成分。入窖前要晾1～2d，稳

定呼吸，减少水分含量。甘薯贮藏温度为9~14℃，最适温度为11~13℃。马铃薯在1℃以下易受冻变质，4℃以上时间较长会发芽产生有毒的龙葵素，2~3℃为最适温度。贮藏块根、块茎的相对湿度以85%~90%为宜，低于80%则失水导致呼吸增强。

空气的控制方面，不要过早封闭窖口。入窖之初，由于气温较高，薯块呼吸旺盛，如果封窖过早，会使窖内缺氧，进行无氧呼吸，大量产生酒精，引起中毒、腐烂。因此，应适当的通风透气，随着气温的下降，逐步封闭窖口。

三、呼吸作用与植物抗病

一般情况下，寄主植物受到病原微生物侵染后呼吸速率会增强。这是因为：第一，病原菌本身具有强烈的呼吸作用，致使寄主植物表观呼吸作用上升；第二，病原菌侵染后，寄主植物细胞被破坏，导致底物与酶相互接触，呼吸的生化过程加强；第三，寄主植物被感染后，呼吸途径发生变化，糖酵解—三羧酸循环途径减弱，而磷酸戊糖途径加强。此外，含铜氧化酶类活性升高，例如棉花感染黄萎病后多酚氧化酶与过氧化物酶的活性增强，小麦感染锈病后多酚氧化酶和抗坏血酸氧化酶的活性提高。有时氧化与磷酸化解偶联，引起感染部位的温度升高。

植物感病后呼吸加强使植物具有一定的抗病力。植物的抗病力与呼吸上升的幅度大小和持续时间的长短密切相关。凡是抗病力强的植株感病后，呼吸速率上升幅度大，持续时间长，抗病力弱的植株则恰好相反。

呼吸速率上升幅度大，持续时间长有利于：①消除毒素。有些病原菌能分泌毒素致使寄主细胞死亡，如番茄枯萎病产生镰刀菌酸，棉花黄萎病产生多酚类物质。寄主植物通过加强呼吸作用，或将毒素氧化分解为二氧化碳和水，或转化为无毒物质。②促进保护圈的形成。有些病原菌只能在活细胞内寄生，在死细胞内则不能生存。抗病力强的植株感病后呼吸剧增，细胞衰死加快，致使病原菌不能发展，而这些死细胞反而成为活细胞和活组织的保护圈。③促进伤口愈合。寄主植物通过提高呼吸速率加快伤口附近形成木栓层，促使伤口愈合，从而限制病情发展。

■ 复习思考题

1. 简述呼吸作用的概念、类型及生理意义。
2. 植物呼吸为什么要以有氧呼吸为主？而无氧呼吸为什么不能得到更多的能量来维持生命活动？
3. EMP途径产生的丙酮酸可能进入哪些反应途径？
4. TCA循环途径和HMP循环途径各发生在细胞的什么部位？各有何生理意义？
5. 为什么说长时间的无氧呼吸会使陆生植物受伤，甚至死亡？
6. 植物呼吸代谢的多条途径表现在哪些方面？呼吸代谢的多条途径有何生物学意义？
7. 植物组织受伤时呼吸速率为何加快？
8. 在制绿茶时，为什么要把采下的茶叶立即焙火杀青？
9. 生长旺盛部位与成熟组织或器官在呼吸效率上有何差异？

10. 低温导致烂秧的原因是什么？
11. 早稻浸种催芽时，用温水淋种和翻堆的目的是什么？
12. 粮食贮藏时为什么要降低呼吸速率？
13. 呼吸作用与谷物贮藏的关系如何？
14. 如何协调温度、湿度及气体间的关系来做好果蔬的贮藏？
15. 果实成熟时产生呼吸跃变的原因是什么？
16. 试从原料、产物、需要条件、能量转换、电子传递途径等方面，列表比较光合作用与呼吸作用的差异。

第九章

植物的生长物质

教学目标 本章主要讲授植物生长物质激素和生长调节剂的概念、种类和生理功能。通过本章学习，使学生掌握植物激素、植物生长调节剂的基本概念，植物激素的种类；了解植物激素的发现，激素在植物体内的分布与运输；熟知植物激素的主要生理效应；了解植物激素间的相互关系，掌握植物生长物质在农业生产上的应用技术及注意事项。

植物的生长发育是一个十分复杂的生命过程，不仅需要有机物质和无机物质作为细胞生命活动的结构物质和营养物质，还需要有植物生长物质的调节与控制。植物生长物质是指具有调节植物生长发育的微量化学物质，可分为植物激素和植物生长调节剂两大类。植物激素是指植物体内合成的，并能从产生之处运送到他处，对植物生长发育产生显著作用的微量有机化学物质。

目前得到普遍公认的有生长素类、赤霉素类、细胞分裂素类、脱落酸和乙烯五大类。它们都具有以下特点：第一，内生性，它是植物生命活动过程中正常的代谢产物。第二，能移动，它们能从合成器官向其他器官转移。第三，非营养物质，它们在体内含量很低，但对代谢过程起极大的调节作用。此外，油菜素甾体类、茉莉酸类、水杨酸和多胺类等已经证明对植物的生长发育具有多方面的调节作用。

随着生产和科学技术的发展，现在已经能够人工合成并筛选出许多生理效应与植物激素类似的，具有调节植物生长发育的物质，为了与内源激素相区别，称为植物生长调节剂，有时也称外源激素。主要包括生长促进剂、生长抑制剂和生长延缓剂等。

植物生长物质在农业、林业、果树和花卉生产上有着十分重要的意义。已经在种子萌发、植物生长、防止落花落果、产生无籽果实、控制性别转化、提早成熟、提高产量品质以及农产品贮藏保鲜等方面发挥了明显作用。

第一节 植物生长激素

一、生 长 素

（一）生长素的发现

生长素是人们最早发现的植物激素。1872年波兰园艺学家西斯勒克发现，置于水平方向的根因重力影响而弯曲生长，根对重力的感应部分在根尖，而弯曲主要发生在伸长区。由此认为植株体内可能有一种从根尖向基部传导的刺激性物质，使根的伸长区在上下两侧发生不均匀的生长。1880年英国科学家达尔文父子利用金丝雀草胚芽鞘进行向光性研究时发现，在单方向光照射下，胚芽鞘向光弯曲。1928年荷兰人温特发现了类似的现象，并认为引起这种现象的物质在鞘尖上产生，然后传递到下部而发生作用。因此他首先在鞘尖上分离了与生长有关的物质。1934年荷兰的郭葛等从尿、玉米油和燕麦胚芽鞘里提取分离出类生长物质，经鉴定为3-吲哚乙酸，结构见图9-1。现已证明，吲哚乙酸是植物中普遍存在的生长素，简写IAA。

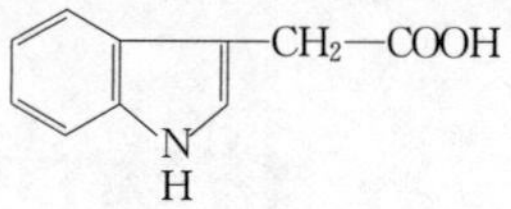

图9-1 吲哚乙酸结构

（二）生长素在植物体内的分布和运输与存在形式

生长素在植物体内分布很广，但大多集中在代谢旺盛的部位。如胚芽鞘、芽和根尖端分生组织内、形成层、受精后的子房等快速生长的器官。衰老器官中生长素含量较少。

生长素在植物体内的运输具有极性运输的特点，即IAA只能从植物形态的上端向下端运输，而不能反向运输。生长素的极性运输是主动运输的过程。从种子和叶片运出的生长素可向顶进行非极性运输，非极性运输主要通过被动的扩散作用，运输的数量很少。在植物茎部的运输是通过韧皮部的极性运输，在胚芽鞘内是通过薄壁组织，在叶片中是通过叶脉运输，在非极性运输中则是通过维管束运输。生长素在植物体内主要以游离型和束缚型两种形式存在，前者具有生物活性。

（三）生长素的生理效应

1. 能促进营养器官的伸长生长 适宜浓度的生长素对芽、茎、根细胞的伸长有明显的促进作用，从而达到营养器官伸长的效果。在一定浓度下，芽、茎、根器官的伸长可达到最大值，此时为生长最适浓度，若再提高生长素浓度会对器官的伸长产生抑制作用。另外，不同器官对生长素最适浓度是不相同的，顺序为茎端最高，芽次之，根最低（图9-2）。所以，在使用生长素时必须注意使用的浓度、时期和植物的部位。

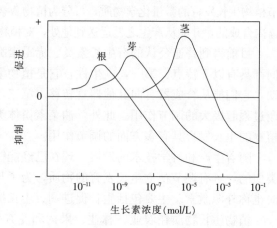

图9-2 植物不同器官对生长素的反应

2. 促进器官和组织分化 生长素可诱导植物组织脱分化，产生愈伤组织，再进一步分化出不同器官和组织。如扦插时生长素处理可诱导产生愈伤组织，长出不定根。

此外，生长素具有促进果实发育和单性结实、保持顶端优势、影响性别分化等作用。

二、赤霉素

（一）赤霉素的发现

赤霉素（GA）是1921年日本人黑泽从事水稻恶苗病的研究中发现的。患病水稻植株徒长，叶片失绿黄化，极易倒伏死亡。研究发现引起植株不正常生长的物质是由赤霉菌的分泌物引起的，由此称该物质为赤霉素。最早从水稻恶苗病菌提取的是赤霉酸（GA₃），结构见图9-3。到目前为止，已从真菌、藻类、蕨类、裸子植物、被子植物中发现120余种赤霉素，其中绝大部分存在于高等植物中，做过化学鉴定的已有50余种。GA₃是生物活性最高的一种。

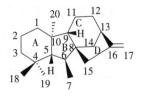

图9-3 赤霉素的结构

（二）赤霉素在植物体内的合成部位和运输与存在形式

赤霉素普遍存在于高等植物中，含量最高部位是植株生长旺盛部位，如茎端、根尖和果实种子。而合成的部位是营养芽、幼叶、幼根、正在发育的种子、萌发的胚等幼嫩组织。一般来说，生殖器官所含有的GA比营养器官中高，正在发育的种子是GA的丰富来源。在同一种植物中，往往含有几种GA，如南瓜和菜豆分别含有20种与16种。

GA是在植株体内合成后，可以作双向运输，嫩叶合成的GA可以通过韧皮部的筛管向下运输，而根部合成的GA可以沿木质部导管向上运输。在植物体内赤霉素有自由型和束缚型两种存在形式。自由型赤霉素具有生物活性，束缚型赤霉素无活性。

（三）赤霉素的生理效应

1. 促进茎的伸长 赤霉素最显著的生理效应是促进植物茎叶的生长，尤其对矮生突变品种的效果特别明显。生产上使用赤霉素可以促进以茎叶等为收获目的的作物，如芹菜、莴苣、韭菜、牧草、茶、麻类等的高产，使用效果十分明显。同时赤霉素使用时不存在超最适浓度的抑制作用，很高浓度的GA仍可表现出较明显的促进作用。但GA对离体茎切断的伸长几乎没有促进作用。

2. 打破休眠 对许多植物休眠的种子，使用GA可有效打破休眠，促进种子萌发。同时赤霉素也能促进树木和马铃薯休眠芽的萌发。生产上，刚刚收获的马铃薯块茎处于休眠状态，用GA处理可以促进其萌发，达到一年两季栽培的目的。

3. 促进抽薹开花 日照长短和温度高低是影响某些植物能否开花的制约因子，如芹菜要求低温和长日照两个条件均得到满足才能抽薹与开花，但通过GA处理，便能诱导开花。研究表明，对于花芽已经分化的植物，GA对其开花具有显著的促进效应。如GA能促进甜叶菊、铁树及柏科、衫科植物的开花。

4. 促进雄花分化 对于雌雄同株异花植物，使用GA后雄花的比例增加。

5. 促进单性结实 赤霉素可以使未受精子房膨大，发育成为无籽果实。如葡萄花穗开花一周后喷GA，可使果实的无籽率达60%～90%，收割前1～2周处理，还可提高果粒甜度。

6. 促进坐果 在开花期使用GA也可以减少脱落，提高坐果率。如10～20mg/L赤霉素花期喷施苹果、梨等果实，可以提高坐果率。

三、细胞分裂素

（一）细胞分裂素的发现

细胞分裂素（CTK）是一类促进细胞分裂的植物激素。1955年斯库格等在研究烟草愈伤组织培养中偶然使用了变质的 DNA，发现这种降解的 DNA 中含有一种促进细胞分裂的物质，它使愈伤组织生长加快，后来从高压灭菌后的 DNA 中分离出一种纯结晶物质，它能促进细胞分裂，被命名为激动素。1963 年首次从未成熟的玉米种子中分离出天然的细胞分裂素，命名为玉米素。目前在高等植物中至少鉴定出了 30 多种细胞分裂素。

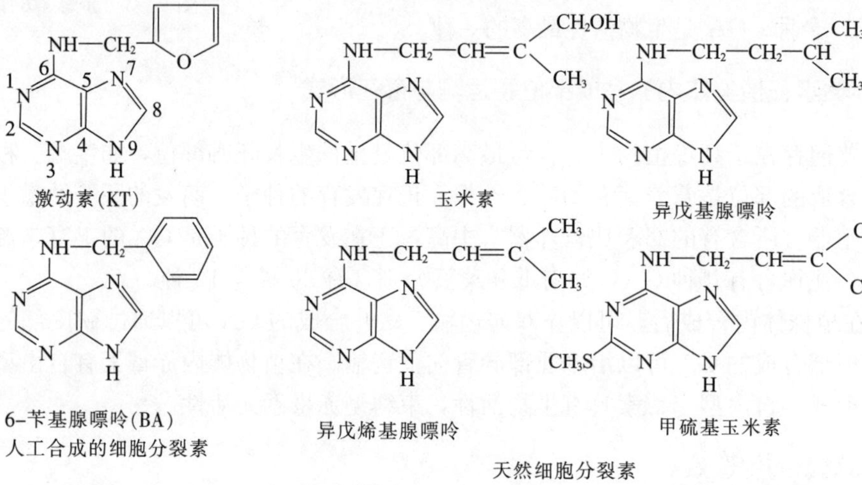

图 9-4 细胞分裂素的结构

（二）细胞分裂素的分布、运输与存在形式

细胞分裂素广泛存在于高等植物中，在细菌、真菌中也有细胞分裂素存在。高等植物的细胞分裂素主要分布在茎尖分生组织、未成熟种子和膨大期的果实等部位。细胞分裂素在植物体内合成部位是根部，通过木质部运向地上部分。在植物体内的运输是非极性的。

植物体内游离细胞分裂素一部分来源于 RNA 的降解，其中的细胞分裂素游离出来，另外也可以从其他途径合成细胞分裂素。细胞分裂素常常通过糖基化、酰基化等方式转化为结合态形式。非结合态和结合态细胞分裂素之间可以互变，来调节植物体内细胞分裂素水平。

（三）细胞分裂素的生理效应

1. 促进细胞分裂和扩大　细胞分裂包括细胞核分裂和细胞质分裂两个过程，生长素只促进细胞核分裂（因为促进了 DNA 的合成），而细胞分裂素主要是对细胞质的分裂起作用，所以只有在生长素存在的前提下细胞分裂素才能表现出促进细胞分裂的作用。

细胞分裂素还能促进细胞的横向扩大，不同于生长素促进细胞纵向伸长的效应。例如细胞分裂素可促进一些双子叶植物如菜豆、萝卜的子叶扩大，同时也能使茎增粗。

2. 促进芽的分化　促进芽的分化是细胞分裂素重要的生理效应之一。1957 年斯库格等在烟草髓组织培养中发现，生长素和激动素浓度比值对愈伤组织的根和芽的分化能起调控作用。当培养基中激动素/生长素的比值高时，有利于诱导芽的形成；两者比值低时有利于根的形成；如果比值处于中间水平时，愈伤组织只生长而不分化。

3. 延缓衰老　延迟叶片衰老是细胞分裂素特有的作用。如在离体叶片上局部涂上细胞分裂素，其保持鲜绿的时间远远超过未涂细胞分裂素的叶片其他部位，说明细胞分裂素有延

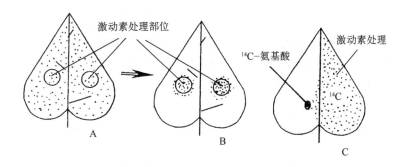

图 9-5 激动素的保绿作用及对物质运输的影响
A. 离体绿色叶片，圆圈部位为激动素处理区
B. 几天后叶片衰老变黄，但激动素处理区仍保持绿色，黑点表示绿色
C. 放射性氨基酸被移动到激动素处理的一半叶片，黑点表示有^{14}C-氨基酸的部位

缓叶片衰老的作用，同时也说明了细胞分裂素在组织中一般不易移动。类似结果在玉米、烟草等植物离体试验中也得到证实。主要原因是老叶涂上细胞分裂素后可以从嫩叶或其他部位吸取养分，以维持其新鲜度，同时细胞分裂素还可抑制一些酶的活性使物质降解速度延缓（图9-2）。

4. 促进侧芽发育，解除顶端优势 豌豆幼苗第一片真叶叶腋内的腋芽，一般处于潜伏状态，若将激动素溶液滴在第一片真叶的叶腋部位，腋芽就能生长发育。其原因是细胞分裂素作用于腋芽后，能加快营养物质向侧芽的运输。这表明它有对抗植物生长素所导致的顶端优势的作用。

四、脱 落 酸

（一）脱落酸的发现

1963年美国阿狄柯特（F. T. Addicott）等在研究棉铃脱落的植物内源化学物质时，从棉铃中分离出一种促进脱落的物质，定名为脱落素Ⅱ。几乎同时，韦尔林（P. F. Wareing）等人从秋天即将进入休眠的桦树叶片中也分离出一种使芽休眠的物质，称之为休眠素。以后证明二者为同一类化合物。1967年在第一届国际植物生长物质会议上正式定名为脱落酸（ABA），结构见图9-6。

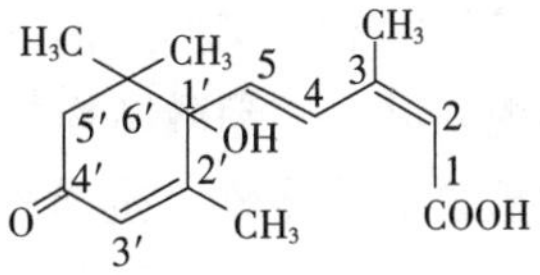

图 9-6 脱落酸的结构

（二）脱落酸的分布和运输

高等植物各器官和组织中都有脱落酸的存在，其中以将要脱落、衰老或进入休眠的器官和组织中较多，在干旱、水涝、高温等不良环境条件下，ABA的含量也会迅速增多。

脱落酸主要以游离型的形式运输，在植物体内运输速度很快，在茎和叶柄中的运输速度大约是20mm/h，属非极性运输，在菜豆的叶柄切段中^{14}C-脱落酸向基部运输速度比向顶端运输的速度快2~3倍。

(三) 脱落酸的生理效应

1. 促进脱落 器官或组织的脱落与其 ABA 的含量关系十分密切。见图 9-7，受精的子房内有一定量的 ABA，受精两天后 ABA 含量迅速增加，第 5~10d 的幼铃中最多，以后又下降，40~50d 棉桃成熟开裂时 ABA 含量又增加。

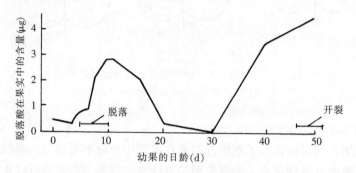

图 9-7 棉花果实中心 ABA 含量变化

2. 调节气孔运动 植物干旱缺水时，体内形成大量 ABA，它使保卫细胞中的 K^+ 外渗，造成保卫细胞的水势高于周围细胞的水势，使保卫细胞失水而引起气孔关闭，降低蒸腾强度。1986 年科尼什发现，在水分胁迫条件下，叶片的保卫细胞中 ABA 的含量是正常水分条件下含量的 18 倍。研究同时发现，ABA 不能促进根系的吸水与分泌速率，增加其向地上部分供水量，因此，ABA 也是调节植物体蒸腾的激素。

3. 促进休眠 ABA 能促进多年生木本植物和种子的休眠。将 ABA 施用于红醋栗或其他木本植物生长旺盛的小枝上，植株就会出现节间缩短，营养叶变小，顶端分生组织有丝分裂减少，形成休眠芽，引起下部的叶片脱落等休眠的一般症状。

4. 增加抗逆性 近年研究发现，干旱、寒冷、高温、盐害、水渍等逆境都能使植株体内 ABA 含量迅速增加，从而调节植物的生理生化变化，提高抗逆性。如 ABA 可显著降低高温对叶绿体超微结构的破坏，增加叶绿体的热稳定性。同时可诱导某些酶的重新合成而增加植物的抗冷性、抗涝性和抗盐性，因此，人们又把 ABA 称为"应激激素"或"胁迫激素"。

5. 抑制生长 ABA 能抑制整株植物或离体器官的生长，也能抑制种子的萌发。酚类物质通过毒害抑制植物的生长，是不可逆的。ABA 的抑制效应比酚类物质高千倍，但它的抑制效应是可逆的，一旦除去 ABA，被抑制的器官仍能恢复生长，种子继续萌发。

五、乙 烯

（一）乙烯的发现

乙烯是一种非常独特的植物激素。它是一种挥发性气体，结构也最简单。中国古代就发现将果实放在燃烧香烛的房子里可以促进采摘果实的成熟。19 世纪德国人发现在泄露的煤气管道旁的树叶容易脱落。第一个发现植物材料能产生一种气体，并对邻近植物能产生影响的是卡曾斯，他发现橘子产生的气体能催熟与其混装在一起的香蕉。直到 1934 年甘恩（Gane）才首先证明植物组织确实能产生乙烯，随着气相色谱技术的应用，使乙烯的生物化学和生理学研究方面取得了许多成果，并证明在高等植物的各个部位都能产生乙烯，1966 年乙烯被正式确定为植物激素。乙烯的结构为 $CH_2=CH_2$。

（二）乙烯在植物体内的分布和运输

乙烯广泛存在于植物的各种组织中，特别是在逐渐成熟的果实或是即将脱落的器官中含量较多。在植物正常发育的某一阶段，如种子萌发、果实后熟、叶片脱落和花的衰老等阶段都会诱导乙烯的产生。在逆境条件下，如干旱、水涝和机械损伤等不利因素，都能诱导乙烯的合成。

乙烯在植物体内含量非常少。在植物体内极易移动。一般情况下乙烯就在合成部位起作用。

（三）乙烯的生理效应

1. 改变植物的生长习性　乙烯可改变植物生长习性，如将黄化豌豆幼苗放在微量乙烯气体中，豌豆幼苗上胚轴会表现出特有的"三重反应"。即抑制茎的伸长生长、促进茎或根的横向增粗及茎的横向生长。同时乙烯还能使叶柄产生偏上性生长，即植物茎叶部分如置于乙烯气体环境中，叶柄上侧细胞生长速度大于下侧细胞生长速度，叶柄向下弯曲成水平方向，严重时叶柄下垂（图 9-8）。

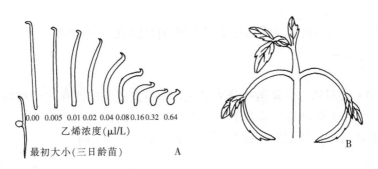

图 9-8　乙烯的"三重反应"（A）和偏上生长（B）

2. 促进果实成熟　乙烯能催熟果实是最显著的效应，因此人们也称乙烯为催熟激素。

乙烯促进果实成熟的原因是增加质膜的透性，提高果实中的水解酶活性，呼吸加强使果肉有机物急剧变化，最终达到可以食用的程度。如从树上刚摘下来的柿子，因涩口不能立即食用，当封闭储存一段时间后才会变软、变甜，正是柿子产生的乙烯加快了果实的后熟过程。再如南方采摘的青香蕉，用密闭的塑料袋包装（使果实产生的乙烯不会扩散到空间）可运往各地销售。有的还在密封袋内注入一定量的乙烯，从而加快催熟。

3. 促进衰老和脱落　乙烯的另一个作用是促进花衰老的调控，施用乙烯可促进花的凋谢，而施用乙烯合成抑制剂可明显延缓衰老。乙烯可促进多种植物叶片和果实等的脱落。其原因是乙烯能促进纤维素酶和果胶酶等细胞壁降解酶的合成，使细胞衰老和细胞壁分解，并产生离层，从而迫使叶片、花或果实机械脱落。

4. 促进开花和雌花分化　乙烯可促进菠萝开花,使花期一致。乙烯同生长素一样也可以诱导黄瓜雌花分化。

此外乙烯还可诱导插枝不定根的形成,促进次生物质(如橡胶树的乳胶)的分泌。打破顶端优势等生理作用。

六、其他植物生长物质

(一)油菜素甾体类物质

1970年Mitchell等在研究多种植物花粉中的生理活性物质时,发现油菜花粉中的提取物生理活性最强。1979年经分离纯化,鉴定为甾醇类化合物,定名为油菜素内酯(BR)。它广泛存在于植物界中,植物体各部分都有分布。BR含量极少,但生理活性很强。目前已经从植物中分离出天然甾类化合物40余种,因此被认为是在自然界广泛存在的一大类化合物。其结构见图9-9。

BR的主要生理效应是促进细胞伸长和分裂,促进光合作用和提高抗逆性。生产上BR主要应用于增加农作物产量、提高植物耐冷性、耐盐性和减轻某些农药的药害等。

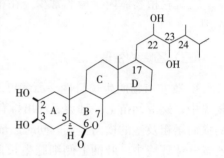

图9-9　油菜素内酯(BR)的结构

一些科学家已经提议将油菜素甾体类正式列为植物的第六类激素。

(二)茉莉酸类

茉莉酸(JA)最早从一种真菌中分离得到,随后发现其广泛存在于植物界。至今已发现20余种JAs存在于植物界。通常JA分布在植物的茎端、嫩叶、未成熟果实等部位,果实中的含量更为丰富。JA和JAs的结构见图9-10。

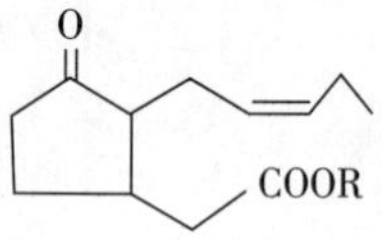

茉莉酸类物质的生理效应非常广泛,具有多效性特点,主要包括促进、抑制、诱导等多个方面。JAs引起的很多效应与ABA的效应相似,但也有独到之处。JAs作为生理活性物质,已被第16届国际植物生长会议确认为一类新的植物激素。其主要生理效应是提高抗逆性、诱导植物体内的防卫反应、抑制生长和萌发、促进成熟衰老、促进不定根形成和抑制花芽分化等。

图9-10　JA和JAs的结构
JA:R=H
JA-Me:R=CH_3

(三)水杨酸

水杨酸(SA)即邻羟基苯甲酸。早在20世纪60年代就发现SA具有多种生理调解作用,如诱导某些植物开花,诱导烟草和黄瓜对病毒、真菌和细菌等病害的抗性。1987年发现天南星科植物佛焰花序生热效应的原因是由于SA能激活抗氰呼吸。SA诱导的生热效应是植物对低温环境的一种适应。在寒冷条件下花序产热,保持局部较高温度有利于开花结实，此外，高温有利于花序产生具有臭味的胺类和吲哚类等物质的蒸发，以吸引昆虫传粉。另有试验发现，SA 可显著影响黄瓜性别表达，SA 抑制雌花分化，促进较低节位上分化雄花，并且显著抑制根系发育。SA 还可抑制大豆的顶端生长，促进侧生生长等作用。

（四）多胺

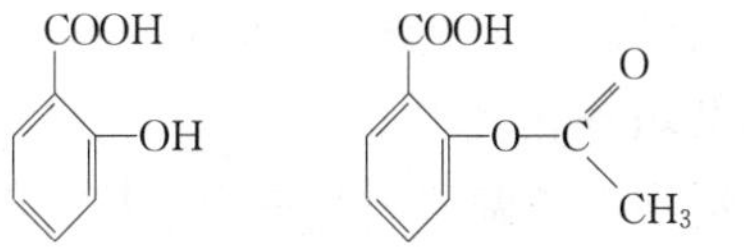

多胺（PA）是一类具有生物活性的低分子量脂肪族含氮碱，主要包括腐胺、尸胺、精胺和亚精胺等，以游离和结合形式存在，主要

图 9-11　水杨酸（左）与乙酰水杨酸的结构

分布在植物的分生组织，有刺激细胞分裂、生长和防止衰老等方面的作用。由于多胺的生理效应浓度高于传统所接受的激素作用浓度，所以有学者认为其不应归属于植物激素，而应将其归为植物生长调节剂。

七、植物激素间的相互关系

植物生长发育的调节往往不只是单一激素的作用，而是同时受到多种生长物质的调节，起作用的是几种激素的平衡比例关系。植物激素之间一方面起相互促进或协调作用，另一方面也存在有相互抵消的拮抗作用。如低浓度生长素与赤霉素对离体器官如胚芽鞘、下胚轴、茎段的生长有促进作用，单独使用赤霉素对离体器官的促进效应不如生长素明显，合用时的生长促进效果就比各自单独使用效果会更大（这主要是因为赤霉素能够促进生长素合成和抑制分解，从而使生长素含量处于较高水平）。而赤霉素与脱落酸在种子萌发与休眠的关系中作用相反，赤霉素能打破休眠，脱落酸则能抑制萌发，促进休眠，表现为拮抗作用。

在植物生长发育过程中，不同激素的变化规律不同，但与其发育过程一致，从而调控其发育过程。例如种子在休眠时 ABA 含量很高，随着休眠期的延长，成熟过程中的 ABA 含量逐渐下降，后熟作用时，ABA 水平降到最低，而 GA 水平很高，这时种子破除休眠，在适宜的条件下开始萌发，IAA 水平逐渐增加，GA 含量逐渐增加，促进了种子的萌发和幼苗的生长，再随着根系的不断生长，合成的 CTK 运到地上部分，促进茎、叶的生长。因此植物生长过程往往是在多种植物激素、多种生理功能的综合作用下进行的，诸多激素的各种生理功能的复杂过程经过相互协调，最终起到一种作用（即生长、衰老或脱落）。

第二节　植物生长调节剂

植物生长调节剂是指人工合成的生理效应与植物激素相似的有机化合物。由于内源植物激素在植物体内含量极微，提取困难，使得植物生长调节剂在农业上有更实际的意义。目前植物生长调节剂已经广泛应用于大田作物、果树、蔬菜、林木和花卉生产中。同内源植物相比较，植物生长调节剂具有以下特点：第一，植物生长调节剂都是用人工方法合成的物质，从外部施加给植物，通过根、茎、叶等的吸收起调节作用的。第二，植物生长调节剂不同于化学肥料，它不是植物体的组成部分，而只是起调节植物生长发育的作用，且只需很少量就会产生很显著的效应，浓度略高可能会对植物产生抑制或伤害。第三，许多植物生长调节剂有类似于天然植物激素的分子结构和生理效应，也有许多分子结构与天然激素完全不同，但调节作用非常明显。第四，许多植物生长调节剂并不直接对植物生长发育起调节作用，而是通过影响植物体内植物激素的分布与浓度，间接地调节植物生长发育。

按植物生长调节剂对植物生长的作用，可将其分为植物生长促进剂、植物生长抑制剂和植物生长延缓剂等类型。

一、常用植物生长调节剂

（一）植物生长促进剂

凡是能够促进细胞分裂、分化和伸长的，可促进植物生长的人工合成的化合物都属于植物生长促进剂。主要包括生长素类、赤霉素类、细胞分裂素类等。

1. 生长素类 人工合成的生长素类植物生长调节剂主要有 3 种类型。第一种类型是与生长素结构相似的吲哚衍生物，如吲哚丙酸、吲哚丁酸；第二种类型是萘的衍生物，如 α-萘乙酸、萘乙酸钠、萘乙酸胺；第三种类型是卤代苯的衍生物，如（2,4-二氯苯氧乙酸、2,4,5-三氯苯氧乙酸（2,4,5-T）、4-碘苯氧乙酸等（图 9-12）。

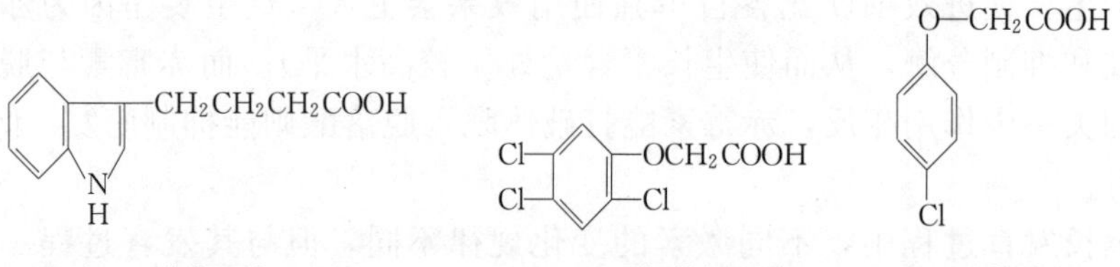

吲哚丁酸　　2,4,5-三氯苯氧乙酸　　防落素

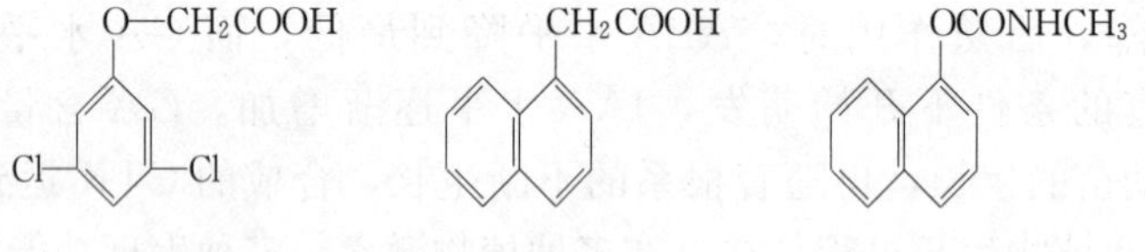

2,4-二氯苯氧乙酸　　萘乙酸　　甲萘威（西维因）

图 9-12　几种人工合成的生长素

生长素类调节剂在农业生产上应用最早。当使用浓度和用量不同，对同一种植物可有不同的效果。例如 2,4-D 在低浓度时，可促进坐果及无籽果实的发育。浓度稍高时会引起植物畸形生长，浓度更高时可能严重影响植物的生长与发育，甚至造成植株死亡。因此，高浓度的 2,4-D 可作为除草剂使用。

（1）吲哚丁酸。吲哚丁酸主要用于促进插条生根。与吲哚乙酸相比，吲哚丁酸不易被光分解，比较稳定。与萘乙酸相比，吲哚丁酸安全，不易伤害枝条。与 2,4-D 相比，吲哚丁酸不易传导，仅停留在处理部位，因此使用较安全。吲哚丁酸对插条生根作用强烈，但不定根长而细，最好与萘乙酸混合使用。

(2) 萘乙酸。萘乙酸对植物的主要作用：浓度低时刺激植物生长，浓度高时抑制植物生长。萘乙酸主要作用于刺激生长、插条生根、疏花疏果、防止落花落果、诱导开花、抑制抽芽、促进早熟和增产等。萘乙酸性质稳定，吲哚乙酸则易被氧化而失去活性；萘乙酸价格便宜，吲哚乙酸则价格昂贵。因此，萘乙酸在生产上使用较为广泛。

(3) 2,4-D。2,4-D 是 2,4-二氯苯氧乙酸的简称，其用途随浓度而易。在较低浓度（0.5~1.0 mg/L）下是进行植物组织培养的培养基成分之一，在中等浓度（1~25 mg/L）可防止落花落果、诱导产生无籽果实和果实保鲜等；更高浓度（1 000 mg/L）可杀死多种阔叶杂草。

(4) 防落素（PCPA 或 4-CPA）。防落素是对氯苯氧乙酸，其主要作用是促进植物生长，防止落花落果，加速果实发育，形成无籽果实，提早成熟，增加产量和改善品质等。

(5) 甲萘威（西维因）。甲萘威化学名称是 N-甲基-1-萘基氨基甲酸酯。该剂是高效低毒的杀虫剂，同时又是苹果的疏果剂，该剂能干扰生长素等的运输，使生长较弱的幼果得不到充足的养分而脱落。

2. 赤霉素类 生产上应用和研究最多的是 GA_3，国外有 GA_{4+7}（30% GA_4 和 70% GA_7 的混合物）和 GA_{1+2}（GA_1 和 GA_2 的混合物）。

GA_3 为固体粉末，难溶于水，而溶于醇、丙酮、冰醋酸等有机溶剂。配制方法与 IAA 相同，可先用少量的乙醇溶解，再加水稀释定容到所需浓度。另外，GA_3 在低温和酸性条件下较稳定，遇碱失效，故不能与碱性农药混用。要随配随用，喷施时宜在早晨或傍晚湿度较大时进行。保存在低温、干燥处为宜。

3. 细胞分裂素类 常用的 6-苄基腺嘌呤（6-BA）、激动素（N^6-呋喃甲基腺嘌呤）等。主要用于植物组织培养、果树开花、花卉及果蔬保鲜等。

(二) 植物生长抑制剂

植物生长抑制剂可使茎端分生组织的核酸和蛋白质的合成受阻，细胞分裂减慢，使植株矮小。同时还可抑制细胞的伸长与分化，丧失植物顶端优势。外施植物生长素可逆转这种抑制作用，但外施赤霉素无此效果。天然抑制剂有脱落酸等，人工合成抑制剂有三碘苯甲酸、青鲜素和整形素等（图 9-13）。

1. 三碘苯甲酸 三碘苯甲酸（TIBA）是一种阻止生长素运输的物质，可抑制顶端分生组织，促进腋芽萌发，因此它可促使植株矮化，增加分枝。在大豆上使用可提高结荚率。

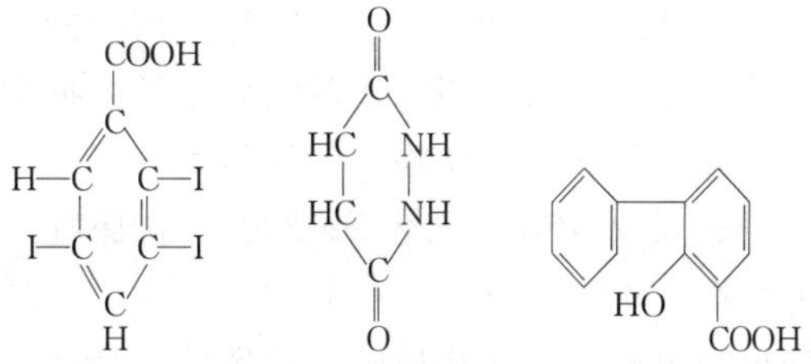

2. 马来酰肼（MH） 又称青鲜素，化学名称是顺丁烯二酰肼。其作用正好和 IAA 相反，由于其结构与 RNA 的组成成分尿嘧啶非常相似，所以 MH 进入植物体后可替代尿嘧啶的位置，但不能起代谢作用，破坏了 RNA 的生物合成，从而抑制细胞生长。MH 常用于马铃薯和洋葱的贮藏，可抑制发芽。MH 可抑制烟草腋芽生长。据报告，MH 可能致癌和使动物染色体畸变，应慎用。

图 9-13 几种生长抑制剂的结构

3. 整形素 化学名称为 9-羟芴-9-羧酸甲酯，常用于木本植物。它可阻碍生长素极性运输，提高吲哚乙酸氧化酶活性，使生长素含量下降，故抑制茎的伸长，促进腋芽发生，使植株发育成矮小的灌木形状。

（三）植物生长延缓剂

植物生长延缓剂可抑制赤霉素的生物合成，延缓细胞伸长，植物节间缩短。它不影响顶端分生组织生长，所以也不影响细胞数、叶片数和节数，一般也不影响生殖器官发育。外施赤霉素可逆转植物生长延缓剂的效应。常见种类有多效唑、烯效唑、矮壮素、缩节胺、B_9 等，化学结构式见图 9-14。

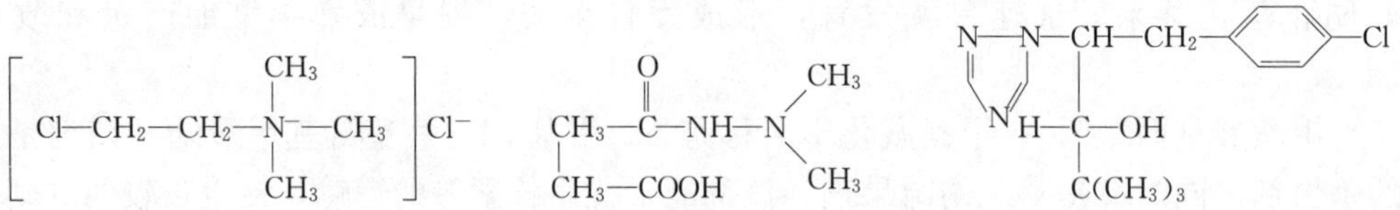

图 9-14 几种植物生长延缓剂的结构

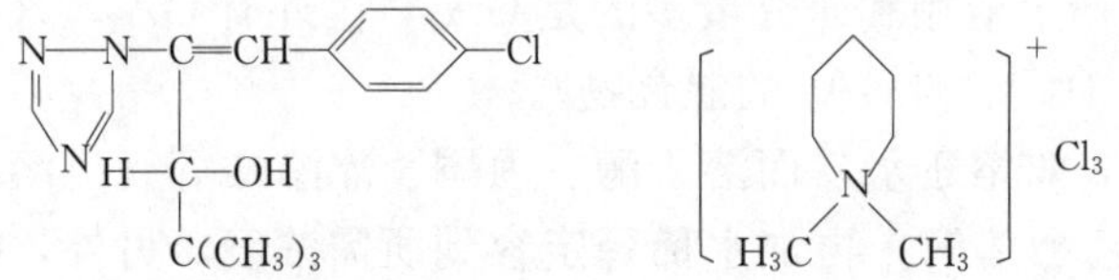

1. CCC 俗称矮壮素，是常用的一种生长延缓剂。它的化学名称是 2-氯乙基三甲基氯化铵。CCC 抑制 GA 的生物合成，因此抑制细胞伸长，抑制茎叶生长，但不影响生殖发育。促使植株矮化，茎秆粗壮，叶色浓绿，提高抗性，抗倒伏。在农业生产上，CCC 多用于小麦、棉花，防止徒长和倒伏。

2. B_9 B_9（比久）又名 Alar，B_9 是 N-二甲氨基琥珀酰胺酸。作用机理是抑制 GA 生物合成，使植株矮化，叶绿且厚，增强植物的抗逆性，促进果实着色和延长贮藏期等。使用 B_9 可抑制果树新梢生长，代替人工整枝。此外，B_9 还能提高花生、大豆的产量。

3. PP333 俗称多效唑，也称氯丁唑。化学名称是 1-（对-氯苯基）-2-（1,2,4-三唑-1-基）-4,4-二甲基-戊烷-3-醇。可抑制 GA 的生物合成，减缓细胞的分裂与伸长，使茎秆粗壮，叶色浓绿。PP333 对营养生长的抑制能力比 B_9 和 CCC 更大。PP333 广泛用于果树、花卉、蔬菜和大田作物，效果显著。

4. 烯效唑 烯效唑又名 S-3307、优康唑、高效唑。化学名称为（E）-（对-氯苯基）-2-（1,2,4-三唑-1-基）-4,4-1-戊烯-3-醇。能抑制赤霉素的生物合成，有强烈的抑制细胞伸长的效果。有矮化植株、抗倒伏、增产、除杂草、杀菌（黑霉菌、青霉菌）等作用。

5. 缩节胺 缩节胺又称 Pix（皮克斯）、助壮素，它与 CCC 相似。生产上主要用于控制棉花徒长，使其节间缩短，叶片变小，并且减少蕾铃脱落，从而增加棉花产量。

（四）乙烯释放剂

生产上常用的乙烯释放剂为乙烯利，使用后可在植物体内释放乙烯而起作用，见图 9-

15。它在常温和 pH 为 3 时较稳定。易溶于水、乙醇和乙醚制剂，一般为强酸性水剂。

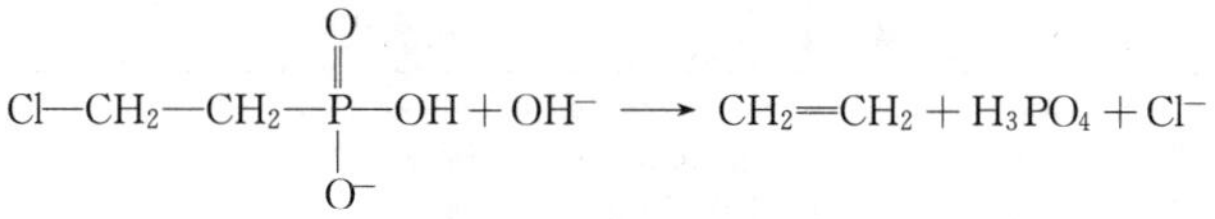

$$Cl-CH_2-CH_2-\overset{\overset{O}{\|}}{\underset{\underset{O^-}{|}}{P}}-OH + OH^- \longrightarrow CH_2=CH_2 + H_3PO_4 + Cl^-$$

乙烯利　　　　　　　　　　乙烯

图 9-15　乙烯利

使用乙烯利时必须注意以下几方面：一是乙烯利酸性强，对皮肤、眼睛、黏膜等有刺激作用，应避免与皮肤直接接触；二是乙烯利遇碱、金属、盐类即发生分解，因此不能与碱性农药混用；三是稀释后的乙烯利溶液不易长期保存，尽量随配随用；四是要针对喷施器官或部位，以免对其他部位或器官造成伤害；五是喷施器械要及时清洗，防止发生腐蚀。

二、植物生长调节物质在农业上的应用

植物生长调节物质在农业上的应用范围较广泛（表 9-1）。

表 9-1　常用植物生长调节物质在农业上的应用

用途	药剂	对象	用法用量	效果
延长休眠	萘乙酸甲酯	马铃薯块茎、胡萝卜	收获后 1% 粉剂混合	延长贮藏期
	青鲜素	马铃薯块茎 洋葱、大蒜鳞茎 胡萝卜	采前 2 000~3 000 mg/L 采前 2 周 2 500 mg/L 喷施 采前 1~2 周 2 500~5 000mg/L 喷施	
打破休眠促进萌发	赤霉素	马铃薯块茎 葡萄、桃等枝条	1.0mg/L，浸泡 1h 1 000~4 000mg/L 喷施	夏季块茎二季栽培 打破芽休眠
促进生长增加产量	赤霉素	芹菜等叶菜	采收前 5~10d 10~50mg/L	增加茎叶产量
	助壮素	禾谷类	20mg/L 浸种 2h	分蘖快且多
	矮壮素		0.3%~10%，浸种 12h	增加分蘖和单株面积
控制生长	矮壮素	小麦	拔节期 3 000mg/L，喷施	防倒伏、增产等
	多效唑	水稻	一叶一心期 300mg/L，喷施	壮秧，有效分蘖增多
		油菜	二叶一心期 100~200mg/L，喷施	壮秧，抗性加强，增产
	三碘苯甲酸	大豆	花期 200~400mg/L，喷施	控制营养生长，早熟增产
		棉花	始花期 100~200mg/L，喷施	控制营养生长减少蕾铃脱落，增产，抗倒伏
	缩节胺	花生	初花期 5~30d 1 000mg/L，喷施	增产
	比久	马铃薯	现蕾至始花期 2 000~4 000mg/L，喷施	抑制茎节生长，促进块茎膨大
扦插生根	吲哚乙酸、萘乙酸、ABT 生根粉	植物枝条	粉剂或溶液浸泡枝条基部 25~100 mg/L	加速或增多根的形成

(续)

用　途	药　剂	对　象	用法用量	效　果
延缓叶片衰老	6-BA	水稻 小麦 芹菜	10～100mg/L，喷施 0.05mg/L，喷施 10mg/L，喷施	延缓衰老 保绿
调节落叶	乙烯利	棉花	采收前3周800～1 000mg/L，喷施	促进落叶
进花芽分化	乙烯利	凤梨 苹果	灌心400～1 000mg/L，50mL 200～900mg/L，喷施	促进增产
	赤霉素	菊花	100mg/L，喷施	花芽分化提前
抑制花芽形成	GA_{4+7} GA_3	苹果 葡萄	花芽分化前2～6周300mg/L，喷施 花芽分化前10～15mg/L，喷施	大年花芽过多 抑制花芽分化
延迟花开放	比久 多效唑	元帅苹果 水稻	秋季400mg/L，喷施 100～300mg/L，喷施	延迟4～5d 延迟2～3d抽穗
延长花期	多效唑	菊花	500mg/L，喷施	延长10d
性别分化	乙烯利	黄瓜、南瓜	2～4叶期150～200mg/L，喷施	增加雌花，降低节位，增加早期产量
	赤霉素	黄瓜	2～4叶期，50mg/L	促进雄花产生
化学杀雄	乙烯利	小麦	孕穗期4 000～6 000mg/L，喷施	雄性不育
	青鲜素	玉米	6～7叶期500mg/L，喷施，每周一次共3次	雄蕊被杀死
		棉花	现蕾期开始，50～60mg/L，每15～16d，喷施一次	雌蕊正常
疏花疏果	NAA钠盐	鸭梨	局部40mg/L，喷施	鸭梨疏花25%
	乙烯利	梨 苹果	盛花、末花期240～480mg/L，喷施 花前20d，10d，250 mg/L，各喷一次	
	西维因	苹果	盛花后10～25d，900～1 600mg/L	干扰物质转运，使弱果脱落
促花保果	NAA GA 6-BA 2,4-D	棉花 棉花 柑橘 番茄 辣椒	开花盛期10mg/L 开花盛期20～100mg/L 幼果400mg/L 开花后1～2d 10～20mg/L，浸花1s 20～25mg/L，毛笔点花	防止花果脱落
促进果实成熟	乙烯利	香蕉 柿子 番茄 棉花	1 000mg/L，浸果一下 500mg/L，浸果0.5～1min 1 000mg/L，浸果一下 800～1 200mg/L，喷施	促进果实提前成熟 促进棉铃成熟开裂
延缓果实成熟	2,4-D	柑橙	采前4周70～100mg/L，喷果	提高呼吸速率，增强抗病性，耐贮力
	B_9	苹果	采前45～60d 500～2 000mg/L，喷施	抑制乙烯释放，延迟果实成熟
改善品质	增甘膦 GA_{4+7} 青鲜素	甘蔗 元帅苹果 烟草	采收前40d 0.4% 盛花期40mg/L，喷施 1 000～2 000mg/L，喷施	催熟增糖 改善果形指数 抑制侧芽生长，改善品质
	2,4-D 防落素 赤霉素	番茄 番茄 葡萄	授粉前10～25mg/L，涂抹 授粉前10～25mg/L，涂抹 花前10d 1 000mg/L	果实生长快，无籽果实 无籽果实
杀除杂草	2,4-D丁酯	双子叶杂草	幼苗1 000mg/L，喷施	杀死杂草

植物生长调节物质对植物的作用非常复杂，受多种因素影响。如作物的种类、品种、遗传性状不同，作用的器官及发育状况有别等，使作物对生长调节物质的反应会表现出较大差异。使用植物生长物质时应注意以下几个问题：一是根据生产问题的实质选用适当的生长调节物质种类；二是确定适宜的施用生长调节物质的时期、处理部位和施用方式；三是根据处理对象、药剂种类和生产目的选用合适剂型、施用药剂的浓度和施用次数是决定应用成败的关键；四是注意温度、湿度、光照和风雨天气等环境因素对生长物质作用效果的影响；五是防止使用不当发生药害。

随着省工、节本、高产、优质的栽培措施的实施，农作物化学调控工程正在不断普及推广。它是从种子处理开始到下一代新种子形成的不同发育阶段，适时适量采用一系列的生长调节物质来控制作物生长发育的栽培工程，是化学调控与栽培管理，良种繁育与推广结合为一体，调动肥水和品种等一切栽培因素的潜力，以获得高产优质，并产生接近于有目标设计和可控生产流程的工程。

合理使用植物生长调节物质，可以对作物的性状进行修饰，如使高秆植物变为矮秆植物。还可以改变栽培措施，如通过使用植物生长调节物质使作物矮化，株型紧凑，控制高肥水情况下的徒长，从而达到密播密植，充分发挥肥水效果，高产更高产。再就是可以提高复种指数，如用生长延缓剂培育油菜矮壮苗，解决连作晚稻秧苗差等问题，实现了南方稻—稻—油三熟制高产新技术。此外，生长调节物质能够提高作物的抗逆性，使作物安全度过不良环境或少受伤害。在许多作物上，都有化控工程取得成功的实际例子。

复习思考题

1. 名词解释：植物激素、生长调节剂、极性运输、三重反应。
2. 五类激素各有哪些主要生理作用？
3. 哪些激素与瓜类的性别分化有关？
4. 农业生产上常用的生长调节剂有哪些种类，其作用是什么？应用上应注意哪些事项？

第十章

植物的生长与分化

> **教学目标** 本章主要讲授植物休眠的原因及其在生产中的利用，植物种子萌发的概念、过程以及影响种子萌发的各种因素，植物营养生长的规律及生产上的应用等内容，使学生了解植物生长、分化和发育的概念，掌握种子休眠的原因、生产中打破与延迟种子休眠的方法，种子萌发的过程及各种因素的影响，植物营养生长的基本特性及其与环境条件之间的关系等知识，具备种子生活力快速测定的技能，达到能够运用所学知识进行理论分析及解决生产中的实际问题的目的。

植物生长是指植物细胞、组织和器官的数目、体积或重量的不可逆的增加过程；植物的分化是指植物来自同一合子或遗传上同质的细胞转变为形态上、功能上、化学组成上异质细胞的过程；发育则是指植物生长和分化的总和，是植物的组织、器官或整体在形态结构和功能上的有序变化过程。而狭义的发育通常指植物从营养生长向生殖生长的有序变化过程。生长为发育奠定基础，发育则是生长的必然结果，生长和发育相辅相成，密不可分。以现代分子生物学的观点来看，植物生长、分化和发育的本质是基因在内外条件影响下按照特定的程序表达而引起生理生化活动和形态结构上的变化。

植物的生长发育是植物各种生理与代谢活动的综合表现，它包括器官发育、形态建成、营养生长向生殖生长的过渡，以及个体最终走向衰老、成熟与死亡。研究这些历程的内部变化及其与环境的关系，对调节植物的生长发育，提高作物的生产力具有重要意义。

第一节 植物休眠与种子萌发

一、植物休眠及其生物学意义

地球上绝大部分植物所处的环境有季节的变化，尤其是温带，四季差异十分明显。大多数植物都要经历季节性的不良气候时期，如果植物不存在某种保护性或防御性机理，便会受到伤害或致死。植物度过不良环境的常见保障便是休眠。休眠是指植物的整体或某一部分在某一时期内生长和代谢暂时停滞的现象。

许多落叶树在秋季枝条生长缓慢，叶片脱落，形成休眠芽以度过寒冷的冬季；在一些地区植物会在夏季休眠来度过干旱少雨的气候条件。这种由于不利的生长环境引起的休眠叫强迫休眠。但是刚刚收获的大麦、水稻等子粒，即使给予充足的水分、适当的温度等适宜萌发条件，它们也不能萌发，只有在贮藏数月后才能萌发。显然，这种不能生长不是由于外界条件的不适造成的，而是内部原因造成的。这种休眠称为自发休眠或深休眠。

植物休眠有多种形式，例如许多一、二年生植物以种子为休眠器官；多年生落叶树木以休眠芽的方式休眠；而多年生草本植物，其地上部分死亡，通常则以休眠的地下器官如鳞茎、球茎、根茎或块茎等越冬或度过干旱时期。

无论是种子、冬芽或其他贮藏器官的休眠，对植物的生存都具有重要的意义。种子是抗寒性的器官，一、二年生植物在成熟后形成种子，可以在严寒的冬季不被冻死而保存生活力。休眠芽外围具有多层不透水、不透气的鳞片，是一种保护芽过冬的结构。休眠有利于物种的延续，如杂草种子可以在土层下保持多年不萌发，萌发期参差不齐，不但有利于杂草的生长和发育，而且也不易清除，给农业生产带来危害。

二、植物休眠的原因

引起植物休眠的原因是多方面的，现分述如下：

1. 种子休眠的原因 种子休眠通常由三方面的原因引起。

(1) 种皮的影响。许多种子的种皮厚而坚硬，或其上附有厚或致密的蜡质或角质，因此，这类种子不透水或不透气，致使胚得不到水分和氧气的供应，同时种子内的二氧化碳也不能排出，积累在胚附近，进一步抑制了胚的萌发。而种皮坚硬或过厚（俗称为铁籽）给正常生长的胚穿过种皮形成了很大的机械阻力，致使种子处于休眠状态。常见的如豆科、藜科、锦葵科、茄科和芸香科等的种子。

(2) 胚休眠。少数植物种子胚的发育较周围组织慢，采收时种子外部看似已经成熟，但内部胚仍很幼嫩，尚未发育成熟，需从胚乳中继续吸取养料供生长发育，直到完全成熟，如银杏、人参、白蜡树的种子。

另一类胚休眠是胚的外形貌似成熟，但生理上还未完全成熟，必须通过后熟作用才能萌发，如蔷薇科（苹果、梨、樱桃）和松柏科植物的种子。

(3) 抑制萌发物质的存在。有些植物的种子不能萌发是由于果实或种子内有抑制萌发物质的存在，抑制萌发的物质包括挥发油、植物碱、有机酸、酚、醛等。这些抑制物质存在于子叶、胚乳、种皮或果汁里。如西瓜、番茄、黄瓜等存在于果汁中；橡胶草、羊胡草、结缕草存在于种子的外壳中；红松种子各个部分都有萌发抑制物质。近年来证明，脱落酸是种子内源激素，具有诱导休眠、抑制萌发的作用。

2. 芽休眠的原因 芽是很多植物的休眠器官。许多多年生木本植物形成冬芽越冬；二年生或多年生草本植物的各种贮藏器官，如块茎、鳞茎、球茎等，也具有休眠的芽。

在很多情况下休眠受日照长度控制。一般长日照促进营养生长，短日照抑制营养生长而促进休眠芽的形成。但梨、苹果和樱桃等许多果树在休眠芽的形成时对日照长短却不甚敏感。研究表明，有些植物休眠芽在形成时感受光照的部位是叶片。但在很多情况下，树木芽休眠时叶已脱落。所以，有些树木的芽可直接感受短日照而进入休眠，如山毛榉等。

内源激素中脱落酸是最早作为引起芽休眠的物质被发现的。如马铃薯块茎上的芽在处于休眠时脱落酸含量增加。

此外，水分和矿物质营养的不足尤其是氮的不足同样会加速休眠。

植物休眠往往是度过低温的一种适应，但低温并不直接引起休眠，试验表明，低温有破除休眠的作用。

3. 植物激素对休眠的调节作用　植物激素对种子、芽或其他贮藏器官的休眠具有重要的调节作用。脱落酸能诱导种子休眠，它是种子及芽萌发强有力的抑制剂，而赤霉素则能解除脱落酸的作用，促进种子萌发。细胞分裂素的作用是阻滞脱落酸的影响，使赤霉素的作用得以表现。这样当种子中脱落酸含量降低，而赤霉素的含量增高时，就能解除休眠。有人认为种子后熟作用的变化之一就是抑制萌发物质（包括脱落酸）减少而促进萌发物质增加的过程。如糖枫种子在5℃下经层积处理通过后熟作用时，3种激素变化规律如下：ABA含量开始时很高，然后迅速下降，细胞分裂素首先上升，然后随着GA的上升而下降，最后在种子萌发时，三种激素全部降到最低量。

三、打破休眠的方法

植物休眠虽然是一种对不良环境的适应特征，但往往给人们的生产和生活带来不便，生产上常常采用解除或延长休眠的办法来改变这种特性。因此，休眠的人工控制在农业上具有重要意义。打破休眠的方法很多，可根据引起休眠的不同原因，采用不同的措施。

因为种皮影响而引起的休眠可用各种机械破伤或化学处理等方法，如通过切割或削破种皮，或使用有机溶剂除去蜡质或脂类种皮成分，或用硫酸处理使有些种皮成分分解等方法。但必须注意防止这些处理使胚受害，从而影响以后幼苗的生长。

胚休眠可将种子放在适当的环境中，以加速后熟作用，来解除休眠。一般可采取低温、潮湿、晒种和化学药剂等方法。如用湿沙和苹果、梨等需后熟的种子混合，放在0～5℃的低温下1～3个月，就可以通过休眠，到春天播种即可整齐萌发，这种方法叫层积处理。小麦、黄瓜等种子在播种前进行晒种，棉花采用温汤浸种，均可以促进后熟完成，提高发芽率。大麦在40℃下干燥3d，使种子含水量下降到12.7%，则能解除种子的后熟，大大促进萌发，提早出苗。

由于抑制萌发物质的存在而休眠的种子或器官则可采用浸水冲洗的办法，或通过低温湿藏使抑制物质转化或消失，以解除休眠。化学药剂处理也能促进萌发，如刚收获的马铃薯块茎一般要休眠40～60d，在一些地区由于在一年内进行春季和秋季两季栽培，就有必要人为解除休眠以促使供秋季栽培的种薯发芽，常用的方法是将薯块用0.5～1.0mg/L的赤霉素浸泡20min，然后上床催芽，可整齐萌发。许多植物种子同样可以用赤霉素处理促进萌发，处理浓度通常为5～50mg/L。如赤霉素处理人参种子可将休眠期由1～2年缩短到几个月。

解除芽休眠要靠温度或长日照。休眠芽在10℃以下的低温中保持几天至几个月可解除休眠。例如，苹果在7℃下打破休眠可能要1 000～1 400h。如果冬季不够寒冷，有些果树的芽在春季便难以萌发。当然，寒冷并不是打破休眠的唯一需要，在有些种中恢复生长还需要长日照。高温的冲击亦可提早打破休眠，如催花和解除连翘属木本灌木的休眠，可将其浸入30～35℃的温水中处理几个小时，就可达到解除休眠的效果。赤霉素中，以GA_4和GA_7对解除休眠效果最好。有少数物种可以用细胞分裂素打破休眠，有的植物种子对这两种生长物质都有反应，如莴苣、梨和糖槭。乙烯也能促进一些植物种子萌发，如莴苣。

在生产实践中，有时需要延长休眠，防止发芽。马铃薯、洋葱、大蒜等贮藏时，为了防止度过休眠期而发芽消耗养分，降低品质，可采用适当浓度的植物生长调节剂（如青鲜素、萘乙酸、B_9等）处理，可达到延长贮藏时间并保证商品价值的要求。但经人工处理的器官，不宜留种用。

四、种子的萌发

（一）种子的萌发

种子是种子植物特有的延存器官。虽然在植物的有性生殖过程中卵细胞受精即是新一代生命的开始，但习惯上常以种子的萌发作为个体发育的起始。人们常常把胚根突破种皮作为种子萌发的标志。种子在适宜条件下，在新陈代谢的基础上，从萌动到逐渐形成幼苗的这一过程叫种子的萌发。种子萌发除了种子自身已经完成休眠和具有生活力外，还要具备适当的外界条件，如水、温、光、气等。

1. 种子萌发过程 当生活的种子吸水膨胀后，其含水量不断增加，这就是种子的吸水萌动，即种子萌发的第一阶段。种子吸水后，酶的活性与呼吸作用显著增强，物质代谢大大加快。同时种子内贮藏的淀粉、脂肪和蛋白质等大部分化合物，在各种水解酶的作用下，分解为简单的小分子化合物，由原来的不可溶解状态转变为可溶解状态。其中淀粉转化为蔗糖，蛋白质转化为氨基酸和酰胺。这些有机物质经过运输，转移到胚以后，很快转入合成过程，其中蔗糖降解为葡萄糖后，一部分用于呼吸作用供给能量，另一部分用于原生质和细胞壁的形成。氨基酸再分解成氨和有机酸，氨又可和其他有机酸合成新的氨基酸。这些氨基酸用于合成原生质的结构蛋白质，组建新的细胞，使胚生长。因此种子萌发的第二阶段主要是物质与能量的转化，它经历了降解、运输和重建3个环节，萌发种子中营养物质的转移过程见图10-1。

由于幼胚不断吸收营养，细胞的数目和体积不断增大，达到一定限度时，胚根首先突破

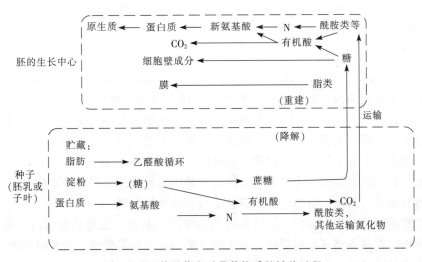

图10-1 种子萌发时营养物质的转移过程

种皮，胚根与种子等长时即完成种子萌发的第三阶段。生产上常把胚根的长度与种子长度相等，胚芽长度达到种子长度一半时，定为种子发芽标准。

种子萌发过程中最明显的变化是从种子到幼苗所发生的形态上的变化。胚根向地下延伸，随后长出胚芽伸出地面，展开幼叶，再不断形成新的根、茎、叶等，这样就形成了一个新的独立生活的幼苗。

发芽的种子在胚的生长初期利用种子中贮藏的营养进行呼吸作用。直到胚芽出土形成绿色的幼苗后，才开始进行光合作用，自己制造有机物。因此，种子贮藏的营养物质多则出苗快，且整齐健壮，反之则迟迟不能出苗，或长出瘦苗、弱苗，易遭受病虫为害。因此，生产上选择大粒饱满的种子播种，是获得壮苗的基础。

2. 影响种子萌发的因素

（1）影响种子萌发的内部因素。种子健全、饱满、生活力强、无病虫，是种子萌发的基础条件。

（2）影响种子萌发的外部因素。影响种子萌发的外部因素主要有水分、温度、氧气等，有些植物种子的萌发还会受光的影响。

①水分。水分是种子萌发的首要条件。种子只有吸收了足够的水分才能萌发。种子吸水后，种子中的原生质胶体才能由凝胶转变为溶胶，酶活性增强，促进物质转化，使种子呼吸作用上升，代谢活动加强。这样就促进了胚的发育。另外，吸水后可使种皮软化，一方面有利于种子内外气体交换，增强胚的呼吸作用；另一方面也有利于胚根、胚芽突破种皮。

种子萌发时吸水的多少与种子类型有密切关系。一般含淀粉多的种子，萌发时需水较少，这是因为淀粉亲水性较小。如禾谷类作物种子一般吸水量达到种子干重的30%～50%时就能萌发。蛋白质含量高的种子吸水量较多，一般要超过干种子重量时才能发芽，这是因为蛋白质有较大的亲水性。而油料作物种子除含较多的脂肪外，往往也含较多的蛋白质，因此，油料作物种子吸水量通常介于淀粉种子和蛋白质种子之间（表10-1）。

表10-1 几种主要作物种子萌发时的吸水百分率（占风干重的百分率）

作物种类	吸水率	作物种类	吸水率
水稻	35	豌豆	186
油菜	48	蚕豆	157
小麦	60	大豆	120
玉米	40	棉花	60

在一定的温度范围内，温度高种子吸水快，萌发也快。例如早春水温低，早稻浸种要3～4d，夏天水温高，晚稻浸种1d就能吸足水分。土壤中水分不足时，种子不能萌发，但土壤中水分过多，则会使土温下降，氧气缺乏，对种子萌发不利，甚至引起烂种。一般种子在土壤中萌发所需的水分条件以土壤饱和含水量的60%～70%为宜。

②温度。种子萌发需要一定的温度条件，这是因为种子萌发需要一定的温度条件，温度主要影响酶的活性；其次，温度还可影响种子吸水和气体交换。

温度对酶活性的影响有最低、最适和最高温度3个基点。在最低温度时，种子能萌发，但所需时间长，发芽不整齐，易烂种。种子萌发的最适温度是指在最短的时间内萌发率最高的温度。高于最适温度，虽然萌发速率较快，但发芽率低。而低于最低温度或高于最高温度，种子就不能萌发。种子萌发的三基点温度，因植物种类和原产地不同而有很大差异，一般低纬度地区植物温度三基点较高，高纬度地区原产植物温度三基点都较低（表10-2）。

表10-2　作物种子萌发时对温度的要求　　　　　　　　　　　　　　　　　　　　单位：℃

作物种类	最低温度	最适温度	最高温度
小麦	0～5	20～28	30～43
大麦	0～5	20～28	30～40
高粱	6～7	30～33	40～45
大豆	6～8	25～30	39～40
谷子	6～8	30～33	40～45
玉米	8～10	32～35	40～44
水稻	10～12	30～37	40～42
烟草	10～12	25～28	35～40
棉花	10～13	25～32	38～40
花生	12～15	25～37	41～46
番茄	15～18	25～30	34～39

虽然在最适温度下，种子萌发最快，但由于呼吸旺盛，消耗的有机物较多，供给胚的养料相应减少，结果幼苗生长细长柔弱，对不良条件的抵抗力差。因此，种子的适宜播种期一般应稍低于最适温度为宜。生产上为了早出苗，早稻可采取薄膜育秧，其他作物则可利用温室、温床、阳畦、风障等设施来提早播期。

③氧气。氧气对种子萌发极为重要。种子萌发中胚生长是活跃的生命活动，需要旺盛的呼吸作用供应能量消耗，因而需要足够的氧气。一般作物种子需在10%以上的氧气含量才能正常萌发，当氧浓度低于5%时，很多作物的种子不能萌发。油料作物种子萌发时耗氧量大，如花生、大豆和棉花等。因此，这类种子宜浅播。但也有的种子在2%的含氧条件下仍可萌发，如马齿苋、黄瓜等。种子萌发所需的氧气大多来自土壤空隙中。如土壤板结或水分过多，则会造成氧气不足，种子只能进行无氧呼吸，产生酒精，从而影响种子萌发，甚至造成烂种。通过精整土地、使土壤上虚下实，能显著改善土壤通气条件，有利于种子萌发，达到苗齐苗壮的目的。

水稻对缺氧的忍受能力较强，其种子在淹水进行无氧呼吸的情况下仍可萌发，但幼苗生长不正常，只长芽鞘，不长根，即俗话说的"水长芽，旱长根"。这是由于胚芽鞘的生长只是细胞的伸长，无氧呼吸产生的能量就可满足。胚根、胚芽的生长对能量和物质的需求量较高，因此，必须依赖于有氧呼吸。此外，无氧呼吸还会产生对种子萌发和幼苗生长有害的酒精等物质。因而在水稻催芽时，要注意经常翻种，以防缺氧。播种后，注意秧田排水，保证氧的供应，促进发根。

④光照。大多数作物种子的萌发，只要水、温、氧气、条件满足就能够萌发，不受有无光的影响，这类种子称为中光种子，如水稻、小麦、大豆、棉花等。有些植物如莴苣、紫苏、胡萝卜等的种子，在有光的条件下萌发良好，在黑暗中则不能发芽或发芽不好，这类种子称为需光种子，还有些植物如葱、韭菜、苋菜等的种子则在光照下萌发不好，而在黑暗中反而发芽很好，称为嫌光种子。

总之，要获得全苗壮苗，首先要有健全、饱满和生活力强的种子；其次要有适宜的环境条件，即充足的水分、适宜的温度和足够的氧气。只有适期播种，播种前充分整地并注意播种深度和播种方法，才能获得水、气、温、光协调的萌发环境，达到一播全苗、培育壮苗的目的。

（二）种子的寿命

种子的寿命是指种子保持发芽力的年限，它和植物种类、种子成熟度、种子含水量以及贮藏条件有密切关系。

一般农作物种子的寿命只有 3~5 年，通常以保持 50%~60% 的发芽率作为种子有实用价值的标准，当发芽率低于此值时，生产上就不宜使用（表 10-3）。

表 10-3　常见作物种子的寿命及使用年限　　　　单位：年

作物种类	寿命	利用	作物种类	寿命	利用
向日葵	3	1	绿豆	8	5
花生	1~2	1	菜豆	2~3	2
水稻	3	3	番茄	3	2
高粱	2~3	2	黄瓜	5	3
小麦	2~3	2	西瓜	3~5	3
棉花	3	2	白菜	4~6	4
玉米	>3	3	茄子	5	4
大豆	2~3	2	萝卜	5	4

种子寿命与贮藏条件关系密切，一般来说，干燥、低温、缺氧的条件有利于延长种子寿命。在高温、多湿条件下，种子呼吸强度剧增，消耗贮藏养料较多，呼吸释放的能量产生的高温使原生质和酶受到破坏，种子将很快丧失生活力。

第二节　植物的营养生长

从种子萌发到幼苗的形成，以及根、茎、叶的生长，即植物进入营养生长的时期。在农业生产上，无论是以营养器官为收获物，还是以种子果实为收获物，营养生长阶段的好坏，对产量都有密切的关系。了解植物营养生长的规律，以及营养生长与环境条件的关系，才能更好地控制营养生长，为丰产奠定基础。

一、植物生长的区域性和周期性

（一）植物生长的区域性

1. 茎的顶端生长　茎顶端的生长锥是高等植物营养器官和生殖器官的发源地（图 10-2）。它产生许多侧生结构，如叶原基、芽原基等，而且植物由营养生长向生殖生长的转变也在这里发生。外界条件变化对生长锥的生长状态影响很大，如春天快速生长，秋天进入休眠状态。顶端生长锥进行营养生长具有无限生长的特性，只要环境条件许可，便可不断分化产生叶片、腋芽和茎节。完成成花诱导转变为成花分生组织后，只能进行有限生长。

2. 根的顶端生长　根的顶端生长不同于茎的顶端生长，它不形成任何侧生器官，但也具有顶端生长优势，可以控制侧根的形成。当根尖折断后，则可从生长部位发展出更多的不定根。由于根受到土壤的阻碍，因而它的生长区要比茎的短得多。

3. 其他生长区　除顶端生长外，植物其他部分还分布着一些生长区。这些生长区经常处于潜伏或抑制状态，只有在适当时候或受到一定的刺激后才活跃起来。它们不仅发源于顶端生长，同时它们的活动也受到顶端生长的控制。

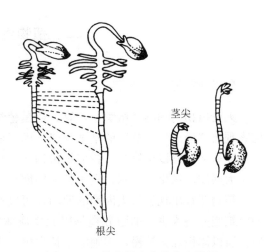

图 10-2　植物根尖和茎尖生长区

（二）植物生长的周期性

植物器官或个体的生长速度按昼夜或季节发生有规律的变化现象称为植物生长的周期性，它受植物的内部因素和外部条件变化控制，是植物长期适应环境条件的结果。

1. 植物生长的昼夜周期性　引起植物生长的昼夜周期性的主要原因是温度、光照和植物体内水分状况，以温度的影响最明显。在一天的过程中，昼夜光照度变化显著，温度高低也不同，因而植物生长就产生了昼夜周期性。

2. 生长的季节周期性　植物在一年中生长随季节变化而呈现一定周期性的现象即生长的季节周期性。在自然界，一年四季中温度、光照、水分等因素均呈现周期性变化。植物生长的周期性也总是和它的原产地的季节变化相符。例如在温带地区，春天日照延长、温度回升，为植物芽或种子萌发提供了最基本的条件。到了夏天，光照进一步延长，温度不断升高，植物开始旺盛生长并逐渐成熟。秋季随着日照缩短，气温下降，植物出现落叶或休眠等现象，都是植物生长季节周期性变化的表现。

3. 生物钟　人们在研究菜豆叶子的就眠运动时发现，菜豆叶子白天呈水平状，而晚上则呈下垂状，而且这种就眠运动，即使在外界连续光照或连续黑暗及恒温条件下仍然显示这种周期性、节奏性的变化。因此，认为它是一种内源性节奏现象。由于这种生命活动的内源性节奏的周期是 20~28h 之间，而非准确的 24h，因此称为近似昼夜节奏或生物钟。

生物钟的现象在生物界广泛存在，包括植物、动物和人类。植物方面的例子很多，如高等植物的花朵开放、叶片运动、气孔开闭、蒸腾作用、胚芽鞘的生长速度等。生物钟具有明显的生态学意义，如有些花在清晨开放，而另一些花在傍晚开放，分别为白天和晚上活动的昆虫提供了它们的花粉和花蜜。菜豆、三叶草等叶片的"就眠运动"在白天呈水平状有利于吸收光能。有些藻类只在一天的同一时间释放雌雄配子，这样就增加了交配的机会。

二、植物生长的基本特性

（一）植物生长大周期

无论植物的细胞、组织、器官，还是植物单株或群体，在整个生长过程中，其生长速度均表现出"慢—快—慢"的基本规律。即开始时生长缓慢，以后逐渐加快，达到最高点后，生长速率又减慢以至停止。我们把植物在生长过程中表现出来的"慢—快—慢"的节奏性叫生长大周期。用坐标表示，则生长大周期呈 S 形曲线。

植物器官出现生长大周期的原因，可以从细胞的生长情况来分析。器官生长过程中，初期以细胞分裂为主，细胞分裂是以原生质体量的增多为基础的，而原生质体的合成过程较慢，所以体积加大较慢，细胞的生长也慢。当细胞转入伸长生长周期，由于水分迅速进入，细胞的体积和重量显著增加，器官的生长速度也达到了最快时期，到后期细胞以分化成熟为主，体积增加不多，所以器官表现出生长逐渐缓慢下来，最后停止。植物的幼小叶片或幼小果实等器官都具有生长大周期的特性。

植物整株一生中的生长，也具有生长大周期，但其产生原因，就不能单纯地从细胞生长的情况来说明了。初期生长缓慢，是因为植株幼小，光合能力低，合成的物质少；以后因产生大量绿叶，光合作用增强，制造大量有机物质，干重急剧增加，生长加快；生育后期因为植物的衰老，光合速率减慢，有机合成少，植物干重的增加也减慢，甚至由于呼吸的消耗，干重还会减少。

了解植物或器官的生长大周期，具有重要的实践意义。首先，植物生长是不可逆的，要促进植株或器官生长，就必须在植株或器官生长最快的时期到来之前，及时地采取农业措施，加以促进或抑制，否则如果生长大周期已经结束，才采取措施，往往收效甚微或不起作用。例如，在果树或茶树育苗时，要使果苗生长健壮，就必须在果苗生长前期，加强水肥管理，使其形成大量枝叶，这样就能积累多量的光合产物，使树苗生长良好；如果在树苗生长后期加强水肥管理，不仅效果小，而且会使生长期延长，枝条幼嫩，树苗抗寒性差，易受冻害。禾谷类作物，也应在前期加强水肥管理。再者，同一作物的不同器官其生长大周期的进程不一致。在促控某一器官生长时，要考虑到对其他器官的影响。如控制小麦的拔节，推迟灌拔节水不能太晚，否则会影响穗的生长和分化，造成穗小而减产。

（二）植物生长的相关性

植物各器官有着精细的分工，同时各部分间也有着极为密切的关系。它们彼此相互制约，又相互促进，形成统一的有机整体。植物体各器官间的相互制约与相互协调的现象，称为相关性。认识植物生长相关性的规律，具有重要的实践意义。农业生产上常常利用水肥管理、施用药剂或整枝、修剪、密植等技术措施，来调整植物的生长，从而获得高产优质的农产品。

1. 地上部分（茎、叶）与地下部分（根）的相关性　植物地上部分和地下部分之间是相互支持、相互依赖的关系。人们常说的"根深叶茂"、"本固枝荣"和"育苗先育根"等就充分说明了地上和地下的相互关系。茎叶提供地下部分生长所需要的大量碳水化合物和蛋白质、维生素和生长素等。根系供应地上部分水和无机盐以及氨基酸、细胞分裂素等物质。这些物质的相互交流，使根和茎、叶分别获得了自己不能满足而生长又必需的物质，从而得以正常生长。但是植物的根、茎、叶所处的环境不同，二者所要求的条件也不完全相同，当环境条件发生改变时，对于茎、叶及根的影响也不一致，使这两部分的关系除了相互促进外，也经常处于矛盾和相互抑制中。很多环境因素影响物质分配，这可以从根冠比（根干重/茎、叶干重）的变化中看出来。如水分和氮素过多，能使植物茎叶徒长，但却抑制了根的生长，对生产不利；适当限制土壤水分供应时，根系常较发达，但地上部分的生长又受到了抑制（表10-4、表10-5）。

表10-4 土壤水分含量对生长17d的玉米苗根系和地上部生长的影响

土壤含水量（%）	地上部分鲜重（g）	根鲜重（g）	根冠比
15	2.4	4.9	2.7
20	3.4	5.2	1.5
30	3.5	4.8	1.2

表10-5 土壤中氮素含量对胡萝卜根和地上部分生长的影响

土壤含氮量（%）	地上部分鲜重（g）	根鲜重（g）	根冠比
低氮量	7.5	31.0	4
中氮量	20.6	50.5	2.5
高氮量	27.5	55.5	2.0

从表中可以看出，土壤比较干燥，氮肥供应适宜，能增大根冠比；相反，土壤水分较多，氮肥过量，则能降低根冠比。此外，根冠比的大小与光照、温度以及磷、钾肥的状况和修剪整枝等也都有直接关系。

在农业生产上，了解根冠比和环境的关系具有重要的实践意义。例如，大田作物苗期和果树、茶树、蔬菜的育苗中，要获得壮苗，经常采取控水蹲苗的办法，使根系向深处发展。甜菜、甘薯、胡萝卜等以收获地下根为主的作物，根冠比对产量的关系极大。例如在甘薯栽培中，为了使地上部分多积累养分，在生育前期要促进地上部分的生长，结薯期则要求有比较发达的根系，才能结出又多又大的薯块。在生产上，前期不仅要注意施用氮肥，而且还要有充足的土壤水分，后期则应减少氮肥施用，并增施磷、钾肥（磷使糖向根运输，钾使淀粉积累），有利于块根的形成。若以根冠比作为指标，一般在甘薯生长前期，根冠比值应控制在0.2左右，接近收获期应在2.0左右，这样一般都能获得高产。

当然，根冠比只是一个相对值，并不表示根和茎、叶绝对量的大小。所以，根冠比大的根，它的绝对量不一定大，很可能是由于地上部分生长太弱引起的。因此，在生产上要防止对根冠比的片面理解。

2. 主茎与分枝、主根与侧根的相关性——顶端优势 主茎的顶端生长抑制侧芽生长的现象称为顶端优势。不同植物种类顶端优势表现不同。树木中松柏、杉树等针叶树，草本植物中的向日葵、烟草、黄麻、高粱等顶端优势都较强。只有在去掉顶端时，邻近的侧枝才能加速它们的生长。而小麦、水稻等则较弱，它们在营养生长期就可以产生大量的分枝（分蘖）。

为什么会产生顶端优势现象呢？这主要是与生长素的作用有关。茎尖产生的生长素，在植物体内是由形态学的上端往其下端运输，使侧芽附近的生长素浓度加大，而侧枝对生长素比顶端更敏感，浓度稍大便被抑制，因此顶芽的存在会抑制侧芽的生长。同时，生长素含量高的顶端，成为营养物质运输的"库"，植物合成的有机物质多运往顶端，也造成了顶端优势。近年来证明，细胞分裂素有解除侧芽的抑制作用，因此，认为顶端优势对侧芽的抑制作用应包括来自顶端的生长素和来自根系的细胞分裂素之间的竞争作用，通常茎顶端的生长素起主导的抑制作用。

顶端优势在农业生产中具有广泛的作用，例如果树的整形修剪，棉花的打顶、去心，都是抑制顶端优势，控制营养生长，促进花果生长和减少脱落的有效措施；对于用材树木，为了得到挺直的树干，则必须去掉部分侧枝，保持顶端优势。

主根与侧根同样也存在顶端优势关系。在树木、蔬菜等移栽时，往往要切断主根，以促进侧根的生长，这对培育壮苗是很重要的。

3. 营养器官和生殖器官的相关性 营养器官和生殖器官之间存在着既相互依赖又相互制约的关系。生殖器官生长所需要的养料，大部分是由营养器官供应的。植物营养体生长愈健壮，生殖器官的生长和分化也就愈好；反之，如果营养器官生长太差时，生殖器官也生长不好。同时营养器官和生殖器官生长之间也存在矛盾，主要表现在相互抑制方面。

当营养器官生长过旺时，消耗过多的养分便会影响到生殖器官的生长。例如，小麦、水稻前期肥水过多，造成茎、叶徒长，就会延缓幼穗分化过程，显著增加空瘪粒；后期肥水过多，则可造成贪青晚熟，影响粒重。又如果树、棉花等枝叶徒长，往往不能正常开花、结实，甚至花、果脱落严重。因此，增施磷、钾肥，适当供应氮肥和减少水分的供应，有利于生殖器官的生长。

生殖器官生长同样也影响营养器官的生长。例如，在番茄开花结果期，如让花果自然成熟，营养器官的生长就会日见衰弱，最终衰老、死亡。但是如果将花果不断摘除，则营养器官就继续繁茂生长。竹子的营养生长一般可维持几十年，但一旦开花，往往由于旺盛的结实，消耗了大量营养物质，造成全片竹林枯萎死亡。马铃薯在开花期间去掉花序，可节约养分，促进地下块茎生长。

在生产上，常常看到植物在大量结实后提前衰老的现象，这在肥水不足的情况下，尤其容易发生，如棉花、大豆的早衰就是如此。对于多年生的果树，则会使树势衰弱，影响花芽的形成，使来年的产量降低，造成所谓的大小年现象。通过适当供应水、肥，合理修剪或适当疏花、疏果等措施能克服以上现象。对于以营养器官为收获物的植物，如茶树、桑树、烟草、麻类及蔬菜中的叶菜类，则可以通过供应充足的水分，增施氮肥，摘除花或花芽和修剪等方法来控制生殖器官的生长。

4. 器官间的同伸关系 植物生长过程中各器官的发生、生长及某些特征的形成具有对应的同步关系，称为同伸关系。例如禾谷类作物主茎叶数比较稳定，植株叶片展开的全过程贯穿于根层、节间、叶片、叶鞘生长及雌雄穗分化过程的始终，且展开叶标志明显，易于观察。因此，可以用展开叶的叶序位作为参照系，来判断其他器官的生长状况。如小麦各级分蘖的出生与叶龄有确定的对应关系。在正常情况下，小麦幼苗的主茎生出第三叶时，由胚芽鞘中长出胚芽鞘分蘖，是小麦最先生出的分蘖。当主茎伸出第四叶时，在主茎第一叶鞘中长出第一个分蘖。以后主茎每增生一片叶，即沿主茎出蘖节位由下向上顺序长出各个分蘖。当主茎长出第六片叶时，在主茎第三叶的叶鞘中长出第三个分蘖，同时第一分蘖已达到三叶龄，在其蘖鞘中生长第一个二级分蘖。其余主茎各叶出生与各级分蘖均具有类似的对应关系。了解器官间同伸关系及环境条件对其的影响，有利于掌握植株生长发育和生长中心，为进行科学管理提供理论依据。

复习思考题

1. 名词解释：休眠、温度三基点、生长、分化、发育、生长周期性、同伸关系。
2. 举例说明植物休眠在农业生产中的实践意义。
3. 试述在实践中如何打破植物休眠。
4. 简述种子萌发的3个阶段及其代谢特点。
5. 影响种子萌发的因素有哪些？生产上如何加快种子的萌发速度？
6. 试述生长、分化和发育三者之间的区别和联系。
7. 举例说明如何将植物生长的区域性和周期性应用于实践中。
8. 什么叫植物生长大周期？分析产生大周期的原因及了解生长大周期的实际意义。
9. 什么是植物生长的相关性？举例说明了解植物生长相关性的实际意义。
10. 说明营养器官和生殖器官的相关性。生产上可以通过哪些措施调节二者关系？

第十一章 植物的成花生理

> **教学目标** 本章主要讲授春化作用的概念、类型，植物感受低温春化的机理，光周期现象的概念和植物对光周期的反应类型，光周期刺激的传递及光周期诱导。春化作用和光周期理论的应用。通过学习掌握春化作用、光周期现象对植物成花的影响特点及实践应用。具备利用植物成花理论指导生产实际的技能。使学生理解和掌握春化作用、光周期现象的理论知识，并应用于植物的品种繁育、异地引种、控制花期、调节营养生长和生殖生长等措施中。

第一节 春化作用

一、春化作用的特性

1. 春化作用的概念 冬小麦必须在秋季播种，出苗后经过冬季低温的作用，来年夏季才能抽穗结实。如果冬小麦在春季播种，则它只能进行营养生长，不能开花结实。因为春播不能满足所需要的低温条件。植物需要经过一定时间的低温后才能开花结实的现象，叫春化作用。若将萌动的冬小麦种子经低温处理后再春播，当年夏季即可抽穗开花，这种人工给予低温处理萌动的种子，使其完成春化作用的过程，称为春化处理（图11-1）。除了冬小麦、冬大麦等冬性强的禾谷类植物以外，某些二年生植物，如白菜、萝卜、胡萝卜、芹菜、甜菜、甘蓝、荠菜、天仙子等，

图11-1 冬小麦的春季播种

以及一些多年生草本植物开花也需要经过春化作用。

2. 春化作用的类型和条件 植物开花对低温的要求大致有两种类型：一类植物对低温的要求是绝对的，如二年生或多年生植物多属于此类，如不经过一定天数的低温，就一直保持营养状态，绝对不开花；另一类植物对低温的要求是相对的，低温处理可促进它们开花，未经低温处理的植物虽然营养生长期延长，但最终也能开花。

各种植物在系统发育中形成了不同的特性，所要求的春化温度不同。各种植物通过春化所要求的温度范围和持续的时间，与原产地有关。一般原产北方的种类，冬性较强，要求的温度低，需要的时间较长；原产南方的种类，春性较强，要求的温度范围不太严格，时间较短。根据春化过程对低温的要求不同，可将植物分为冬性、半冬性和春性3种类型（表11-1）。

表11-1 不同类型小麦通过春化需要的温度及天数

类　型	春化温度范围（℃）	春化天数（d）
冬　性	0～3	40～45
半冬性	3～6	10～15
春　性	8～15	5～8

对大多数要求低温春化的植物来说，1～2℃是最有效的春化温度，但只要有充足的时间，在-3～10℃范围内对春化都有效，但在一定的期限内，春化的效应会随低温处理时间的延长而增加。春化作用除了需要一定时间的低温以外，氧气、水分和糖也是春化作用过程中不可缺少的条件。如将萌动的种子放在氮气中，或浸在不通气的水中，春化作用就不能进行。如果缺乏呼吸底物（糖），春化作用也不能进行。萌动的种子失水干燥，其含水量低于40%，便不能接受春化处理。所以春化时的含水量需要40%以上，而活跃生长的组织则需要80%以上。

3. 解除春化与春化效果的积累 在植物春化过程结束之前，如将植物放到较高的生长温度下，低温的效果会被减弱或消除，这种现象称去春化作用或解除春化。一般解除春化的温度为25～40℃。通常植物经过低温春化的时间愈长，则解除春化愈困难。当春化过程结束后，则春化效应很稳定，不会被高温解除。园艺上利用解除春化的特性控制洋葱的开花，洋葱在第一年形成的鳞茎，在冬季贮藏中可被低温诱导而在第二年开花，这对第二年产生大的鳞茎不利，因此可用较高温度来防止春化。大多数去春化的植物，返回到低温下，又可继续进行春化，这叫再春化作用。另外，低温春化的效果可以积累。也就是说，如中途停止处理，原来已经产生的效果仍然存在，如再继续进行时，不必从头开始。

二、春化作用的机理

1. 感受春化的时期和部位 低温对植物的成花诱导的影响，一般可在种子萌发或在植株生长的任何时期，但是，不同的植物通过春化的时期不同，大多数植物的春化是在种子萌发到苗期进行。有些植物在种子萌发期间就能感受低温诱导而通过春化作用，如萝卜、白菜等。但胡萝卜、甘蓝、洋葱和月见草等植物只有在幼苗长到一定大小时才能感受低温而通过春化。

多数植物感受春化作用的部位是茎尖的生长点。如将芹菜或甜菜种植在温度较高的温室中，用细胶管缠绕在顶端，管中不断通过0℃左右的冷水流，只使茎尖接受低温处理，其他部位处在高温下，这样的植株在长日照条件下就能开花。假若在缠绕茎顶的管中，通入热水流（25℃左右），而其他部分处于低温中，即使在长日照条件下也不开花。十字花科的一年生植物椴花，叶柄基部在适当的低温处理后，可培养出再生花茎，但如将叶柄基部0.5cm切除，再生的植株则不能形成花茎。由此可见，春化作用感受低温的部位是分生组织和某些能进行细胞分裂的部位。

  2. 春化效应的传递 将菊花已春化的植株和未春化植株嫁接，未春化植株不能开花，如将春化后的芽移植到未春化的植株上，则这个芽长出的枝梢将开花。但是将未春化的萝卜植株的顶芽嫁接到已春化的萝卜植株上，该顶芽长出的枝梢却不能开花。这说明植物春化的感应只能随细胞分裂从一个细胞传递到另一个细胞。但将已春化的二年生植物天仙子枝条嫁接到未春化的植株上，能诱导未被春化的植株开花。甚至将已春化的天仙子枝条嫁接到烟草或矮牵牛植株上，也使这两种植物都开了花。这说明通过低温处理的植株可能产生了某种可以传递的物质，并通过嫁接传递给未经春化的植株，而诱导其开花，但这种情况是少数，而且至今还未分离出这种诱导开花的物质。

  3. 春化过程的生理变化 植物经过春化作用后，在外形上没有明显的差异，但内部生理过程却发生了深刻的变化。主要表现在蒸腾作用增强，水分代谢加快；叶绿素含量增多，光合作用增强，酶活性增加，呼吸作用升高。由于春化后植物的代谢强度升高，因而抗逆性特别是抗寒性便显著降低。例如，小麦的主茎和分蘖通过春化作用的时间有先有后，这样，在有晚霜危害和寒潮侵袭时，主茎和大的分蘖可能被冻死，而某些未完全通过春化的分蘖，仍有较强的抗寒能力。因此，在生产上，如受冻的麦株主茎已死，仍可保留，只要加强水肥管理，未冻死的分蘖仍可成穗，仍能获得较好的收成，"霜打麦子不用愁，一颗麦子九个头"，就是这个意思。

三、春化作用的应用

  1. 调种引种 由于我国各地的气温条件不同，引种时首先要考虑到能否顺利通过春化作用。比如，北种南引时，因温度较高而未完成低温诱导过程，植株不开花（或仅有少部分开花），处于营养生长状态。所以，引种时必须根据栽培目的确定引种地区，以达到增产的目的。

  2. 调节播期 春小麦如能在播前进行春化处理，可提早成熟5～10d，避开干热风的不利影响，冬小麦已萌动的种子埋在雪里越冬，第二年春播可抽穗结实，这对于冬季严寒地区更有意义。

  3. 控制花期 在花卉栽培上，用低温预先处理，可使秋播的一、二年生草本花卉改为春播，当年开花。例如，用0～5℃低温处理石竹可促进花芽分化，园艺生产上可利用解除春化的方法抑制洋葱开花。此外，在药用植物栽培上也得到应用。比如，我国四川省种植的当归为二年生药用植物，当年收获的块根质量很差，不易入药，往往需要第二年栽培。为此，第一年将当归块根挖出，贮藏在高温下而不能通过春化。这样，既能减少第二年的抽薹率，又能获得较好的块根，提高药用价值。

第二节 光周期现象

  某些植物在完成春化作用以后，花芽仍未分化。只有在较高温度下和特定的光周期处理后,花芽才能分化。自然界一昼夜间光照与黑暗的交替称为光周期。光周期对诱导花芽形成有着极为显著的影响。许多植物要求每天有一定的光照或黑暗的长短才能开花,称为光周期现象。

一、光周期反应类型和光周期诱导

(一)光周期反应的类型

人们通过用人工延长或缩短光照的办法,研究了昼夜长度对植物开花的影响,根据植物开花对光周期的不同反应,可把植物分为3种类型,即长日植物、短日植物和日中性植物。

1. 长日植物 在24h昼夜周期中,日照长度必须长于一定时数(即长于临界日长)才能开花的植物,对这些植物延长光照可提早开花。相反,延长黑暗则推迟开花或不能成花。这类植物称为长日植物。属于长日照植物的有:小麦、大麦、油菜、菠菜、豌豆、萝卜、白菜、甘蓝、芹菜、甜菜、胡萝卜、天仙子、金光菊、山茶花、杜鹃、桂花、绣球花等。如典型的长日植物天仙子必须满足一定天数的11.5h日照才能开花,如果日照长度短于11.5h就不能开花,11.5h即为其临界日长。长日植物的临界日长一般在9~14h(表11-2)。

表11-2 一些长日植物和短日植物的临界日长　　　　　　　　　　　单位:h

短日植物	24h周期中的临界日长	长日植物	24h周期中的临界日长
菊花	16	天仙子	11.5
大豆	13.5~14	毒麦	11
浮萍	约14	白芥菜	约14
烟草	约14	菠菜	13
草莓	10.5~11.5	木槿	12
苍耳	15.5	甜菜(一年生)	13~14
裂叶牵牛	14~15	琉璃繁缕	12~12.5
红叶紫苏	约14	景天属	13

2. 短日植物 在24h昼夜周期中,日照长度必须短于一定时数(即短于临界日长)才能开花的植物,对这些植物适当地延长黑暗或缩短光照可提早开花。相反,延长日照则延迟开花或不能成花。这类植物称为短日植物。属于短日植物的有:水稻、玉米、大豆、高粱、苍耳、菊花、秋海棠、紫苏、大麻、黄麻、草莓、烟草、牵牛花等。如菊花每天光照必须少于10h才能开花,若长于11h则不能开花,所以菊花的临界日长是10~11h。短日植物的临界日长一般在12~17h(表11-2)。

3. 日中性植物 这类植物对每天的日照长短要求不严格,只要其他条件适宜时,在任何日照条件下都能开花,如番茄、黄瓜、茄子、辣椒、菜豆、月季、君子兰、凤仙花、向日葵、蒲公英等。

由以上可见,长日植物和短日植物的区别,不在于它们要求多长或多短的日照时数才能开花,而在于它们对日照的要求有一个最低或最高的限度。长日植物对日照的要求有一个最低的限度,它们只能在此限度以上的日照下才开花,而短日植物对日照的要求有一个最高的限度,它们只有在低于此限度的日照下才开花。例如长日植物冬小麦的最低限度为12h,而短日植物烟草的最高限度为14h。这样,在13h的日照条件下,二者均能开花。

各种植物开花对日照长短的不同要求,与其原产地有密切关系。一般原产低纬度地区(热带、亚热带)的植物,多属短日植物,因为这些地区终年是短日条件,不具备长日条件;而起源于高纬度地区(温带和寒带)的植物,多属于长日植物,因为这些地区的生长季(主要是夏季)正好处在较长日照的时期。

(二) 光周期诱导

由于光周期的作用而诱导植物开花的过程,称为光周期诱导。光周期敏感的植物,只要在一定时期受到一定天数的诱导就可以开花。不同种类的植物通过光周期诱导的天数不同,一般植物光周期诱导的天数为一至十几天。例如,短日植物水稻、苍耳、裂叶牵牛和日本牵牛各1d,大豆2～3d,菊花12d;长日植物油菜和菠菜各为1d,矢车菊13d,胡萝卜15～20d。

1. 光周期诱导中光期与暗期的作用　试验证明,不论长日植物还是短日植物,暗期对植物通过光周期更为重要。长日植物必须在暗期短于一定限度时才能开花,而短日植物必须在暗期超过一定限度时才能开花。但如果在长暗期的中途,用短暂的闪光打断暗期,就会产生与缩短暗期一样的效果,即短日植物不能开花,而长日植物能开花。若用短暂的黑暗打断光期,则不论对长日植物或短日植物开花都没有影响(图11-2)。因此认为,诱导植物开花的关键在于暗期的作用。为此,现在认为把短日植物称为长夜植物,把长日植物称为短夜植物更为确切。同时,常常也用临界夜长(临界暗期)来表示对暗期需要的极限。临界夜长与临界日长是相对应的,对于长日植物,临界夜长是指能够引起开花的最大暗期长度,对于短日植物则是指能够引起开花的最小暗期长度。

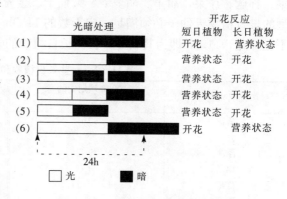

图11-2　暗期间断对开花的影响

2. 光周期刺激的感受和传递　植物感受光周期的器官是叶片。这可以用短日植物菊花

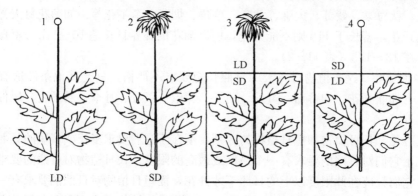

图11-3　叶片和营养芽的光周期处理对菊花开花的影响

(1～4为4种处理　LD. 长日照　SD. 短日照)

进行处理（图 11-3）来证明：若将短日植物菊花全株置于长日照条件下，则不开花而保持营养生长；置于短日照条件下，可开花，叶片处于短日照条件下而茎顶端给予长日照，可开花；叶片处于长日照条件下而顶端给予短日照，却不能开花。这个实验充分说明：植物感受光周期的部位是叶片而不是茎顶端的生长点。叶片对光周期的感受性与叶片的发育程度有关。幼小和衰老的叶片感受性差，叶片长到最大时感受性最强。

叶片是感受光周期的器官，诱导成花的部位是茎顶端的生长点。而叶片和引起成花反应的生长点之间，还隔着叶柄和一段茎，因此由叶中产生的成花刺激物质必须传导到生长点，才能引起成花。如用短日植物苍耳嫁接试验可证实这个问题。将 5 株苍耳嫁接串连在一起，只要其中一株的一片叶接受了适宜的短日光周期诱导，即使其他植株都在长日照条件下，最后所有植株也都能开花（图 11-4）。这证明确实有刺激开花的物质通过嫁接在植株间传递并发挥作用。这种传递的物质现在尚未研究清楚，有人认为是激素类物质，即成花素，可通过韧皮部的筛管进行传导。

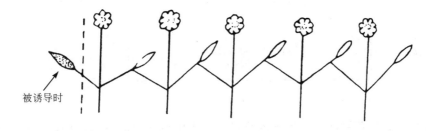

图 11-4　苍耳嫁接实验

（三）光敏素在成花中的作用

在长暗期的中间，用短暂的闪光中断暗期，可以消除长暗期的作用。以后在进一步用各种单色光进行暗期间断处理过程中，发现最有效的是波长 600～660nm 的红光。但如果在照射红光之后，又用 730nm 的远红光进行照射，则红光间断暗期的效果会被远红光所逆转。例如，在每天的长暗期的中间给予短暂的红光，短日植物就不能开花，长日植物能开花。若用红光照射后立即又用远红光短暂照射，则短日植物仍可开花，而长日植物却不能开花。但当用红光和远红光交替处理植物时，植物能否开花则决定于最后处理的光是红光还是远红光（图 11-5）。

红光和远红光这两种光波能

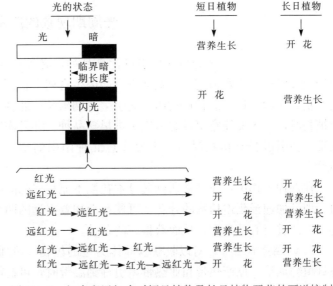

图 11-5　红光和远红光对短日植物及长日植物开花的可逆控制

够对植物产生生理效应，说明植物体内存在某种能够吸收这两种光波的物质，这种物质是一种蓝色的色素蛋白，称为光敏素。光敏素可以对红光和远红光进行可逆的吸收反应。通过对植物各部分进行检测，证明光敏素广泛存在于植物体的许多部位，如叶片、胚芽鞘、种子、根、茎、下胚轴、子叶、芽、花及发育中的果实等。它在细胞内的含量极微，常结合在细胞质膜表面上。

光敏素在植物体内有两种存在状态：一种是红光吸收型，最大吸收高峰在 660nm，以 Pr 表示；另一种是远红光吸收型，最大吸收高峰在 730nm，以 Pfr 表示。两种状态可随光照条件的变化而相互转变。光敏素 Pr 生理活性较弱，经红光或白光照射转变为生理活性较强的 Pfr；Pfr 经远红光照射或在黑暗中又可转变为 Pr，但在黑暗中的转化很慢，称为暗转化。二者的关系可用下式表示：

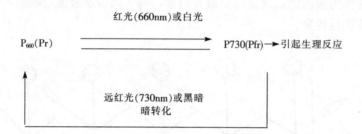

光敏素虽不是成花激素，但影响成花过程。光敏色素对成花的作用，受到 Pfr/Pr 比值的影响。短日植物要求较低的 Pfr/Pr 比值，长日植物要求较高的 Pfr/Pr 比值。光期结束时，光敏素主要呈 Pfr 型，这时 Pfr/Pr 比值高。进入暗期后，Pfr 逐渐转为 Pr，或因 Pfr 降解而减少，使 Pfr/Pr 比值逐渐降低。长日植物成花刺激物的形成，要求相对较高的 Pfr/Pr 比值。因此，长日植物需要短的暗期，甚至在连续光照下也能开花。如果暗期被红光间断，Pfr/Pr 比值升高，则抑制短日植物开花，促进长日植物开花。

二、光周期现象的应用

1. 引种与育种 要想成功地引进优良品种，必须首先了解引进品种的光周期反应特性与当地气候季节是否适应。否则就有可能因生育期太长而不能成熟，或者因生育期过短而降低产量。一般来讲，短日植物南种北引生育期延长；北种南引生育期缩短。所以在引进短日照植物时，一定要注意南种北引应引进早熟品种，北种南引应引进晚熟品种。长日植物正好相反，在引进长日植物时，一定要注意北种南引时应引早熟品种，南种北引时应引晚熟品种。

在育种工作中，还经常遇到父母本花期不能相遇的问题，可利用人工控制温度和光照时间，即可加速或延迟植物的开花，可使花期相差很远的两个品种或两种植物，在同一时间开花，以便进行有性杂交，从而获得新的杂种。

2. 调控营养生长 对以收获营养体为主的植物，可通过控制光周期来抑制其开花。如短日植物烟草，原产热带和亚热带，引种到温带时，可提前至春季播种，利用夏日的长日照及高温多雨的气候条件，促进营养生长，提高烟叶产量。对于短日植物麻类，南种北引可推迟开花，提高纤维产量，并改善品质。此外，利用暗期中断，即夜间闪光处理可抑制短日植物甘蔗开花，从而提高茎秆和蔗糖的产量。

3. 控制花期　在花卉栽培中，已经广泛地利用人工控制光周期的措施来提前或推迟花卉植物开花。例如，菊花是短日植物，在自然条件下秋季开花，倘若给予遮光缩短光照处理，则可提前至夏季开花。而对于杜鹃、茶花等长日植物，进行人工延长光照处理，则可提早开花。

第三节　花芽分化

一、花芽分化的概念

花原基形成，花芽各部分分化成熟的过程，称为花芽分化。花芽分化是植物由营养生长过渡到生殖生长的标志。在花芽分化期间，茎端生长点的形态发生了显著变化，即生长锥伸长和表面增大。图 11-6 是短日植物苍耳在接受短日诱导后，生长锥由营养状态转变为生殖状态的形态变化过程。首先是生长锥膨大，然后自基部周围形成球状突起并逐渐向上部推移，形成一朵朵小花。在开始花芽分化后，细胞代谢增高，有机物发生剧烈转化。如葡萄糖、果糖和蔗糖等可溶性糖含量增加；氨基酸和蛋白质含量增加；核酸合成加快。由此表明，生长锥的转变与核酸、蛋白质、碳水化合物的代谢有关。

二、影响花芽分化的因素

1. 营养状况　营养是花芽分化以及花器官形成与生长的物质基础，其中碳水化合物对花芽的形成尤为重要。花器官形成需要大量的蛋白质，氮素营养不足，花芽分化缓慢而且花少。植物体内碳水化合物和含氮有机物之间的比值称为碳氮比（C/N）。二者的关系是：C/N 比值高时，植物开花；C/N 比值低时，植物不开花。花器官形成需要大量的蛋白质，氮素营养不足，花芽分化缓慢而且花少。若氮素过多，C/N 比失调，植物贪青徒长，花反而发育不好。通过控制不同的光强可以调节植物体内的含糖量；通过控制氮肥来调节植物体内含氮化合物的含量。如水稻在生育后期采用落干晒田，提高 C/N 比，有利于减少分蘖，提早成熟。在果树栽培中，应用环状剥皮，使上部枝条积累较多的糖分，提高 C/N 比值，从而促进花芽分化，提高产量。

2. 植物激素对花芽分化的影响　GA 可抑制多种果树的花芽分化；CTK、ABA 和乙烯则促进果树的花芽分化；IAA 的作用较复

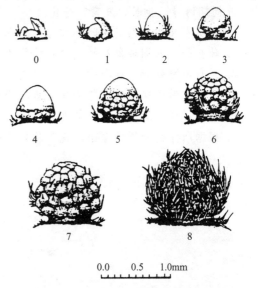

图 11-6　苍耳接受短日诱导后生长锥的变化
（图中数字为发育阶段。0 阶段为营养生长时的茎尖）

杂，低浓度的 IAA 对花芽分化起促进作用，而高浓度起抑制作用。GA 可提高淀粉酶的活性，促进淀粉水解；而 ABA 和 GA 之间则有拮抗作用，有利于淀粉积累。在夏季对果树新梢进行摘心，则 GA 和 IAA 减少，CTK 含量增加，这样能改变营养物质的分配，促进花芽分化。总之，当植物体内淀粉、蛋白质等营养物质丰富，CTK 和 ABA 含量较高而 GA 含量低时，有利于花芽分化。

  3. 环境因素 主要是光照、温度、水分和矿质营养等。其中光对花芽分化影响最大。光照充足，有机物合成多，有利于开花。反之则花芽分化受阻。在农业生产实践中，对果树的整形修剪，棉花的整枝打杈，可以避免枝叶的相互遮荫，使各层叶片都得到较强的光照，有利于花芽分化。

  一般植物在一定的温度范围内，随温度升高而花芽分化加快。温度主要通过影响光合作用、呼吸作用和物质的转化及运输等过程，从而间接影响花芽的分化。在水稻的减数分裂期，如遇 17℃ 以下的低温，花粉母细胞发育受影响，从而不能形成花粉。苹果的花芽分化最适温度为 22~30℃；若平均温度低于 10℃，花芽分化则处于停滞状态。

  不同植物的花芽分化对水分的需求不同。稻、麦等植物的孕穗期，尤其是在花粉母细胞减数分裂期对缺水最敏感，此时，水分不足会导致颖花退化，而夏季的适度干旱可提高果树的 C/N 比，而有利于花芽分化。

  氮肥过少，不能形成花芽，氮肥过多，枝叶旺长，花芽分化受阻。增施磷肥，可增加花数，缺磷则抑制花芽分化。因此，在适量的氮肥条件下，如能配合施用磷、钾肥，并注意补充锰、钼等微量元素，有利于花芽分化。

■ 复习思考题

  1. 名词解释：春化作用、去春化作用、再春化作用、长日植物、短日植物、日中性植物、光周期诱导、生长、发育、分化。
  2. 说明春化作用感受的时期和部位。春化作用在实践中有哪些应用？
  3. 什么是光周期现象？举例说明植物的主要光周期反应类型。
  4. 说明植物感受光周期的部位和光周期刺激的传递。
  5. 试述光敏素在植物成花诱导中所起的重要作用。
  6. 举例说明光周期现象的应用。
  7. 根据所学的光周期理论，说明从异地引种成功应考虑哪些因素？

第十二章

植物的生殖与成熟

教学目标 本章主要介绍植物的受精生理、种子和果实成熟时的生理变化、植物的衰老和脱落等内容。通过学习，明确种子和果实的发育成熟过程，植物从成熟走向衰老的生理表现和器官脱落的特点。具备测定植物花粉粒生理活性的技能，达到理解和掌握植物花的形成与开放、授粉与受精、胚与胚乳的发育、果实与种子的生长和成熟等一系列过程的知识。

第一节 受精生理

一、花粉的化学组成

花粉是花粉粒的总称。从花粉的化学成分分析证明，花粉含有碳水化合物、油脂、蛋白质、各种大量元素与微量元素。花粉中的氨基酸含量比植物其他部位都高，而且脯氨酸的含量特别高。据报道，脯氨酸与花粉的育性有关，在不育的小麦花粉中不含脯氨酸。在花粉中普遍含有类胡萝卜素与黄酮素。含有维生素 E、维生素 C、维生素 B_1、维生素 B_2 等，花粉中还有生长素、赤霉素、细胞分裂素和乙烯等植物激素。

二、花粉的寿命和贮藏

在自然条件下，成熟的花粉粒从花药中散出之后维持具有受精能力时间的长短，即是花粉粒的寿命。因植物种类而有很大差异，一般只有几天或几周就失去生活力，特别是禾本科植物花粉的寿命更短。例如水稻花粉，在田间条件下 3～5min，就有 50% 以上花粉失去生活力；小麦花粉在 5h 后授粉结实率便降至 6.4%；玉米花粉的寿命为 1～2d；果树花粉的寿命较长，可维持几周到几个月。所以，如何贮藏花粉，延长花粉生活力，以克服杂交亲本花期不遇已成为生产上的一个重要问题。花粉的寿命与外界条件有关，一般干燥、低温、二氧化碳浓度高和氧浓度低时，最有利于花粉的贮藏。一般来说，1～5℃ 的低温、6%～40% 相对湿度，贮藏花粉最好。但禾本科植物的花粉贮藏要求 40% 以上的相对湿度。在花粉贮藏期间，花粉生活力的逐渐降低是由于花粉内贮藏物质消耗过多、酶活性下降和水分过度缺乏造成的。

三、柱头的生活力

柱头的生活力一般都能持续一周，具体时间长短则因植物种类而异。水稻柱头的生活力在一般情况下能持续6~7d，但其承受花粉的能力日渐下降，所以，杂交时还是以开花当日授粉为宜。小麦柱头在麦穗从叶鞘抽出2/3时就开始有承受花粉的能力，麦穗完全抽出后第三天结实率最高，到第六天则下降，但可持续到第九天。玉米雌穗基部花柱，长度为当时穗长的一半时，柱头即开始有承受花粉的能力，在花柱抽齐后1~5d柱头承受花粉能力最强，6~7d后开始下降。一个雌穗上柱头丧失生活能力的顺序和花柱在穗轴上发生的先后顺序是一致的，即穗中、下部先丧失，顶端后丧失。

四、受精过程

1. 双受精 具有生活力的花粉粒落在柱头上，被柱头表皮细胞吸附，并吸收表皮细胞分泌物中的水分，花粉萌发形成花粉管。接着花粉管进入花柱，花粉管靠尖端的区域伸长生长穿过花柱到达子房，进入胚囊后花粉管尖端破裂，释放出两个精细胞，其中一个精细胞与卵细胞结合形成合子，另一个精细胞与胚囊中部的两个极核融合形成初生胚乳核，被子植物的这种受精方式称为双受精。

2. 影响受精的环境因素 受精是雌雄细胞的结合过程，伴随着雌雄细胞的识别和融合，发生着许多代谢反应。这些反应除受两者的亲合性和活性影响外，还受着温度、湿度等外界条件的控制。

（1）温度。温度影响花药开裂，也影响花粉的萌发和花粉管的生长。如水稻开花受精的最适温度是25~30℃，在15℃时花药不能开裂；在40~50℃条件下，花药容易干枯，柱头已失活，无法受精。

（2）湿度。花粉萌发需要一定的湿度，空气相对湿度低，会影响花粉的生活力和花丝的生长，并使雌蕊的花柱和柱头干枯。但如果相对湿度很大或雨天开花，花粉又会过度吸水而破裂。一般来说，70%~80%的相对湿度对受精较为合适。

（3）其他环境因素。影响植株营养代谢和生殖生长的因素如土壤条件、株间的通风、透光等因素能影响雌雄蕊的发育而影响受精。硼元素能显著促进花粉萌发和花粉管的伸长，一方面硼促进糖的吸收与代谢；另一方面硼参与果胶物质的合成，有利于花粉管壁的形成。

第二节 种子和果实的成熟生理

当植物受精后，受精卵发育成胚，胚珠发育成种子，子房壁发育成果皮，于是形成了果实。种子与果实形成时，不只是发生形态上的变化，而且在生理生化上也发生剧烈的变化。种子与果实长得好坏，对植物下一代的发育极为重要，同时还影响着植物的产量与品质。所以了解种子和果实成熟时的生理变化具有重要意义。

一、种子成熟时的生理变化

种子在成熟过程中,植物营养器官的养分以蔗糖、氨基酸等可溶性物质的形式运向种子,在种子中逐渐转化为不溶性的高分子化合物(如淀粉、蛋白质和脂肪)贮藏起来。伴随着这些变化,种子逐渐脱水,种子中的原生质由溶胶状态转变为凝胶状态,趋向成熟。

1. 贮藏物质的变化

(1) 糖类的变化。小麦、水稻、玉米等禾谷类种子和豌豆、菜豆、蚕豆等豆类种子,其贮藏物质以淀粉为主,通常称为淀粉种子。淀粉种子在成熟时,其他部位运来的可溶性糖主要转化为淀粉,因而种子可积累大量淀粉,同时也可积累少量的蛋白质和脂肪(图12-1)。另外,种子中也能积累各种矿质元素,如磷、钙、钾、镁、硫及微量元素,以磷为主。例如当水稻子粒成熟时,植株中所含的磷有80%转移到子粒中去。

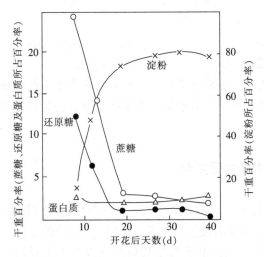

图 12-1 正在发育的小麦子粒胚乳中几种有机物的变化

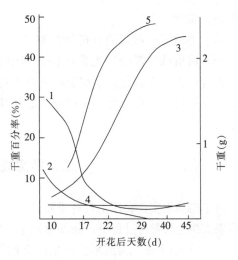

图 12-2 油菜种子在成熟过程中的干物质积累
1. 可溶性糖 2. 淀粉 3. 千粒重 4. 含氮物质 5. 粗脂肪

(2) 脂肪的变化。花生、油菜、蓖麻、向日葵的种子中脂肪含量很高,因此称为脂肪种子。脂肪种子在成熟时,先在种子内积累碳水化合物,包括可溶性的糖及淀粉,然后再转化成脂肪(图12-2)。碳水化合物转化为脂肪时先形成游离的饱和脂肪酸,然后再形成不饱和脂肪酸。因此,油料种子要充分成熟,才能完成这些转化过程。若种子未完全成熟就收获,种子不仅含油量低,而且油脂的质量也差。在油料植物的种子中也含有由其他部位运来的氨基酸及酰胺合成的蛋白质。

(3) 蛋白质的变化。豆科植物种子富含蛋白质(小麦等淀粉种子也含较多的蛋白质),因此有时也称为蛋白质种子。这类种子积累蛋白质具有如下特点:首先,叶片或其他器官中的氮素以氨基酸或酰胺的形式运至豆

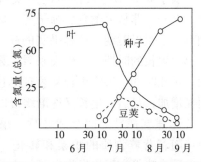

图 12-3 蚕豆中含氮物质由叶运到豆荚,然后又由豆荚运到种子的情况

荚；然后，在荚皮中由氨基酸或酰胺合成蛋白质，成为暂时的贮藏状态；再以酰胺态运到种子中，转变成氨基酸合成蛋白质（图 12-3）。

2. 植物激素及呼吸作用的变化 在种子形成中植物激素不断发生变化。例如，小麦种子成熟中首先出现的是细胞分裂素，可能调节子粒的细胞分裂过程；然后是赤霉素和生长素，可能调节有机物向子粒的运输和积累。此外，子粒成熟期间脱落酸大量增加，可能和子粒生长后期的成熟和休眠有关。

种子成熟过程是有机物质合成与积累的过程，这时需要消耗能量，所以有机物积累和种子的呼吸作用有密切关系，干物质积累迅速时，呼吸作用也旺盛，种子接近成熟时呼吸作用就逐渐降低（图 12-4）。

禾谷类种子中积累的有机物约有 2/3 或更多来自开花后植株各部分的光合产物，其中主要是

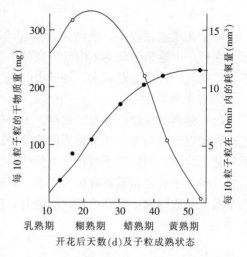

图 12-4 水稻子粒成熟过程中干物质及呼吸作用的变化

叶的光合产物，少部分是茎和穗的光合产物。其余一小部分来自茎、叶、叶鞘在生育前期所积累的有机物。由此可见，促进开花后植株的光合作用，对水稻等禾本科植物获得高产是十分重要的。

二、果实成熟时的生理变化

由于肉质果实在食用上具有重要意义，对这类果实成熟时的生长、生理变化的研究最多。肉质果实在生长发育过程中，除外形发生变化外，果实的颜色与化学成分也发生相应的变化。

1. 果实的生长 肉质果实的生长有两种生长方式：单 S 形生长曲线和双 S 形生长曲线（图 12-5）。属于单 S 形生长曲线的果实有苹果、梨、番茄、香蕉、菠萝、草莓等。这一类型的果实在开始生长时速度较慢，以后逐渐加快，达到高峰后又逐渐变慢，最后停止生长。这种慢—快—慢的生长表现是与果实中细胞分裂、膨大以及分化成熟的节奏相一致的。

属于双 S 形生长曲线的果实有核果桃、杏、樱桃、李子和非核果葡萄、柿子等，即在迅速生长的中期有一个缓慢时期，这是果实的胚、胚乳及核果的硬核迅速生长的时期。从外表来看，果实的体积增长不大；过此时期，果实生长又表现迅速，体积和重量均明显增加；最后，生长又逐渐缓慢以至停止。

2. 果实成熟时的生理变化 果实在成熟过程中也伴随着营养物质的积累和转化，使果实成熟时在色、香、味等方面均发生显著的变化。

（1）果实由酸变甜、由硬变软、涩味消失。在果

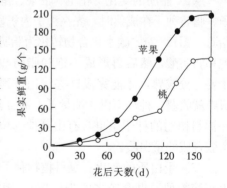

图 12-5 果实的生长过程（苹果的 S 形曲线和桃的双 S 形曲线）

实形成初期，从茎、叶运来的可溶性糖转变成淀粉贮积在果肉细胞中。果实中还含有单宁和各种有机酸，这些有机酸包括有苹果酸、酒石酸等，同时细胞壁和胞间层含有很多的不溶性的果胶物质，故未成熟的果实往往生硬、涩、酸而没有甜味。随着果实的成熟，淀粉转化成可溶性的糖。有机酸一部分发生氧化用于呼吸作用，另一部分转变成糖，故有机酸含量降低。单宁则被氧化，或凝结成不溶性物质而使涩味消失。果胶物质则转化成可溶性的果胶物质等，可使细胞彼此分离。因此，果实成熟时，具有甜味，而酸味减少，涩味也消失，同时由硬变软。

（2）色泽的变化。许多果实在成熟时由绿色逐渐变为黄色、橙色、红色和紫色。这常作为果实成熟度的直观标准。果实成熟时各种果色的形成，一方面是由于叶绿素的破坏，使类胡萝卜素的颜色显现出来，另一方面则是由于花青素（花色素苷）形成的结果。较高的温度和充足的氧气有利于花青素的形成，因此果实向阳的一面往往着色较好。

（3）香味的产生。果实成熟时还产生一些具有香味的物质。这些物质主要是酯类，另外，还有一些特殊的醛类等。例如，香蕉的特殊香味是乙酸戊酯；橘子中的香味是柠檬醛。

（4）乙烯的产生。在果实成熟过程中，还产生乙烯气体。乙烯是果肉组织内部进行无氧呼吸的产物。当果实成熟时其乙烯释放量迅速增加。由于乙烯含量的增加，提高了果皮的透性，使氧气容易进入，所以能加速单宁、有机酸类物质的氧化，并可加强酶的活性，加快淀粉及果胶物质的分解。故乙烯能促进果实的成熟。

（5）呼吸强度的变化。随着果实发育至成熟，其呼吸强度也不断发生变化。在果实将要成熟之前，呼吸强度明显降低，然后急剧升高，这时期即称为呼吸高峰或呼吸跃变期，以后呼吸又逐渐下降（图12-6）。苹果、梨、番茄、香蕉等都有明显的呼吸跃变期。但也有一些果实如柑橘、柠檬、葡萄等没有呼吸跃变期的出现，它们在成熟过程中呼吸强度是逐渐下降的。

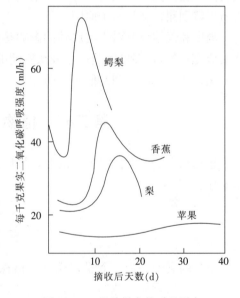

图12-6 几种果实的呼吸跃变

呼吸跃变期的出现与乙烯的产生有密切的关系。因此人工施用乙烯气体（或乙烯利），可以诱导呼吸跃变期的到来，促进成熟。而控制气体成分（降低氧气含量，提高二氧化碳浓度或充氮气），延缓呼吸跃变期的出现，则可以延长贮藏期。

三、外界条件对种子与果实成熟的影响

在种子、果实成熟过程中，外界条件的变化对种子和果实的成熟过程及其化学成分均有显著的影响。

1. 外界条件对种子成熟过程的影响

（1）水分。种子在成熟过程中，如果早期缺水干缩，可溶性糖来不及转为淀粉，被

糊精黏结在一起，形成玻璃状而不是粉状的子粒。这是我国北方小麦的蛋白质含量显著高于南方的原因。

（2）温度。温度对油料种子的含油量和油脂品质的影响很大。例如，江苏南京、山东济南和吉林公主岭的大豆含油量分别为16.14%、19%、19.6%，这说明成熟过程中适当低温有利于油脂的积累。亚麻种子成熟时低温且昼夜温差大有利于不饱和脂肪酸的形成。因此，优质的油往往来自纬度较高或海拔较高的地区。

（3）营养条件。营养条件对种子的化学成分也有明显的影响。对淀粉种子来说，氮肥能提高蛋白质的含量；钾肥能加速糖类由叶片、茎向籽粒或其他贮藏器官（如块根、块茎）的运输并加速其转化过程，增加淀粉含量。对油料种子，磷肥和钾肥对脂肪的形成和积累均有良好的影响。如果氮肥过多，就使植物体内大部分糖类化合物结合成蛋白质。所以糖分少了，这必然影响到脂肪的合成，导致种子中脂肪含量降低。

2. 外界条件对果实成熟过程的影响　温度和湿度对肉质果实成熟时品质的影响也很明显。在阴凉多雨的条件下，果实中往往含酸量较多，而糖分相对较少。但如果阳光充足，气温较高及昼夜温差较大的条件下，果实中含量减少而糖分增多。新疆哈密瓜和吐鲁番的葡萄之所以特别甜，就是这个原因。

温度和气体成分对果实成熟的影响是很大的。适当降低温度和氧的浓度（提高二氧化碳浓度或充氮气），都可以延迟呼吸跃变期的出现，以延迟果实成熟，从而延长贮藏期。近年来采用乙烯（或乙烯利）催熟，对番茄、柿子、香蕉等都很有效。

第三节　植物的衰老与器官的脱落

植物和它的各个器官生长发育，最后逐渐进入衰老阶段。叶和果实衰老比较明显的特征是脱落。

一、植物的衰老

植物的衰老是指一个器官或整个植株生理功能逐渐恶化，最终走向死亡的过程。许多一、二年生植物在开花结实后，整个植株即进入衰老状态，最后死亡；多年生草本植物地上部分每年死亡，而根系可继续生存；多年生木本植物中落叶植物的茎和根可生活多年，但是叶和果实每年都要衰老脱落。另外如木质部导管、管胞或厚壁组织于旺盛生长时期，就已经衰老死亡。

1. 衰老时的生理变化　植物的衰老不只是生命过程的减弱，而是有着严格顺序的过程。在这个衰老过程中，在生理生化上有许多变化。

（1）光合色素丧失。叶绿素逐渐丧失是叶片衰老最明显的特点（图12-7）。例如，用遮光来诱导燕麦离体叶片衰老，到第三天，叶片中的叶

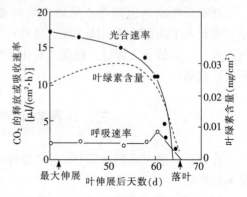

图12-7　白苏叶片的叶绿素含量、光合速率与呼吸速率的变化

绿素含量只有起始值的 20% 左右，另外叶绿素 a 与叶绿素 b 的比值也下降，最后叶绿素完全丧失。类胡萝卜素比叶绿素降解稍晚。这些都会导致光合速率降低。

（2）核酸的变化。叶片衰老时，RNA 总量降低。叶衰老时 DNA 也下降，但下降速度较 RNA 为小。如在烟草叶片衰老处理 3d 内，RNA 的含量下降到 16%，但 DNA 只减少 3%。虽然 RNA 总量下降，但某些酶（如蛋白酶、核酸酶、纤维素酶等）的活性增加。牵牛花在花瓣衰老时，DNA、RNA 的含量都下降，与此同时，DNA 酶、RNA 酶活性却有所增加。

（3）蛋白质的变化。当叶片衰老时，蛋白质的含量明显降低。而蛋白质含量降低的原因有两种可能：一是蛋白质的合成能力下降，二是蛋白质分解加快。或两者同时进行。这两种途径不易区别，因为在合成蛋白质的同时，蛋白质的降解也在不断发生，实际上蛋白质的合成与分解过程是在不断地交替进行着。

（4）呼吸作用。叶片衰老时呼吸速率下降，但下降速度比光合速率慢。有些植物叶片在衰老开始时呼吸速率保持平稳，后期出现一个呼吸跃变期，以后呼吸速率则迅速下降（图 12-7）。衰老时，氧化磷酸化逐步解偶联，产生的 ATP 数量减少，细胞中合成反应所需的能量不足，这更促使衰老加剧。

（5）激素的变化。植物在衰老时，通常是促进生长的植物激素如细胞分裂素、生长素、赤霉素等含量减少，而诱导衰老和成熟的激素如脱落酸、乙烯等含量增加。

叶片衰老过程中，细胞内部各种结构都发生破坏，如叶绿体解体，细胞膜结构破坏引起细胞透性增加，最后导致细胞解体和死亡等。

2. 衰老的调控　光照能延缓衰老，其中红光能阻止蛋白质和叶绿素含量的减少，远红光照射则能消除红光的阻止作用。光敏素在衰老过程中起着光控制作用。

植物激素能有效地调控衰老。生长素、赤霉素和细胞分裂素等能延缓叶衰老，而脱落酸和乙烯则促进叶片衰老。许多试验证明，叶片衰老是由内源激素控制。例如，多年生木本植物在秋天短日照条件下，生长素和赤霉素含量减少，脱落酸含量增多，叶片就衰老。干旱使叶片易衰老的道理亦是如此。

二、植物器官的脱落

脱落是指植物细胞、组织或器官脱离母体的过程。脱落可分 3 种：①由于衰老或成熟引起的脱落叫正常脱落，如果实和种子的成熟脱落；②因植物自身的生理活动而引起的生理脱落，如营养生长与生殖生长的竞争，库与源不协调等引起的脱落；③因逆境条件（水涝、干旱、高温、病虫害等）引起的胁迫脱落。生理脱落和胁迫脱落都属于异常脱落。脱落有其特定的生物学意义：即利于物种的保存，尤其是在不适于生长的条件下，部分器官的脱落有益于留存下来的器官发育成熟。然而异常脱落也常常给农业、园林生产带来损失，如豆类的花荚脱落，果树和观赏树木的落花落果等。

1. 器官的脱落与离层的形成　器官在脱落之前必须形成离层。离层位于叶柄、花柄、果柄以及某些枝条的基部。以叶片为例（图 12-8），离层是叶柄基部经分裂而形成的几层薄壁细胞，叶柄细胞的分离即发生在这些细胞之间，离层细胞的分离是由于胞间层的分解，有时这些薄壁细胞的纤维素细胞壁也分解，甚至整个细胞壁和邻近细胞内含物都消失。当离层细胞分离之后，叶柄只靠维管束与枝条连接，在重力作用下或风的压力下，维管束折断叶片脱落。

多数植物器官在脱落之前已形成离层，只是处于潜伏状态，一旦离层活化，即引起脱落。但也有例外，如禾本科植物叶片不产生离层，因而不会脱落；花瓣脱落也没有离层形成。

2. 影响脱落的因素

（1）光照。光照度对器官脱落的影响很大。光照充足时，器官不脱落，光照不足，器官容易脱落。植物种植过密时，植株下部光照过弱，叶片会早落。日照缩短

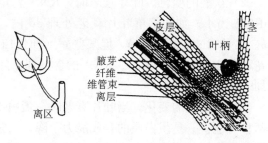

图12-8 双子叶植物叶柄基部离区结构示意图
离层部位细胞小，见不到纤维

是落叶树木秋季落叶的信号之一，北方城市的行道树（如杨树和法国梧桐），在秋季短日来临时纷纷落叶，但在路灯下的植株或枝条，因路灯延长光照时间，不落叶或落叶较晚。

（2）温度。温度过高或过低都会加速器官的脱落。随着温度增高，生化反应加快，如四季豆在25℃下脱落最快，棉花在30℃下脱落最快。在田间条件下，高温常引起土壤干旱而加速脱落。低温也导致脱落，如霜冻引起棉花落叶等。

（3）水分。通常季节性的干旱会使树木落叶。树木在干旱时落叶，以减少水分的蒸腾损失，否则会萎蔫死亡。但当植物根系受到水淹时，也会出现叶、花、果的脱落现象。干旱、涝害时叶片脱落与内源激素如生长素减少，细胞分裂素含量降低，乙烯和脱落酸增多有关。

（4）矿质营养。缺乏氮、磷、钾、钙、镁、硫、锌、硼、钼和铁都会引起器官脱落。氮、锌缺乏会影响生长素的合成；硼缺乏常使花粉败育，引起不孕或果实退化；钙是中胶层的组成成分，钙缺乏会引起严重的脱落。

（5）其他因素。氧气浓度影响脱落，氧浓度在10%～30%，提高氧浓度会增加器官的脱落，高氧促进脱落的原因可能是促进了乙烯的合成。此外大气污染、紫外线、盐害、病虫害等对脱落都有影响。

3. 脱落的调控 器官的脱落对植物的影响较大，所以常常需要采取措施对脱落进行适当控制。如给叶片施用生长素类化合物可延缓果实脱落，用10～25mg/L 2,4-D溶液喷施，可防止番茄落花、落果；在棉花结铃盛期施用20mg/L赤霉素溶液，可防止和减少棉铃脱落。生产上有时还需要促进器官脱落，例如应用脱叶剂（如乙烯利、氯酸镁、硫氰化胺等）促进叶片脱落，利于机械收获（如棉花、豆科植物）。喷洒40mg/L萘乙酸钠可使梨树和苹果树进行疏花、疏果，避免坐果过多使果实品质变劣。增加水分和适当修剪，可使花、果得到足够的养分，减少脱落。例如用0.05mol/L醋酸钙能减轻柑橘因施用乙烯利而造成的落叶和落果。

复习思考题

1. 名词解释：呼吸跃变、正常脱落、胁迫脱落、植物衰老。
2. 种子成熟时主要发生哪些生理变化？

3. 肉质果实在成熟中有哪些生理变化？
4. 说明植物衰老时的生理变化，在实践中如何对衰老进行调控？
5. 说明器官脱落和离层形成的原因，在生产实际中常采取哪些措施调控器官的脱落？

第十三章

植物的逆境生理

教学目标 本章主要讲授逆境的种类，各种逆境对植物生长发育的影响，在逆境下植物的生理表现和受害特征，植物对各种不良条件的抵抗能力。通过学习，使学生明确低温、干旱、盐分过多、病害微生物及环境污染对植物的各种影响。具备利用电导法测定寒害对植物的影响的技能。能够利用本章理论知识，在生产实践中采取适当的措施减少植物受害和提高其抵抗不良条件的能力。

适宜的环境是植物正常生长发育所必需的条件。植物生长过程中，常常会遇到或大或小的自然灾害，造成植物生长不良。通常将对植物生存和生长不利的各种环境因素称为逆境。逆境的种类多种多样，见图13-1。

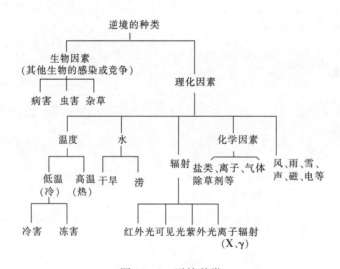

图13-1 逆境种类

植物对逆境的抵抗和忍耐能力叫植物的抗逆性，简称抗性。这种抗性随着植物的种类，生长发育的过程与环境条件的变化而变化。当作物生长旺盛时，其抗性弱；休眠期间其抗性强。在同样条件下，生长健壮的植物植株，有较强的抗逆性；而生长衰弱的植株，其抗性能力就较弱。以植物的不同生育时期来说，营养生长期的抗逆能力较强，而开花时期的抗逆能力较弱。植物的抗逆生理就是研究不良环境对植物生命活动的影响，以及植物对不良环境的抗御能力。

植物对不利于生存的环境的逐步适应过程，称为锻炼。例如越冬树木或草本植物在严冬来临之前，如温度逐步降低，经过渐变的低温锻炼，植物就可忍受冬季严寒，否则如寒流突然降临，由于植物未经锻炼，很易遭受冻害。一般来说，在可忍耐范围内，逆境所造成的损伤是可逆的，即植物可恢复其正常生长，如超出可忍耐范围，损伤是不可逆的，完全丧失自身修复能力，植物将会受害死亡。培育出一些能适应暂时不利条件或者长期生活在严酷条件下的植物，这对于进一步提高农业生产存在很大潜力，实践意义很重要。

第一节 植物的抗寒性和抗热性

一、植物的抗寒性

低温对植物造成的伤害称寒害。按照低温的不同程度和植物受害情况，可分为冻害和冷害两大类。把植物对低温的适应和抵抗的能力称抗寒性，分为抗冷性和抗冻性。

（一）冷害与植物的抗冷性

1. 冷害 0℃以上的低温对植物造成的伤害称为冷害。冷害是一种全球性的自然灾害，无论是北方的寒冷国家（如法国、加拿大、俄罗斯等），还是南方的热带国家（如印度、孟加拉、澳大利亚等）均有发生。日本是发生冷害次数较多的国家，每隔3～5年便发生一次，有时连年发生。在中国冷害经常发生于早春和晚秋，晚秋寒流主要伤害植物的果实和种子，如晚稻灌浆期遇到晚秋寒流，就会产生较多空秕粒。早春寒流主要危害植物幼苗和树木的花芽。果蔬贮藏期间遇低温，表皮变色，局部坏死，降低品质。在很多地区冷害是限制植物产量提高的主要因素之一。

2. 冷害类型 根据植物不同生育期遭受低温伤害的情况，把冷害分为两种类型：

（1）延迟型冷害。植物在营养生长期遇到低温，使生育期延迟的一种冷害。其特点是：植物在生长时间内遭受低温危害，使生长、抽穗、开花延迟，虽能正常受精，但由于不能充分灌浆与成熟，使水稻青米粒高、高粱秕粒多、大豆青豆多、玉米含水量高，不但产量降低，而且品质明显下降。

（2）障碍型冷害。植物在生殖生长期间（花芽分化到抽穗开花期），遭受短时间的异常低温，使生殖器官的生理功能受到破坏，造成完全不育或部分不育而减产的一种冷害。例如，水稻在孕穗期，尤其是花粉母细胞减数分裂期（大约抽穗前15d）对低温极为敏感，如遇到持续3d的日平均气温为17℃的低温，便发生障碍型冷害。为避免冷害，可在寒潮来临之前深灌加厚水层，当气温回升后再恢复适宜水层。水稻在抽穗开花期如遇20℃以下低温，如阴雨连绵温度低的天气，会破坏授粉与受精过程，形成秕粒。

另外，根据植物对冷害反应的速度，冷害可分为两种：一种是直接伤害，即植物受低温影响几小时，至多在1d内即出现伤斑，说明这种影响已侵入胞间，直接破坏原生质活性。另一种是间接伤害，即植物受低温后，植株形态上表现正常，至少要在几天甚至几周才出现组织柔软、萎蔫现象。这是因低温引起代谢失常的缓慢变化而造成细胞的伤害，并不是低温直接造成的损伤,这种伤害现象极为普遍。

3. 冷害症状 植物遭受冷害之后,最明显的症状是:生长速度变慢,叶片变色,有时出现色斑。例如,水稻遇低温后,幼苗叶片从尖端开始变黄,严重时全叶变为黄白色,幼苗生长极为缓慢或者不生长,被称为"僵苗"或"小老苗"。玉米遭受冷害后,幼苗呈紫红色,其原因是糖的运输受阻,花青素增多。木本植物受冷害出现芽枯、顶枯、破皮流胶及落叶等现象。植物遭受冷害后,子粒灌浆不足,常常引起空壳秕粒,产量明显下降。

植物发生冷害后,体内生理代谢过程发生明显变化。如各种酶类的活性受到影响,导致酶促反应失调,幼苗处于低温条件下,蛋白质含量减少,淀粉含量降低,可溶性糖含量提高。冷害使作物的呼吸速率大起大落,即开始时上升然后下降。初期,呼吸速率上升是一种保护反应,因呼吸旺盛放热多,对抵抗冷害有利;以后呼吸速率降低是一种伤害反应,有氧呼吸受到抑制,无氧呼吸加强,使物质消耗过多,产生乙醛、乙醇等有毒物质。冷害使叶绿素合成受阻,植株失绿,光合作用降低,如果低温伴有阴雨,会使灾情更加严重。低温使根系吸收能力降低,导致地上部积水,出现萎蔫和干枯。

4. 冷害机理 当温度下降到10~12℃时,细胞膜就由易变形的液晶态变为凝胶态,膜的脂肪凝固,使膜的酶失去活性,代谢紊乱。冷害使细胞膜的透性破坏,原生质体破损,膜的选择透性丧失,细胞吸水困难,胞内溶质外流,使生理代谢过程失调。

5. 抗冷性及其提高途径 抗冷性是指植物对0℃以上低温的抵抗和适应能力。低温下保持膜脂的液晶状态,则植物的抗冷性提高,而增加膜脂中不饱和脂肪酸的比例即可维持膜的液晶状态,防止脂类固化,亦能提高抗冷性。除不饱和脂肪酸与抗冷性有关外,可溶性蛋白质(游离的不与膜结合的酶)对抗冷有一定影响,可溶性蛋白质多,有利于提高植物的抗冷性。在生产实际中提高抗冷性一般有以下几条途径:

(1) 低温锻炼。低温锻炼是个很有效的途径,因为植物对低温的抵抗完全是一个适应锻炼的过程。许多植物如预先给予适当的低温锻炼,以后即可经受更低温度的影响而不致受害。黄瓜、茄子等幼苗,由温室移至大田栽培之前,先经2~3d的10℃低温处理,栽后可抗3~5℃低温。春播玉米、黄豆种子,播前浸种并转经适当温度处理,播后苗期抗寒力有明显提高。经过锻炼的幼苗,细胞膜内不饱和脂肪酸含量提高,膜的结构与功能稳定,膜上酶及ATP含量增加。可见低温锻炼对提高抗寒力具有深刻影响。

(2) 化学药剂处理。使用化学药剂可提高植物抗冷性,如水稻幼苗、玉米幼苗用矮壮素(CCC)处理,可提高抗冷性。植物生长物质如细胞分裂素、脱落酸、2,4-D也能提高植物的抗冷性。

(3) 培育抗寒早熟品种。培育抗寒性强的品种是一个根本的办法,通过遗传育种,选育出具有抗寒特性或开花期能避开冷害季节的植物品种,可减轻冷害对植物的伤害。

此外,营造防护林、增施牛羊粪、多施磷肥和钾肥、有色薄膜覆盖、铺草等,有助于提高植物的抗冷性。

(二) 冻害与植物的抗冻性

1. 冻害 0℃以下的低温使植物组织内结冰而引起的伤害称为冻害。有时冻害伴随着降霜,因此也称霜冻。冻害在我国南方和北方均有发生,尤以东北、西北的晚秋与早春以及江淮地区的冬季与早春危害严重。

植物是否遭受冻害，主要取决于降温幅度、降温的持续时间以及冰冻来临时与解冻是否突然。降温的幅度愈大，霜冻持续时间愈长，解冻愈突然，对植物的危害愈大，在缓慢的降温与缓慢的升温解冻情况下，植物受害较轻。

2. 冻害机理 冻害对植物的影响主要是由于结冰而引起的，结冰伤害有细胞间结冰和细胞内结冰两种类型。胞间结冰是当温度缓慢下降时，细胞间的水分首先形成冰晶，导致细胞间隙的蒸汽压下降，而细胞内的蒸汽压仍然较大，使细胞内水分向胞间外渗，胞间冰晶体积逐渐加大。细胞间结冰受害的原因是：第一，细胞质过度脱水破坏蛋白质和细胞质而凝固变性；第二，冰晶体积膨大对细胞产生机械损伤；第三，温度回升，冰晶体迅速融化，细胞壁易恢复原状，而细胞质却来不及吸水膨胀，有可能被撕破。胞间结冰并不一定使植物死亡。胞内结冰是当温度迅速下降时，除了在细胞间隙结冰外，细胞内的水分也形成冰晶，包括质膜、细胞质和液泡内部都出现冰晶，这叫胞内结冰。胞内结冰破坏了细胞质的结构，常给植物带来致命的损伤，甚至死亡。

冰冻引起细胞的伤害，主要是膜系统被破坏。细胞在结冰以后又融化的过程中，膜透性增大，是膜结构受破坏比较典型的特征。膜上蛋白质变性，细胞内的溶质自由渗出，最终导致细胞死亡。

（三）提高植物抗冻性的途径

植物对冻害的抵抗和适应能力，称为植物的抗冻性。植物在冬季来临之前，随着气温的逐渐降低，体内发生了一系列的适应低温的生理生化变化，抗冻力就逐渐加强，这种提高抗冻能力的过程，称为"抗冻锻炼"。其生理生化变化主要表现在：呼吸作用减弱，当呼吸作用随温度下降而下降到能够维持生命最低限度时，其植物的抗冻性最强。体内脱落酸含量增加，多年生落叶树木（如桦树等）随着秋季来临日照变短，气温下降，叶内形成脱落酸并运往生长点，抑制茎的伸长，促进叶片脱落与休眠。使植株进入休眠状态，有利于提高抗冻能力。植株含水量下降，秋末冬初，温度下降，植物生命活动减弱，根系吸水减少，含水量逐渐下降，细胞内亲水性胶体增加，束缚水含量相对增加，抗冻性增强。保护物质增多，秋季光照较强，植物还可进行较强的光合作用，合成大量的有机物质，同时秋季昼夜温差大，植物生长慢，呼吸消耗降低，体内有机物质积累增多。此外，当气温逐渐下降时，淀粉转为糖的速率加快。体内可溶性糖（主要是葡萄糖和蔗糖）含量增多，使细胞的结冰点降低，细胞不易结冰，还可增强细胞的保水能力，因此糖是植物抗冻性的重要保护物质。

另外，作物抗冻性的形成是对各种环境条件的综合反应。因此，在生产实践中应该从改善植物生育的条件入手，加强田间管理，防止冻害的发生。具体措施是：①及时播种、培土、控肥、通气，促进幼苗健壮生长；②寒流霜冻来临前实行冬灌、熏烟、盖草，以抵御强寒流袭击；③合理施肥，厩肥和绿肥能提高早春植物的抗寒能力，提高钾肥比例也有提高抗冻性。早春育秧，采用地膜覆盖对防止冻害有明显效果。另外，选育抗冻性强的优良品种，也是一个很好的农业及园林措施。

二、植物的抗热性

1. 高温对植物的伤害 温度过高对植物产生的伤害称为热害。导致热害的温度界限：

阴生植物与水生植物35℃左右，陆生植物则高于35℃。植物热害的症状是：叶片出现明显的死斑，叶绿素破坏严重，叶色变褐黄；器官脱落；木本植物树干（尤其是向阳部分）干燥、裂开；鲜果（如葡萄、番茄等）灼伤，以后在受伤与健康部分之间形成木栓。有时甚至整个果实死亡，出现雄性不育、花序或子房脱落等异常现象。高温对植物的危害是复杂的，多方面的，归纳起来可分为直接伤害和间接伤害两类。

（1）间接伤害。是指高温导致代谢异常，逐渐使植物受害，其过程是缓慢的。高温持续时间越长或温度越高，伤害程度也越严重。间接伤害对植物的影响是：一是使植物产生饥饿，植物同化作用的最高温度一般比造成热害的温度低3～12℃，而组成同化作用的光合作用其最适温度又低于呼吸作用的温度。因此，实际上当温度未达到热害温度之前，由于呼吸作用的升高，净光合作用已有所下降。把呼吸速率与光合速率相等时的温度，称为温度补偿点。处于温度补偿点以下的植物无光合产物的积累，已经开始消耗体内贮存的营养；当温度继续升高超过补偿点时，破坏同化作用的现象也愈增强，制造的物质抵不上消耗，使植物处于饥饿状态，时间延长，将引起死亡。

饥饿的产生不一定单纯是净同化物质的减少，一种可能是运输受阻，或接纳同化物的能力降低。第二种可能是氨毒害，氨毒害也是高温常见的现象，氨的积累是由于高温促使蛋白质分解和蛋白质合成受阻的结果。有人发现如果向植物输入有机酸（如柠檬酸、苹果酸），在高温条件下与对照对比，其氨含量减少，抵消了氨的毒害。因有机酸可与氨结合成氨基酸或酰胺。肉质植物之所以耐热性强就是因为它们具有很强的有机酸代谢，完全可消除氨的毒害作用。对抗热植物如果有呼吸抑制剂氰化钾、氟化钠、亚砷酸盐等抑制，减少体内有机酸含量，可明显降低植物抗热性。凡是在高温下呼吸作用降低，有机酸含量增加，均有助于抗热能力的提高。第三种可能是蛋白质破坏，在高温下，原生质中蛋白质的破坏是热害的主要特征。高温如果暂时终止，体内的生理机能就会迅速补偿，蛋白质的分解产物可以"重建"或"改建"原生质，形成更为稳定的抗热结构。

（2）直接伤害。高温的直接伤害，是在短期内接触高温引起的，在短期高温后很快出现。高温对植物的直接伤害有以下几种：一是蛋白质变性。高温破坏蛋白质的空间结构，先是蛋白质二级与三级结构中起重要作用的氢键断裂；其次是有些疏水的键能减弱，蛋白质分子因而展开，失去原有的生物学特性。一般最初的变性是可逆的，高温的继续影响，就使它很快转变为了不可逆的凝聚状态。高温使蛋白质凝聚时，与冻害相同，蛋白质分子的双硫基含量增多，硫氢基含量下降。在小麦幼苗和大豆下胚轴中，都可以看到这种现象。二是脂类液化，植物细胞原生质在高温条件下，脂类物质液化，生物膜被破坏，许多代谢不能进行，透性加大，细胞受伤甚至死亡。细胞脂肪酸的饱和程度与植物的耐热性有关，细胞内脂类饱和程度越高，越不易被高温断裂，不易液化，抗热性就强。

2. 植物抗热性机理 抗热性较强的植物，在高温下能维持正常代谢，对异常代谢也有较大的忍耐力。通常抗热性较强的植物均有以下几方面表现：

（1）有较高的温度补偿点。植物对高温的适应能力首先决定于生态习性，不同生态环境下生长的植物耐热性不同。一般生长在干燥和炎热环境的植物，其耐热性高于生长在潮湿和阴凉环境的植物。C_3和C_4植物比较，C_4植物起源于热带或亚热带的环境，故耐热性一般高于C_3植物。这主要是由于两者光合作用的最适温度不同，C_3植物光合作用的最适温度在20～25℃，而C_4植物的光合作用最适温度可达40～45℃。因此，抗热性较强的植物，温度补偿点较高，在45℃或更高的温度下还有一定的净光合生产率。番茄与南瓜的光合作用，最适温度相同，但是南瓜在高温中光合作用下降的速度较慢，因而比较耐热。所以，凡是温度补偿点高的，或者在高温下光合作用强度下降慢的植物，都比较耐高温。

(2) 形成较多的有机酸。有机酸是很好的抗毒物质，形成较多的有机酸，可以与高温影响下产生的氨结合而消除氨的毒害，也是抗高温的途径。RNA与蛋白质的合成有密切的正相关，凡是RNA含量多的植物品种，其抗热性也必然较强。另外，蛋白质的热稳定性是抗热性的基础。提高抗热性的关键，在于蛋白质分子不至于因热而发生不可逆的变性与凝聚，同时加快蛋白质的合成速度，及时补偿蛋白质的损耗。蛋白质分子内键能最大的是二硫键，在防止可逆的变性中起重要作用。凡是分子内二硫键多的蛋白质，抗热性就强。

3. 提高植物抗热性的途径

(1) 高温锻炼。高温锻炼能够提高植物的抗热性。高温锻炼要注意温度强度及作用时间。温度愈高，作用时间偏短。实地试验发现，1～26℃，时间不超过18h，细胞原生质对热的敏感性都没有变化；但自28℃开始，耐热性有所增长，并随着温度升高而更显著，至38℃左右，细胞原生质会死亡。这说明28～38℃是实现抗热锻炼的安全温度。

(2) 培育和选用耐热作物和品种。培育、引用、选择耐热植物或品种是目前防止和减轻植物热害最有效、最经济的方法。比如，选育生育期短的植物或品种，避开后期不利的干热条件。

(3) 改善栽培措施。采用灌溉改善小气候，促进蒸腾，有利于降温；采用间作套种，高秆与矮秆、耐热植物与不耐热植物适当搭配；人工遮荫可用于经济植物（如人参）栽培；树干涂白可防止日灼等，都是行之有效的方法。

4. 化学药剂处理 例如，喷洒 $CaCl_2$、$ZnSO_4$、KH_2PO_4 等可增加生物膜的热稳定性；给植物引入维生素、核酸、激动素、酵母提取液等生理活性物质，能够防止高温造成的生化损伤，但作为制剂大面积应用尚不可能，主要是因为造价太高。

第二节　植物的抗旱性和抗涝性

一、植物的抗旱性

(一) 旱害及其类型

土壤水分缺乏或大气相对湿度过低对植物造成的伤害，称为旱害或干旱。旱害可分为土壤干旱和大气干旱两类。大气干旱的特点是土壤水分不缺乏，但由于温度高而相对湿度低（10%～20%以下），叶蒸腾量超过吸水量，于是破坏体内水分平衡，植物体表现出暂时萎蔫，甚至叶、枝干枯等危害。"干热风"就是大气干旱的典型例子。如果长期存在大气干旱，便会引起土壤干旱。土壤干旱是指土壤中缺乏植物能吸收的水分，植物根系吸水满足不了叶片蒸腾失水，植物组织处于缺水状态，不能维持生理活动，受到伤害，严重缺水则引起植物干枯死亡。除上述两种干旱外，有时土壤虽有水分，大气也不干燥，但由于土壤通气不良、土温过低或土壤溶液浓度过高等原因，使根系吸水困难，从而造成植物水分亏缺，这种情况通常称为生理干旱。

（二）干旱对植物的影响

1. 暂时萎蔫和永久萎蔫　植物在水分亏缺严重时，细胞失水紧张，叶片和茎的幼嫩部分即下垂，这种现象称为萎蔫。萎蔫可分为暂时萎蔫和永久萎蔫两种。在夏季炎热的中午，蒸腾强烈，水分暂时供应不上，叶片与嫩茎萎蔫，到了夜晚蒸腾减弱，根系又继续供水，萎蔫消失，植物恢复挺立状态，这叫暂时萎蔫。当土壤已无可供植物利用的水分，引起植物整体缺水，根毛死亡，即使经过夜晚萎蔫也不会恢复，称为永久萎蔫。永久萎蔫持续过久，会导致植物死亡。

2. 干旱时植物的生理变化

（1）水分重新分配。因干旱造成水分缺失时，植物水势低的部位会从水势高的部位夺水，加速器官的衰老进程，地上部分从根系夺水，造成根毛死亡。干旱时一般受害较大的部位是幼嫩的胚胎组织以及幼小器官，因植物中的水分多分配到成熟部位的细胞中去。所以，禾谷类植物幼穗分化时遇到干旱，小穗数和小花数减少；灌浆期缺水，子粒不饱满，更影响产量。

（2）光合作用下降。由于叶片干旱缺水，导致内源激素脱落酸含量增加，气孔关闭，二氧化碳的供应减少，使叶绿体对二氧化碳的固定速度降低，同时，缺水抑制了叶绿素的合成和光合产物的运输，从而导致光合作用显著下降。

（3）体内蛋白质含量降低。由于干旱使 RNA 酶活性加强，导致多聚核糖体缺乏以及 RNA 合成被抑制，从而影响蛋白质合成。同时干旱时，根系合成细胞分裂素的量减少，也降低了核酸和蛋白质的合成，而使分解加强，这样将引起叶片发黄。蛋白质分解形成的氨基酸，主要是脯氨酸，其累积量的多少是植物缺水程度的一个标志。萎蔫时，游离脯氨酸增多，有利于贮存氨以减少毒害。

（4）呼吸作用增强。缺水使活细胞中酶的作用方向趋向水解，即水解酶活性加强，合成酶的活性降低甚至完全停止，从而增加了呼吸原料。但在严重干旱条件下，会引起氧化磷酸化解偶联，P/O 比①下降，因此呼吸时产生的能量多半以热的形式散失，ATP 合成减少，从而影响多种代谢过程和生物合成的进行。

（三）干旱使植物致死的原因

1. 机械损伤　干旱对细胞的机械损伤是造成植株死亡的重要原因。干旱时细胞脱水，液泡收缩，对原生质产生一种向内的压力，使原生质与细胞壁同时向内收缩，在细胞壁上形成许多锐利的折叠，能够刺破原生质。如此时骤然吸水，可引起细胞质和细胞壁不协调吸胀，使粘在细胞壁上的原生质被撕破，造成细胞死亡。

2. 膜透性改变　水分亏缺时细胞脱水，这样导致膜脂分子排列紊乱，使膜出现空隙和龟裂，透性提高，电解质氨基酸和可溶性糖等向外渗漏。外渗的原因是脱水破坏了原生质膜脂类双分子的排列（图 13-2）。例如，葡萄叶片干旱失水时细胞的相对透性比正常叶片提高 3~12 倍。

3. 巯氢基假说　干旱失水时蛋白质分子相互靠近，使得分子间的—SH 相互接触，导致

---

① P/O 比是氧化磷酸化作用的活力指标，是指每消耗一个氧原子有几个 ADP 变成 ATP。

氧化脱氢形成二硫键（—S—S—），此键键能高，不易断裂，吸水时引起蛋白质空间改变，其情形与冻害的二硫键形成是一样的。实验证明，甘蓝叶片脱水时，蛋白质分子间二硫键的增多是引起伤害的主要原因。

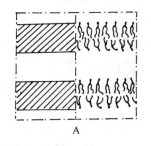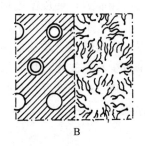

图 13-2　干旱时细胞膜内脂类分子排列
A. 在细胞正常水分状况下双分子分层排列
B. 脱水膜内脂类分子成放射的星状排列

（四）植物的抗旱性

植物对干旱的适应能力称为抗旱性。由于地理位置、气候条件、生态因子等原因，使植物形成了对水分需求的不同类型：需在水中完成生活史的植物称为水生植物，在陆生植物中适应于不干不湿环境的植物称为中生植物，适应于干旱环境的植物称为旱生植物。一般抗旱性较强的植物，根系发达，根冠比较大，能有效地利用土壤水分，特别是土壤深处的水分。叶片的细胞体积小，可以减少细胞胀缩时产生的细胞损伤。叶片上的气孔多，蒸腾的加强有利于吸水，叶脉较密，即输导组织发达，茸毛多，角质化程度高或蜡质厚，这样的结构有利于对水分的贮藏和供应。根系较深的植物，抗旱力也较强。如高粱，其根深入土层 1.4~1.7m；玉米的根深入土层 1.4~1.5m，因此高粱就比玉米抗旱。

从生理上来看，抗旱性强的植物原生质有较大的弹性与黏性。原生质的弹性与黏性表现在束缚水的含量上。凡是束缚水含量高，自由水含量低，原生质黏性就大，保水力也较强，遇干旱时失水少，能保持一定水分。

（五）提高植物抗旱性的生理措施

1. 干旱锻炼　播种前对萌动种子给予干旱锻炼，由于幼龄植物比较容易适应不良条件，可以提高抗旱能力。例如使吸水 24h 的种子在 20℃温度中萌动，然后让其风干，再进行吸胀、风干，如此反复进行 3 次，然后播种。经过干旱锻炼的植株，原生质的亲水性、黏性及弹性均有提高，在干旱时能保持较高的合成水平，抗旱性增强。

在幼苗期减少水分供应，使之经受适当缺水的锻炼，也可以增加对干旱的抵抗能力。例如"蹲苗"就是使植物在一定时期内，处于比较干旱的条件下，适当减少水分供应，抑制植物生长。经过这样处理的植物，往往根系较发达，体内干物质积累较多，叶片保水力强，从而增加了抗旱能力。但是"蹲苗"要适度，不能过分缺水，以免营养器官生长受到严重的限制，而又要能适时地进入生殖生长期，这样既提高抗旱能力，又可促进生长并得到较高产量。"蹲苗"过度，植株生长量不够，不利于产量的形成，甚至造成减产。

2. 矿质营养　如磷、钾肥均能提高其抗旱性。因为磷能直接加强有机磷化合物的合成，促进蛋白质的合成和提高原生质胶体的水合程度，增强抗旱能力。

钾能改善糖类代谢和增加原生质的束缚水含量，钾还能增加气孔保卫细胞的紧张度，使气孔张开有利于光合作用。

氮肥过多，枝叶徒长，蒸腾过强；氮肥少，植株生长瘦弱，根系吸水慢。氮肥过多或不足对植物抗旱都不利。

硼的作用与钾相似，也能提高植物的保水能力和增加糖类积累。此外，还能提高有机物的运输能力，使蔗糖迅速地运向果实和种子。

除了上述提高抗旱性的途径以外，还有矮壮素能适当抑制地上部的生长，增大根冠比，以减少蒸腾量。矮壮素能降低蒸腾作用，有利于植物抗旱。近年来，还有人利用蒸腾抑制剂来减少蒸腾失水，从而增加植物的抗旱能力。

通过系统选育、杂交、诱导等方法，选育新的抗旱品种是一项提高植物抗旱性的根本途径。

二、植物的抗涝性

土壤积水或土壤过湿对植物的伤害称为涝害。水分过多对植物之所以有害，并不在于水分本身，而是由于水分过多引起的缺氧，从而产生一系列的危害。如果排除了这些间接的原因，植物即使在水溶液中培养也能正常生长。

1. 水涝对植物的危害

（1）湿害。一般旱田植物在土壤水饱和的情况下，就会发生湿害。湿害常常使植物生长发育不良，根系生长受抑，甚至腐烂死亡；地上部分叶片萎蔫，严重时整个植株死亡。其发生原因：①土壤全部空隙充满水分，土壤缺乏氧气，根部呼吸困难，导致吸水和吸肥都受到阻碍。②由于土壤缺乏氧气，使土壤中的好气性细菌（如氨化细菌、硝化细菌和硫细菌等）的正常活动受阻，影响矿质的供应；另一方面嫌气性细菌（如丁酸细菌等）特别活跃，增大土壤溶液酸度，影响植物对矿质的吸收，与此同时，还产生一些有毒的还原产物，如硫化氢和氨等能直接毒害根部。

（2）涝害。陆地植物的地上部分如果全部或局部被水淹没，即发生涝害。涝害使植物生长发育不良，甚至导致死亡。其主要原因是：由于淹水而缺氧，抑制有氧呼吸，致使无氧呼吸代替有氧呼吸，使贮藏物质大量消耗，并同时积累酒精；无氧呼吸使根系缺乏能量，从而降低根系对水分和矿质的吸收，使正常代谢不能进行。此时，地上部分光合作用下降或停止，使分解大于合成，引起植物的生长受到抑制，发育不良，轻者导致产量下降，重者引起植株死亡、颗粒无收。

生产上利用上述原理，创造了"淹水杀稗"的经验，这是因为稗籽的胚乳营养很少（约为稻的1/5），在幼苗二叶末期就消耗殆尽，此时不定根正处于始发期，抗涝能力最弱，故为淹死稗草的最好时期。而二叶期的水稻幼苗，胚乳养料仅只消耗一半左右，此时淹水，胚乳还可继续供给养分，不定根仍可继续发生，抗涝能力较强，所以淹水杀稗不伤稻秧。

2. 植物抗涝性及抗涝措施

（1）植物的抗涝性。植物对水分过多的适应能力或抵抗能力叫抗涝性。不同植物忍受涝害的程度不同，如油菜比番茄、马铃薯耐涝，柳树比杨树耐涝。植物在不同的发育时期抗涝能力也是不同的，如水稻在孕穗期受涝害严重，拔节抽穗期次之；分蘖期和乳熟期受害较轻。

另外，涝害与环境条件有关。静水受害大，流动水受害小；污水受害大，清水受害小；高温受害大，低温受害小。

不同植物耐涝程度之所以不同，一方面在于各种植物忍受缺氧的能力不同，另一方面在于地上部对地下部输送氧气的能力大小与植物的耐涝性关系很大。例如，水稻耐涝性之所以较强，是由于地上部所吸收的氧气，有相当大的一部分能输送到根系，在二叶期和三叶期的幼苗，其叶鞘、茎和叶所吸收的氧气有50%以上往下运输到处于淹在水中的根系，最多可达70%。而小麦在同样生育期向根运氧才约为30%。由此可见，水稻比小麦耐涝。

植物地上部向地下部运送氧气的通道，主要是皮层中的细胞间隙系统，皮层的活细胞及维管束几乎不起作用。这种通气组织从叶片一直连贯到根。

水稻与小麦的根，在通气结构上差别很大。水稻幼根的皮层细胞间隙要比小麦大得多，且成长以后根皮层细胞内细胞大多崩溃，形成特殊的通气组织（图13-3），而小麦根在结构上没有变化。水稻通过通气组织能把氧气顺利地运输到根部。

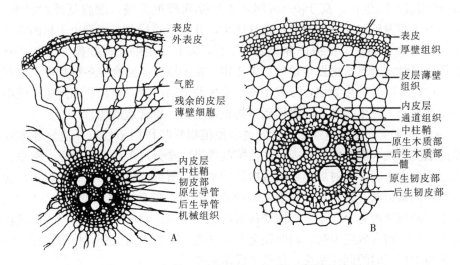

图13-3 水稻（A）与小麦（B）的老根结构比较

有些生长在非常潮湿的土壤中的植物，能够在体内逐渐出现通气组织，以保证根部得到充足的氧气供应。大豆就是这样一种植物。

从生理特点看，抗涝植物在淹水时，不发生无氧呼吸。而是通过其他呼吸途径，如形成苹果酸、莽草酸，从而避免根细胞中毒。

（2）抗涝措施。防治涝害的根本措施是搞好水利建设，防止涝害发生。一旦涝害发生后，应及时排涝。排涝结合洗苗，除去堵塞气孔粘贴在叶面上的泥沙，以加强呼吸作用和光合作用。此时，还应适时施用速效肥料（如喷施叶面肥），使植物迅速恢复生机。

第三节 植物的抗盐性

一般在气候干燥、地势低洼、地下水位高的地区，由于降雨量小，蒸发强烈，促进地下水位上升。地下水含盐量高时，盐分残留在土壤表层，形成盐碱土。当土壤中盐类以碳酸钠（Na_2CO_3）和碳酸氢钠（$NaHCO_3$）等为主要成分时称碱土；若以氯化钠（$NaCl$）和硫酸钠（Na_2SO_4）等为主时成为盐土。但因盐土和碱土常混合在一起，盐土中常有一定的碱，所以习惯上称为盐碱土。这类土壤中盐分含量过高，引起土壤水势下降，严重地阻碍了植物正常的生长发育。

世界上盐碱土面积很大，达4亿hm^2，约占灌溉农田的1/3。我国盐碱土主要分布在西北、华北、东北和滨海地区，总面积约 0.2 亿 hm^2。这些地区多为平原，土层深厚，如能改造开发，对发展农业有着巨大的潜力。

一、土壤盐分过多对植物的危害

土壤中盐分过多对植物生长发育产生的危害称为盐害。盐害主要表现在以下几个方面：

1. 盐分过多，使植物吸水困难 土壤中可溶性盐分过多使土壤溶液水势降低，导致植物吸水困难，甚至体内水分有外渗的危险，造成生理干旱。当土壤含盐量超过 0.2%～0.5%时，植物就不能生长，高于 0.4%时，生长受到严重抑制，细胞就外渗脱水。所以，盐碱土中的种子萌发延迟或不能萌发，植株矮小，叶小呈暗绿色，表现出干旱的症状。

2. 盐分过高造成毒害 植物正常的生长发育，需要一定的无机盐作为营养。但当某种离子存在量过剩时，会对植物发生单盐毒害作用。在土壤中虽然会有各种盐类，但在一定的盐碱土中，往往又以某种盐为主，形成生理不平衡的土壤溶液，使植物细胞原生质中过多地积累某一盐类离子，发生盐害，轻者抑制植物正常生长，重者造成死亡。

3. 盐分过高造成生理代谢紊乱 盐分过多使植物呼吸作用不稳定。盐分过多对呼吸的影响与盐的浓度有关，低盐促进呼吸，高盐抑制呼吸。盐分过多会降低菜豆、豌豆、大豆和葡萄的蛋白质合成速度，相对加速贮藏蛋白质的水解。所以，体内的氨积累过多。盐分过多促使蚕豆植株积累腐胺，腐胺在二氨氧化酶催化下脱氨，植株含氨量增加，从而产生氨害。盐分过多也抑制植物的光合作用，因而受盐害的植物叶绿体趋向分解，叶绿素被破坏；叶绿素和胡萝卜素的生物合成受干扰；同时还会关闭气孔。高浓度的盐分，使细胞原生质膜的透性加大，从而干扰代谢的调控系统，使整个代谢紊乱。

二、植物的抗盐性及其提高途径

1. 植物的抗盐性

（1）聚盐。这些植物细胞能将根吸收的盐排入液泡，并抑制其外出。一方面可减轻毒害；另一方面由于细胞内积累大量盐分，提高了细胞浓度，降低水势，促进吸水。因此能在盐碱土上生长，如盐角草、碱蓬等。

（2）泌盐。这些植物的茎叶表面有盐腺，能将根吸收的盐，通过盐腺分泌到体外，可被风吹落或雨淋洗，因此不易受害。如柽柳、匙叶草等。

（3）稀盐。生长在盐渍土壤上的这类植物，代谢旺盛，生长快，根系吸水也快。植物组织含水量高，能将根系吸收的盐分稀释，从而降低细胞内盐浓度以减轻危害。

（4）拒盐。这些植物的细胞原生质选择透性强，不让外界的盐分进入植物体内，能稳定保持对离子的吸收。

栽培植物中没有真正的盐生植物，只在抗盐能力上有所差别。如甜菜、高粱等抗盐能力较强；水稻、向日葵、谷子、小麦等抗盐能力较弱；荞麦、亚麻、豆类等抗盐能力最差。

植物不同生育时期，对土壤盐分敏感性不同，有时某一浓度对幼苗有害，而对成长植株危害较轻。一般植物对盐分逐渐升高易于忍耐，对盐分含量迅速升高不易忍耐。如番茄在生长初期抗盐性低，以后逐渐增加，在现蕾和开花期又下降，开花后期则稍有增加。而水稻在分蘖期和拔节期耐盐能力较弱,抽穗后较强。

2. 提高植物抗盐性的途径

(1) 选育抗盐品种。采用植物组织培养等新技术选择抗盐突变体培育抗盐新品种,成效显著。

(2) 抗盐锻炼。播前用一定浓度的盐溶液处理种子,其方法是:先让种子吸水膨胀,然后放在适宜浓度的盐溶液中浸泡一段时间,如玉米用 3% NaCl 浸种 1h,抗盐性明显提高。

(3) 使用植物生长调节剂。利用生长调节剂促进植物生长,稀释其体内盐分。例如,在含 0.15% $NaSO_4$ 土壤中的小麦生长不良,但在播前用 IAA 浸种,小麦生长良好。

(4) 改造盐碱土。其措施有合理灌溉,泡田洗盐,增施有机肥,盐土播种,种植耐盐绿肥(田菁),种植耐盐树种(沙枣、紫穗槐),种植耐盐碱植物(向日葵、甜菜等)。

第四节　植物的抗病性

病害引起植物伤亡,对产量影响很大。病原微生物如细菌、真菌和病毒等寄生植物体内,对寄生物的危害叫病害。植物对病原微生物侵染的抵抗力,称为植物的抗病性。植物是否患病,决定于植物与病原微生物之间的斗争情况,植物取胜则不发病,植物失败则发病。了解植物的抗病生理,对防治植物病害有重要作用。

一、病原微生物对植物的危害

植物感染病害后,其代谢过程发生一系列的生理生化变化,最后出现病状。

1. 水分平衡失调　植物受病菌侵染后,首先表现出水分平衡失调,以萎蔫或猝倒状表现出来。造成水分失调原因很多,主要有:①根被病菌损坏,不能正常吸水。②维管束被堵塞,水分向上运输中断。有些是细菌或真菌本身堵塞茎部,有些是微生物或植物产生胶质或黏液沉积在导管,有些是导管形成胼胝体而使导管不通。③病菌破坏了原生质结构,透性加大,蒸腾失水过多。上述 3 个原因中的任何 1 个,都可以引起植物萎蔫。

2. 呼吸作用增高　植物受病菌侵染后,其呼吸作用往往比健康植株高 10 倍。呼吸加强的原因,一方面是病原微生物本身具有强烈的呼吸作用;另一方面是寄主呼吸速度加快。因为健康组织的酶与底物在细胞里是被分区隔开的,病害侵染后间隔被打开,酶与底物直接接触,呼吸作用就加强;与此同时,染病部位附近的糖类都集中到染病部位,呼吸底物增多,也使呼吸作用加强。

3. 光合作用下降　植物感病后,光合作用即开始下降。染病组织的叶绿体被破坏,叶绿素含量减少,光合速率减慢。随着感染的加重,光合更弱,甚至完全失去同化二氧化碳的能力。

4. 同化物运输受干扰　植物感病后碳同化物运向病区较多,糖输入增加和病区组织呼吸提高是一致的。水稻、小麦的功能叶感病后,严重妨碍光合产物的输出,影响子粒饱满。例如,对大麦黄矮病敏感的小麦品种感病后,其叶片光合速率降低 72%,呼吸速率提高

36%，但病叶内干物质反而增加 42%。

二、植物抗病机理

植物对病原菌侵染有多方面的抵抗能力。

1. 加强氧化酶活性　当病原菌侵入植物体时，该部分组织的氧化酶活性加强，以抵抗病原微生物。凡是叶片呼吸旺盛、氧化酶活性高的马铃薯品种，对晚疫病的抗性较大；凡是过氧化酶、抗坏血酸氧化酶活性高的甘蓝品种，对真菌病害的抵抗能力也较强。这就是说，植物呼吸作用升高其抗病能力也增强。呼吸为什么能减轻病害呢？原因是：

（1）分解毒素。病原菌侵入植物体后，会产生毒素，把细胞毒死。旺盛的呼吸作用能把这些毒素氧化分解为二氧化碳和水，或转化为无毒物质。

（2）促进伤口愈合。有的病菌侵入植物体后，植株表面可能出现伤口。呼吸有促进伤口附近形成木栓层的作用，伤口愈合快，把健康组织和受害部分隔开，不让伤口发展。

（3）抑制病原菌水解酶活性。病原菌靠本身水解酶的作用，把寄主的有机物分解，供它本身生活之需。寄主呼吸旺盛，就抑制病原菌的水解酶活性，因而防止寄主体内有机物分解，病原菌得不到充分养料，病情扩展就受到限制。

2. 促进组织坏死　有些病原真菌只能寄生在活的细胞里，在死细胞里不能生存。抗病品种细胞与这类病原菌接触时，受感染的细胞或组织就很迅速地坏死，使病原菌得不到合适的环境而死亡，病害就被局限于某个范围而不能发展。因此组织坏死是一个保护性反应。

3. 病菌抑制物的存在　植物本身含有的一些物质对病菌有抑制作用，使病菌无法在寄主中生长。如儿茶酚对洋葱鳞茎炭疽病菌具有抑制作用，绿原酸对马铃薯疮痂病、晚疫病和黄萎病的抑制等。

4. 植保素　植保素是指寄主被病原菌侵染后才产生的一类对病原菌有毒的物质。最早发现的是从豌豆荚内果皮中分离出来的避杀酊，不久又从蚕豆中分离出非小灵，后来在马铃薯中分离出逆杀酊。以后又陆续在豆科、茄科及禾本科等多种植物中分离出一些具有杀菌作用的物质。

三、植物的抗病性

1. 避病　指由于病原物的感发期和寄主的感病期相互错开，寄主避免受害。如雨季葡萄炭疽病孢子大量产生时，早熟葡萄已经采收或接近采收，因而避开危害。

2. 抗侵入　指由于寄主具有形态、解剖及生理生化的某些特点，可阻止或削弱某些病原物的侵染。如植物叶表皮的茸毛、刺、蜡质和角质层等。

3. 抗扩展　由于寄主的某些组织结构或生理生化特征，使侵入寄主的病原物的进一步扩展受阻或被限制。如厚壁、木栓及角质组织均可限制其扩展。

4. 过敏性反应　又称保护性坏死反应，即病原物侵染后，侵染点及附近的寄主细胞和组织很快死亡，使病原物不能进一步扩展的现象。

第五节　环境污染对植物的影响

现代工业迅速发展，厂矿、居民区、现代交通工具等所排放的废渣、废气和废水越来越多，扩散范围越来越大，再加上现代农业大量施用农药化肥所残留的有害物质，远远超过环境的自然净化能力，造成环境污染。

一、大气污染

造成大气污染的因素很多，硫化物、氧化物、氯化物、氮氧化物、粉尘和有毒气体，都是大气污染的有害成分。据统计，每年排入空气的污染物总量达 6 亿 t 以上，而且有些污染物在空气中即使含量很低时，也会对农业生产造成严重危害，轻者减产，重则造成植物大片死亡。因此，近年来人们对大气污染给予了高度重视。

1. 有害气体对植物的危害方式　植物受空气污染的危害，可分为急性危害、慢性危害和隐性危害 3 种。急性危害是指在较高浓度有害气体短时间（几小时、几十分钟或更短）作用下所发生的组织坏死。叶组织受害时最初呈灰绿色，然后质膜与细胞壁解体，细胞内含物进入细胞间隙，转变成绿色的油渍或水渍斑，叶片变软，坏死组织呈现白色至红色或暗棕色。慢性伤害是由于长期接触高浓度的污染空气，而逐步破坏叶绿素的合成，使叶片呈现缺绿，叶片变小，畸形或加速衰老，有时在芽、花、果上会有伤害症状。隐性伤害是从植物外部看不出明显症状，生长发育基本正常，只是由于有害物质积累使代谢受到影响，导致植物品质和产量下降。

植物与大气接触的主要部分是叶片，所以叶最易受大气污染物的伤害。靠近农药厂周围的树木（如榆树、杨树等）受到污染空气的影响，叶子变成卷曲的"针形叶"。花的各种组织如雌蕊的柱头也很易受污染物伤害，因而造成受精过程不良，空秕率提高。植物的其他暴露部分，如芽、嫩梢等也可受到影响。

有毒气体进入植物的主要途径是气孔。在白天有利于二氧化碳同化过程，也有利于有毒物质进入植株。有的气体如二氧化硫可以直接控制气孔运动，促使气孔张开，增加叶片对二氧化硫的吸收，而臭氧可促使气孔关闭。另外，角质层对氟化氢和氯化氢有相对高的透性，它是后两者进入叶肉的主要途径。

2. 有害气体危害植物的特点　有时气体危害的症状和病虫害、冻害、旱害、药害以及施肥不足等原因引起的表现有些相似，但可以根据有毒气体危害的特点加以判断。

（1）有明显的方向性。如工厂排放有害气体时正刮东南风，则位于工厂西北方向的植物受害。受害的植物往往成扇状分布。树木受害时其面向污染的部分比背向部分严重。

（2）植物的受害程度与离工厂远近有密切关系。在工厂周围，空气中污染物浓度较大。一般距离越近，受害越重。但如果污染源的烟囱很高，则邻近地区反没有稍远的地方严重。气体扩散时，如遇高大建筑物、乔木树丛、小山丘、田埂等障碍，则后面的植物可以免受气体的毒害。

3. 大气污染对植物的危害

（1）二氧化硫（SO_2）。二氧化硫是一种无色、具有强烈窒息性臭味的气体。它的分布面积广，对植物的影响和危害极大。其危害过程是：大气中的二氧化硫通过气孔进入叶片，随后再逐渐扩散到叶片的海绵组织和栅栏组织。所以，气孔附近的细胞首先遇到伤害。

小麦受二氧化硫危害后，典型症状是麦芒变成白色。一般在很低的浓度下就会出现这个症状，说明麦芒对二氧化硫非常敏感。因此，白麦芒可以作为鉴定有少量二氧化硫存在的标志。水稻受二氧化硫危害时，叶片变成淡绿或黄绿色，上面有小白斑，随后全叶变白，叶尖卷缩萎蔫，茎秆、稻粒也变白，形成枯熟，甚至全株死亡。在日本，一些地区法定在水稻开花盛期的10d内，附近的冶炼厂等要停止生产，以保护稻田不受二氧化硫危害。

蔬菜受害叶片上呈现的颜色，因种类不同而有差异。叶片上出现白斑的有萝卜、白菜、菠菜、番茄、葱、辣椒和黄瓜；出现褐斑的有茄子、胡萝卜、马铃薯、南瓜和甘薯；出现黑斑的有蚕豆。果树叶片受害时多呈白色或褐色。另外，同一种植物，嫩叶最易受害，老叶次之，未充分展开的幼叶最不易受害。

(2) 氯气（Cl_2）。氯气是一种具有强烈臭味、令人窒息的黄绿色气体。化工厂、农药厂、冶炼厂等在偶然情况下会逸出大量氯气。据观测，氯气对植物的伤害比二氧化硫大。在同样浓度下，氯气对植物的伤害程度比二氧化硫重3～5倍。氯气进入叶片后，很快破坏叶绿素，形成褐色伤斑，严重时全叶漂白、枯卷，甚至脱落。

在氯气污染附近的果树往往生长发育不良，结果少，产量低。距冶炼厂300m左右的苹果树就可因受氯气危害而不结实。位于下风方向的农田成片受害，有时可达几百公顷。

对氯气敏感的植物，有大白菜、向日葵、烟草、芝麻、洋葱等；抗性中等的植物有马铃薯、黄瓜、番茄、辣椒等；抗性比较强的植物有谷子、玉米、高粱、茄子、洋白菜、韭菜等。在容易发生氯气危害的地方，可以考虑种植抗性强的植物。

氯气在空气中和细小水滴结合在一起，形成盐酸雾，也对植物产生相当大的危害。

(3) 氟化物。排放到大气中的氟化物有氟化氢、氟化硅、氟硅酸及氟化钙颗粒物等。氟化物主要来自电解铝、磷肥、陶瓷及铜、铁等生产过程。大气中的氟化物污染以氟化氢为主，它是一种积累性中毒的大气污染物，可通过植物吸收积累进入食物链，在人和动物体内蓄积达到中毒浓度，从而使人畜受害。

氟化氢可随上升的气流扩散到很远的地方。在氟污染区里，常常见到果树不结果，粮食作物、蔬菜生长不良，耕牛生病甚至死亡。氟化氢进入叶片后，便使叶肉细胞发生质壁分离而死亡。氟化氢引起的危害，先在叶尖和叶边出现受害症状，然后逐渐向内发展。受害严重的也会使整个叶片枯焦脱落。

(4) 臭氧（O_3）。臭氧是光化学烟雾中的主要成分，所占比例最大，氧化能力较强。烟草、菜豆、洋葱等是对臭氧敏感的植物。臭氧从叶片的气孔进入，通过周边细胞与海绵细胞间隙，到达栅栏组织后停止移动，并使栅栏细胞和上表皮细胞受害，然后再侵害海绵组织细胞，形成透过叶片的坏死斑点。

(5) 过氧乙酰硝酸酯。过氧乙酰硝酸酯也是光化学烟雾的主要成分之一。它能使叶片的下表皮的细胞及叶肉细胞中的海绵组织发生质壁分离，并破坏叶绿素，以致使叶片背面变成银白色、棕色、古铜色或玻璃状。受害严重时，叶片正面常常出现一道横贯全叶的坏死带。早在20世纪40年代初期，美国洛杉矶地区曾因光化学烟雾使大面积的农作物和百余万株松树遭受伤亡。

(6) 煤烟粉尘。污染空气的物质除气体外，还有大量的固体或液体的微细颗粒成分，统称为粉尘。约占整个空气污染物的1/6。煤烟尘是空气中粉尘的主要成分。

当一层烟尘覆盖在各种植物的嫩叶、新梢与果实等柔嫩组织上，便引起斑点。果实在幼小时期受害以后，污染部分组织木栓化，果皮变得很粗糙，使商品价值下降；果实成熟期受害，容易引起腐烂，损失更大。另外，叶片常因粉尘积累过多或积聚时间太长，影响植物的吸收作用和光合作用，叶色失绿，生长不良，严重的甚至造成植株死亡。烟尘危害范围，常以污染源为中心扩大到周围几十公顷地区，或随风向发展。烟尘同时危害多种植物。

二、水体污染

水体一般是指水的积聚体，通常指地表水体，如溪流、江河、池塘、湖泊、水库、海洋等，广义的水体也包括地下水体。水体污染是指由于人类的活动改变了水体的物理性质、化学性质和生物状况，使其丧失或减弱了对人类的使用价值的现象。

随着工农业生产的发展和城镇人口的集中，含有各种污染物质的工业废水和生产污水大量排入水系，再加上大气污染物质、矿山残渣、残留化肥农药等被雨水淋溶，以致各种水体受到不同程度的污染，使水质显著变劣。污染水体的物质主要有：重金属、洗涤剂、氰化物、有机酸、含氮化合物、漂白粉、酚类、油脂、染料等。水体污染不仅危害人类健康，而且危害水生生物资源，影响植物的生长发育。

1. 酚类化合物 酚类属于可分解有机物。水体中酚的来源主要是冶金、煤气、炼焦、石油化工和塑料等工业中排放。城市生活污水也含酚，这主要来自粪便和含氮有机物的分解。

经过回收处理后的废水含酚量一般不高。很多地区利用含酚量很低的废水进行农田灌溉，对农作物和蔬菜生长未见危害。甚至还会促进小麦、水稻、玉米植株健壮生长，叶色浓绿，产量高。但利用含酚浓度过高的废水灌溉时，对农作物的生长发育却是有害的。表现出植株矮小、根系发黑、叶片窄小、叶色灰暗。阻碍植物对水分和养分的吸收及光合作用的进行，使结实率下降，产量降低，严重时植株会干枯以致造成颗粒无收。水中酚类化合物含量超过$50\mu g/L$时，就会使水稻等生长受抑制，叶色变黄。含量再增高，叶片会失水、内卷，根系变褐并逐渐腐烂。

2. 氰化物 水体中的氰化物主要来自工业企业排放的含氰废水，如电镀废水，焦炉和高炉的煤气洗涤冷却水，化工厂的含氰废水以及选矿废水等。电镀废水一般含氰在$20\sim70mg/L$，化肥厂煤气洗气废水含氰约$180mg/L$。

氰化物是剧毒物质，人口服0.1g左右立刻死亡，水中含氰达$0.3\sim0.5mg/L$时鱼便死亡。当灌溉水每升含氰量达到50mg时，水稻、油菜等生长就会明显受到抑制，致使稻、麦低矮，分蘖少，根短稀疏，叶鞘和茎秆有褐色斑纹，水稻成熟期推迟，千粒重下降，秕粒多，产量降低20%左右；当灌溉水每升含氰量达到100mg时，水稻就会完全停止生长，稻苗逐渐干枯死亡。

氰化物在植物不同生育期累积情况不同，如在水稻、小麦分蘖期灌溉，氰化物多集中于叶片，在子粒中积累的可能性小；若在灌浆期灌溉，氰直接转移到生长最旺盛的部位或子粒中的可能性较大，并在这些部位形成各种衍生物而被贮藏起来。因此，若在生产上利用含氰污水灌溉水稻、小麦，宜在生长前期进行。

反复实践证明：在灌溉水里只要每升含氰不超过0.5mg，就是安全的，不致造成氰化物对环境和人畜的污染。

3. 三氯乙醛 三氯乙醛是对小麦生长危害最大的污染物。三氯乙醛又叫水合乙醛。在生产敌百虫、敌敌畏的农药厂、化工厂的废水中常含有三氯乙醛。用这种污水灌田，常使植物发生急性中毒，造成严重减产。

单子叶植物对三氯乙醛的耐受能力较低，其中以小麦最为敏感。种子受害萌发时第一片叶不能伸长；苗期受害叶色深绿，植株丛生，新叶卷皱弯曲，不发新根，严重时全株枯死；孕穗期与抽穗期受害时旗叶不能展开，紧包麦穗，致使抽穗困难。三氯乙醛浓度愈高，作物受害愈重。

其他如甲醛、洗涤剂、石油等污染物对植物的生长发育都会造成严重伤害。

酸雨和酸雾也会对植物造成非常严重的伤害，因为酸雨、酸雾的pH很低，当酸性雨水或雾、露附着于叶面，然后随雨点蒸发和浓缩，pH下降，最初损坏叶表皮，然后进入栅栏组织和海绵组织，成为细小的坏死斑（直径约0.25mm）。由于酸雨的侵蚀，在叶表面生成一个个凹陷的洼坑，后来的酸雨容易沉积于此。所以，随着降雨次数增加，进入叶肉的酸雨越多，引起原生质分离，被害部分扩大。酸雾的pH有时可达2.0，酸雾中的各种离子浓度比酸雨高10~100倍。雾对叶片作用的时间长，风力较小，不易短时间内散去，对叶的正、背两面都可同时产生影响，因此酸雾对植物的危害较大。

三、土壤污染

人类活动产生的污染物进入土壤并积累到一定程度，超过土壤的自净能力，引起土壤恶化的现象，称之为土壤污染。

随着工业的发展、乡镇企业和农业集约化程度的增加，大量的工业"三废"和生活废弃物，以及农药残害等越来越多地污染土壤，使土质变坏，造成作物减产，严重的是土壤中的污染物质，通过食物链在人和畜禽体内积累，直接危害人体健康和畜、禽的生存与繁衍。

1. 土壤污染的主要来源

（1）工业"三废"对土壤的污染。工业的"三废"是指废气、废水、废渣，通过灌溉和使用进入土壤，对于土壤的结构，酸碱度都有很大影响，加上一些有毒物质（苯、苯酚、汞等）的积累，使土壤生产力下降或完全失去利用价值。

（2）农药、化肥对土壤的污染。农药中的有机氯一类化合物易在土壤中残留，大量或长期施用可污染土壤。化肥生产中，由于矿源不清洁，也可带来少量的矿质元素。如工业磷矿中砷、氟等，往往存在于磷肥生产中，磷肥长期大量施用，可造成土壤中严重污染和残留。

施用石灰氮肥料（氰氨基化钙），可造成土壤中双氰胺、氰酸等有毒物质的暂时残留，有害于农作物的生长及土壤的硝化过程。

2. 土壤污染的毒害

（1）重金属污染的毒害。重金属化合物对土壤污染是半永久性的。土壤中所沉积的重金属离子，不论其来源如何，即使是植物生活所必需的微量元素（如铜、锰等），当浓度超过一定限度时，就能直接影响植物的生长，甚至杀死植物。

（2）土壤中农药的残留及危害。田间施用的农药能够渗透到植物的根、茎、叶和子粒中，植物对农药的吸收与农药特性和土壤性质有关。

多数有机磷农药由于水溶性强，比较容易被植物吸收，如甲拌磷、乙拌磷等，都可以在几天或几周内通过植物根吸收。一般地说，农药的溶解度越大越易被植物吸收，植物种类不同其吸收率也不同。豆类吸收率较高，块根类比茎叶类植物吸收率高，油料植物对脂溶性农药吸收率高。

土壤性质不同对农药的吸收率也不同。沙土中农药最易被植物吸收，而有机质含量高的土壤，农药不易被植物吸收。

由于长期大量地施用同一种农药，使害虫对药剂的抵抗能力增强，产生新的抗药品种。另外，由于药剂杀死了害虫的天敌，使自然界害虫与天敌之间的平衡被打破。如蚜虫与瓢虫，原来保持一种生态平衡，由于大量施用农药，使天敌大量死亡，结果害虫反而更加猖獗。田间施用农药经雨水或灌溉流冲进入养鱼池，造成对鱼类的污染。

农药也可以造成对食品的污染，主要是有机氯农药，由于其残留期长，可进入植物体及食物链中，由此引起粮、菜、水果、肉、蛋、奶、水产品等污染。

四、植物在环境保护中的作用

为了减少环境污染，措施很多，其中一条就是利用植物防治环境污染，因为植物有净化环境的能力，种植抗性植物和指示植物也可绿化工厂环境和监测预报污染状况。

1. 净化环境　高等植物除了通过光合作用保证大气中氧气和二氧化碳的平衡以外，对各种污染物也有吸收、积累和代谢作用，以净化环境。

（1）吸收和分解有毒物质。环境污染对植物的正常生长带来危害，但植物也能改造环境。通过植物本身对各种污染物的吸收、积累和代谢作用，能减轻污染，达到分解有毒物质的目的。例如，地衣、垂柳、山楂、夹竹桃、丁香等吸收二氧化硫能力较强，积累较多的硫化物；垂柳、油菜具有较大的吸收氟化物的能力，体内含氟很高，但仍能正常生长。

大气污染除有毒气体以外，粉尘也是主要污染物之一，据统计，许多工业城市，每年每平方千米地面上降尘量约为500t，个别为1 000t，降尘中还包括烟尘、碳粒、铅、汞等的粉尘，所以尘埃也是大气的主要污染物质。植物具有过滤空气和吸附粉尘的能力，是天然吸尘器。那些叶片粗糙、密生茸毛、叶面有褶皱的植物，例如烟草、榆树、向日葵等，都具有巨大的吸尘、滞尘能力。自然界中每公顷山毛榉林阻滞粉尘的总量为68t，云杉林为32t，松林为36t（表13-1）。因此有森林和绿化区的地方，空气的含尘量降低22%，降尘量减少25%，飘尘量减少一半。

表13-1　各种树木叶片的滞尘量

单位：g/m²

树　种	滞尘量	树　种	滞尘量
榆树	12.27	紫薇	4.42
木槿	8.13	悬玲木	3.73
大叶黄杨	6.63	泡桐	3.52
刺槐	6.37	五角枫	3.45
臭椿	6.63	樱花	2.75
构树	5.88	桂花	2.02
桑树	5.39	栀子	1.47
夹竹桃	5.28	绣球	0.63

水生植物中的水葫芦、金鱼藻、黑藻等有吸收水中的酚和氰化物的作用，也可吸收汞、铅、镉、砷等。对已积累金属物的水生植物，一定要慎重处理，不要再作、禽畜饲料和田间绿肥等，以免影响人畜健康。

（2）分解污染物。污染物被植物吸收后，有的分解为营养物质，有的形成络合物而降低毒性。所以，植物具有解毒作用。酚进入植物体后，大部分参加糖代谢，和糖结合成酚糖，对植物无毒，贮存于细胞内；另一部分呈游离酚，则会被多酚氧化酶和过氧化酶、过氧化物酶氧化分解，变成二氧化碳、水和其他无毒化合物，解除其毒性。生产上也证明，植物吸收酚后，5～7d 即全部分解掉。二氧化氮进入植物体内后，可因硝酸还原酶等的作用，转为氨基酸和蛋白质。

2. 环境监测 低浓度的污染物用仪器测定时有困难，可利用某些植物对某一污染物特别敏感的特性，来监测当地的污染程度。植物检测简便易行，便于推广，值得重视。一般都是选用对某一污染物质极为敏感的植物作为指示植物。当环境污染物质稍有积累，植物就呈现明显的症状。利用指示植物不仅能监测环境污染情况，而且有一定观赏和经济价值，还可起到美化环境的作用（表 13-2）。

表 13-2　一些环境监测指示植物种类

污染物质	植物名称
SO_2	紫花苜蓿、向日葵、胡萝卜、莴苣、南瓜、蓼、芝麻、藜、落叶松、雪松、美洲五针松、马尾松、杜仲
HF	唐菖蒲、郁金香、萱草、美洲五叶松、雪松、樱桃、葡萄、黄杉、落叶松、杏、李、金荞麦、玉簪
Cl_2、HCl	萝卜、复叶槭、落叶松、油松
NO_2	悬铃木、向日葵、番茄、秋海棠、烟草
O_2	烟草、马唐、矮牵牛、雀麦、花生、马铃薯、燕麦、洋葱、萝卜、女贞、梓树、丁香、葡萄、牡丹
Hg	女贞、柳树
过氧乙酸硝酸盐	萝卜、洋葱、高粱、玉米、黄瓜、甘蓝、秋海棠

■ 复习思考题

1. 名词解释：逆境、抗逆性、冷害、冻害、萎蔫、大气干旱、土壤干旱。
2. 说明涝害对植物的影响。
3. 简述冻害机理的细胞外结冰和细胞内结冰。
4. 简述旱害对植物的影响及干旱锻炼的措施。
5. 简述植物的抗盐性及提高途径。
6. 试述植物的病害及植物的抗病性。
7. 环境污染包括哪几种？大气污染对植物有哪些伤害方式？
8. 植物在环境保护中可起什么作用？

实验实训

实验实训一 光学显微镜的结构、使用及保养

一、目的

了解显微镜的结构和各部分的作用,能正确、熟练地使用显微镜观察植物材料,掌握显微镜的保养方法。

二、用品与材料

显微镜、擦镜纸、软布、二甲苯,任意一种植物切片。

三、方法与步骤

(一)显微镜的结构

通常使用的生物显微镜,可分为机械装置和光学系统两大部分(图实-1)。

1. 机械部分。 包括镜座、镜柱、镜臂、倾斜关节、载物台、镜筒、物镜转换盘、调节轮。

2. 光学部分。 包括接目镜、接物镜、反光镜、光调节器。

(二)显微镜的使用方法

1. 取镜。 拿取显微镜时,必须一手紧握镜臂,一手平托镜座,使镜体保持直立。放置显微镜时要轻,避免震动。应放在身体的左前方,离桌子边 6～7cm。检查镜的各部分是否完好。镜体上的灰尘用软布擦拭。镜头只能用擦镜纸擦拭。不准用他物接触镜头。

2. 对光。 使用时,先将低倍接物镜头转到载物台中央,正对通光孔。用左眼接近接目镜观察,同时用手调节反光镜和集光器,使镜内光亮适宜。镜内所看到的范围称为视野。

3. 放片。 把切片放在载物台上,使要观察的部分对准物镜头,用压夹

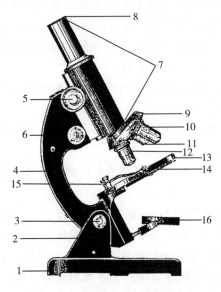

图实-1 显微镜的构造

1. 镜座 2. 镜柱 3. 倾斜关节 4. 镜臂 5. 粗调节轮 6. 细调节轮
7. 镜筒 8. 接目镜 9. 转换盘 10. 油接物镜 11. 低倍接物镜
12. 高倍接物镜 13. 载物台 14. 光圈盘 15. 压夹 16. 反光镜

或十字移动架固定切片。

4. 低倍物镜的使用。 转动粗调节轮，使镜筒缓慢下降，至物镜接近切片时为止。然后用左眼从目镜向内观察，并转动粗调节轮使镜筒缓慢上升，直至看到物像为止（显微镜内的物像是倒像），再转动细调节轮，将物像调至最清晰。

5. 高倍物镜的使用。 在低倍物镜下观察后，如果需要进一步使用高倍物镜观察，先将要放大的部位移到视野中央，再把高倍物镜转至载物台中央，对正通光孔，一般可粗略看到物像。然后，再用细调节轮调至物像最清晰。如镜内亮度不够，应增加光强。

6. 还镜。 使用完毕，应先将接物镜移开，再取下切片。把显微镜擦拭干净，各部分恢复原位。使低倍接物镜转至中央通光孔，下降镜筒，使接物镜接近载物台。将反光镜转直，放回箱内并上锁。

（三）显微镜的保养

1. 使用显微镜时必须严格按操作规程进行。
2. 显微镜的零部件不得随意拆卸，也不能在显微镜之间随意调换镜头或其他零部件。
3. 不能随便把目镜头从镜筒取出，以免落入灰尘。
4. 防止震动。
5. 镜头上沾有不易擦去的污物，可先用擦镜纸蘸少许二甲苯擦拭，再换用干净的擦镜纸擦净。

（四）生物绘图法

在进行植物形态、结构观察时，常需绘图。所绘图形要能够正确地反映出观察材料的形态与结构特征。绘图注意以下几个方面：

1. 绘图要用黑色硬铅笔，不要用软铅笔或有色铅笔，一般用 2H 铅笔为宜。
2. 图的大小及在纸上分布的位置要适当。一般画在靠近中央稍偏左方，并向右方引出注明各部名称的线条，各引出线条要平行整齐，各部名称写在线条右边。
3. 画图时先用轻淡上点或轻线条画出轮廓，再依照轮廓一笔画出与物像相符的线条，线条要清晰，比例要正确。
4. 绘出的图要与实物相符，观察时要把混杂物、破损、重叠等现象区别清楚，不要把这些现象绘上。
5. 图的阴暗及浓淡可用细点表示，不要采用涂抹方法。点细点时，要点成圆点，不要点成小撇。
6. 整个图要美观、整洁，特别注意其准确性与科学性。

（五）徒手切片法

1. 将植物材料切成 0.5cm 见方、1～2cm 长的长方条。如果是叶片，则把叶片切成 0.5cm 宽的窄束，夹在胡萝卜（或萝卜、马铃薯）等长方条的切口内。
2. 取上述一个长方条，用左手的拇指和食指拿着，使长方条上端露出 1～2mm 高，并以无名指顶住材料，用右手拿着刀片的一端。
3. 把材料上端和刀刃先蘸些水，并使材料成直立方向，刀片成水平方向，自外向内把材料上端切去少许，使切口成光滑的断面，并在切口蘸水，接着按同法把材料切成极薄的薄片。切时要用臂力，不要用腕力及指力。刀片切割方向由左前方向右后方拉划；拉切的速度宜较快，不要中途停顿。把切下的切片用小镊子或解剖针拨入表面皿的清水中，切时材料的切面经常蘸水，起润滑作用。

4. 初切时必须反复练习，并多切一些，从中选取最好的薄片进行装片观察。

四、作业

1. 显微镜的构造分哪几部分？各部分有什么作用？
2. 反复练习使用低倍接物镜及高倍接物镜观察切片，使用时应特别注意什么问题？
3. 使用显微镜过程中，应做好哪些保养工作？
4. 一张优等的生物绘图应具备哪些条件？

实验实训二　植物细胞构造、叶绿体、有色体及淀粉粒的观察

一、目的

1. 学会使用显微镜识别植物细胞的结构。
2. 学会徒手切片法，识别叶绿体、有色体及淀粉的形态特征。

二、用品与材料

显微镜、镊子、解剖针、小剪、载玻片、盖玻片、培养皿、吸水纸、蒸馏水、碘液、10%糖液、洋葱鳞叶、菠菜、马铃薯块茎、红辣椒或胡萝卜、大葱或紫鸭跖草。

三、方法与步骤

1. 识别植物细胞的结构。 简易装片法：用手或镊子将洋葱鳞叶表皮撕下，剪成3～5mm的小片。在载玻片上滴一滴水，将剪好的表皮浸入水滴内（注意表皮的外面应朝上），并用解剖针挑平，再加盖玻片。加盖玻片的方法是先从一边接触水滴，另一边用针顶住慢慢放下，以免产生气泡。如盖玻片内的水未充满，可用滴管吸水从盖玻片的一侧滴入，如果水太多浸出盖玻片外，可用吸水纸将多余的水吸去。这样装好的片子就可以镜检。

如果要使细胞观察得更清楚，可用碘液染色，即在装片时载玻片上放一滴稀碘液，将表皮放入碘液中，盖上盖片，进行镜检。可看到细胞壁、细胞质、细胞核与液泡。

2. 叶绿体的观察。 在载玻片上先滴一滴10%的糖液，再取菠菜叶，先撕去下表皮，再用刀刮取叶肉少量，放入载玻片糖液中均匀散开，盖好盖玻片。先用低倍镜观察，可见叶肉细胞内有很多绿色的颗粒，这就是叶绿体，再换用高倍镜观察，注意叶绿体的形状。

3. 白色体的观察。 撕取大葱葱白内表皮用简易装片法制的切片后，进行显微镜观察即可看到白色体。若用紫鸭跖草幼叶，沿叶脉处撕取下表皮制成装片进行显微镜观察，效果更好。

4. 有色体的观察。 取红辣椒（或胡萝卜），用徒手切片法取红辣椒果肉的薄片。装片后用显微镜观察，可见细胞内含有橙红色的颗粒，这就是有色体。亦可用胡萝卜的肥大直根做徒手切片，其皮层细胞内的有色体为橙红色的结晶体。

5. 淀粉粒的观察。取马铃薯块茎小长条作徒手切片。装片后用显微镜观察，可见细胞内有许多卵形发亮的颗粒，就是淀粉粒，许多淀粉粒充满在整个细胞内，还有许多淀粉粒从薄片切口散落到水中，把光线调暗些，还可看见淀粉粒上的轮纹。如用碘液染色，则淀粉粒都变成蓝色。

四、作业

1. 绘几个洋葱表皮细胞结构图，并注明细胞壁、细胞质、细胞核和液泡。
2. 绘几个叶绿体的细胞图。
3. 绘马铃薯的淀粉粒结构图。

实验实训三 细胞有丝分裂的观察

一、目的

识别植物细胞有丝分裂各期的主要特征。

二、用品与材料

显微镜，洋葱根尖纵切片。

三、方法与步骤

取洋葱根尖纵切片用显微镜观察。先用低倍镜观察，找出靠近尖端的分生区（生长点）部分，可见许多排列整齐的细胞，这就是分生组织。换用高倍镜观察，可见有些细胞处在不同的分裂过程中，分别认出其所处的不同分裂过程及分裂时期（前期、中期、后期或末期）。按对照图进行观察。

四、作业

绘细胞有丝分裂各期的一个细胞图，并注明分裂时期。

如无洋葱根尖纵切片，可自行制作切片。简易方法：

（一）洋葱幼根

1. **幼根的培养**。于实验前3~4d，将洋葱鳞茎置于广口瓶上，瓶内盛满清水，使洋葱底部浸入水中，置温暖处，每天换水，3~4d后可长出嫩根。
2. **材料的固定和离析**。剪取根端0.5cm，立即投入盛有一半浓盐酸和一半95%酒精的混合液中，10min后，用镊子将材料取出放入蒸馏水中。
3. **压片**。取洗净的根尖，切取根顶端（生长点部分）1~2mm，置于载玻片上，加一滴醋酸洋红染色5~10min，盖上盖玻片，以一小块吸水纸放在盖玻片上。左手按住载玻片，用右手拇指在吸水纸上对准根尖部分轻轻挤压，将根压成均匀的薄层。用力要适当，不能将根尖压烂，并且在用力过程中不要移动盖玻片。
4. **醋酸洋红液**。取45%的醋酸溶液100mL，煮沸约30s，移去火苗，徐徐加入1~2g洋红，再煮5min，冷却后过滤并贮存于棕色瓶中备用。

（二）油菜（或小葱）幼根

取油菜的根尖 1~2mm，置于载玻片上，用镊子压碎，滴 2 滴紫药水（用医用紫药水 1 滴加 5 滴蒸馏水）染色 1min 后，加 1 滴 20%的醋酸，盖上盖玻片，用铅笔上的橡皮头端轻轻敲击，使材料压成均匀的单层细胞的薄层。用吸水纸吸去溢出的染液，可在显微镜下看到紫色清晰的染色体。

实验实训四　根的解剖结构的观察

一、目的

区别根尖各区结构，认识双子叶植物根初生结构和单子叶植物根结构特征，熟练使用显微镜。

二、用品与材料

显微镜、放大镜、培养皿、滤纸、盖玻片、载玻片、镊子、刀片、植物学盒、1%番红溶液、间苯三酚、盐酸，玉米（或小麦、水稻）的子粒、蚕豆（或大豆、棉花）的种子、小麦（或洋葱）根尖纵切片、蚕豆幼根横切片。

三、方法与步骤

（一）根尖及其分区

1. 材料的培养。在实验前 5~7d，用几个培养皿（或搪瓷盘），内铺滤纸，将玉米（或小麦、水稻）子粒浸入水后均匀地排在潮湿滤纸上，并加盖。然后放入恒温箱中或温暖的地方，温度保持 15~25℃，使根长到 1~2cm，即可观察。

2. 根尖及其分区的观察。选择生长良好而直的幼根，用刀片从有根毛处切下，放在载玻片上（片下垫一黑纸），不要加水，用肉眼或放大镜观察它的外形和分区。

3. 根尖分区的内部结构。取小麦（或洋葱）根尖纵切片，在显微镜下观察。由根尖向上辨认各区，比较各区的细胞特点。

（二）根的初生结构

1. 双子叶植物根的初生结构。在实验前 10d 左右，将蚕豆（或大豆）种子同玉米子粒进行催芽处理，待幼根长到 1~2cm 时，在根毛区做徒手横切，制成临时装片并加一滴番红溶液染色，盖片观察其初生结构，可见表皮、皮层与中柱（初生木质部与次生木质部）。

如用向日葵或棉幼根做徒手横切片并染色观察时，可看到根中央被导管占据，这是典型的双子叶植物的初生结构。

2. 单子叶植物根的初生结构。用玉米根毛区的上部制作徒手横切切片，加一滴番红溶液，先在低倍镜下区分出表皮、皮层和中柱三大部分，再用高倍镜由外向内观察。识别表皮、皮层与中柱的构造特征。

（三）根的次生结构

取向日葵老根横切片，先在低倍镜下观察其各个结构所在的部位，然后转换高倍镜详细观察其各部分结构,即周皮、韧皮部、形成层与木质部。

四、作业

1. 绘出根尖纵切面及横切面构造的部分图,注明各部分名称。
2. 简述你所观察到的双子叶及单子叶植物根的构造特征。
3. 绘向日葵(或其他双子叶植物)老根横切面图(约 1/6 扇形图),注明各部分结构名称。

实验实训五 茎的解剖构造的观察

一、目的

认识双子叶植物和单子叶植物茎的构造特征及双子叶植物茎的次生结构。

二、用品与材料

显微镜、刀片、镊子、载玻片、盖玻片、5%间苯三酚(用95%酒精配制)、盐酸、红墨水,棉花或向日葵幼茎及幼茎横切片,水稻(或小麦、玉米)幼茎及幼茎横切片。双子叶植物茎的次生构造横切片。

三、方法与步骤

(一)双子叶植物茎的初生结构

取向日葵(或大豆、棉花、蚕豆)幼茎做徒手横切片,用红墨水染色。即在载玻片上点一滴红墨水,放入切片材料,盖上盖片(不要冲洗),由于各部分组织对红墨水附着能力不同,因此镜检时,在低倍镜下就可以清楚地看出各部分分布情况及特点。也可用向日葵或大豆茎的初生结构横切片观察表皮、皮层与中柱(维管束、髓射线与髓)。

(二)单子叶植物茎的初生结构

1. 玉米茎的结构。取玉米幼茎,在节间做横切徒手切片,将切片材料置于载玻片上,加一滴盐酸,2~3min后,吸去多余盐酸,再加一滴5%间苯三酚,几秒钟后,可见材料中有红色出现,盖上盖玻片观察。由于用间苯三酚染色分色清楚,木质化细胞被染成红色,其余部分均不着色。玉米茎结构可分表皮、厚壁组织、薄壁组织、维管束几部分。

2. 小麦(或水稻)茎的结构。取小麦(或水稻)茎横切片,置于镜下观察。也可选择拔节后的小麦秆,取正在伸长的节间以下的一个节间,自它的上部(最先分化成熟部分)做横切徒手切片,和前面方法相同,用5%间苯三酚染色,制片。小麦(或水稻)茎在显微镜下能看到以下部分:表皮、厚壁组织、薄壁组织与髓腔。

(三)双子叶植物茎的次生结构

取向日葵或大豆茎横切片,置于显微镜下观察,从外到内观察下列各部分:周皮、皮层、韧皮部、形成层、木质部、髓及髓射线。

四、作业

1. 绘向日葵(或大豆、棉花)幼茎横切面图,并注明各部分结构名称。

2. 绘玉米茎横切面图，注明各部分结构名称。
3. 绘小麦（或水稻）横切面图，注明各部分结构名称。
4. 简要描述向日葵（或棉花、大豆）老茎横切面中的结构。

实验实训六　叶的解剖结构的观察

一、目的

观察双子叶植物和单子叶植物叶的结构，区分两者之间的不同点。

二、用品与材料

显微镜、植物实验盒、刀片、镊子、载玻片、解剖针；大豆、棉花、小麦或水稻叶片，水稻、小麦、玉米叶横切片，大豆叶横切片。

三、方法与步骤

1. 表皮和气孔。 撕取大豆或棉花叶下表皮一部分，做成装片，置于显微镜下观察。可看到表皮细胞不规则，细胞之间凹凸镶嵌，互相交错，紧密结合，其中有许多由两个半月形的保卫细胞围合成的气孔。撕取小麦或水稻表皮一小部分，做成装片，置于显微镜下观察，可看到水稻或小麦的表皮细胞呈长方形，表皮上的气孔是由两个哑铃形的保卫细胞围合成的。

2. 双子叶植物叶片结构。 将大豆或棉花叶夹在两块马铃薯（或胡萝卜）片之间做徒手切片，或用大豆、棉花及其他双子叶植物叶片横切制片，置于显微镜下依次观察表皮、叶肉与叶脉。

3. 单子叶植物叶片的结构。 用小麦或水稻叶做徒手切片，或用水稻、小麦或玉米叶横切片，在显微镜下观察，并与双子叶植物叶的结构对比。

四、作业

1. 绘双子叶植物叶的结构图，注明各部分。
2. 绘单子叶植物叶的结构图，注明各部分。

实验实训七　花药、子房结构的观察

一、目的

观察认识花药和子房的构造特征。

二、用品与材料

显微镜、植物实验盒，百合花药和子房横切制片。

三、方法与步骤

1. 花药结构的观察。 取百合花药横切制片，先在低倍镜下观察。可见花药呈蝶状，其中有4个花粉囊，分左右对称两部分，其中间有药隔相连，在药隔处可看到白花丝通入的维管束。换高倍镜仔细观察一个花粉囊的结构，由外至内有下列各层：表皮、纤维素、中层与绒毡层。

在低倍镜下观察可看到每侧花囊间药隔已经消失，形成大室，因此花药在成熟后仅具有左右二室，注意观察在花药两侧之中央，由表皮细胞形成几个大型的唇形细胞，花药由此处开裂，内有许多花粉粒。

2. 子房结构的观察。 取棉花或其他植物的子房，作横切面徒手切片制成临时装片在镜下观察。也可取百合子房横制片，在低倍镜下观察，可看到由3个心皮围合形成3个子房室，胎座为中轴胎座，在每个子房室里有2个倒生胚珠，它们背靠背生在中轴上。

移动载玻片，选择一个完整而清晰的胚珠，进行观察，可以看到胚珠具有内、外两层珠被、珠孔、珠柄及珠心等部分，珠心内为胚囊，胚囊内可见到1或2个核或4个核或8个核（成熟的胚囊有8个核，由于8个核不是分布在一个平面上，所以在切片中不易全部看到）。

四、作业

1. 绘出花药的横切面图，并标注各部分的名称。
2. 绘子房横切面图，标出子房壁、子房室和胚珠，以及珠孔、珠柄、珠心、胚囊等部分。

实验实训八　植物的溶液培养和缺素症状的观察

一、目的

学习溶液培养的方法，证实氮、磷、钾、钙、镁、铁诸元素对植物生长发育的重要性和缺素症状。

二、原理

植物在必需的矿物元素供应下正常生长，如缺少某一元素，便会产生相应的缺乏症。用搭配适量的无机盐制成营养液，即能使植物正常生长，称为溶液培养；如果用缺乏某种元素的缺素液培养，植物就会呈现缺素症状而不能正常生长发育。将所缺元素加入培养液中，该缺素症状又可逐渐消失。

三、用品与材料

玉米、棉花、番茄、油菜等种子；培养缸（瓷质、玻璃、塑料均可）、试剂瓶、烧杯、移液管、量筒、黑纸、塑料纱网、精密pH试纸（pH5～6）、天平、玻璃管、棉花（或海绵）、通气装置；硝酸钙、硝酸钾、硫酸钾、磷酸二氢钾、硫酸镁、氯化钙、磷酸二氢钠、硝酸钠、硫酸钠、乙二胺四乙酸二钠、硫酸亚铁、硼酸、硫酸锌、氯化锰、钼酸、硫酸铜。

四、方法与步骤

1. 育苗。 选大小一致、饱满成熟的植物种子，放在培养皿中萌发。

2. 配制培养液（贮备液）。 取分析纯的试剂，按表实-1用量配制成贮备液。

表实-1 大量元素、微量元素贮备液配制表（g/L）

大量元素贮备液		微量元素贮备液	
$Ca(NO_3)_2$	236	H_3BO_3	2.86
KNO_3	102	$ZnSO_4 \cdot 7H_2O$	0.22
$MgSO_4 \cdot 7H_2O$	98	$MnCl_2 \cdot 4H_2O$	1.81
		$MnSO_4$	1.015
KH_2PO_4	27	$H_2MoO_4 \cdot H_2O$ 或 Na_2MoO_4	0.09
K_2SO_4	88	$CuSO_4 \cdot 5H_2O$	0.08
$CaCl_2$	111		
NaH_2PO_4	24		
$NaNO_3$	170		
Na_2SO_4	21		
EDTA-Fe $\begin{cases} EDTA-Na \\ FeSO_4 \cdot 7H_2O \end{cases}$	7.45 5.57		

注：EDTA-Na（乙二胺四乙酸二钠）是隐蔽剂，能隐蔽其他元素的干扰。配好贮备液后，再按表实-2配制完全液和缺素液。

表实-2 完全液和缺素液配制表［每升蒸馏水中贮备液用量（mL）］

贮备液	完全	缺氮	缺磷	缺钾	缺钙	缺镁	缺铁
$Ca(NO_3)_2$	5	—	5	5	—	5	5
KNO_3	5	—	5	—	5	5	5
$MgSO_4$	5	5	5	5	5	—	5
KH_2PO_4	5	5	—	—	5	5	5
K_2SO_4	—	5	1	—	—	—	—
$CaCl_2$	—	5	—	—	—	—	—
NaH_2PO_4	—	—	—	5	—	—	—
$NaNO_3$	—	—	—	5	—	—	—
Na_2SO_4	—	—	—	—	—	5	—
EDTA-Fe	5	5	5	5	5	5	—
微量元素	1	1	1	1	1	1	1

用精密pH试纸测定培养液的pH，根据不同植物的要求，pH一般控制在5~6之间为宜，如pH>6，则用1%HCl调节所需pH。

3. 水培装置准备。 取1~3L的培养缸，若缸透明，则在其外壁涂以黑漆或用黑纸套好，使根系处在黑暗环境中，缸盖上应打有数孔，一侧用海绵或棉花，或软木固定植物幼苗，再通有橡皮管，使管的另一端与通气泵连接，作根系生长供氧之用。

4. 移植与培养。 将以上配制的培养液中各加1 200mL蒸馏水，将幼苗根系洗干净，小心穿入孔中，用棉花或海绵固定，使根系全浸入培养液中，放在阳光充沛、温度适宜（20～25℃）的地方。

5. 管理、观察。 用精密 pH 试纸检测培养液的 pH，用 1‰盐酸调整至 pH5～6 之间，每 3d 加蒸馏水一次以补充瓶内蒸腾损失的水分。培养液 7～10d 更换一次，每天通气 2～3 次或进行连续微量通气，以保证根系有充足的氧气。

实验开始后，应随时观察植物生长情况，并做记录，当明显出现缺素症状时，用完全液更换缺素液，观察缺素症是否消失，仍做记录。

6. 结果分析。 将幼苗生长情况做记录。

处　　理	幼苗生长情况
完全液	
缺氮	
缺磷	
缺钾	
缺钙	
缺镁	
缺铁	

五、作业

做一份实验结果报告。

实验实训九　植物标本的采集与制作

一、目的

学会植物标本的采集和制作方法。

二、用品与材料

采集铲、枝剪、标本夹、采集箱（袋）、剪刀、镊子、放大镜、标本瓶或广口瓶、标本记录册、号牌、铅笔、台纸、标本签、针线、盖纸、胶水、吸水纸、甲醛、酒精、硫酸铜、醋酸铜、冰醋酸、甘油、氯化铜、硼酸、亚硫酸。

三、方法与步骤

（一）蜡叶标本

将采集来的植物压干，装订在台纸上（38cm×27cm），贴上采集记录卡和标本签，就成了一份蜡叶标本。

1. 标本的选取。 采集标本时，草本植物必须具有根、茎、叶、花或果，木本植物必须是具有花或果的标本。标本的长和宽，不应超过 35cm×25cm。为了应用和交换，每种植物至少要采集 3～5 份。然后拴好号牌，尽快放入采集箱或袋内。

2. 特征的记录。 标本编号以后，认真进行观察，将特征记录在采集记录卡上，记录时应注意下列事项：

（1）填写的采集号数必须与号牌同号。
（2）性状填写乔木、灌木、草本或藤本等。
（3）胸高直径指从树干基部向上1.3m处的树干直径，一般草本和小灌木不填。
（4）栖地指路边、林下、林缘、岸边、水里等。
（5）叶主要记载背腹面的颜色，毛的有无和类型，是否具乳汁等项。
（6）花主要记载颜色和形状，花被和雌雄蕊的数目。
（7）果实主要记载颜色和类型。
（8）树皮记载颜色和裂开的状态。

土名、科名、学名如当时难以确定，可在返回后经鉴定再填写。

3. 标本的整理和压制。 把野外采来的标本，压入带有吸水纸的标本夹里，每天至少换纸一次，每次都要仔细加工整理标本。特别是第一次换纸整理很重要。要用镊子把每一朵花、每一片叶展平，凡有折叠的部分都要展开，多余的叶片可从叶基上面剪掉，留下叶柄和叶基，用以表示叶序类型和叶基的形态。去掉多余的花，也应留下花柄。叶片既要压正面，也要压反面。有利于展现植物的全部特征。

关于马齿苋、景天一类肉质多浆植物，采集后可用开水烫一下，杀死它的细胞（花不能烫），这种处理方法对云杉、冷杉等裸子植物都适用，因裸子植物如果不烫，叶子干了以后，常会脱落。

对于标本上鳞茎、球茎、块根等，可先用开水烫死细胞，再纵向切去1/2后进行压制。

4. 上台纸。 标本压干后，放在台纸上，摆好位置（要留出左上角和右下角贴标本签和记录卡的复写单），然后，用刀片沿标本的各部在适当的位置，切出数对小纵口，把已准备好的大约2mm宽的玻璃纸，从纵口部位穿入，再将玻璃纸的两端呈相反方向，轻轻拉紧，用胶水粘在台纸背面，这种方法固定的标本既美观又牢固。也可用针线进行固定，这种固定方法迅速，但不如前法美观牢固。

5. 鉴定。 标本固定后，要进行种类的鉴定，鉴定时主要应根据花果的形态特征。如果自己鉴定不了，可请有关人员帮忙，然后把鉴定结果写入标本签，再把它贴在台纸右下角处，最后把这种植物野外记录卡的复写单贴在台纸的左上角。为了防止标本磨损，应该在台纸最上面贴上盖纸。这样，一份完整的蜡叶标本就制成了。附植物标本签（图实-2）和植物记录签（图实-3）。

植物标本
采集号数＿＿＿＿＿＿采集人＿＿＿＿＿＿
科　名＿＿＿＿＿＿＿＿＿＿＿＿＿＿＿＿
学　名＿＿＿＿＿＿＿＿＿＿＿＿＿＿＿＿
中　名＿＿＿＿＿＿＿＿＿＿＿＿＿＿＿＿
年　月　日

图实-2　植物标本签

```
┌─────────────────────────────────────────────────┐
│              植物采集标本签                      │
│  采集号数_____│
│  地  点_____海拔高度_____│
│  栖  地_____│
│  性  状_____│
│  高  度_____胸高直径_____│
│  茎_____│
│  叶_____│
│  花_____│
│  果  实_____│
│  备  注_____│
│  土  名_____科  名_____│
│  学  名_____│
└─────────────────────────────────────────────────┘
```

图实-3　植物采集记录签

(二) 浸渍标本

浸渍标本的方法很多，下面主要介绍几种。

1. 浸制标本的一般方法。

(1) 70%酒精浸泡。

(2) 70%酒精+10%甲醛混合浸泡。

(3) 5%～10%甲醛液浸泡。

2. 绿色保存法。

(1) 在50%的冰醋酸中加入醋酸铜结晶，直到饱和不溶为止，此溶液作为母液。

(2) 将一份母液加4份水，加热到85℃后，将植物放入，可见植物由绿变褐，再变绿。

(3) 将再次变绿的植物取出，用清水冲洗，然后保存在10%甲醛或70%酒精液中。

比较薄嫩的植物不宜加热，可直接放入下述溶液中保存：

50%酒精	90mL
市售甲醛液	5mL
甘油	2.5mL
冰醋酸（或普通醋酸）	2.5mL（或7.5mL）
氯化铜	10g

3. 红色保存法。

(1) 甲醛、硼酸固定。红色桃子可用1%甲醛、0.08%硼酸固定1～3d（视果皮厚薄而定），当果皮由红变褐后取出洗净，放入1%～2%亚硫酸、0.2%的硼酸中保存。如桃子带有绿色，可在保存液中加入少量硫酸铜，待果稍着色后，仍用上液保存。

(2) 硫酸铜固定。红色果实带有绿色花萼和枝叶的辣椒、番茄、西瓜（红色胎座部分应切开进行固定）和绿色带红的甘蔗等，可用5%硫酸铜固定1～2周，待果实由红变褐色时取出洗净，用1%～2%亚硫酸保存。

4. 标本瓶封口法。

（1）暂时封口法。用蜂蜡和松香各1份，分别熔化混合，加入少量凡士林调成胶状，涂于瓶盖边缘，并将盖压紧。或将石蜡熔化，用毛笔涂于盖与瓶口相接的缝上，再用线或纱布将瓶盖与瓶口接紧，倒转标本瓶，把瓶盖部分浸入熔化的石蜡中，达到严密封口。

（2）永久封口法。以酪胶及消石灰各一份混合，加入水调成糊状进行封盖，干燥后由于酪酸钙硬化而密封。

实验实训十　植物组织水势的测定（小液流法）

一、目的

学会用小液流法来测定植物组织水势。

二、原理

当植物组织浸入外界溶液中时，若植物的水势小于外液的水势，则细胞吸水，使外液浓度变大；反之，植物细胞失水，外液浓度变小，若细胞和外液的浓度相等，则外液浓度不发生变化。溶液浓度不同其相对密度也不同，不同浓度的两溶液相遇，稀溶液相对密度小而会上升，浓溶液相对密度大而会下降。根据此理，把浸过植物组织的各浓度液滴滴回原相应浓度的各溶液中，液滴会发生上升、下降或基本不动的现象。如果液滴不动，说明外液在浸过组织后浓度未变，那么就可根据该溶液的浓度计算出其水势。此水势值也就是待测植物组织水势。小液流法就根据这个原理，把植物组织浸入一系列不同浓度的蔗糖液中，由于比重发生了变化，通过观察滴出小液滴在原相应浓度中的反应而找出等渗浓度，从而就可算出溶液的水势。

三、用品与材料

指管木架、指形管（带软木塞）、弯头毛细吸管（带橡皮头）、小镊子、移液管、温度计、穿孔器、不同浓度的蔗糖液（0.2～0.6mol/L）、甲烯蓝（亚甲基蓝）、叶片。

四、方法与步骤

1. 取洗净烘干的指形管10个，分成两组，各按糖液浓度编记2、3、4、5、6号，插在指管架上，排成两排，使同号相对。在一排管中，分别注入0.2～0.6mol/L的蔗糖液各5mL；另一排管内分别注入对应浓度糖液各1mL，两者管口均塞上软木塞。

2. 选取有代表性的植物叶子一至数片，用打孔器打取叶圆片40片。用小镊子把圆片放入1mL糖液指形管中，每管8片，再塞上软木塞。每隔数分钟轻轻摇动，使叶片要全部浸入糖液中，使叶内外水分更好地移动。

3. 30～60min后，打开软木塞，向装叶的每一管中投入甲烯蓝小结晶1～2粒（可用针或火柴杆等挑取甲烯蓝粉少许，要求每管用量大致相等），摇动均匀，使糖液呈蓝色（便于观察）。

4. 用干净毛细管吸取有色糖液少许，轻轻插入同浓度5mL糖液内，在糖液中部轻轻挤出有色糖液一小滴，小心抽出毛细吸管，不能搅动溶液，并观察有色糖液的升降情况，分别做记录。毛细吸管不能乱用，一个浓度只能用一只，既要干净，又要干燥。

找出使有色糖液不动的浓度，即为等渗浓度。如果找不到静止不动的浓度，则可找液滴上升和下降交界的两个浓度，取其平均值，即可按公式计算出该植物的水势。

5. 计算根据找到的溶液浓度换算成溶液渗透压，可按下列公式计算：

$$\phi_s = -P \quad P = iCRT$$

式中　ϕ_s——溶质势；
　　　P——渗透压；
　　　i——渗透系数（表示电解质溶液的渗透压为非电解质溶液渗透压的倍数。如蔗糖$i=1$，NaCl $i=1.8$，KNO$_3$ $i=1.69$）；
　　　C——溶液的摩尔浓度（即所求的等渗浓度）；
　　　R——气体常数$=0.082$；
　　　T——绝对温度，即实验时液温$+273$。

所求得的 P 值，即为该溶液的渗透压，用大气压表示，换算成 Pa（1 大气压$=1.013\times10^5$Pa），其负值即为该溶液的溶质势，也就是被测植物组织的水势（因植物组织处于等渗溶液中，组织的水势等于外液的溶质势）。

五、作业

1. 记录实验结果。
2. 将记录结果代入公式，算出植物组织水势。

实验实训十一　质壁分离法测定渗透势

一、目的

通过实验学会用质壁分离测定植物细胞或组织的渗透势。

二、原理

植物细胞是一个渗透系统，如果将其放入高渗溶液中，细胞内水分外流而失水，细胞会发生质壁分离现象，若细胞在等渗或低渗溶液中则无此现象。细胞处在等渗溶液中，此时细胞的压力势为零，那么细胞的渗透势就等于溶液的渗透势，即为细胞的水势。

当用一系列梯度的糖液观察细胞质壁分离时，细胞的等渗浓度界于刚刚引起初始质壁分离的浓度和与其相邻的尚不能引起质壁分离的浓度之间的溶液浓度，代入中 $\phi_\pi = -iCRT$ 公式，即可算出其渗透势（即水势）。

三、用品与材料

显微镜、载玻片、盖玻片、培养皿（或试管）、镊子、刀片、表面皿、试管架、小玻棒、吸水纸、$0.2\sim0.6$mol/L 的蔗糖、0.03%中性红、小麦叶片（最好为含有色素的植物材料，如带色的洋葱表皮、紫鸭跖叶片等）。

四、方法与步骤

1. 取干燥洁净的培养皿 5 套，贴上标签编号，依次倒入不同浓度的糖液（0.2～0.6 mol/L），使其成一薄层，盖好皿盖。

2. 以镊子撕取叶表皮或洋葱鳞茎内表皮放入中性红皿内染色 5～10min（有色材料不染色），取出后用水冲洗，并吸干植物材料表面的水分，然后依次放入不同浓度糖液中，经过 20～40min 后（如温度低，适当延长），依次取出放在载玻片上，用玻棒加一滴原来浓度的糖液，盖上玻片，在显微镜下观察质壁分离情况，确定引起 50％左右细胞初始质壁分离时的那个浓度（即原生质从细胞角隅分离的浓度）作为等渗浓度。

3. 实验结果做记录。

蔗糖溶液浓度（mol/L）	0.2	0.3	0.4	0.5	0.6
渗透势 质壁分离细胞所占百分率					

五、作业

1. 记录实验结果。
2. 算出所测植物组织的渗透势。

实验实训十二　叶绿体色素的提取和分离

一、目的

学习叶绿体色素的提取和分离方法，观察叶绿体色素的荧光现象。

二、原理

根据纸层析的原理，由于滤纸对不同物质的吸附力不同，当用适当溶液推动时，不同物质的移动速度不同，因而可将色素分离。

叶绿素是一种二羧酸的酯，可与碱起皂化作用，产生的盐溶于水，据此可将叶绿素与类胡萝卜素分开。把两类色素溶液分别置于分光镜前观察，可见到光谱中有些部分成为暗区，说明这部分光被色素所吸收。叶绿素吸收光后转变成激发态叶绿素，当它变回基态时，能放出波长较长的红光，即荧光。

三、用品与材料

分光镜、天平、试管、试管架、研钵、小烧杯、漏斗、漏斗架、玻璃棒、小量筒、滤纸、移液管、滴管、小杯（墨水瓶盖）、大培养皿、小剪刀、指形管、软木塞、95％乙醇、无色汽油、20％KOH—甲醇溶液、苯，新鲜叶片。

四、方法与步骤

（一）叶绿体色素的提取

称取新鲜叶 10g，剪碎，放入研钵中，加 95% 乙醇 20mL，研磨至匀浆，使各种色素溶于乙醇中，待乙醇呈深绿色时，将溶液过滤到试管中待用。

（二）叶绿体色素的分离——纸层析法

1. 取滤纸一张（也可用圆形定性滤纸），其直径应略大于培养皿直径。在滤纸中心穿一圆形小孔。另取一长条滤纸，剪成长 5cm、宽 1cm 的纸条，将它捻成纸芯。将纸芯一端蘸取少量提取液，风干后再蘸，反复 3～4 次，然后将纸芯蘸有提取液的一端插入上述备好的圆形滤纸中心的小圆孔中，使尖端与滤纸平齐。

2. 在培养皿内放一小烧杯（或墨水瓶盖），小烧杯内加适量无色汽油，并加 2 滴苯。把插有纸芯的圆形滤纸平放在培养皿上，使纸芯下端浸入汽油中，盖好培养皿，进行层析。

3. 这时纸芯不断吸上汽油，并把在上面的色素沿滤纸向四周扩散。15min 后，可看到 4 种色素在滤纸上形成同心圆。当汽油将要到达滤纸边缘时，应取出滤纸。待汽油挥发后，用铅笔标出各种色素的位置和名称。

（三）叶绿素及类胡萝卜素的分离

1. 用移液管吸取叶绿素提取液 2.5mL 放入试管中，用 95% 乙醇稀释一倍。再加入 1.5mL 20%KOH—甲醇溶液，充分摇匀。

2. 片刻后，加入 5mL 苯，摇匀，再沿管壁慢慢加入 1mL 蒸馏水，轻轻摇动混匀，静置于试管架上，可见溶液逐渐会分为两层。上层含有什么色素？下层含有什么色素？

五、作业

记录以上各项结果，并加以解释。

实验实训十三　叶绿素的定量测定（分光光度计法）

一、目的

叶绿素是作物有机营养的基础，它的水平既能反映氮营养水平，也能反映碳营养水平。在农业生产和科研中，经常会遇到叶绿素含量的测定问题。本实验学习用分光光度计测定叶绿素含量的方法。

二、原理

分光光度法是根据叶绿素对可见光的吸收光谱，利用分光光度计在某一特定波长下测定其光密度，然后用公式计算叶绿素含量的方法。此法不但精确度较高，而且能够在未经分离的情况下分别测出叶绿素 a、b 的含量。

由于叶绿素 a、b 在 652nm 处有相同的比吸收系数（均为 34.5），可在此波长下测定一次光密度（D_{652}）而求出叶绿素 a、b 的总量（mg/L）：

$$C_T = \frac{D_{652} \times 1\,000}{34.5}$$

三、用品与材料

分光光度计、天平、研钵、漏斗、剪刀、移液管、试管、滤纸、石英砂、碳酸钙、无水乙醇、丙酮、瓷盘、纱布、毛笔，新鲜叶片。

四、方法与步骤

1. 取材　田间剪取测定叶片，放入铺有湿纱布的瓷盘带回室内。

2. 色素提取　叶片如黏附有尘土应冲洗净（或用毛笔刷净），并吸干表面附着水。用剪刀剪成细条（1～2mm 宽）或用打孔器（直径 0.5cm，已知面积）打取圆片，准确称取 0.1g，放入具塞三角瓶或刻度试管中，加混合液（80%丙酮与无水乙醇等体积）10mL 盖塞（刻度试管也需加塞），在室温下（10～30℃）暗处提取，直至材料变白（因材料不同需 1～8h）。对于少量样品如需在短时间内测定，则应将三角瓶或试管放在 40～50℃ 的水浴中快速提取 20min 至 1h 即可变白。在测量大量样品时最好是第一天晚上开始浸泡提取，第二天上午测定，这样既省时又完全。

3. 调试分光光度计　上课开始将仪器启盖打开，开机预热，并选定 652nm 波长。在开始测定前，以丙酮—乙醇混合液做空白，调 100%透光，启盖调零，备用。

4. 消光值 D_{652} 的测定　待材料变白后，再加入混合液 10ml 摇匀，取上清液在 652nm 波长下测定光密度。

5. C_T 值的计算　按原理中讲述的公式计算叶绿素溶液的浓度（mg/L）。

6. 叶绿素含量 Q 的计算　按下式计算单位面积叶绿素的含量 Q（mg/m²）。

$$Q = \frac{C_T \times 提取液总量（mL）\times 稀释倍数}{样叶面积（m^2）\times 1\,000}$$

五、作业

计算出被测植物叶内的叶绿素含量。

实验实训十四　光合速率的测定（改良半叶法）

一、目的

学会用改良半叶法来测定植物的光合速率。

二、原理

在对称的叶片上，如两边所处条件相同，则两边的光合速率相同，光合产量也相等。因此，可先测定半叶的单位面积的干重，剩下的半叶待进行一定时间的光合作用后，在隔断其光合产物往外运输的情况下，再测此半叶的单位面积干重。根据二者之差，即可求得被测叶片在这段时间内的光合速率。

三、用品与材料

分析天平、干燥箱、称量瓶、干燥器、小烧杯、夹子、打孔器、脱脂棉花、热水瓶、塑料管、5％三氯乙酸（或 0.1mol/L 丙酸、二氯甲烷＋1％无水乙醇），栽培植物。

四、方法与步骤

（一）选样

该法主要用于田间自然条件下作物光合速率的测定，因此，要在晴天或少云天气进行。根据测定目的，选择有代表性的植株，在各植株的相同部位选无损伤且对称良好的叶片按顺序挂上标签，每处理应选 10～20 片叶或更多，以提高测定的准确性。

（二）处理叶柄，隔断光合产物的外运

按顺序对选定叶片的叶柄进行处理，破坏叶柄的韧皮部但保留木质部。处理有以下几种方法（可根据选定的材料和实习条件选用一种方法）：

1. 环割法　一般双子叶植物可用此法，用刀片将叶柄的外皮（韧皮部）环割，宽约 0.5cm，外包塑料管，以免叶柄折断。

2. 烫伤法　禾谷类及双子叶草本植物可用此法，取一热水瓶，内装 90℃以上热水，将两支缠好纱布的竹夹浸入热水中，并悬挂在瓶口。先取一支夹子，迅速用缠有纱布的一头夹住待测叶的叶柄，烫 1min（禾谷类植物烫叶鞘上部靠近叶片连接处，烫 20～30s）出现明显水渍状者表示烫伤完全，夹子重新浸入热水中。再用另一支夹子处理下一株。

玉米叶鞘中筋较粗，树木叶柄韧皮部较厚，可改用烧至 110～120℃的融溶石蜡烫伤。

3. 化学抑制法　目前生产和研究单位一般均用此简便方法。用 5％三氯乙酸点涂叶柄，也可用棉花球浸 0.1mol/L 丙二酸溶液，包裹在叶柄外面（注意溶液不要流滴别处）。

目前也有用二氯甲烷原液（加 1％无水乙醇）处理叶柄。用细滴管吸取药液，滴于叶柄背面中间部分，如叶柄木质化程度较高，可将药液沿叶柄圆周划一圈，使药液分布均匀。

（三）取样

叶基部处理完毕后，迅速用打孔器在叶片中脉一侧打孔取样 1～5 小圆片，放入已分组编号并称重的称量瓶内，带回室内置于暗处。从处理叶柄，隔断光合产物外运时起开始计时，4～5h 后，再从另一半叶对称部位准确打孔取样，将小叶圆片放入已分组编号称重的称量瓶内记录光合时间。

（四）烘干称重

将装有样品的称量瓶放入 105℃烘箱内烘干 30min，在 70～80℃下继续烘干 4～5h 至恒重。称量瓶从烘箱取出前盖严盖子，取出后放入干燥器中降温至室温，逐个取出用万分之一天平称重。

若试样量小，用红外水分快速测定仪烘干称量至恒重，效果更好。

（五）结果计算

根据照光叶片重量的增加，也就是由照光叶片干重减去遮光叶片干重即为测定时间内，在一定面积上所积累的干物质，光合速率可按下式计算。即：

$$Pn=\frac{(A-B)\times 10^4}{S\times t}$$

式中 t ——测定时间（h）；

Pn ——净光合速率［干重，mg/（m²·h）］

A ——光下叶片干重（mg）；

B ——暗处叶片干重（mg）；

S ——叶面积（cm²）。

将干物质重量乘系数1.5，即得二氧化碳同化量，单位为 CO_2，mg/（m²·h）。

该方法也可用来测定田间条件下的呼吸速率。把第一次取样的材料立即烘干，留下的半叶用厚纸夹住遮光，4～5h后取样烘干称重，求出减少量，即可算出呼吸速率。

呼吸速率＝真正光合速率－净光合速率

五、作业

1. 计算出被测植物的净光合速率。
2. 如时间允许，应计算出被测植物的呼吸速率与真正光合速率。

注：如用化学抑制法，应特别注意掌握其药量，对不同作物应做好预备试验，以免杀伤力过轻或过重。

实验实训十五　呼吸速率的测定（滴定法）

一、目的

掌握用广口瓶法，测定植物某器官呼吸速率的技术。

二、原理

在广口瓶中，放入 $Ba(OH)_2$ 溶液，用其吸收植物材料呼吸过程中释放的 CO_2。实验结束后，用草酸溶液滴定剩余碱量，由空白和样品二者消耗草酸溶液的差可计算出呼吸过程中释放的 CO_2 量。

$Ba(OH)_2 + CO_2 \rightarrow BaCO_3 \downarrow + H_2O$

$Ba(OH)_2$（剩余）$+ H_2C_2O_4 \rightarrow BaC_2O_4 \downarrow + 2H_2O$

三、用品与材料

如广口瓶测定呼吸装置一套（图实-4）、托盘天平、酸式滴定管及碱式滴定管各一支、滴定管架一套，滴定液、中和液、指示剂，大豆或小麦种子。

0.022 5mol/L草酸溶液的配制：准确称取重结晶的 $H_2C_2O_4·2H_2O$ 2.864 5g溶于蒸馏水中，定容至1 000mL，每毫升相当于1mg CO_2。饱和 $Ba(OH)_2$ 溶液（密封保存）：准确称取 $Ba(OH)_2$ 8.6g溶于1 000mL蒸馏水中。指示剂：1g酚酞溶于1 000mL 95%乙醇中，贮于滴瓶中。

四、方法与步骤

1. 空白测定。先拔出玻璃棒，用碱式滴定管向呼吸瓶中准确加入0.05mol/L $Ba(OH)_2$ 溶液 20mL，再用玻璃棒塞紧。充分摇动广口瓶几分钟，待瓶内 CO_2 全部被吸收后，拔出玻璃棒，加入酚酞指示剂 3 滴，把酸式滴定管插入孔中，用 0.022 5mol/L 草酸溶液进行空白滴定，直到红色刚消失为止，并记下草酸溶液用量，即为空白滴定值。

2. 样品测定。 打开橡皮塞，倒出废液，用无 CO_2 蒸馏水（煮沸过的水）洗净后，塞紧橡皮塞，拔出玻璃棒，用碱式滴定管加入 20mL $Ba(OH)_2$ 溶液，立即插紧玻璃棒，然后称取待测材料 5~10g，装入小篮子中，打开橡皮塞，迅速挂于橡皮塞下面的小钩上，放入呼吸瓶内，塞紧橡皮塞，开始记录时间。经 30min（期间轻轻摇动数次，使溶液表面的 $BaCO_3$ 薄膜破坏，有利于 CO_2 充分吸收）轻轻开塞，把装有样品的小篮子迅速取出，立即用橡皮塞塞紧，充分摇动 2min，使瓶内 CO_2 被完全吸收，拔出玻璃棒，加入 3 滴酚酞指示剂，立即插入酸式滴定管，用 0.022 5mol/L 草酸滴定至无色，记下草酸用量即为样品滴定值。

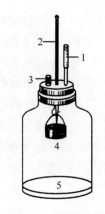

图实-4 呼吸测定装置
1. 碱石灰 2. 温度计
3. 小玻璃棒 4. 尼龙小筐
5. $Ba(OH)_2$ 溶液

3. 结果计算。

$$呼吸速率 [CO_2, mg/(g \cdot h)] = \frac{(A-B) \times C}{W \times t}$$

式中 A——空白滴定值（mL）；
　　B——样品滴定值（mL）；
　　C——每毫升草酸相当的 CO_2 毫克数，值为 1；
　　W——组织鲜重（g）；
　　t——测定时间（h）。

五、作业

记录数据，计算并填好下列表格。

测定呼吸强度记载表

数值\条件	空　白	室温下发芽的种子	备　注
草酸用量（mL）			
草酸用量差值（mL）			
呼吸强度 [CO_2, mg/(g·h)]			
呼吸强度差异原因			

实验实训十六 生长素对根和芽生长影响的观察

一、目的

了解不同浓度的生长素对根、芽生长的作用。

二、原理

生长素是调节植物生长的生理活性物质,其浓度不同会产生不同效应,以此原理观察它对根和芽的影响。

三、用品与材料

培养皿、移液管、米尺、恒温箱,10mg/L 萘乙酸溶液、滤纸、蒸馏水,小麦(或水稻等)子粒。

四、方法与步骤

1. 取干净培养皿 7 套,依次编号后,分别在 1~6 号培养皿内加如 10、1、0.1、0.01、0.001、0.000 1mg/L 6 种浓度的萘乙酸溶液(请学生用最简单的方法自己配置,最后允许在每个培养皿内盛有 9ml 不同浓度的萘乙酸溶液)。另外,第 7 号培养皿内加入 9ml 蒸馏水,以做对照。

2. 在每套培养皿中各放入一张滤纸,上面放 20 粒小麦子粒(饱满充实,大小一致的子粒)。然后盖好培养皿,放在恒温箱中培养(小麦 27℃,水稻 32℃)。

3. 10d 后检查培养皿内小麦生长的情况,测定不同处理已发芽种苗的平均根数、平均根长和平均芽长。

五、作业

记录数据、计算并填好下列表格。

实验组别	1	2	3	4	5	6	7
NAA 浓度	10	1	0.1	0.01	0.001	0.000 1	对照
平均根数							
平均根长							
平均芽长							

实验实训十七　植物生长物质在农业生产中的应用

一、目的

了解部分植物生长物质的应用方法,并观察其效应。

二、用品与材料

生长着的棉株、大豆、马铃薯、南瓜等植株,番茄、柿子和梨的果实;喷雾器、湿润剂、30mg/L CCC、3 000mg/L B_9、80mg/L TIBA、100mg/L (200、3 000mg/L) CEPA。

三、方法步骤

1. 控制徒长。

(1) 选取旺长棉花10株（可用盆栽），半数于初花期及盛花期各喷30mg/L CCC一次，另一半喷清水。半月后比较生长情况。与正常植株作比较（观察与测量节间长度、叶片大小）。

(2) 选马铃薯10株，茎高45～75cm时，用3 000 mg/L B_9 溶液喷洒叶面。半月后与未喷 B_9 的植株比较（观察块茎膨大状况）。

(3) 选肥水充足、密度大的大豆田块，当1/10的植株开第一朵花时，用80mg/L TIBA喷叶面，10d后对施药与未施药的植株作对比观察（徒长情况是否被抑制）。

2. 诱导性别转化。 选南瓜幼苗10株，在1～2片真叶时，5株喷100mg/L的CEPA，另5株喷清水，观察两组植株各在第几节着生雌花。

3. 番茄青果催熟。

(1) 浸果法。摘下番茄青熟果实40个，10个一组，分为4组。1、2、3组均用浓度3 000mg/L的CEPA溶液浸果1min，取出沥干，放在竹篮等容器中。1组温度控制在12～13℃，2组温度控制在22～25℃，3组在36～38℃，4组不浸果置于22～25℃下作对照。3d后，对比4个小组果实的果色和成熟度。

(2) 涂果法。在番茄进入转色期后，于采收前15d挑选20个青熟番茄果实，分为两组，1组用3 000mg/LCEPA溶液涂抹果面及萼片，2组涂抹清水，7d后对比两组果实的果色、成熟度及品质。

4. 柿子脱涩。 从树上摘取已长成的柿子果实（果实顶部已转黄）30个，分为3组。1组浸蘸200mg/LCEPA溶液（可加入少量湿润剂，即不含碱的合成洗涤剂），2组浸蘸加有同量湿润剂的水作对照，3组放两个成熟的梨。将3组柿子分别用塑料大袋包装，置于20～25℃温度下，每天观察颜色和硬度的变化，记录结果，一周后取出品尝，对比其成熟度和甜度。

四、作业

记录上述结果，并加以解释。

实验实训十八　种子生活力的快速测定

一、目的

掌握种子生活力的快速测定技术。

二、原理、方法与步骤

（一）氯化三苯基四氮唑法（TTC法）

1. 原理。 凡是具有生活力的种胚在呼吸作用过程中都有氧化还原反应，而无生命活力的种胚则无此反应。当TTC溶液渗入种胚的活细胞内，并作为氢受体被脱氢辅酶（NADH

或 $NADPH_2$) 上的氢还原时,便由无色的 TTC 变成不溶性的红色的三苯基甲腊(TTF)从而使种胚着色。当种胚生活力下降时,呼吸作用明显减弱,脱氢酶的活性亦大大下降,胚的颜色变化不明显或局部被染色。故可由种胚染色的部位以及染色的深浅程度推知种子生活力强弱。

$$C_6H_5-C\begin{matrix}N-N-C_6H_5\\ \| \quad \| \\ N=N^+-C_6H_5\end{matrix} Cl^- \xrightarrow{+2H^+} C_6H_5-C\begin{matrix}H\\ |\\ N-N-C_6H_5\\ \|\\ N=N-C_6H_5\end{matrix} +HCl$$

TTC(无色)　　　　　　　　　　　TTF(红色)

2. 用品与材料。 恒温箱、培养皿、刀片、烧杯、镊子、天平、0.5%TTC 溶液,玉米、小麦种子等。

称取 0.5g TTC 放在烧杯中,加入少许 95%乙醇使其溶解,然后用蒸馏水稀释至 100mL。溶液避光保存,若溶液变红色,则不能再用。

3. 方法与步骤。

(1) 浸种。将待测种子在 30～35℃温水中浸泡(大麦、小麦、籼谷 6～8h,玉米 5h 左右,粳谷 2h),以增强种胚的呼吸强度。

(2) 显色。取吸胀的种子 200 粒,用刀片沿种胚中心线纵切为两半,将其中的一半分别置于两只培养皿中,每皿 100 个半粒,加适量 TTC 溶液。然后于 30～35℃恒温箱中保温 1h。倾去 TTC 溶液,用水冲洗至冲洗液无色为止。观察结果,凡被染成红色的为活种子。

将另一半在沸水中煮 5min 杀死种胚,作同样染色处理,作为对照观察。

(3) 计算活种子的百分率,实验结果可与实际发芽率作比较看结果是否相符。

(二) 红墨水染色法

1. 原理。 生活细胞的原生质膜具有选择性吸收物质的能力,某些染料如红墨水中酸性大红 G 不能进入细胞内,胚部不能着色。而死种子的胚部细胞原生质膜丧失了选择吸收的能力,染料能够进入细胞内而使胚着色。因此可根据种胚是否染色来判断种子的生活力。

2. 用品与材料。 与 TTC 法相同。红墨水溶液的配置:取市售红墨水稀释 20 倍(1 份红墨水加 19 份自来水)作为染色剂。

3. 方法与步骤。

(1) 浸种。同 TTC 法。

(2) 染色。取已吸胀的种子 200 粒,沿种胚的中线切为两半,将其中的一半平均分置于两只培养皿中,加入稀释后的红墨水,以浸没种子为度,染色 10～15min。之后倒去红墨水,用水冲洗至冲洗液无色为止。检查结果:凡种胚不着色或着色很浅的为活种子,凡种胚与胚乳着色程度相同的为死种子。可用沸水杀死另一半种子后染色作对照观察。

(3) 计算有生活力种子的百分率。

三、作业

1. 实验结果与实际情况是否相符？为什么？
2. 试比较 TTC 法与红墨水测定种子生活力结果是否相同？为什么？

种子生活力的快速测定技能考核表

方法 \ 序号		1	2		3	4		
	考核项目	种子处理	染色		冲洗	结果		
氯化三苯基四氮唑法			染色液用量	处理时间		死种子数目	活种子数目	活种子百分率
	分值	15	20	10	15	15	15	10
	实际得分							
	总分							

实验实训十九 花粉生活力的观察

一、目的

通过学习，了解并掌握花粉生活力的几种常用鉴定方法。

二、原理、方法与步骤

（一）花粉萌发测定法

1. 原理。 正常成熟花粉粒具有较强的活力，在适宜的培养条件下，能萌发和生长，在显微镜下可直接观察与计数萌发个数，计算其萌发率，以确定其活力。

2. 实验用品。 显微镜、恒温箱、培养皿、载玻片、玻棒、滤纸、培养基（10%蔗糖，10mg/L 硼酸，0.5%琼脂）。

培养基的制备：称 10g 蔗糖，1mg 硼酸，0.5g 琼脂与 90ml 水放入烧杯中，在 100℃ 水浴中熔化，冷却后加水至 100mL 备用。

3. 方法与步骤。

（1）采集丝瓜、南瓜或其他葫芦科植物刚开放或将要开放的成熟花朵，将花粉洒落在涂有培养基的载玻片上，然后将载玻片放置于垫有湿滤纸的培养皿中，在 25℃ 左右的恒温箱（或室温 20℃）下培养 5~10min。

（2）将培养基熔化后，用玻棒蘸少许，涂布在载片上，放入垫有湿润滤纸的培养皿中，保湿备用。

（3）观察。用显微镜检查 5 个视野，统计萌发花粉个数。

（二）碘—碘化钾染色测定法

1. 原理。 大多植株正常成熟的花粉呈圆锥形，积累着较多的淀粉，用碘—碘化钾溶液染色时，呈深蓝色。发育不良的花粉往往由于不含淀粉或积累淀粉较少，碘—碘化钾溶液染色时呈黄褐色。故可用碘—碘化钾溶液染色法来测定花粉活力。

2. 用品与材料。 显微镜、天平、载玻片与盖玻片、镊子、烧杯、量筒、棕色试剂瓶。

碘—碘化钾溶液：取 2g 碘化钾溶于 5~10mL 蒸馏水中，加入 1g 碘，充分搅拌使其完全溶解后，再加蒸馏水 300mL，摇匀贮于棕色试剂瓶中备用。

3. 方法与步骤

（1）制片与染色。采集水稻、小麦或玉米可育和不育植株的成熟花药，取一花药与载玻片，加 1 滴蒸馏水，用镊子将花药捣碎，使花粉粒释放。再加 1~2 滴碘—碘化钾溶液，盖上盖玻片。

（2）观察。观察 2~3 张片子，每片取 5 个视野，统计花粉的染色率，以染色率表示花粉的育性。

（三）氯化三苯基四氮唑法（TTC 法）

1. 原理。 具有活力的花粉呼吸作用较强，其产生的 NADH 或 $NADPH_2$ 能将无色的 TTC 还原成红色的 TTF 而使花粉本身着色。无活力的花粉呼吸作用较弱，TTC 颜色变化不明显，故可根据花粉着色变化来判断花粉的生活力。

2. 用品与材料。 显微镜、恒温箱、烧杯、量筒、天平、镊子、载玻片与盖玻片、棕色试剂瓶，0.5％TTC 溶液。

0.5％TTC 溶液：称取 0.5g TTC 放入烧杯中，加少许 95％酒精使其溶解，然后用蒸馏水稀释至 100ml，贮于棕色试剂瓶中避光保存（若溶液已发红，则不能再用）。

3. 方法与步骤。

（1）染色。采集植物花粉，取少许放在载玻片上，加 1~2 滴 0.5％TTC 溶液，盖上盖玻片，置于 35℃恒温箱中，10~15min 后镜检。

（2）镜检。观察 2~3 张片子，每片取 5 个视野镜检，凡被染红色的花粉活力强，淡红次之，无色者为没有活力或不育花粉，统计花粉的染色率，以染色率表示花粉活力的百分率。

三、作业

1. 详细记录实验过程。
2. 说明上述 3 种方法中哪一种更能准确反映花粉的活力？

实验实训二十　春化处理及其效应观察

一、目的

掌握冬小麦等植物的春化处理方法，并对其春化效应进行观察。

二、原理

需春化的植物（如冬小麦）在生长发育过程中，必须经过一段时间的低温，生长锥才开始分化，故可通过检查生长锥分化来确定植物是否已通过春化。

三、用品与材料

冰箱、解剖镜、载玻片、解剖针、镊子、培养皿，冬小麦种子。

四、方法与步骤

1. 种子春化处理。 选取一定数量的冬小麦种子，分别于播种前进行 50、40、30、和 10d 的吸水萌动，置培养皿内，放入 0~5℃的冰箱中春化处理。

2. 播种。 将冰箱中不同春化处理的小麦种子和未经低温处理但已吸水萌动的种子，于春季（3月下旬或4月上旬）播种于盆钵或实验地中。

3. 观察。 当春化处理时间最长的麦苗拔节时，于各处理中分别取一株麦苗，用解剖针剥取出生长锥，放在载玻片上，加一滴水，于显微镜下观察，并作简图加以区别。

继续观察麦苗生长情况，直至春化处理时间最长的麦苗开花，并记载各处理的开花时间。

五、作业

1. 春化处理时间长短与冬小麦抽穗时间是否相关？为什么？
2. 举例说明春化现象的研究在园林和农业生产中的应用。

实验实训二十一　观察寒害对植物的影响（电导法）

一、目的

掌握依据低温环境伤害的植物细胞浸液的电导率变化来测定细胞受害程度的方法。

二、原理

当植物受到寒害时，生活细胞原生质膜受到低温伤害，会引起其具有的选择透性不同程度地被破坏或丧失，使细胞内的盐类和有机物外渗到周围介质中（电解质外渗），从而导致浸液（蒸馏水或无离子水）的电导值（与未受寒害的同等材料比）发生变化（升高）。

三、用品与材料

冰箱、烧杯、天平、剪刀、电导率仪、真空泵、蒸馏水（或无离子水）、量筒、镊子、干燥器、塑料小袋、打孔器等，柳树枝条（或其他植物组织）。

四、方法与步骤

1. 材料的处理（可在课前准备好）。

（1）取材。称取事先洗净的植物材料2份。若用枝条可取 3g，并剪成 1cm 左右长的小段；若用叶片可取 2g，并用打孔器打成等面积的小片与打孔下来的残片一并放在一起。备用。

（2）漂洗。将（1）的两份材料各放入烧杯内，先用自来水冲洗 3~4 次，然后用蒸馏水或无离子水冲洗 3~4 次。备用。

(3) 处理材料。将（2）的两份材料各放入塑料小袋内，封口；其中一袋放入冰箱内 2~24h，用另一袋放入温室下的干燥器内 2~24h。备用。

(4) 测前准备。取 200mL 的烧杯两个，编号，用量筒各注入 100mL 蒸馏水或无离子水；将（3）的冰箱内的材料放入 1 号烧杯内，将（3）的温室下干燥器内的材料放入 2 号烧杯内；将 1 号、2 号烧杯一并放入干燥器内并用真空泵减压，直至材料全部浸到溶液内止，浸泡 1h。备用。

2. 电导率的测定。

(1) 电导率仪的调试。调试电导率仪使其单位为 $\mu S/cm$。

(2) 电导率值的测定。将（4）的 1 号、2 号烧杯内的浸泡液各取出 50mL 作为测定液，置于电导仪上测定电导率值，受冻的为 A，未受冻的为 B；将测定液倒回原烧杯内并置于同温度下，煮沸同一个时间（1~2min），静置 1h 后再测定其电导率值，此时，受冻的为 C，未受冻的为 D。

五、作业

1. 计算结果。

注：在一般情况下（当两份材料非常均匀时），C 与 D 大致相同，单位为 $\mu S/cm$。比较受冻材料与未受冻材料的相对电导率的大小，相对电导率越大，受害程度越大，看看与植物受伤的百分率结果是否一致。

(1) 受冻材料的相对电导率 $=\dfrac{A}{C}\times 100\%$

(2) 未受冻材料的相对电导率 $=\dfrac{B}{D}\times 100\%$

(3) 植物受害的百分率 $=\dfrac{A-B}{C-B}\times 100\%$

2. 讨论。

(1) 当测定出的电导率 C 与 D 的值相差较大时，说明了什么问题？

(2) 简述电导率仪的使用方法及注意事项。

主要参考文献

[1] 陈忠辉. 植物与植物生理 [M]. 北京:中国农业出版社,2001
[2] 孟凡静. 植物生理生化 [M]. 北京:中国农业出版社,1995
[3] 潘瑞炽,李玲. 植物生长发育的化学控制 [M]. 广州:广东高等教育出版社,1995
[4] 李德全,高辉远. 植物生理学 [M]. 北京:中国农业科学技术出版社,1999
[5] 王忠. 植物生理学 [M]. 北京:中国农业出版社,2000
[6] 张治安,张美善. 植物生理学实验指导 [M]. 北京:中国农业科学技术出版社,2004
[7] 华东师范大学等. 植物学 [M]. 上海:上海人民教育出版社,1982
[8] 潘瑞炽. 植物生理学 [M].5版,北京:高等教育出版社,2001
[9] 王衍安,龚维红. 植物与植物生理 [M],北京:高等教育出版社,2001
[10] 曹宗巽,吴湘玉. 植物生理学(上、下册)[M]. 北京:高等教育出版社,1990
[11] 邹崎. 植物生理学实验指导 [M]. 北京:中国农业出版社,2000
[12] 武维华. 植物生理学 [M]. 北京:科学出版社,2003
[13] 李合生. 植物生理学 [M]. 北京:高等教育出版社,2001
[14] 潘瑞炽. 植物生理学 [M]. 第4版. 北京:高等教育出版社,2001
[15] 白宝璋,徐仲. 植物生理学 [M]. 北京:中国科学技术出版社,1995
[16] 韩锦峰. 植物生理生化 [M]. 北京:高等教育出版社,1991
[17] 王三根. 植物生理生化 [M]. 北京:中国农业出版社,2001
[18] 姚振生. 药用植物学 [M]. 北京:中国中医药出版社,2003
[19] 秦静远. 植物及植物生理 [M]. 北京:化学工业出版社,2006

图书在版编目（CIP）数据

植物与植物生理/陈忠辉，韩鹰主编.—3版.—北京：中国农业出版社，2019.11（2024.9重印）

高等职业教育农业农村部"十三五"规划教材　高等职业教育农业农村部"十二五"规划教材　普通高等教育"十一五"国家级规划教材

ISBN 978-7-109-26103-7

Ⅰ.①植…　Ⅱ.①陈…②韩…　Ⅲ.①植物学-高等职业教育-教材②植物生理学-高等职业教育-教材　Ⅳ.①Q94

中国版本图书馆CIP数据核字（2019）第242837号

中国农业出版社出版

地址：北京市朝阳区麦子店街18号楼
邮编：100125
责任编辑：王　斌
版式设计：张　宇　责任校对：巴洪菊
印刷：北京通州皇家印刷厂
版次：2001年8月第1版　2019年11月第3版
印次：2024年9月第3版北京第9次印刷
发行：新华书店北京发行所
开本：787mm×1092mm　1/16
印张：21.25
字数：510千字
定价：64.00元

版权所有·侵权必究

凡购买本社图书，如有印装质量问题，我社负责调换。
服务电话：010-59195115　010-59194918